石油高职教育"工学结合"规划教材

气井生产与管理

宋胜军　主编

石油工业出版社

内 容 提 要

本书从采气安全与流程认知入手,详细介绍了气井资料录取与整理。本书内容主要包括采气安全防范,气井生产资料的分析处理,采气相关工艺流程、设备及设备的相关操作,流程中各管路、阀门、仪表的类型特征及选用,天然气脱硫及硫磺回收工艺及操作,天然气脱水工艺及操作,天然气凝液回收工艺及操作,尾气处理工艺及操作,天然气外输站场(包括首站、分输站、清管站、压气站、末站、附属站)的工艺及操作。为适应数字化气田的发展,还简单介绍了油田常用的 DCS 与 ESD 系统,涵盖了天然气生产链的基本操作及操作所需的基本理论。

本书不仅可以作为高职学生教学用书,也可作为现场采气操作工人的参考用书,充分弥补了学生在实践部分的不足和现场操作工人在理论知识上的欠缺,为人才的系统化培养提供参考。

图书在版编目(CIP)数据

气井生产与管理/宋胜军主编. — 北京:
石油工业出版社,2020.10
石油高职教育"工学结合"规划教材
ISBN 978 – 7 – 5183 – 4238 – 9

Ⅰ.①气… Ⅱ.①宋… Ⅲ.①气井—采气—高等职业教育—教材 Ⅳ.①TE37

中国版本图书馆 CIP 数据核字(2020)第 181280 号

出版发行:石油工业出版社
(北京市朝阳区安定门外安华里 2 区 1 号楼　100011)
网　　址:www.petropub.com
编辑部:(010)64250091　图书营销中心:(010)64523633
经　销:全国新华书店
排　版:北京密东文创科技有限公司
印　刷:北京中石油彩色印刷有限责任公司

2020 年 10 月第 1 版　2020 年 10 月第 1 次印刷
787 毫米×1092 毫米　开本:1/16　印张:26.25
字数:650 千字

定价:54.00 元
(如发现印装质量问题,我社图书营销中心负责调换)
版权所有,翻印必究

前　　言

近年来，我国天然气生产技术突飞猛进，天然气在人们的生产和生活领域得到了广泛应用，成为国民经济生活中的重要内容。天然气行业快速发展对专业化技能型人才的要求越来越高，不仅要懂理论，更要懂实践，在国家大力倡导发展职业教育及改革思想的指引下，笔者开始筹划本书的编写工作。

本书涵盖了从气井生产到天然气外输的整个过程，基于现场生产工艺过程及采气操作岗位的认知过程，打破了学科式课程体系的思维模式，为理论实践一体化课程教学提供了很好的参考。经过现场专家及教育专家共同研讨确定了本书的大纲，分为学习情境、项目、任务三级目录。本书充分体现了职业教育教学改革的成果，全书将理论与实践有效结合，在进行各项任务之前，都有充分的理论资源作为支撑，让学员在学习中不仅懂操作过程，而且懂操作原理，以强化技术应用能力为宗旨，为培养高端技能型人才服务。

本书详细介绍了采气安全与流程认识、气井生产资料录取与整理、采气常规操作、天然气处理操作、天然气外输操作五部分的内容，涵盖了天然气生产、处理、外输三大工艺体系，为人才的系统化培养提供了保障，充分弥补了学生在实践部分的不足和现场操作工人在理论知识上的欠缺。

本书由克拉玛依职业技术学院宋胜军担任主编，新疆油田分公司技能专家邓伟军和克拉玛依职业技术学院马庆担任副主编。本书共5个学习情境，包含27个项目。其中情境一和情境二由克拉玛依职业技术学院邹军编写；情境三由克拉玛依职业技术学院宋胜军编写；情境四由克拉玛依职业技术学院马庆编写；情境五项目一、项目二由天津石油职业技术学院倪攀编写，项目三由克拉玛依职业技术学院刘菊全、孙洁、陈薇薇编写，项目四由克拉玛依职业技术学院王满、林强、罗川编写，项目五、项目六由延安职业技术学院王岩编写。

新疆油田分公司采气一厂邓伟军(新疆油田分公司技能专家)参与全书情境、项目、任务设计并负责情境一项目三及情境三实训任务的校对与修改；新疆油田分公司采气一厂陆如林(新疆油田分公司技能专家)负责情境四实训任务的校对与修改；新疆油田分公司新港公司李海军(中国石油天然气集团公司技能专家)负责情境二实训任务的校对与修改；新疆油田分公司采油一厂宋炜博负责情境一项目一实训任务的校对与修改；新疆油田分公司采油一厂金星负责情境一项目二实训任务的校对与修改；新疆油田分公司油气储运分公司刘明川负责情境五项目一、项目二实训任务的校对与修改；新疆油田分公司油气储运分公司刘智广负责情境五项目三、项目四实训任务的校对与修改；新疆油田分公司油气储运分公司蒋文海负责情境五项目五、项目六实训任务的校对与修改；新疆正通石油天然气股份有限公司代礼兵(副总)、卢奕泽负责本书理论部分的校对与修改。很荣幸本书编写中得到现场各单位专家的鼎力相助，保证了知识体系的可靠性。

在本书的编写过程中得到了新疆油田分公司、新疆正通石油天然气股份有限公司等相关单位、专家、技术人员及各职业院校同仁们的指导和帮助，在此表示衷心感谢。同时也对邓利承担全书的文字及格式校改工作表示感谢。

本书综合性强，涉及面广，由于编者的专业信息资源及专业认知水平有限，加上气田现场工艺技术的迭代更新，书中难免存在不足之处，敬请读者批评指正。

宋胜军
2020年6月

目 录

情境一　采气安全与流程认识 … 1
项目一　采气现场规范 … 1
项目二　采气安全防护 … 28
项目三　采气集气基本流程认识 … 45

情境二　气井生产资料录取与整理 … 65
项目一　生产资料的录取 … 65
项目二　生产资料的整理与分析 … 77

情境三　采气常规操作 … 95
项目一　井场常用管阀的认识与操作 … 95
项目二　压力仪表的认识与操作 … 117
项目三　测温仪表的认识与操作 … 126
项目四　流量计的认识与操作 … 133
项目五　液位计的认识与操作 … 146
项目六　天然气加热设备的认识与操作 … 152
项目七　分离器的认识与操作 … 168
项目八　天然气水合物的防治与开发 … 186
项目九　气井排水采气操作 … 211
项目十　气井生产流程操作 … 235

情境四　天然气处理操作 … 245
项目一　天然气脱硫操作 … 245
项目二　硫磺回收操作 … 260
项目三　天然气脱水操作 … 270
项目四　天然气凝液回收操作 … 289
项目五　尾气处理操作 … 315
项目六　DCS 与 ESD 系统操作 … 324

情境五　天然气外输操作 … 337
项目一　输气首站操作 … 338
项目二　分输站操作 … 344
项目三　清管站操作 … 348
项目四　压气站操作 … 367
项目五　输气末站操作 … 390
项目六　输气附属站操作 … 396

参考文献 … 415

情境一　采气安全与流程认识

采气系统是一个具有较高压力的封闭系统,天然气又具有易燃、易爆的特点,尤其是部分气田所产天然气还含有毒性和腐蚀性很强的硫化氢等气体。这些因素给天然气的采输设备和操作人员的安全带来了很大危险。因此,必须根据开采系统的特点,建立完善的安全预防和应急处理措施。通过本情境的学习,要求学生清楚采气的基本流程,能对流程中的危险源进行识别和预防。

项目一　采气现场规范

采气现场规范是从事采气作业人员的必修课,天然气的开采存在很大的危险性。为此在进行采气作业之前必须清楚现场管理规章制度、安全生产的有关法律法规、环保要求,除此之外还必须能识别现场中的危险源,能及时分析处理现场事故。

知识目标

(1)掌握特种作业管理制度的类别及含义;
(2)掌握两书一表一卡的内涵。

能力目标

给出具体的事故实例,能分析现场事故发生的原因。

任务资源

一、采气现场管理规章制度

在采气的现场作业中主要包括以下规章制度:安全生产管理规定、事故暂行管理规定、进出站场管理制度、特种作业管理制度、外来施工单位监督管理规定、交通安全管理规定、两书一表一卡等。

(一)安全生产管理规定

1.厂安全生产管理机构

厂安全生产管理机构主要是指 HSE 委员会机构,如图 1-1 所示。

2.员工安全生产职责

1)各级技术负责人的安全生产职责

(1)全面负责本单位的安全技术工作。
(2)组织研究解决安全生产工作中的重大技术问题,组织编制、审查、制定安全生产工作标准及安全技术操作规程,审批或制定安全生产技术措施。

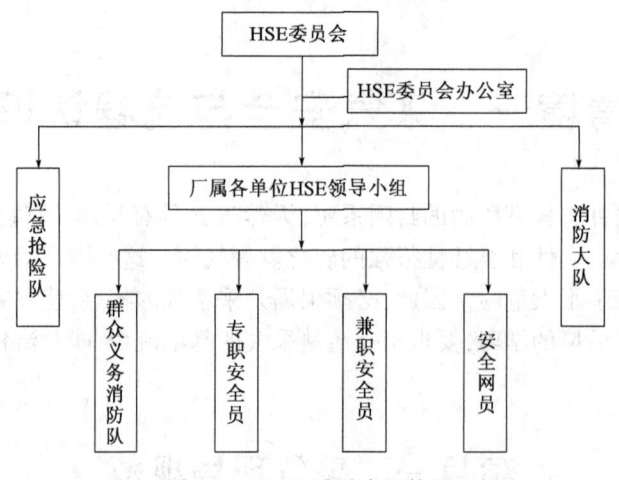

图1-1 HSE委员会机构图

(3)按国家有关安全、防火的法规、标准要求,主持或参与审查生产性新建、改建、扩建等工程项目的方案设计及工程竣工验收。

(4)抓好安全生产科技工作,开展安全生产科技攻关,推广应用安全生产新技术、新工艺和新产品。

2)岗位操作人员的安全生产职责

(1)严格遵守各项规章制度和劳动纪律,认真执行岗位安全操作规程。

(2)上岗时必须正确穿戴好劳动防护用品,并按规定巡回检查,及时发现和消除事故隐患,自己不能消除的应立即向上级报告。

(3)积极参加各种HSE活动,努力学习新技术、新工艺和安全生产的新办法、新要求,不断提高自身的安全素质,搞好安全生产。

(4)制止并纠正他人的不安全行为,拒绝违章作业的指令并可越级汇报,在紧急情况下,应采取必要措施后逃离。

(二)事故暂行管理规定

任何事故,若是人为原因或未履行工作职责造成的,要按有关规定追究责任人的责任。按事故的性质可以分为:一般事故、重大事故、特大事故;按事故产生的原因可以分为:生产事故、交通事故、设备事故、火灾事故、人身伤亡事故。事故四不放过原则为:事故原因分析不清楚不放过,员工没有受到教育不放过,没有防范措施不放过,责任者没有处理不放过。

1. 一般事故

(1)一次重伤1~2人(含2人);

(2)一次轻伤1~10人(含10人);

(3)一次直接经济损失在30万元以下(含30万元);

(4)一次漏油0.2~10t(含10t);

(5)一次泄漏危险化学品10t以下(含10t)。

2. 重大事故

(1)一次死亡1~2人(含2人);

(2)一次重伤3~10人(含10人);
(3)一次轻伤11人以上(含11人);
(4)一次直接经济损失30万~500万元(含500万元);
(5)一次漏油10~50t(含50t);
(6)一次泄漏危险化学品10~50t(含50t)。

(三)进出站场管理制度

要检查劳保用具穿戴是否整齐(包括工衣、安全帽、工鞋);要询问来的目的,检查相关手续,如动火作业计划书、开工许可证;要进行进站登记,并核对出入证,车辆要佩戴防火帽。四提醒:要提醒火种放置站外,手机关机;要提醒进入生产区域警戒线内必须佩戴安全帽并系好带子;要提醒进入生产区域需要操作设备时,应请站场人员帮忙操作,不得私自操作;要提醒当出现紧急情况时要立即往上风侧跑。要积极陪同并进行必要的介绍。

(四)特种作业管理制度

特种作业主要包括动火作业、有限空间作业、临时用电作业、登高作业、动土作业等。

1. 动火作业

凡是在生产区域或天然气管线从事的明火或能产生大量热度的作业,均为动火作业,如切割、焊接、用砂轮机打磨等。动火等级分成三级,采气现场大部分动火作业为二级作业,需要厂相关部门及领导进行审批;动火作业计划书存在时效性、地域性;动火作业监护人、安全监督必须全过程在现场。五不动火:无票不动火;措施不落实不动火;监护人不在不动火;应急防范措施不落实不动火;与动火作业计划书不相符的不动火。

2. 有限空间作业

有限空间作业指进入或探入半封闭的限制空间内的作业,如进入容器、坑池、井房、阀井等封闭、半封闭空间作业。有限空间作业一般有三类,一类为无法置换的有限空间作业,二类为有毒有害场所的有限空间作业,三类为无毒无害场所的有限空间作业。有限空间作业需要办理有限空间作业票,作业票要有时效性、地域性、特定性(特定作业);有限空间作业至少要两人以上,一人在里面作业,一人在外面监护,要不定期进行联系;有限空间作业前必须检测可燃气体浓度、有毒有害气体浓度,一般为可燃气体在爆炸下限的20%,硫化氢不超过$10mg/m^3$,甲醇不超过$75mg/m^3$,氧气浓度在18%~23%之间,停顿作业后再进入必须重新检测浓度。

3. 临时用电作业

临时用电作业指为检修临时搭接线路的作业,主要针对施工单位,他们为使用厂内部电源,需要搭接临时线路;必须有电工操作证;所有线路必须绝缘并不影响站场正常生产;必须办理临时用电手续。

4. 登高作业

登高作业是指高度超过基准面2m以上的作业。登高作业分四级:一级登高作业2~5m;二级登高作业5~15m;三级登高作业15~30m;特级登高作业30m以上。高差在15m以上的登高作业必须办理作业票,作业票限时、限地、限人;必须有人监护;必须佩戴安全绳,安全绳高挂低用。

5. 动土作业

动土作业是指在生产区域内挖掘土方的作业。中华人民共和国化工行业标准《生产区域动土作业安全规范》(HG 30016—2013):挖土、打桩、地锚入土深度0.5m以上;地面堆放负重在50kg/m²以上;使用推土机、压路机等施工机械进行填土或平整场地的作业。

(五)外来施工单位监督管理规定

凡是在围墙以内需要在生产区域或工艺管线上作业的外来施工单位进场必须办理开工许可证。开工许可证分为三类:一类为在关键要害部位的施工,如净化厂;二类为在工艺管线上作业的施工;三类为土建、标准化,不影响设备正常运行的施工。开工许可证有时效性、地域性、针对性;无开工许可证的外部施工队伍不能进入站场施工;氧气瓶、乙炔瓶间距必须大于5m;乙炔瓶不得卧放使用,且必须有胶圈;气瓶不得在站内放置过夜。

(六)交通安全管理规定

必须有驾驶证、准驾证方可驾驶公司内部车辆;乘车人员必须系好安全带,并有权利和义务监督驾驶员按章驾驶;有限速规定:村镇道路30km/h,矿区道路50km/h,城市街道60km/h,普通公路70km/h,一级公路80km/h;遵循高速公路限速规定;在安全行车途中,乘车人员必须服从驾驶员的安排,不得在车内喧闹影响驾驶员行车;单井道路,路面是土路的,乘车人员不得超过3个,也就是连驾驶员在内,只能乘坐4人;客车不得装载大型工具,危险物品拉运车辆不得搭载无关人员。

(七)两书一表一卡

两书指HSE作业指导书、HSE作业计划书,一表指巡回检查表,一卡指HSE作业指导卡。目的是:(1)为员工培训提供规范的学习模板;(2)规范操作,消除违章作业,保障员工人身安全;(3)强化体系管理,全面提高员工操作能力;(4)为员工现场设备操作提供理论依据,确保设备操作标准化。

1. HSE作业指导书

HSE作业指导书主要用于指导员工日常作业的标准汇编,具体内容有作业区各(班)站、净化厂的情况简介,包括作业区、净化厂生产概况、HSE理念、集气站简介、方针目标与承诺、作业内容、生产设施、HSE领导小组;同时也包括岗位责任制度、环境保护管理制度、外来人员进站管理制度、安全生产制度、巡回检查制度等各项HSE管理制度;装置及设备的操作规程、设备构图、操作步骤。此外还包括风险评估及削减、常见故障及处理方法、危害辨识及应急措施等;以及员工的基本信息、各生产设施的基本情况、应急演练记录、培训记录。长庆油田净化厂HSE作业指导书如图1-2所示。

2. HSE作业计划书

HSE作业计划书指为确保临时作业安全,提前识别潜在风险,并制定防范措施和应急方案所编写的施工作业方案,主要有动火作业计划书、检修作业计划书、清管作业计划书、承包商施工作业计划书。内容包括作业目的、编制依据、工程概况、组织机构、人员职责、主要设施与器材、作业项目概述、风险因素描述、应急方案和负责人签字等。常见HSE作业计划书如图1-3所示。

图1-2 长庆油田净水厂 HSE 作业指导书　　　图1-3 HSE 作业计划书

3. 巡回检查表

巡回检查表包括巡回检查的区域、检查内容、标准状态,主要用于岗位员工正常生产的巡护检查。将巡回检查中发现的问题及时整改落实,并记录到《HSE 活动记录》。集气站巡回检查表见表1-1。

表1-1 集气站巡回检查表

检查区域		检查内容	标准状态
检查步骤	进站区	(1)压力	符合设备管路输压
		(2)阀门、旋塞阀	开关状态符合生产要求
	加热炉区	(3)燃烧器	无回火现象
		(4)加热炉水位	1/3~2/3
		(5)天然气加负荷后压力	低于6MPa
		(6)天然气加负荷后温度	10~30℃
		(7)现场管理	无跑、冒、滴、漏现象
	总机关区	(8)压力	低于6MPa
		(9)管路流程	畅通无误
		(10)阀门、旋塞阀	开关状态符合生产要求
	分离器区	(11)压力	低于6MPa
		(12)安全阀	正常、有效
		(13)液位变送器	导压管无堵塞
		(14)电动球阀	开关灵活、排液及时
		(15)计量装置	准确、导压管无积液
		(16)电伴热	接头完好、正常
		(17)阀门、旋塞阀	开关状态符合生产要求

续表

检查区域		检查内容	标准状态
检查步骤	汇管区	(18)阀门、旋塞阀	开关状态符合生产要求
	脱水塔区	(19)吸收塔压力、温度	低于6MPa,20～30℃
		(20)减压阀	开关灵活、减压正常有效
		(21)闪蒸罐压力、温度、液位	280～420kPa,20～30℃,1/3～2/3
		(22)燃料气分配压力、重沸器火焰	317～220kPa,淡蓝色
		(23)重沸器温度、缓冲罐液位	195～200℃,1/3～2/3
		(24)过滤器	正常无堵塞
		(25)三甘醇循环泵	排量、泵压稳定
		(26)阀门、旋塞阀	开关状态符合生产要求
		(27)现场管理	无跑、冒、滴、漏现象
	自用气区	(28)二级减压压力	低于1MPa
		(29)电伴热	接头完好、正常
		(30)阀门、旋塞阀	开关状态符合生产要求
	外输区	(31)压力	低于6MPa
		(32)计量装置	准确、导压管无积液
		(33)阀门、旋塞阀	开关状态符合生产要求

4. HSE作业指导卡

HSE作业指导卡的主要内容包括设备图片、存在风险、操作步骤、重点部位及操作警示。针对生产工艺自身特点,装置开停车采用作业票的形式,日常单体设备操作采用指导卡。作业票加HSE作业指导卡的作业形式将过去基本操作规程的指导性条文变成可执行的具体消项模块。作业票和指导卡像说明书一样,员工只要按照操作步骤就可以单独操作。图1-4为MSA正压式空气呼吸器操作指导卡。

二、安全生产有关法规

(一)安全生产法律体系

安全生产法律体系主要包括《中华人民共和国宪法》;国家安全生产法律法规,主要有《中华人民共和国安全生产法》;国家安全生产规章制度,主要有《石油天然气保护条例》《非煤矿山安全生产许可证条例》等;地方政府部门安全生产规章制度,如《天然气管道保护条例实施办法》;国家有关安全生产标准,如《石油天然气工程设计防火规范》(GB 50183—2015);行业规范、政府部门规章制度,如石油行业规范、安全生产监督局局长令等;企业内部的规章制度、操作规程。

(二)安全生产法

2002年6月29日第九届全国人民代表大会常务委员会第二十八次会议通过《中华人民共和国安全生产法》,并于2002年11月1日起实施。该法共七章九十七条,其中第三章对从业人员的安全生产权利和义务进行了专门规定;还规定了企业培训制度、企业的安全生产责任制、企业的安全生产条件及相关监督体系。

(1)经过安全生产教育和培训,从业人员应达到以下要求:一是具备必要的安全生产知识,主要是了解作业场所的危险因素、防范措施、防范器材使用等技术;二是熟悉必要的安全生产规章制度和操作规程;三是掌握本岗位的安全操作技能。

(2)从业人员的权利主要有:危险因素和应急措施的知情权;事故工伤保险和伤亡求偿还权;安全管理的批评检控权;拒绝违章指挥和强令冒险作业权;紧急情况下的停止作业和紧急撤离权。

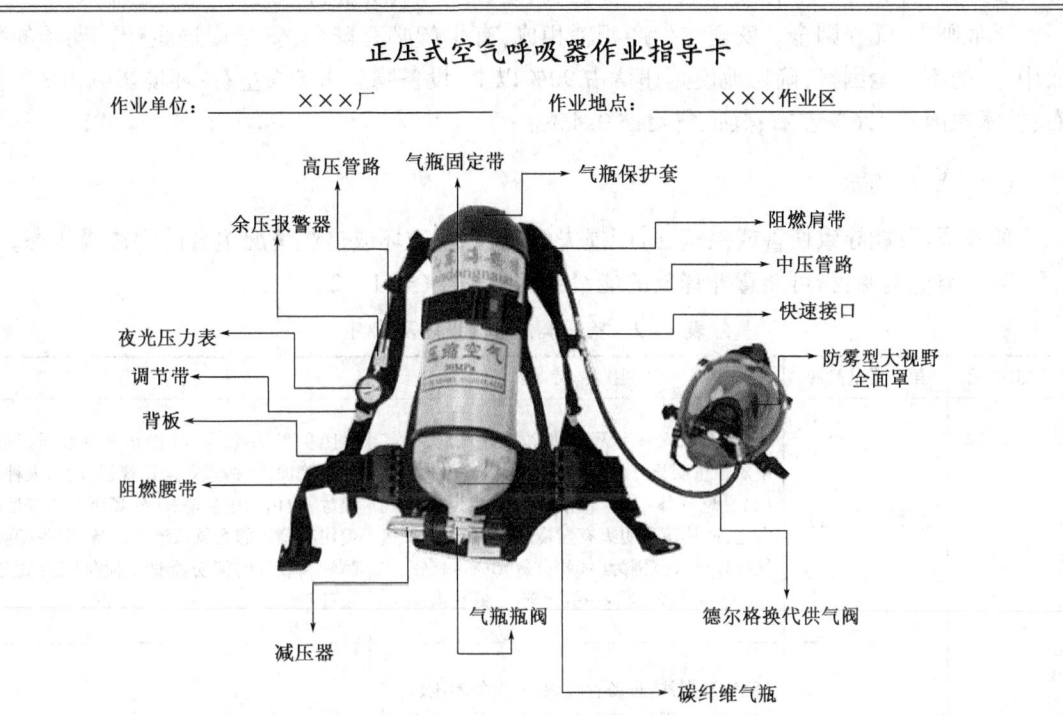

警告:观察压力表下降到55bar左右时,报警哨是否报警,当报警哨鸣起时使用者一定要尽快离开工作现场。

操作步骤:

(1)使用前的快速检查。

(2)打开瓶阀最少2~3圈。

(3)双手反向抓起肩带,将装具甩到背后穿在身上,向下拉紧肩带,收紧腰带。

(4)将下颚面罩底部套上束带,由上至下紧(要太紧),手撑捂住面罩口,深呼吸如感到无法呼吸,则说明密封良好,后将供气阀插入面罩口(听到咔嚓一声可)。

(5)建议在装好供气阀后由他人检查一下是否正确连接,检查快速接口的两个按钮是否正确连接在面罩上。

(6)呼吸器使用过程中,随时注意观察压力表,气瓶压力降至低于55bar时,报警哨开始鸣叫,将持续至气瓶内的空气被完全排出耗尽。

(7)紧急情况下,受伤呼吸困难或佩戴者需要额外空气补给时,按下黄色按钮,空气流量将会增大。

图1-4 HSE作业指导卡

《石油天然气保护条例》主要内容:一是天然气管道中心线两侧5m以内不得建房、取土及机械施工;二是天然气管道中心两侧50m以内不得进行爆破、开山等大型施工;三是天然气管道设施上方不得行驶机动车辆;四是发现有上述行为,应及时制止并向上级部门汇报。

三、生产中的风险识别

生产中存在的主要危险有:超压、爆炸;天然气泄漏;天然气着火;甲醇、硫化氢中毒;窒息;机械碰伤;电击及其他职业危害因素。所以在天然气生产作业过程中应严格执行HSE作业指导书、HSE作业指导卡。作业前进行五步法:决定、停下来、观察、思考、行动。

无危则安,无损则全。安全与生产相辅相成,有生产必有安全,安全促进生产。现场的事故中,人的不安全因素,确切地说是违章占90%以上;设备隐患占5%左右;环境影响占3%左右;技术原因占1.6%左右;其他危险占0.4%。

(一)相关概念

危险源:可能导致伤害或疾病、财产损失、工作环境破坏或这些情况组合的根源或状态。

第一类危险源:指可能意外释放的能量或危险物质(表1-2)。

表1-2 第一类危险源识别及控制

辨识单元	第一类危险源	主 要 特 性	控 制 措 施
站场工艺、设备、材料及设施	天然气(CH_4)	(1)甲烷对人基本无毒,但浓度过高时,空气中氧含量明显降低,使人窒息; (2)易燃气体:与空气混合能形成爆炸性混合物,遇热源和明火有燃烧爆炸的危险,天然气爆炸极限范围为(体积分数)5%~15%; (3)有害燃烧产物:一氧化碳、二氧化碳	密闭生产,注意通风;操作人员必须经过专门培训,严格遵守操作规程;远离火种、热源,防止产生静电,工作场所严禁吸烟;使用防爆型的通风系统和设备;配备相应品种和数量的消防器材及泄漏应急处理设备
	天然气压力管道	(1)物理爆炸:设备存在缺陷,设备超压。 (2)火灾和爆炸:天然气泄漏,人为操作失误及破坏,外界干扰等;存在禁火区内施工动火,雷电,静电火花,金属撞击产生火花,吸烟,高温;排出的废液中含有大量易燃易爆品(轻烃类、甲醇等),如果就地排放或不密闭储存都有可能引发火灾事故。 (3)噪声:在调压设施对天然气的压力进行降压时会产生较大的噪声。天然气流经汇流管、阀门节流、管线放空时会产生噪声。操作人员如经常处于90dB以上环境下,可能出现听力下降、头疼、烦躁不安甚至失眠,严重时可能引发疾病	完善和落实管理制度;及时巡检维护管道,按规程操作,防止管路堵塞、超压;远离火种、热源,防止产生静电,工作场所严禁吸烟;加强安全宣传教育,防止人为破坏;采取适当的降噪措施,佩戴防护用品
	阀门	制造、使用、选型、操作、维修不当,会发生跑、冒、滴、漏现象,并由此可能会引起着火、爆炸、中毒、烫伤事故,或者由于产品质量低劣,造成设备腐蚀,环境污染,甚至造成停产等事故	精心设计、合理选用、正确操作阀门;及时维护、修理阀门,使阀门的"跑、冒、滴、漏"及各类事故降到最低限度

续表

辨识单元	第一类危险源	主 要 特 性	控 制 措 施
站场工艺、设备、材料及设施	变压器	(1)变压器内部有大量的绝缘油,同时其绝缘材料大多采用纸、棉纱、布等有机可燃物质; (2)变压器内部一旦发生严重过载、短路,可燃的绝缘材料和绝缘油就会受高温或电弧作用,分解燃烧,并产生大量气体,使变压器内部的压力急剧增加,造成外壳爆裂,燃烧的油流又进一步扩大了火灾危害,并造成大面积停电,影响正常的生产和生活; (3)操作不当,易造成触电事故	完善和落实管理制度;及时巡检,及时测试、维护和检修;按规程操作,防止操作失误、绝缘损坏;设置警示标志、采取防雷措施
	低压防爆配电箱	(1)电力系统中最低一级控制和保护设施,与人接触的机会大;(2)容易受现场条件影响而处于不断变化之中;(3)其金属外壳容易发生漏电等故障;(4)处于不良环境中的配电箱,容易老化或被损害	完善和落实管理制度;对每一个低压配电箱编号、登记、建档;严格按照设计安装;按规程进行维护,定期巡查,及时消除安全隐患
	电缆	(1)常用于低压配电线路;(2)由于电缆的护套和绝缘层一般都是由塑料及橡胶材料制成,具有易燃性,当电缆在过载、短路、局部过热等故障状态及外热作用下会引起绝缘材料绝缘电阻下降、失去绝缘能力,甚至燃烧,进而引发火灾事故;(3)电缆终端头和中间接头不规范,也易导致火灾、触电事故	完善和落实管理制度;及时巡检,按规程操作,防止绝缘损坏、导线接触不良、过载、负载短路等;远离热源和火源
	水浴炉	(1)水浴炉是以水作传热介质的间接加热设备,在常压下运行,以天然气为燃料,燃烧产生的热量加热水,水再加热炉内天然气盘管; (2)该炉在启停及运行中,易存在火灾爆炸、炉内水体对设备腐蚀、高温烫伤、人员跌落等危险	加强设备管理,严格操作规程,及时巡检、维护
人员或动物活动	员工巡检、开关井及应急处置等活动	人员在活动过程中会因心理、生理以及受安全知识、安全技能水平局限等原因,出现一些不良行为,从而导致自身及他人的伤害,以及财产损失、环境污染等	加强培训,提高人员素质;不安排心理、生理上不适人员从事该岗位;严格遵守各项管理制度、操作规程;落实奖惩制度
	放牧人或牲畜进入站区	放牧人或牲畜具有一定的行为能力,在安全警示标志缺失、围栏和门缺损,牧民缺乏安全常识、忽视安全、忽视警告的情况下,其进入站区可能会损坏设备设施,导致财产损失、泄漏、火灾、爆炸	及时巡检、维护安全警示标志、安全防护设施;加强周边牧民安全宣传教育,提高牧民安全法律意识

第二类危险源:指导致能量或危险物质约束或限制措施破坏或失效的各种因素(表1-3)。

危险源识别:识别危险源的存在并确定其特性的过程。

9

表1-3 第二类危险源识别及控制

辨识单元	第一类危险源	第二类危险源		风险	控制措施
		危险源类型	危险源		
站场工艺、设备、材料及设施	天然气(CH$_4$)	物的不安全状态（包括作业环境）	管道破裂	泄漏，易造成人员中毒、人身伤亡、火灾爆炸、财产损失、环境污染	落实管理制度，及时巡线、维护及检测管线
			阀门、法兰、垫片及紧固件等损坏	泄漏，易造成人员中毒、人身伤亡、火灾爆炸、财产损失、环境污染	落实管理制度，及时巡检和维护保养
			阀门开关失灵	工艺控制失效，引起火灾、爆炸、人员中毒、人身伤亡、财产损失、环境污染	落实管理制度，及时维护保养
			防雷防静电设施失效	火灾与爆炸	落实管理制度，及时巡检和维护保养
			电火花	火灾与爆炸	落实管理制度，避免电火花产生
			明火	火灾与爆炸	严禁明火；动火作业必须办理相关手续，采取相应防范措施
			可燃气体报警器失效	窒息、中毒、火灾与爆炸	及时检查、维护和校验
		管理缺陷	制度不落实	管理不善导致泄漏、人员中毒、人身伤亡、火灾爆炸、财产损失、环境污染	落实制度
	天然气压力管道	物的不安全状态（包括作业环境）	强度不够	爆炸	及时检测管线
			超压	爆炸	维护紧急切断泄放系统，确保正常工作；按规程操作，防止超压
			仪表、安全阀失效	爆炸	及时检查、维护和校验
			色标不清晰或缺失	误操作引起管道损坏、爆炸	落实管理制度，及时巡检和维护完善
	阀门	物的不安全状态（包括作业环境）	阀杆承压变差	物体打击（阀杆飞出伤人）	维护保养，侧面开关阀门
			超压	阀门部件打出或阀门爆裂	按规程操作，防止超压
	变压器	物的不安全状态（包括作业环境）	设备陈旧锈蚀	火灾与爆炸	加强设备巡视，发现异常立即汇报或作紧急处理
			绝缘损坏	火灾与爆炸	进行绝缘强度的测试，运行过程中不允许过载；绝缘油在投入运行前，必须进行化验；运行中，也应定期化验油质，发现问题，及时采取相应的措施；检修时防止损坏绝缘，投用前应进行安全性、完整性检查

续表

辨识单元	第一类危险源	第二类危险源		风 险	控制措施
		危险源类型	危险源		
站场工艺、设备、材料及设施	变压器	物的不安全状态（包括作业环境）	导线接触不良	火灾与爆炸	在变压器停运检修时,螺栓逐一检查紧固;焊点焊接前必须将焊接面清洗干净,焊后认真检查焊点质量,以防运行时焊点脱落引起事故;对不能停运的变压器,必须进行外部接点检查
			负载短路	火灾与爆炸	按规程操作并加强维护保养,避免短路;安装短路保护
			接地不良	火灾与爆炸	应经常检查接地线、点是否连接完整紧固,并应定期测试接地电阻
			雷击过电压	火灾与爆炸	采取相应的防雷措施
			警示标志不清晰或缺失	触电	落实管理制度,及时巡检和维护完善
		人的不安全行为	操作不当	触电	按规程操作,注意带电间隔
	低压防爆配电箱	物的不安全状态（包括作业环境）	接线松动	电弧烧伤	加强设备管理,严禁不规范接线
			电气保护设施失效	触电、设备损坏	加强设备管理,及时维护更换
			过负荷运行	火灾与爆炸、设备损坏	严禁过负荷运行,对元件进行定期检修维护,发现损坏应立即更换
			警示标志不清晰或缺失	触电	落实管理制度,及时巡检和维护完善
		人的不安全行为	操作不当	触电、机械碰伤	按规程操作,加强人员的技术培训
			带电作业	触电	按规程操作,加强人员的技术培训;必须带电作业时,应做好防护措施,设专人监护
	电缆	物的不安全状态（包括作业环境）	绝缘老化、破损	触电、火灾与爆炸、电弧烧伤	严禁过载、短路,远离热源和火源,及时维护更换
			接头压接松动	火灾与爆炸	电缆压接应紧固,接触面除锈并涂导电膏

续表

辨识单元	第一类危险源	第二类危险源		风险	控制措施
		危险源类型	危险源		
站场工艺、设备、材料及设施	电缆	物的不安全状态（包括作业环境）	绝缘包缠不好	触电、火灾与爆炸、电弧烧伤	电缆(接)头绝缘层一定按要求包缠好并有防水措施
			过负荷	火灾与爆炸	严禁过负荷运行
	水浴炉	物的不安全状态（包括作业环境）	液位计失效	干烧导致设备损坏	及时检查、维护和校验
			药剂用量不合适	设备损坏	及时加入相应药剂,保持在合理浓度值
			火焰探测器坏	不能感知火焰状况易引发爆炸	加强设备管理,及时维护更换
			电磁阀坏	不能有效控制火焰易引发火灾爆炸	加强设备管理,及时维护更换
			炉温控制系统失效	可能引发火灾爆炸	加强设备管理,及时维护更换
			燃气调压阀失效	不能有效控制燃气压力易引发火灾爆炸	加强设备管理,及时维护更换
			警示标志不清晰或缺失	烫伤	落实管理制度,及时巡检和维护完善
人员或动物活动	员工巡检、开关井及应急处置等活动	物的不安全状态（包括作业环境）	井场操作平台、护栏、踏步损坏	上下平台时跌倒、摔落	及时巡检和维护
			路面、操作平台湿滑	跌倒	及时清除路面、工作平台冰雪;小心行走
			消防设施(器材)缺失、失效	影响火灾扑救,易导致更多人员伤亡、财产损失	加强设备管理,及时维护更换
			个体防护用品失效	高温天作业中暑;应急处置时发生中毒、烧伤等事故	对防护用品定期检查
			阀杆护套缺失	阀杆碰伤人	及时检查维护
		人的不安全行为	过度紧张	误操作引起设备损坏、中毒、火灾、爆炸	加强培训,提高人员素质
			情绪异常	乱操作引起设备损坏、中毒、火灾、爆炸	员工相互关心,调整自身情绪,情绪不稳定时不操作
			违章指挥	操作不当引起设备损坏、中毒、火灾、爆炸	加强培训,提高人员素质;严禁违章指挥;落实奖惩制度

续表

辨识单元	第一类危险源	第二类危险源		风险	控制措施
		危险源类型	危险源		
人员或动物活动	员工巡检、开关井及应急处置等活动	人的不安全行为	违章作业	操作不当引起设备损坏、中毒、火灾、爆炸	加强培训,提高人员素质;严禁违章操作;落实奖惩制度
			酒后上岗	操作不当引起设备损坏、中毒、火灾、爆炸	加强培训,提高人员素质;严禁酒后上岗;落实奖惩制度
			不使用个人防护用品	中暑、窒息中毒、人员伤亡	加强培训,提高人员素质;正确佩戴防护用品;落实奖惩制度
			防爆场所使用非防爆工具	火灾、爆炸	加强培训,提高人员素质;使用防爆工具;落实奖惩制度
		管理缺陷	劳动防护(个人防护)用品未正确配置	火灾、爆炸、人员伤亡	正确配置劳动防护(个人防护)用品
	放牧人或牲畜进入站区	物的不安全状态(包括作业环境)	安全警示标志缺失	放牧人乱动设备设施,导致财产损失、泄漏、火灾、爆炸	完备安全警示标志
			围栏、门缺损	牲畜乱碰设备设施,导致财产损失、泄漏、火灾、爆炸	及时巡检、及时维修
		管理缺陷	牧民缺乏安全常识,忽视安全、忽视警告	放牧人乱动设备设施,导致财产损失、泄漏、火灾、爆炸	加强周边牧民安全宣传教育

(二)采气站突发事件(故)应急处置程序

1. 突发事件(故)报告

(1)中控岗位人员立即报告采气作业区调度室和值班干部。值班干部根据情况进行处理,并将处理经过汇报应急救援领导小组组长,如事态严重,则立即汇报应急救援领导小组组长,启动《采气作业区紧急事件(故)应急预案》。组长根据事故情况做出汇报厂生产运行单位、安全环保单位的决定。在当事人发现重特大事故和紧急情况时,可在向采气作业区值班干部汇报后,直接向油田公司生产运行单位报告。

(2)出现火灾、爆炸事故险情时,最先发现者应首先拨打火警电话。

(3)紧急情况报告人的姓名、报告时间、地点和报告情况要清楚准确地记录在案,妥善保存待查。

(4)事故处理后由安全监督做出事故报告,并对员工进行宣传教育。

2. 救援预案的启动和运行

1) 场内外预案的启动程序及接口

采气作业区的应急预案(单体预案和Ⅰ级预案),油田公司的场内Ⅱ、Ⅲ级应急救援预案,以及相关场外应急救援预案的启动程序和接口情况。

(1) 发生事故后,应首先启动场内单体预案,根据现场处理人员的汇报,由采气作业区应急救援领导小组组长决定是否启动《采气作业区紧急事件(故)应急预案》,并由组长根据事故情况汇报油田公司生产运行单位。

(2) 当发生重特大事故和紧急情况时,向采气作业区值班干部汇报后,直接向油田公司生产运行单位报告,并通知相关地方单位和附近居民。

(3) 发生紧急情况和重大事故危及当地居民时,启动《紧急情况和重大事故与地方政府及居民联络、通报程序》,重大事故发生,在启动了场外预案、Ⅱ级或Ⅲ级场内预案后,采气作业区应急救援领导小组和应急救援队伍协调、配合相关单位、部门、组织履行其职责。

2) 现场处置

(1) 值班干部或班长接到报警时应立即组织操作人员和安保人员对事件(故)根据实际情况分别进行紧急处理,生产事件(故)主要进行工艺流程控制,自然灾害主要启动自然灾害处置程序,人员伤亡事故主要采取急救等紧急措施,人为破坏事件应尽量加以阻止,防止事态扩大。

(2) 现场处置一切行动听指挥,在抢救时,应注意人身安全,无法控制时,及时将人员撤出危险区。

3) 应急状态的解除

当火灾完全扑灭,泄漏液、气物质已经停止泄漏和隔离,剩余残留的危险物质被全部清除,现场危险已经彻底消除,突发事件(故)得到有效控制后,即可解除应急状态,终止应急救援行动。

(1) Ⅰ级应急救援行动的解除由采气作业区应急救援领导小组下达命令。

(2) Ⅱ级、Ⅲ级应急救援行动的解除由相应的应急救援临时指挥部下达命令。

3. 危险源辨识及控制

1) 危险源的辨识

可能导致死亡、伤害、职业病、财产损失、工作环境破坏或上述情况的组合所形成的根源或状态称为危险源。危险源辨识应全面、系统、多角度不漏项,重点放在能量主体、危险物及其控制和影响因素上。危险源在现场主要分为第一类危险源和第二类危险源两类,见表1-1和表1-2。

2) 危险源辨识、评价及监控措施

为了坚决贯彻"安全第一,预防为主"的安全生产方针,保护人民生命财产的安全,依据现代安全管理理论,应根据企业的施工特点,依据承包工程的类型、特征、规模及自身管理水平等情况,辨识出危险源,列出清单,并对危险源进行逐项评价,将其中导致生产安全事故发生的可能性较大,且生产安全事故发生会造成严重后果的危险源定义为重大危险源,如可能出现的高处坠落、物体打击、坍塌、触电、中毒以及其他群体伤害事故的状态。同时必须建立管理档案,其内容包括危险源的识别评价结果和清单,对重大危险源可能出现伤害的范围、性质和时效性,制定消除和控制的措施,并制定相应的管理方案和应急预案,且纳入企业安全管理制度、员安全教育培训、安全操作规程或安全技术措施中。

四、天然气生产中的环境保护

(一)天然气生产中的噪声污染

天然气采气系统的噪声主要产生于各类阀门、引射器、燃烧器、喷嘴、分离器、天然气压缩机等设备。天然气通过上述设备时,由于气体压力变化,流速增大,加速了气流的扰动,这些扰动产生了气体动力噪声。同时气流在流动过程中冲击管壁和容器壁也会产生冲击噪声。此外,天然气压缩机在运行过程中活动部件的共振,产生了机械噪声。这些噪声一般在 85~123dB 之间,对操作人员和附近居民产生了一定的危害。因此必须对采气系统的噪声采取措施加以控制。

噪声控制措施具体包括:

(1)控制气体流速。在操作过程中,控制气体流速:低压管线≤5m/s;配气管线≤15m/s;中压管线≤20m/s;管线过滤器≤40m/s;地面管线≤30~60m/s;埋地管线≤60~120m/s。

(2)安装阻性消声器。声音在高阻性多孔消声材料里,声能转化为热能而被消声材料吸收,调压产生的噪声频率常在 2~8kHz 之间,高阻性多孔消声材料在噪声频率为 1kHz 以上时,消声性能很好。因此,使用阻性消声器减少噪声效果很好。

(3)采用厚壁管。管壁厚度加倍时,噪声可下降 5~9dB。因此在易产生噪声的地方可采用厚壁管。

(4)使用隔音罩或隔声套。隔音罩或隔音套一般为两层,内层为吸声材料层,外层用密度较大的材料包裹。

(5)砌筑设备围护结构。把发出噪声的设备置于钢制围护结构或砖石围护结构中,对减少噪声效果较好。如在围护结构内部装贴吸声材料则效果更好。

(6)把产生噪声的设备置于地下室,可减少噪声对环境的污染。

(7)井、站内的场地除必要的道路、设备作业区外,其他空余场地进行绿化,可降低噪声。

(二)天然气生产对大气的污染

1. 污染物的来源

(1)泄漏和爆破事故发生时的天然气自然泄放,使天然气及其中含有的有害物质进入空气中。天然气的主要成分甲烷在空气中少量存在时对空气的污染不大,大量存在则会对大气外层空间的臭氧造成很强的破坏。有害物质这里主要指含硫天然气中的 H_2S。

(2)集输及处理生产中有一定量的废气排放。废气的主要来源包括净化含硫天然气后在回收元素硫的过程中排放的含硫尾气;对含硫天然气作矿场脱水处理或用水合物抑制剂阻止天然气水合物生成时再生脱水剂和抑制剂所释放出的废气;液硫脱气和酸水汽提中排放的汽提气。

2. 进入大气的污染物

SO_2 和 H_2S 是天然气矿场集输及处理中可能出现的主要大气污染物,其中的 H_2S 不允许直接排放,排放前必须先经灼烧转化为 SO_2,但泄漏和事故时的自然泄放可能使 H_2S 随天然气进入大气。尽管纯净的天然气进入大气也对环境有一定污染作用,但国家现行的《大气污染物综合排放标准》并没有正式把它列为大气污染物。

1)集输及处理过程中的 SO_2 排放

净化含硫天然气时的 SO_2 排放量与天然气的温度、压力、天然气处理量、天然气中的硫化氢浓度、脱水剂和水合物抑制剂的用量、富液的再生工艺有关。所采用的工艺应能使再生和回收中出现的 H_2S 尽可能返回天然气,将最终的 SO_2 排放量降到最低限度。净化含硫天然气时的 SO_2 排放量与净化厂的处理量、原料气中的含量和净化过程中总的硫回率有关。

2)事故中的 H_2S 排放

H_2S 作为对人体有高度危害的有毒物质不允许人为排放,但管道、设备爆破时难于使自然外泄的天然气燃烧后再进入大气,其中的 H_2S 也就会以原有形态随天然气进入空气中。

3. 预防和治理 SO_2 对大气污染的措施

(1)提高含硫天然气净化厂硫回收装置的生产工艺技术水平。集输及处理生产中的 SO_2 排放,主要来源于天然气净化厂硫回收装置的尾气排放。提高硫回收装置的回收率是降低 SO_2 排放量的根本措施。当硫回收率由 99.5% 提高到 99.6% 时,回收率增加 0.1%,但 SO_2 排放量会比原排放量下降 20%。

(2)降低集输及处理生产过程中天然气的人为泄放量。停工检修含硫天然气管道、设备前尽可能使其中的天然气转移到生产系统中去,当压力不足够低时才将其灼烧后放空,降低进入空气的 SO_2 量。在处理事故的过程中对含硫天然气作人为排放时,同样要降低燃烧排放天然气的气量。

(3)降低管道、设备的 SO_2 泄漏量。当工作介质中含有 SO_2 时(如硫回收过程的过程气),降低泄漏也就减少了进入空气的 SO_2 量。

(4)提升硫回收过程的某些易爆工艺设备的抗爆能力,在发生着火爆炸时其中的 SO_2 也不对外泄放。有的工艺设备(如硫回收过程中将 SO_2 转化为元素硫的反应器)自身的工作压力低、着火爆炸时的爆炸压力也不高。结构原因使它具有很大的强度储备,设计时只需增加不多的金属用量(甚至不增加)就可使其具有抗爆能力。只要爆炸时金属的最高工作应力不超过金属材料屈服强度的 90%,就能保证设备在爆炸中不受到破坏。

(三)天然气开采对地面和地下水体的污染

1. 主要的污染物来源

1)气田水中含有的水污染物

气田水是指在地层中与天然气处于气水平衡状态并在采气过程中随天然气采出地面的那部分液相水。它在地层中被矿化,其中溶解有天然气的各种组分、各种盐类,还可能含有锂、硼、溴、碘等元素。

2)矿场集输及矿场预处理生产过程中形成的生产污水

生产运行中某些管道、设备在低点处的定期排污;生产装置检修前管道、设备内壁的清洗水;流经生产区受污染地面的雨水和人工水洗这类地面的清洗水;化验室使用液体取样物后的残液和试验器具清洗过程中形成的污水。由于生产工艺上的差异,这类生产污水所含的主要污染物种类、浓度和处理方法不同于净化厂的生产污水。

3) 天然气净化厂的生产污水

污水产生的途径与矿场集输及矿场预处理生产基本相同,但净化厂的生产规模一般都比较大,循环水系统和锅炉房的定期排污也是生产污水的重要来源,全厂的污水量和污水中的污染物量比集输及矿场预处理场站高。主要污染物的种类与天然气的气质和由此决定的净化工艺技术有关,对净化含酸性气体的净化厂而言,胺类物质是主要的污染物。

2. 气田水处理

气田水中的污染物种类多、水量大,在治理技术上存在很高的难度,治理费用也常常因此达到难以接受的程度。使气田水在保持密闭的状态下回注地层,既能防止其中的污染物对环境的危害,又能节省大量的污染治理费用,在技术和经济这两个方面都是最佳选择。

3. 集输及矿场预处理中的生产污水治理

1) 矿场生产污水治理的特点

矿场生产污水的生成点分散,其主要来源是:已降解失效的液体工作物料;某些管道、设备在低点处的定期排污;检修前管道、设备内表面的清洗水和受污染地面的清洗水等。但各集输场站在生产功能、处理量、所使用的液体工作物料等方面存在很大差异,不同场合产生的生产污水中污染物的种类和浓度变化范围大。由于天然气中都不同程度含有重烃,而除去液烃的工作主要是在天然气矿场预处理过程中完成的,矿场集输及处理中又常将甲醇、乙二醇等醇类物质作水合物抑制剂使用,有时还采用三甘醇对天然气作矿场脱水,因此液烃和醇类物质进入生产污水的机会比较多,它们在污水中的含量普遍较高。

2) 治理矿场生产污水的要求

治理工作的要求:降低污水的生成量和其中污染物的浓度以降低治理费用;使各集输场站的污水治理设施分区定点建设以减少污水处理装置的数量;采用与场站污水组成相适应的污水治理工艺技术以提高治理工作的效果。为此要取消不必要的液体排污点,在停工检修前将生产装置各低点处的积液排放尽,采用合理的水清洗工艺降低进入生产污水的污染物的数量,使生产区内地面雨水的排放实现清污分流,只允许流经受污染地面的雨水进入污水中。根据生产污水分散而污水量不大的特点,分区以相对集中的方式设置污水处理设施不但可降低建设费用,还可使每个处理设施在处理工艺上更有针对性并使每套处理设施具有合适的生产规模。所用的污水处理工艺技术在一般情况下都应符合醇类含量高的污水的治理要求。

3) 矿场生产污水治理的具体做法

目前常用物理、物理化学和生物化学处理相结合的方法来处理这类有机污染物浓度高的工业污水。由于污水中醇类物质的含量高,生物化学处理包括厌氧和好氧处理这两个阶段。先用厌氧生物处理将污染物脱除到一定的程度,为好氧处理准备好进水条件,再通过好氧生物处理和其他必要的物理化学处理将污水净化到要求的水质以达到排放要求。

(1) 用物理方法对矿场生产污水作预处理。采用重力沉降原理把污水中的悬浮物在不改变其组成和化学性质的情况下分离出来;拦截和收集利用漂浮在污水表面的石油类物质。这是最为常用的污水预处理方式。当污水中的含油量不是特别高时,这已能满足除油和沉降固体颗粒物的预处理要求,一般不需要再采取气浮、过滤这样的物理方法来作为预处理措施。

(2)厌氧生物处理。依靠厌氧微生物进行的污水生物处理称为厌氧生物处理。这类微生物分为发酵菌(产酸菌)和产甲烷菌两大类,它使污水中的有机污染物通过发酵转化为有机酸、再使有机酸沼气化,最终转化为 CH_4、CO_2 等物质,达到净化有机污染物的目的。

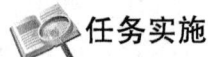

复习思考题

1. 简述现场的采气作业人员应当清楚的规章制度。
2. 简述各安全管理机构的岗位工作职责。
3. 特种作业包括哪些?采气现场是怎么对其实施管理的?
4. 现场的两书一表一卡的具体含义是什么?各自的作用是什么?
5. 简述环境污染的类型及特点。
6. 简述现场防治各类环境污染的基本做法。

任务实施

任务一　采气现场事故分析

一、学习目标

熟悉现场事故的分析及处理,并能对现场生产中出现的情况举一反三、防微杜渐。

二、准备工作

(1)材料准备:现场事故案例;
(2)人员准备:按照要求穿戴劳动保护用品。

三、操作步骤

1. 准备工作

劳动防护用品准备齐全,穿戴整齐,工具、用具、材料准备齐全。

2. 基础知识

明确采气现场规章制度,特别是对两书一表一卡的学习和掌握。

3. 操作程序

(1)情况说明:事故时间、事故地点、事故损失;
(2)分析原因:事故起因、违章、违规、违法情况;
(3)事故定性:判断事故性质;
(4)责任划分:判断事故责任人;
(5)预防对策:人员管理方面、安全生产方面、职责履行方面。

4. 清理场地

收拾工具,清理现场,上交资料。

5. 安全文明生产

安全文明操作,在规定时间内完成。

四、技术要求

在规定时间 15min 内完成,到时停止操作。

案例分析一

201×年 12 月 14 日 11 时 40 分,×采油厂×作业区×井区×井场发生一起油气中毒事故,造成 1 人死亡,2 人轻伤。

201×年 12 月 14 日,一班长带领三名员工,佩戴简易防毒面具清理两具大罐。第一具大罐已清理完毕,休息后,一员工重新佩戴以前的防毒面具进入第二具大罐检修,结果进入后倒地;后面两人佩戴防毒面具进入抢救,也倒下;最后一人戴空气呼吸器进入抢救。后两人轻伤,第一人死亡。

思考:请说出该事故的违章之处。

案例分析二

×集气站是×采气厂产能建设项目组 $23 \times 10^8 m^3$ 产能建设工程安排的一座扩建站,主要是增建 1 具 DN150 的收球筒,由 A 建工公司施工。201×年 5 月 27 日施工队伍进入现场开始施工(二级动火,站内停产),6 月 1 日 22 时施工结束。

6 月 4 日气田产建项目组检查时发现 11 处问题,随即通知 A 建工公司尽快组织整改。

6 月 4 日 13 时,A 建工公司王某带人进站落实施工材料。14 时 10 分,A 建工公司杨某带人员进站施工。作业一区技术员张某、集气站现场负责人李某给施工人员交底后,施工人员按要求卡开 1 号集气站—2 号集气站收球筒与站内相连的五个阀门上游法兰,并用黑色胶皮隔离。15 时张某对动火点可燃气体浓度进行检测,合格后允许施工单位开始动火。19 时 20 分左右,张某、李某离站。

19 时 31 分,集气站站长江某走向施工区域,准备检查施工情况。当将要走到脱水撬前时,突然 1 号集气站—2 号集气站收球筒处着火,江某随即给作业一区区部打电话报警,同时组织人员关闭外电电源,切断了脱水撬重沸器气源,并冲入火场抢关了 1 号集气站—2 号集气站收球筒生产阀门。由于火势增大,随即撤出站外,如图 1-5 所示。

图 1-5 火灾中的情况

19 时 34 分,厂应急抢险办公室接到电话报警后,随即启动厂应急抢险程序抢险,22 时 57 分将大火扑灭,如图 1-6 所示。

思考:请分析事故发生的原因,并给该次事故定性,简述该事故的违章之处。

图 1-6 火灾后的情况

案例分析三

201×年 2 月 13 日 10 时 30 分,×采油厂×采油作业区×井区副井区长邵某带领站长陈某、大班李某、焊工姚某,到×井场修复被盗油不法分子砸坏的井口防盗箱门锁簧。12 时 50 分,当焊工姚某用氧焊割开防盗箱门的钢板时,点燃防盗箱内可燃气体发生爆炸,姚某右前额处被防盗箱门击打致重伤。至 2 月 22 日 18 时,抢救无效死亡。

思考:请分析事故发生的原因。

任务二　危险源的识别及处置措施

一、学习目标

熟悉各类危险源,并能正确识别与控制各类危险源。

二、准备工作

(1)设备准备:采气生产相关配套设备;
(2)人员准备:按照要求穿戴劳动保护用品。

三、操作步骤

1. 准备工作

劳动防护用品准备齐全,穿戴整齐,工具、用具、材料准备齐全。

2. 基础知识

正确叙述危险源、危险源辨识、第一类危险源、第二类危险源的基本概念。

3. 操作程序

熟悉应急处置程序。

4. 清理场地

收拾工具,清理现场,上交资料。

5. 安全文明生产

安全文明操作,在规定时间内完成。

四、技术要求

在规定时间 30min 内完成,到时停止操作。

任务三　识别工业安全标识

一、学习目标

熟悉各类工业安全标识,并能正确识别与控制各类危险源。

二、准备工作

(1)资料准备:工业安全标识卡片;
(2)人员准备:按照要求穿戴劳动保护用品。

三、操作步骤

1. 准备工作

劳动防护用品准备齐全,穿戴整齐,工具、用具、材料准备齐全。

2. 基础知识

工业安全标识卡片的学习,如图 1-7 所示。

图 1-7　工业安全标识

图 1-7 工业安全标识(续)

 当心扎脚
 当心吊物
 当心坠落

 当心落物
 当心坑洞
 当心烫伤

 当心弧光
 当心塌方
 当心冒顶

 当心滑跌
 当心绊倒
 必须系安全带

 必须戴防护眼镜
 必须戴防毒面具罩
 必须戴防尘口

 必须戴护耳器
 必须戴安全帽
 必须戴防护帽

 紧急出口
 紧急出口
 击碎板面

图1-7 工业安全标识(续)

消防手动启动器

发声警报器

火警电话

禁止燃放鞭炮

灭火器

消防水带

地下消火栓

地上消火栓

消防水泵

图1-7 工业安全标识(续)

3. 操作程序

任取10张工业安全标示卡片,说出标志的名称含义。

4. 清理场地

收拾工具,清理现场,上交资料。

5. 安全文明生产

安全文明操作,在规定时间内完成。

四、技术要求

在规定时间10min内完成,到时停止操作。

任务四 绘制并讲解消防系统流程

一、学习目标

熟悉气田生产工艺中的消防系统流程,并能根据现场实际情况进行应急处理。

二、准备工作

(1)设备准备:消防系统相关配套设备;
(2)人员准备:按照要求穿戴劳动保护用品。

三、操作步骤

1. 准备工作

劳动防护用品准备齐全,穿戴整齐,工具、用具、材料准备齐全。

2. 基础知识

消防系统的基本设备功能及组成。

3. 操作程序

(1)标注图名。在图最上方填写所需绘图标准名称。

(2)绘图。根据天然气处理站的消防系统流程走向,逐件、逐段地绘制处理站消防工艺流程图。图上各种阀件、管线和设备的图示应符合标准。按流程顺序,对工艺设备、阀件、控制仪表等内容进行绘制,对重要控制点进行标注。图幅布局合理、比例对称。

(3)工艺描述(图1-8)。①喷淋系统工艺流程:来水进入消防水罐,由消防水罐进入冷却水泵增压后至装置区、罐区喷淋系统;打开所需冷却装置、储罐对应喷淋管线控制阀进行喷淋冷却,当消防水罐液位过高时溢流至站区排水系统;当喷淋管线压力过高时,回流管线安全

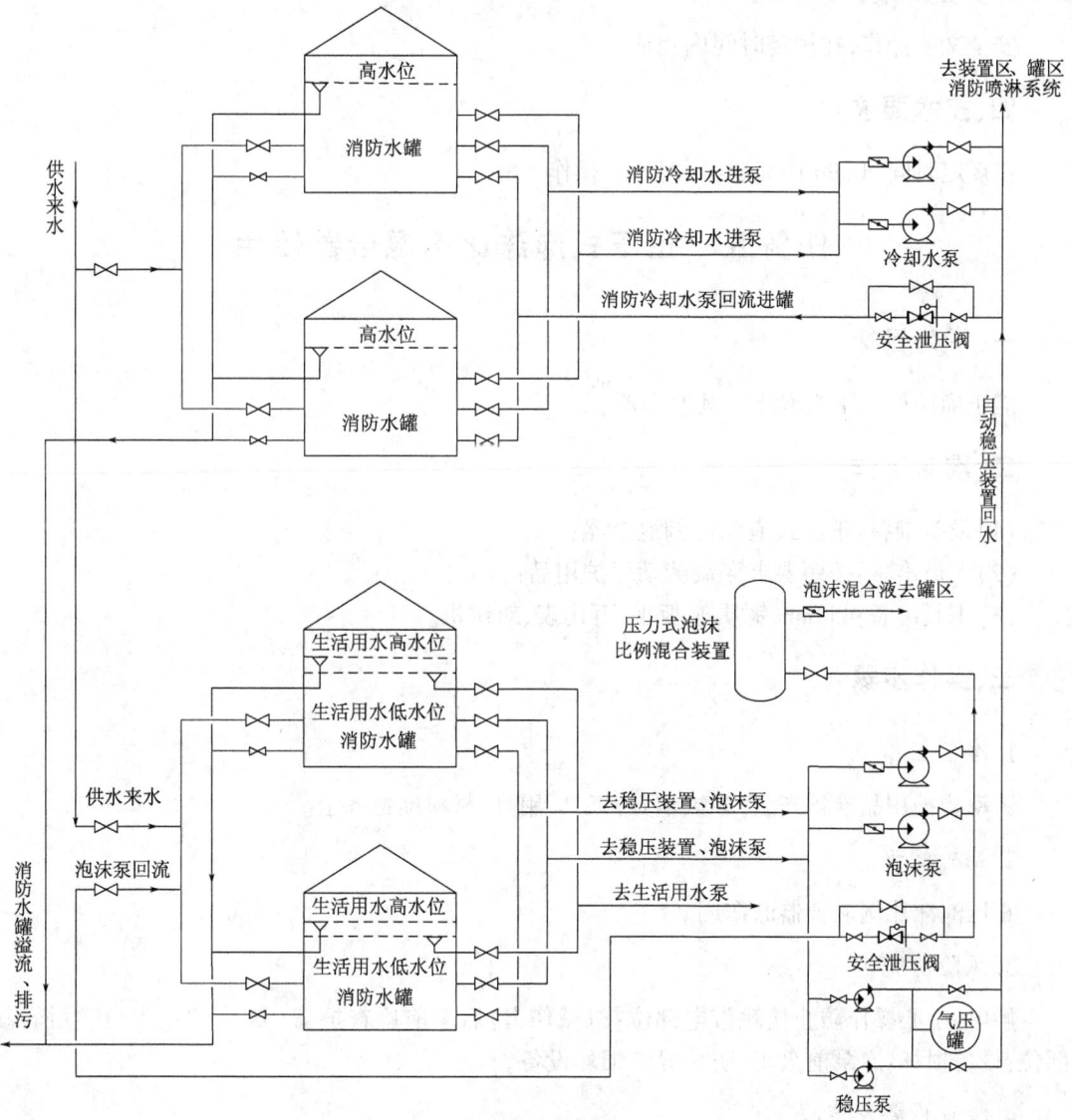

图1-8 消防系统流程

泄压阀自动打开泄压至消防水罐。②泡沫灭火系统工艺流程：来水进入消防水罐，由泡沫泵增压至压力式泡沫比例混合装置后形成泡沫混合液之后进入罐区；打开所需灭火储罐对应泡沫灭火管线控制阀进行泡沫灭火，当消防水罐液位过高时溢流至站区排水系统；当泡沫灭火管线压力过高时，回流管线安全泄压阀自动打开泄压至消防水罐。③稳压系统工艺流程：当喷淋系统压力不够时，气压罐自动进行补压，站区喷淋系统环网平时的工作压力通过消防稳压装置进行稳压，稳压值为 0.9MPa 左右，当压力不够时启动稳压泵。

(4) 参数描述。根据本单位生产参数控制要求，说出处理站浅冷气相处理工艺生产中的参数控制点及控制要求。

4. 清理场地

收拾工具，清理现场，上交资料。

5. 安全文明生产

安全文明操作，在规定时间内完成。

四、技术要求

在规定时间 30min 内完成，到时停止操作。

任务五　正压式泡沫比例混合器使用

一、学习目标

能正确使用正压式泡沫比例混合器。

二、准备工作

(1) 设备准备：正压式泡沫比例混合器；
(2) 人员准备：按照要求穿戴劳动保护用品；
(3) 工具准备：450mm 铜质 F 扳手、万用表、对讲机。

三、操作步骤

1. 准备工作

劳动防护用品准备齐全，穿戴整齐，工具、用具、材料准备齐全。

2. 基础知识

正压泡沫比例混合器的作用。

3. 风险防范

触电：小心操作防止接触带电部位；机械伤害：启泵前检查护盖（罩），防止人员接触转动部位；设备损坏：启泵前盘车，防止异常损坏设备。

4. 检查设备及流程

(1) 消防水罐阀组的管线、法兰不渗漏；进出水阀、回流阀打开，排污阀关闭。

(2)逐台检查,2台消防泡沫泵应完好,进出口法兰无渗漏,压力表完好。

(3)检查泡沫液在有效期内。

(4)泡沫泵进口阀门、回流阀门、泡沫比例混合器前端球阀、清水进泡沫罐控制阀、泡沫液出口控制阀为打开状态。

(5)泡沫泵出口阀门、泡沫比例混合器后端球阀为关闭状态。

5. 启用泡沫比例混合器

(1)按下泡沫泵启动按钮;

(2)观察出口压力在参数控制范围内;

(3)打开泡沫泵出口阀门,观察泡沫罐压力表,达到泡沫比例混合器所需压力(0.5MPa)时,缓慢打开泡沫比例混合器后端阀门;

(4)控制泡沫比例混合器后端阀门压力控制在0.5~1.0MPa范围内。

6. 停用泡沫比例混合器

(1)关闭泡沫液出口控制阀;

(2)停消防泡沫泵;

(3)使用完后,放空泡沫管线内的泡沫混合液并冲洗管道,恢复原流程。

7. 清理场地

收拾材料、工用具,清理现场。

8. 安全文明生产

安全文明操作,在规定时间内完成。

四、技术要求

(1)在规定时间20min内完成,到时停止操作;

(2)做好启动前的各项检查,要求不能有漏项;

(3)停用泡沫比例混合器,要放空泡沫管线内泡沫并冲洗管道,恢复原流程。

任务六　井口紧急切断阀使用

一、学习目标

能正确使用井口紧急切断阀。

二、准备工作

(1)设备准备:井口紧急切断阀;

(2)人员准备:按照要求穿戴劳动保护用品;

(3)工具准备:防爆F扳手、200mm防爆活动扳手、对讲机。

三、操作步骤

1. 准备工作

劳动防护用品准备齐全、穿戴整齐,工具、用具、材料准备齐全。

2. 基础知识

井口紧急切断阀的工作原理。

3. 风险防范

机械伤害:人站侧面,缓慢平稳操作;环境污染:检查各连接部位是否紧固。

4. 检查设备及流程

(1)检查RTU供电工作是否正常,阀门阀位反馈正常;
(2)检查各连接部位是否紧固,有无跑冒滴漏现象;
(3)检查油位是否正常,液位在指示范围之内;
(4)检查确认工艺流程是否允许操作;
(5)检查管线压力在9~31MPa范围内。

5. 开阀操作

(1)打开引压管球阀,扳起超驰阀,使超驰阀呈垂直状态;
(2)将打压杆插入手压泵口处,平稳连续压动压杆;
(3)当打压到位后,超驰阀自动弹起,观察RTU内阀位状态,当阀位显示为绿色时,开阀完成。

6. 关阀操作

确认工艺流程允许关阀后,直接将超驰阀按下即可,此时阀门会立即关闭。

7. 清理场地

收拾材料、工用具,清理现场。

8. 安全文明生产

安全文明操作,在规定时间内完成。

四、技术要求

(1)在规定时间20min内完成,到时停止操作;
(2)做好开阀前的各项检查,要求不能有漏项;
(3)按要求打开引压管球阀,将压杆插入手压泵口处;
(4)按要求观察RTU内阀位状态。

项目二 采气安全防护

采气安全是采气中的重点内容,但是怎样保证自我和他人的人生安全呢?不仅要根据现场的规程穿戴好劳保用品,还要能熟练使用各种安全防护设备,比如,灭火器的使用、正压式空气呼吸器的使用等。但这些工作都只是从防护的角度来考虑,为了从根本上消除这些安全隐患,首先必须正确认识危险源,清楚危险物质的基本性质,并能根据其性质制定出相应的应对方案。

知识目标

(1)了解防火防爆基础知识;
(2)掌握各类灭火器的原理;
(3)了解各类有毒物质的中毒机理;
(4)了解用电安全及防静电基础知识。

能力目标

(1)能根据火灾的类型正确选用灭火器;
(2)灭火器的正确使用;
(3)正压式空气呼吸机的正确使用。

任务资源

一、防火防爆

天然气的主要成分为甲烷,还含有少量乙烷、丙烷、丁烷等烃类成分,以及非烃类气体,如H_2S、CO_2、CO等。天然气是易燃、易爆气体,与空气混合达到一定比例后就成为爆炸性的混合气体。

(一)燃烧及火灾

1. 燃烧的机理

燃烧是一种同时有热和光发生的氧化过程。气体的燃烧没有蒸发过程,速度很快,常常以火焰传播速度来衡量。燃烧必须具备如下条件:

(1)有可燃物质;
(2)有助燃物质(氧或氧化剂);
(3)能导致着火的火源,如明火、静电火花、灼热物体等。

2. 火灾的分类

火灾是指在时间或空间上失去控制的灾害性燃烧现象。在各种灾害中,火灾是最经常、最普遍地威胁公众安全和社会发展的主要灾害之一。我国火灾的分类,共分为A、B、C、D、E、F六大类:

A类火灾,指固体物质火灾。这种物质往往具有有机物质性质,一般在燃烧时产生灼热的余烬,如木材、煤、棉、毛、麻、纸张等火灾。

B类火灾,指液体火灾和可熔化的固体物质火灾,如汽油、煤油、柴油、原油、甲醇、乙醇、沥青、石蜡等火灾。

C类火灾,指气体火灾,如煤气、天然气、甲烷、乙烷、丙烷、氢气等火灾。

D类火灾,指金属火灾,如钾、钠、镁、铝镁合金等火灾。

E类火灾,指带电物体和精密仪器等物质的火灾。

F类火灾,指烹饪器具内的烹饪物(如动植物油脂)火灾。

当出现火灾爆炸时,往上风侧跑,判断上风侧可看参照物,如风向标、旗帜及其他被风吹动的物体,跑到一定安全距离外。当出现室内火灾事故时,应用湿棉巾等物品捂住鼻口,低空跑出室内,然后截断电源或气源,待火势灭完后再打开门窗通风。但一定要切记,平常采暖间或做饭时应打开通风系统或门窗。当出现天然气火灾时,不能急着灭火,要截断气源后让其自然熄灭,并向单位报告,等待救援。

3. 可燃物质的自燃

可燃物质在没有火源的情况下,在有助燃物质的环境中能自行着火燃烧的最低温度,称为自燃点。某些可燃物质的自燃点很低,在常温下就能发生自燃。如黄磷、磷化氢、铁的硫化物等,这类物质在常温下就能自燃。

在含硫气田的集气管道和站场设备检修中,常常有不少因腐蚀而产生的硫化铁,如果设备和管道打开时不采取适当措施,干燥的硫化铁与空气接触,便能发生自燃,如有天然气存在,就可能引起爆炸事故。

预防硫化铁自燃,可采取的相应措施有:

(1)在打开可能有硫化铁沉积的管道、容器时,应喷水使硫化铁处于湿润状态。

(2)定期清管和清洗设备,除去管道及设备内的硫化铁。

(3)对采气管线加注缓蚀剂,减缓或防止金属设备的腐蚀以减少硫化铁的生成。

(二)天然气爆炸

爆炸是迅速的氧化作用并引起结构物破坏的能量释放。可燃气体和空气以一定比例均匀混合后若遇到火源,这种混合气体的瞬间快速燃烧就会引起爆炸,该气体混合物称为爆炸性混合物。天然气的爆炸是在一瞬间(千分之一秒或万分之一秒)产生高压、高温(可达2000~3000℃)的燃烧过程,爆炸波速可达2000~3000m/s,造成极大的破坏力。

1. 爆炸极限

可燃气体与空气的混合物,并不是在任何混合比例下都是可燃、可爆的。浓度低于某一极限或高于某一极限,火焰便不能蔓延。可燃气体在空气中刚足以使火焰蔓延的最低浓度,称为该气体的爆炸下限;刚足以使火焰蔓延的最高浓度,称为爆炸上限。爆炸极限是指可燃气体在一定压力下与空气混合,形成爆炸的浓度范围。一般用可燃气体在混合物中的体积分数表示。爆炸极限是评定气体火灾爆炸危险的主要指标。表1-4是几种气体的爆炸极限。

表1-4 气体的爆炸极限(20℃,1atm下)

气体名称	爆炸极限(体积分数)(%)		气体名称	爆炸极限(体积分数)(%)	
	下限	上限		下限	上限
甲烷	4.00	15.00	乙烯	2.75	28.60
乙烷	3.22	12.45	乙炔	2.50	80.0
丙烷	2.37	9.50	氢	4.00	74.20
丁烷	1.86	8.41	硫化氢	4.30	45.50

2. 燃烧与爆炸的预防措施

在采气生产中,为防止火灾与爆炸事故的发生,确保操作人员生命和工艺设备的安全,必须遵守的基本原则是:天然气生产场地及工艺设备应避免发生燃烧和爆炸的危险状态存在;消除一切足以导致着火的火源。

(1)采气系统密闭与环境通风。采气工艺设备密闭可使天然气不能泄漏,环境通风使泄漏出的天然气不能积聚。天然气泄漏或空气进入采气设备中,都可能导致事故发生,因此设备必须保持密闭。设备及与其相连接的管道,都不能有明显的渗漏,投产前或定期检查时,应按规定进行强度试压和严密性试压,操作压力必须在设备工作压力内,禁止超压运行。值班室、仪表间通风应良好,以防止天然气在室内积聚。通风设备的电气部分和室内电器应按要求采用具有防爆功能的型号。

(2)填充惰性气体。在天然气与空气的混合气体中加入足量的惰性气体,可以达到消除爆炸的目的。常用的惰性气体有氮、二氧化碳、水蒸气。采气设备在停工后或投运前,用惰性气体对系统进行吹扫或置换,以防止事故发生。

(3)消除火源。引起燃烧和爆炸的火源一般有明火、摩擦与撞击产生的火花、电气设备或静电放电产生的电火花、设备维修施工时焊接或切割产生的火花、雷电产生的火源。

(4)加强科学管理,遵守安全操作规程。根据天然气易燃、易爆的特点,制定并实施严格的安全操作规程和管理制度,能够有效减少甚至杜绝安全事故的发生。

(5)根据消防要求配备足够的灭火器材。

(三)灭火的方法

1.冷却灭火法

冷却灭火法的原理是将灭火剂直接喷射到燃烧的物体上,以降低燃烧的温度于燃点之下,使燃烧停止;或者将灭火剂喷洒在火源附近的物质上,使其不因火焰热辐射作用而形成新的火点。冷却灭火法是灭火的一种主要方法,常用水和二氧化碳作灭火剂。灭火剂在灭火过程中不参与燃烧过程中的化学反应。这种方法属于物理灭火方法。

2.隔离灭火法

隔离灭火法是将正在燃烧的物质和周围未燃烧的可燃物质隔离或移开,中断可燃物质的供给,使燃烧因缺少可燃物而停止。

3.窒息灭火法

窒息灭火法是阻止空气流入燃烧区,或用不燃烧区或不燃物质冲淡空气,使燃烧物得不到足够的氧气而熄灭的灭火方法。

(四)灭火剂的类型

能够有效地破坏燃烧条件,使燃烧中止的物质为灭火剂。按平时存在的形态,灭火剂可以分为液体灭火剂、气体灭火剂和固体灭火剂三大类。

1.液体灭火剂

液体灭火剂主要有:

(1)水及水添加剂,主要适用于扑灭 A 类火灾。

(2)泡沫灭火剂,这类灭火剂由化学物质、水解蛋白或由表面活性剂与其他添加剂的水溶液组成,以浓缩的形式存在。它通过专用设备与水混合、稀释后再与空气混合成无数气泡,最后以泡沫的形式灭火,主要适用于扑灭油类火灾。

(3)7150灭火剂,是特种灭火剂,适用于扑救D类火灾,其主要成分为偏硼酸三甲酯。

2. 气体灭火剂

气体灭火剂主要有:

(1)不燃性气体,主要有二氧化碳、氮气等以及其他惰性气体。

(2)卤代烷灭火剂,它们是低级烷烃(如甲烷)分子中的氢被卤族原子如氟、氯、溴等取代得到的产物。

气体灭火剂以气态或液态形式储存,而以气体形式灭火,可以用于A类、C类火灾及带电设备火灾的扑救。

3. 固体灭火剂

固体灭火剂分为干粉灭火剂和烟雾灭火剂两种:

(1)干粉灭火剂,是一种干燥、易于流动的微细固体粉末。按用途分为普通干粉灭火剂和多用途干粉灭火剂,其灭火作用主要是化学抑制,最大弱点是抗复燃能力差。

普通干粉灭火剂——又称为BC干粉,它包含碳酸氢钠盐干粉、碳酸氢钾盐干粉、氯化钾盐干粉、硫酸钾干粉、氨基干粉等,适用于扑灭B类、C类和带电火灾。

多用途干粉灭火剂——又称为ABC干粉灭火剂,它主要是以磷酸铵盐为基料的干粉,适用于扑灭A类、B类、C类和带电火灾。

(2)烟雾灭火剂,是在发烟火药的基础上研制成的一种新型灭火剂。烟雾灭火剂是一种深灰色的粉末状固体混合物,燃烧后具有黑色火药特有的气味。它由氧化剂、还原剂和燃烧速度控制剂等组成;在密闭系统中可维持燃烧,不需要外界供给氧气;只能充装于特制的发烟器,专门用来扑灭可燃液体拱顶油罐的火灾。烟雾灭火剂的灭火作用主要是窒息、化学抑制,还具有一定的覆盖作用。

(五)灭火器的类型

灭火器的种类很多,按其移动方式可分为手提式和推车式;按驱动灭火剂的动力来源可分为储气瓶式、储压式、化学反应式;按所充装的灭火剂又可分为干粉、泡沫、空气、清水、卤代烷、二氧化碳、酸碱、风力等类型。

1. 干粉灭火器

干粉灭火器内充入的灭火剂是干粉。干粉能覆盖在燃烧物表面,使其与空气隔开,同时喷出的二氧化碳和干粉受热分解产生的二氧化碳都笼罩在燃烧物周围,使其因缺乏助燃物而熄灭。干粉灭火剂的品种较多,干粉是用碳酸氢钠粉、云母粉、石英粉、滑石粉等制成的,因此灭火器根据内部充入的不同干粉灭火剂的名称,分为碳酸氢钠干粉灭火器、磷酸铵盐干粉灭火器、氨基干粉灭火器。由于碳酸氢钠干粉灭火器只适用于灭B类、C类火灾,因此又称BC干粉灭火器。磷酸铵盐干粉灭火器适用于A类、B类、C类火灾,因此又称ABC干粉灭火器。

碳酸氢钠干粉灭火器适用于易燃、可燃液体、气体及带电设备的初起火灾;磷酸铵盐干粉灭火器除可用于上述几类火灾外,还可扑救固体类物质的初起火灾。但都不能扑救金属燃烧火灾。

干粉灭火器(MFZ)2~3kg的有效射程为2.5m;4~5kg的有效射程为4m,时间8~9s;8kg的有效射程为5m,时间12s;(MFTZ)35~50kg推车的有效射程为8m,时间20s;70kg推车的有效射程为9m,时间25s。

2. 化学泡沫灭火器

化学泡沫灭火器内充装的灭火剂是硫酸铝水溶液和碳酸氢钠水溶液,再加入适量的蛋白泡沫液。如果再加入少量氟表面活性剂,可增强泡沫的流动性,提高灭火能力,故称高效化学泡沫灭火器。泡沫灭火剂的作用是在燃烧物表面形成一个泡沫覆盖层,遮断火焰的热辐射,防止空气进入,冷却稀释燃烧物周围空气中的氧。灭火原理:

$$Al_2(SO_4)_3 + 6NaHCO_3 = 3Na_2SO_4 + 2Al(OH)_3\downarrow + 6CO_2\uparrow$$

化学泡沫灭火器适用于扑救一般 B 类火灾,如油制品、油脂等火灾,也可适用于扑救 A 类火灾,但不能扑救 B 类火灾中的水溶性可燃、易燃液体的火灾,如醇、酯、醚、酮等物质火灾,也不能扑救带电设备及 C 类和 D 类火灾。注意使用前不得使灭火器过分倾斜,更不可横拿或颠倒,以免两种药剂混合而提前喷出。使用时,灭火器应始终保持倒置状态,否则会中断喷射。使用时不可将筒底筒盖对着人体,以防万一发生危险。

筒内药剂一般每半年(最迟一年)换一次,冬夏季节要做好防冻、防晒保养。泡沫 MP6m 灭火器(10L)喷射距离为 5m,时间 35s;65L 的喷射距离为 9m,时间 150s 左右。

3. 空气泡沫灭火器

空气泡沫灭火器内充装的灭火剂是空气泡沫液与水的混合物。空气泡沫是由空气泡沫混合液与空气借助机械搅拌混合生成,在此又称空气机械泡沫。空气泡沫灭火剂有许多种,如蛋白泡沫、氟蛋白泡沫、轻水泡沫(又称水成膜泡沫)、抗溶泡沫、聚合物泡沫等。由于空气泡沫灭火剂的品种较多,因此空气泡沫灭火器又按充入空气泡沫灭火剂的名称加以区分,分为蛋白泡沫灭火器、轻水泡沫灭火器、抗溶泡沫灭火器等。

空气泡沫灭火器的适用范围基本上与化学泡沫灭火器相同。但抗溶泡沫灭火器还能扑救水溶性易燃、可燃液体的火灾,如醇、醚、酮等溶剂燃烧的初起火灾。空气泡沫灭火器使用时,应使灭火器始终保持直立状态,切勿颠倒或横卧使用,否则会中断喷射。

4. 清水灭火器

清水灭火器内充入的灭火剂主要是清洁水。它主要是靠冷却作用灭火,有的加入适量的防冻剂,以降低水的冰点;也有的加入适量润湿剂、阻燃剂、增稠剂等,以增强灭火性能。

清水灭火器主要用于扑救固体物质火灾,如木材、棉麻、纺织品等的初起火灾,不适于扑救油类、电气、轻重金属、可燃气体的火灾。

灭火器不能离燃烧物太远,这是因为清水灭火器的有效喷射距离在 10m 左右,否则,清水灭火器喷出的水,喷不到燃烧物上。清水灭火器有效喷水时间仅有 1min 左右。清水灭火器在使用过程中应始终与地面保持大致垂直状态,不能颠倒或横卧,否则会影响水流的喷出。

5. 卤代烷灭火器

卤代烷灭火器内充装的灭火剂是卤代烷灭火剂。通过抑制燃烧的连锁反应,采取燃烧连锁反应中的活性游离基,来抑制燃烧的化学反应,使燃烧的连锁反应中断。它具有灭火效能高、绝缘性能好、腐蚀性小、毒性低、不留痕迹等优点。

卤代烷灭火器淘汰之前,而我国常见的有两种,一种是 1211 灭火器,一种是 1301 灭火器。由于卤代烷灭火剂会破坏大气臭氧层,我国已于 2010 年停止生产。

6. 二氧化碳灭火器

二氧化碳灭火器是充装液态二氧化碳的灭火器,以高压气瓶内储存的二氧化碳气体作为灭火剂进行灭火。它主要依靠窒息作用和部分冷却作用来灭火。

二氧化碳灭火后不留痕迹,适宜于扑救贵重仪器设备、档案资料、计算机室内火灾,由于不导电也适宜于扑救带电的低压电气设备和油类火灾,但不可用于扑救钾、钠、镁、铝等物质火灾。使用时,不能直接用手抓住喇叭筒外壁或金属连线管,防止手被冻伤。

7. 酸碱灭火器

酸碱灭火器是一种内部分别装有65%的工业硫酸和碳酸氢钠水溶液的灭火器。酸碱灭火器的作用原理是两种药剂混合后发生化学反应,产生压力使药剂喷出,从而扑灭火灾。

酸碱灭火器适用于扑救 A 类物质燃烧的初起火灾,如木、织物、纸张等燃烧的火灾。它不能用于扑救 B 类物质燃烧的火灾,也不能用于扑救 C 类可燃性气体或 D 类轻金属火灾,此外也不能用于带电物体火灾的扑救。使用前不能过分倾斜,以防两种药液混合而提前喷射。使用时将灭火器颠倒过来,并摇晃几次,使两种药液加快混合。使用时,不能将筒盖或筒底对着人体,以防筒底爆破或筒盖飞出伤人。

8. 风力灭火器

风力灭火器是消除燃烧的第三个条件——温度,使火焰熄灭。风力灭火器将大股的空气高速吹向火焰,使燃烧的物体表面温度迅速下降,当温度低于燃点时,燃烧就停止了。风力灭火器只能灭明火,不能灭暗火。

风力灭火器的结构很简单,主要由一个电动机、风叶、风管、电池组成。主要应用于森林灭火、消防急救、园林绿化、公路工程等,也有用于工业生产的;不宜用于火焰高度超过2.5m的火或火焰高度超过1.5m以上的迎面火。

我国标准规定,灭火器型号应以汉语拼音大写字母和阿拉伯数字标于筒体,如"MF2"等。其中第一个字母 M 代表灭火器,Z 代表贮压式,第二个字母代表灭火剂类型[F 是干粉灭火剂(风力)、FL 是磷铵干粉灭火剂、T 是二氧化碳灭火剂、Y 是卤代烷灭火剂、P 是泡沫灭火剂、QP 是轻水泡沫灭火剂、SQ 是清水灭火剂、S 是酸碱灭火剂],后面的阿拉伯数字代表灭火剂重量或容积,一般单位为千克或升。灭火器的灭火级别应由数字和字母组成,数字表示灭火级别的大小,字母(A 或 B)表示灭火级别的单位及适用扑救火灾的种类。例如,推车式干粉灭火器(MFZT/ABC30)、推车式二氧化碳灭火器(MTT24)、推车式清水灭火器(MQST30)、手提式1211灭火器(MY4)、手提式干粉灭火器(MFZ/ABC4)、手提式二氧化碳灭火器(MT3)、手提式清水灭火(MQS3)、手提式清水泡沫灭火器(MQP3)、风力灭火器(6MF – 30C)。

灭火器的检查内容包括:铅封、外表、零部件、压力表、充装日期。

灭火器的报废期:

(1)水型灭火器:6 年;

(2)泡沫灭火器:8 年;

(3)二氧化碳灭火器:12 年;

(4)干粉灭火器:10 年(手提)/12 年(推车);

(6)手提式酸碱灭火器:5 年。

(六)不同火灾类型下灭火器的选用

灭火器的种类很多,用途也分很多种,盲目地选择灭火器有时候非但不能灭火,还可能起到反作用。不同类型灭火器所充装的灭火剂不同,在灭火时,不同的灭火剂可能会发生反应,反而不利于灭火。因此选用两种或两种以上类型的灭火器时,应采用灭火剂相容的灭火器。

相对于扑灭同一火灾而言,不同灭火器的灭火有效程度有很大差异;二氧化碳和泡沫灭火剂用量较大,灭火时间较长;干粉灭火剂用量较少,灭火时间很短。配置时可根据场所的重要性,对灭火速度要求的高低等方面综合考虑。

灭火器设置场所的环境温度对于灭火器的喷射性能和安全性能有明显影响。若环境温度过低则灭火器的喷射性能显著降低,影响灭火效能;若环境温度过高则灭火器内压增加,灭火器有爆炸伤人的危险。因此灭火器设置点的环境温度应在灭火器的使用温度范围内。

(1)扑救 A 类火灾,即固体燃烧的火灾应选用水型、泡沫、磷酸铵盐干粉灭火器。

(2)扑救 B 类火灾,即液体火灾和可熔化的固体物质火灾应选用干粉、泡沫、二氧化碳型灭火器。这里值得注意的是,化学泡沫灭火器不能灭 B 类极性溶剂火灾,因为化学泡沫与有机溶剂接触,泡沫会迅速被吸收,使泡沫很快消失,这样不能起到灭火的作用。醇、醛、酮、醚、酯等都属于极性溶剂。

(3)扑救 C 类火灾,即气体燃烧的火灾应选用干粉、二氧化碳型灭火器。

(4)扑救 D 类火灾,即金属燃烧的火灾,就我国情况来说,还没有定型的灭火器产品。国外扑救 D 类的灭火器主要有粉装石墨灭火器和灭金属火灾专用干粉灭火器。在国内尚未定型生产灭火器和灭火剂珠情况下可采用干砂或铸铁沫灭火。

(5)扑救 E 类火灾应选用磷酸铵盐干粉型灭火器。E 类火灾指带电物体的火灾,如发电机房、变压器室、配电间、仪器仪表间和电子计算机房等在燃烧时不能及时或不宜断电的电气设备带电燃烧的火灾。

(6)扑救 F 类火灾,即烹饪器具内的烹饪物(动植物油脂)火灾。灭火时忌用水、泡沫及含水性物质,应使用窒息灭火方式隔绝氧气进行灭火。

二、防中毒

在天然气开采生产过程度中常见一些有毒物质如硫化氢、一氧化碳、醇类等。由于操作不当,设备管理不善或设备质量不合格,就会导致中毒事故发生。

(一)硫化氢中毒

天然气中的无机硫化物[如硫化氢(H_2S)]和有机硫化物[如硫醇(RSH)、硫醚(RSR)等]都是毒性很大的气体。

硫化氢是在含硫石油和天然气开发、提炼时产生的有毒气体。在含硫天然气生产过程中,因井喷及采、输气,脱硫设备跑、冒、漏气等原因,使工作环境充满大量硫化氢。由于硫化氢易溶于水和油类,有时可随水和油类流至远离发生源的地方,所以,很容易引发意外中毒。

硫化氢是无色、有强烈臭鸡蛋味的可燃有毒气体,可溶于水、乙醇、汽油、煤油、原油,密度比空气略大;自燃点246℃,爆炸极限为4.3%～46%;在0℃常压情况下密度为1.521kg/m^3;在常温常压下为气态,在18℃、1.68MPa 的情况下为液态;在输气过程中与管壁接触生成 FeS,当天然气中存在二氧化碳和水时,可加剧硫化氢的腐蚀。

H_2S 对人体的侵害主要是从呼吸道进入人体,人们在含有 H_2S 气体的工作场所工作时,在呼吸过程中,一部分随着呼出的气体呼出体外,有一小部分存在体内氧化生成硫酸盐,随着小便排出,体内无蓄积作用。空气中最大允许浓度为 10mg/m^3。

H_2S 是一种强烈的神经毒物,对黏膜有一定的刺激作用,易引起角膜炎,与人体细胞色素氧化酶中的铁作用,引起组织缺氧而造成呼吸困难,大量吸入会引起肺水肿。H_2S中毒的表现随着接触的浓度和时间不同而分为:

(1)轻度中毒:眼红和结膜肿胀、畏光流泪、胸部紧迫、咳嗽等。空气中H_2S浓度达到$20mg/m^3$时就可引起轻度中毒,恢复较快,无后遗症。

(2)中度中毒:结膜刺激、流泪、恶心、呕吐、腰痛、呼吸困难、头痛、轻度肺炎或肺水肿、支气管炎、乏力、行为失调。空气中H_2S浓度达到$700mg/m^3$时即可引起中度中毒。

(3)重度中毒:先是头痛、心悸、呼吸困难、行动迟缓、意识模糊,后抽筋、昏迷或因心脏瘫痪、呼吸停止而死亡。空气中H_2S浓度达到$1000mg/m^3$时即可立即引起重度中毒,就向电击一样迅速死亡。

(二)醇类物质中毒

在天然气生产中,常常使用醇类物质来预防水合物和天然气脱水。醇类物质是一种有毒物质,它的蒸气强烈刺激人体器官黏膜,当吸入醇类物质的蒸气或其蒸气侵入人体皮肤时,就会引起中毒,刺激眼睛以至失明。长期接触,引起慢性中毒,表现为神经衰弱、视力减退、皮炎湿疹等。

1. 甲醇中毒

甲醇在常温、常压下为无色透明、易挥发、易燃烧的有毒液体,稍有酒精的芳香味,极易与水及各种有机溶剂互溶,相对密度0.7915;闪点16℃,自然点446℃,爆炸范围6.0%~36.5%,沸点64.5~64.7℃;能燃烧,燃烧时火焰呈蓝色,白天轻易不可见。

甲醇为神经性毒物,可经过呼吸道、肠胃和皮肤吸收,具有明显的麻醉作用。人喝入5~10mg即可导致严重中毒,10mg以上就有失明的危险,30mg以上能使人死亡。人在浓度为$39~65mg/m^3$的环境中工作30~50min会引起急性中毒。国标规定工作环境甲醇浓度最高不准超过$50mg/m^3$。

甲醇属低毒性毒类,对人体有麻醉作用和体内蓄积作用,中毒表现以神经系统炎症和视神经炎为主,主要特征是双目失明、头痛、恶心、腹泻、狂躁。

2. 乙二醇中毒

乙二醇,简称EG,分子式$C_2H_6O_2$,化学性质与乙醇相似,相对密度为1.1132,凝固点$-12.6℃$,沸点197.2℃,自燃温度400℃,闪点110℃,自燃点412℃,爆炸极限3.2%~15.3%。乙二醇很易吸湿,能与水、乙醇和丙酮混溶,微溶于乙醚,能极大降低水的冰点,所以常用来阻止天然气管道中形成水合物。乙二醇在常温下为无色、无臭、有甜味的黏稠液体,稳定无腐蚀性,可燃但不易燃。

乙二醇被《欧洲委员会危险品导则》分类为"有害物质",具有毒性,侵入途径为吸入、食入、经皮吸收。通常二醇类化合物都是慢性毒物,过度暴露在它的蒸气中,能对眼、鼻和咽喉产生刺激作用。人对本品一次口服致死量估计为1.4mL/kg(1.56g/kg)。口服后急性中毒分三个阶段:第一阶段主要为中枢神经系统症状,轻者似乙醇中毒表现,重者迅速产生昏迷抽搐,最后死亡;第二阶段,心肺症状明显,严重病例可有肺水肿、支气管肺炎、心力衰竭;第三阶段主要表现为不同程度肾功能衰竭。

(三)一氧化碳中毒

一氧化碳为无色、无味、无刺激性、易燃、有毒气体;气体相对密度0.967,比空气稍轻;微溶于水,在一定条件下该气体密度比空气大,可积聚在低洼处;易燃、受热、通明火或火花可引起燃烧,与空气能形成爆炸性混合物,爆炸极限为 12%~74%。

当一氧化碳吸入肺部,渗入人的血液时,立即与血红蛋白结合,形成不易分解的碳氧血红蛋白(HbCO),组织失去了输送氧气的能力。由于血红蛋白与一氧化碳的亲和力比氧气的要大 200~300 倍,而血红蛋白与一氧化碳的离解度又比氧气小 3600 倍。因此,一氧化碳中毒表现出窒息及全身缺氧。一氧化碳是无色、无臭、无味的气体,故易被忽略而致中毒。常见于家庭居室通风差的情况下,如煤炉产生的煤气或液化气管道漏气或工业生产煤气以及矿井中的一氧化碳吸入而致中毒。

最常见的一氧化碳中毒症状,如头痛、恶心、呕吐、头晕、疲劳和虚弱的感觉。暴露在一氧化碳中可能严重损害心脏和中枢神经系统,会有后遗症。

一是轻度中毒。患者可出现头痛、头晕、失眠、视物模糊、耳鸣、恶心、呕吐、全身乏力、心动过速、短暂昏厥等症状。血中碳氧血红蛋白含量达 10%~20%。

二是中度中毒。除上述症状加重外,口唇、指甲、皮肤黏膜出现樱桃红色,多汗,血压先升高后降低,心率加速,心律失常,烦躁,一时性感觉和运动分离(即尚有思维,但不能行动)。症状继续加重,可出现嗜睡、昏迷。血中碳氧血红蛋白约在 30%~40%。经及时抢救,可较快清醒,一般无并发症和后遗症。

三是重度中毒。患者迅速进入昏迷状态。初期四肢肌张力增加,或有阵发性强直性痉挛;晚期肌张力显著降低,患者面色苍白或青紫,血压下降,瞳孔散大,最后因呼吸麻痹而死亡。经抢救存活者可有严重并发症及后遗症。

中、重度中毒病人有神经衰弱、震颤麻痹、偏瘫、偏盲、失语、吞咽困难、智力障碍、中毒性精神病或去大脑强直;部分患者可发生继发性脑病。

(四)甲烷中毒

天然气的主要成分是甲烷,甲烷本身不属于有毒气体,但当空气中甲烷含量增加时,氧气含量则减少。空气中甲烷含量增高到 10% 以上时,氧的含量就明显减少,使人出现虚弱、眩晕等脑缺氧症状;当空气中含氧量减少到只有 7% 时,则呼吸紧迫,面色发青,进而可失去知觉,甚至死亡。

使用天然气不当时,导致中毒的症状表现为:

(1)轻微中毒:像患重感冒一样,流鼻涕、眼泪、头昏、太阳穴发胀;此时患者应立即离开室内,到室外呼吸新鲜空气,即能恢复。

(2)中度中毒:四肢麻木、无力、呕吐、眼球胀痛、恶心、坐卧不安;此时,应立即将患者送医院抢救。

(3)严重中毒:昏迷、呼吸困难、休克。此时,应立即对患者进行人工呼吸,并马上送医院抢救,否则时间一长可能因缺氧而窒息死亡。

(五)呼吸防护用具的类型

1. 按防护原理分类

按防护原理不同,呼吸防护用具主要分为过滤式和隔绝式两大类。

过滤式呼吸防护用具是依据过滤吸收的原理,利用过滤材料滤除空气中的有毒、有害物质,将受污染空气转变为清洁空气供人员呼吸的一类呼吸防护用品,如防尘口罩、防毒口罩和过滤式防毒面具。

隔绝式呼吸防护用具是依据隔绝的原理,使人体呼吸器官、眼睛和面部与外界受污染空气隔绝,依靠自身携带的气源或靠导气管引入受污染环境以外的洁净空气为气源供气,保障人员正常呼吸的呼吸防护用具,也称为隔绝式防毒面具、生氧式防毒面具、长管呼吸器及潜水面具等。

过滤式呼吸防护用具的使用要受环境的限制,当环境中存在着过滤材料不能滤除的有害物质,或氧气含量低于18%,或有毒有害物质浓度较高(高于1%)时均不能使用,这种环境下应用隔绝式呼吸防护用具。

2. 按供气原理和供气方式分类

按供气原理和供气方式不同,呼吸防护用具主要分为自吸式、自给式和动力送风式三类。

自吸式呼吸防护用具是指靠佩戴者自主呼吸克服部件阻力的呼吸防护用品,如普通的防尘口罩、防毒口罩和过滤式防毒面具。

自给式呼吸防护用具是指以压缩气瓶为气源供气,保障人员正常呼吸的防护用品,如储气式防毒面具、储氧式防毒面具。

动力送风式呼吸防护用具是指依靠动力克服部件阻力、提供气源,保障人员正常呼吸的防护用品,如军用过滤送风面具、送风式长管呼吸器等。

3. 按人员吸气环境分类

按人员吸气环境不同,呼吸防护用具可分为正压式和负压式两类。

正压式是指使用时呼吸循环过程中,面罩内压力均大于环境压力的呼吸防护用具。

负压式是指使用时呼吸循环过程中,面罩内压力在呼吸气阶段均小于环境压力的呼吸防护用具。现场上常用的呼吸防护用具以正压式空气呼吸器最为典型,用途也最为广泛。

三、防电击、防静电

(一)防电击

1. 工业安全用电要求

(1)各种电气设备,如电动机、启动器、变压器等的金属外壳,必须有良好的接地线。这样,由各种原因造成的漏电以及金属外壳带电的电荷均能及时流入大地,使电气设备的金属外壳,保持与大地相同的电位。

(2)电器开关要安装在火线上。当开关切断电源后,使电气设备均不带电。如果安装在零线上,当开关切断电源后,电气设备仍带电,因而仍有触电的危险。

(3)在换接熔断丝(熔断管)时,应切断电源。选用的熔断丝(熔断管)必须和额定工作电流相符。如果选用额定电流过大的熔断丝(熔断管),则在电路中失去保护作用;如果额定电流过小,易造成停电事故,更不能采用其他金属来代替熔断丝。

(4)电气设备的工作电压必须和供电电压相符,不能将低电压的电器接入高电压线路用电。

(5)在通电的电气设备上,在无绝缘隔离或绝缘损坏的情况下,人体不能直接与电气设备接触,必须使用装有绝缘的工具去带电操作。

(6)手上潮湿(有水或出汗)时,或电线被水浸泡打湿时,不能触摸电线。

2.触电的急救方法

发生触电事故后,现场急救十分关键,如果处理及时,方法正确,可使触电者获救;反之,将造成严重后果。现场急救主要有以下几种办法:

(1)切断电源开关;或用带有木柄的刀、斧、铁锹、绝缘钳等工具割断电源线;照明线路触电,可将两条线路都切断。

(2)用木棍、竹竿等绝缘物,挑开电线或电气设备;站在干木板上或戴上绝缘手套,拉开触电者,使其脱离电源。

(3)如为高压电触电,应立即通知供电部门停电;或用安全工具,拉开高压开关;或者抛掷金属线使高压线短路,造成继电器保护,切断电源。在抛掷的金属线一端必须有可靠的接地,抛掷的一端不能再与人接触。

(4)如果触电者在较高位置处触电时,必须采取保护措施,防止切断电源后,触电者从高处摔下再次受伤。

当触电者脱离电源后,要立即依据具体情况,迅速采取急救措施,同时通知当地医务人员急救。

(二)防静电

两种不同的物体相互摩擦时,容易失去电子的物体带正电,另一种物体带负电,这种因摩擦而产生的电称静电。此外,石油产品生产、运输过程中的流动、冲击、飞溅等也会产生静电。如果绝缘物体上的静电荷逐渐积聚,就可能形成高电位,达到几千伏、几万伏。在这样高的静电电压作用下,周围的空气层可能被击穿而产生较长的强烈的电火花,形成放电现象,从而引燃天然气等易燃物质造成爆炸和火灾。

1.常见静电现象

天然气生产过程中常见的静电现象包括:

(1)摩擦带电。物体互相摩擦,在接触位置互相移动时形成电荷分离而产生静电。摩擦也是使液体、粉尘等产生静电的主要原因。

(2)剥离带电。互相密切结合的物体,在使其剥离时,因电荷分离而产生静电。所产生的静电电量因接触面积、黏着力、剥离速度的大小而异。

(3)流动带电。利用管道输送气、液体,气、液体跟固体管道的接触面上也会形成双电层。其中管道内壁表层的部分电荷,将随气、液体的流动而被带走,形成液流电流。这时管道为绝缘材料或对地绝缘,在管道上将产生静电;如管道接地,接地途径上就会有相应的电流流过。

(4)喷出带电。液体、粉体、气体从截面小的开口喷出时,跟喷口摩擦而产生静电;同时液体和粉体因互相撞击而变成更小的飞沫状态,接触表面迅速增加,能产生大量的静电。

(5)冲撞带电。粉体粒子间或粒子跟固体间的冲撞、迅速接触和分离,能产生静电。

2.静电的危害

(1)引起爆炸和火灾;

(2)静电电击;

(3)妨碍生产。

3.静电的安全防护

静电的安全防护主要是采取措施防止静电引起爆炸和火灾,主要措施有:

(1)控制环境危险程度。如采用通风装置;向设备或管道内充填氮气等不活泼气体,减少爆炸性混合物中氧的含量,以消除燃烧条件;使爆炸混合物浓度达不到爆炸极限等。

(2)控制工艺。选用合适的材料,使生产过程中物料上的静电能互相中和掉;降低气体、液体在管道中的流速以限制或减少静电的产生和积累;增强静电消散的过程。

(3)接地。将金属导体上产生的静电泄漏到地,限制导体电位上升以及由此产生的静电放电,防止附近物体受到带电体的静电感应。天然气集输过程中的储罐、过滤器、分离器、泵等所有能产生静电的设备、管道等应连接成连续的整体并接地。

采气井站的天然气、凝析油等是易燃物质,在流动过程中与管线设备发生的摩擦、冲击、飞溅、挤压、喷射、过滤、分离等一系列过程都存在产生静电的可能性,在工作中应注意预防。一方面防止静电的产生和聚积,如在汲取和灌注油料时(凝析油、汽油等),采用光滑的管子,并适当控制流速;固定的储油罐、油箱、油管等应安装固定接地,并保持良好状态,以减少静电产生或让静电及时消除。另一方面是搞好设备管线的维护工作,严禁天然气、凝析油等易燃气体、液体泄漏。

对于静电,人体相当于导体,电荷能经人体泄入大地,当条件具备时,人体静电完全可能引燃爆炸性混合物。因此,在有静电危险的场所,设备、管道等应涂刷防静电漆,工作人员应穿防静电鞋、防静电服等以消除人体静电。

复习思考题

1.火灾可以分为哪些类型?特点是什么?
2.什么是爆炸极限?受哪些因素的影响?
3.灭火剂可以分为哪些类型?
4.灭火器有哪些类型?各自的原理是什么?有什么特点?
5.简述各有毒物质的中毒机理。
6.简述现场安全用电要求。
7.简述防静电的具体措施。

任务实施

任务一 干粉灭火器的使用

一、学习目标

出现火灾时,能正确使用干粉灭火器进行应急处理。

二、准备工作

(1)设备准备:干粉灭火器;
(2)人员准备:按照要求穿戴劳动保护用品。

三、操作步骤

1. 准备工作

劳动防护用品准备齐全,穿戴整齐,工具、用具、材料准备齐全。

2. 基础知识

(1)火灾的类型;
(2)灭火器的类型及原理。

3. 风险防范

人身伤害:未握紧喷管喷头;设备损坏:灭火器超压,灭火器超出检测时间,环境污染。应按规定规范穿戴劳保用品;操作前熟知主要风险、危害因素及防范措施;严格按操作规程操作;平稳操作。

4. 灭火器检查

检查灭火器压力表指针是否在绿区或黄区,灭火器零部件应完好、无缺损,喷管喷头应通畅无堵塞。

5. 灭火器操作

(1)判断风向,人站上风处,将灭火器提至火场附近5m左右。
(2)去掉保险铅封,取出保险销。
(3)一手扶住喷头,另一手下压灭火器上把手,将上下把手握在一起,使喷出药剂扑向火焰根部,并左右摆动,直至火灭或药剂喷完。
(4)灭火要彻底,不留残火,以防复燃。对液体火灾,注意不直接对准液面扫射,以免液体溅出伤人。

6. 关阀操作

确认工艺流程允许关阀后,直接将超驰阀按下即可,此时阀门会立即关闭。

7. 清理场地

收拾材料、工用具,清理现场。

8. 安全文明生产

安全文明操作,在规定时间内完成。

四、技术要求

(1)在规定时间10min内完成,到时停止操作;
(2)做灭火器的用前检查,灭火器压力表指针在绿区或黄区,灭火器零部件完整;
(3)灭火时操作者站在上风方向;
(4)灭液体火灾时,不能直接对准液面扫射,防止液体溅出伤人。

任务二　正压式空气呼吸器的使用

一、学习目标

在有毒有害物质环境,能正确使用正压式空气呼吸器。

二、准备工作

(1)设备准备:正压式空气呼吸器;
(2)材料准备:医用酒精、医用药棉;
(3)人员准备:按照要求穿戴劳动保护用品。

三、操作步骤

1. 准备工作

劳动防护用品准备齐全,穿戴整齐,工具、用具、材料准备齐全。

2. 基础知识

(1)各有毒物质的中毒机理;
(2)正压式空气呼吸器的结构。

3. 风险防范

人身伤害:中毒、窒息,当报警笛鸣叫,此时人员尽快撤离危险区域;设备损坏:严格按操作规程操作,轻拿轻放。应按规定规范穿戴劳保用品;操作前熟知主要风险、危害因素及防范措施;平稳操作;正确使用材料、工用具。

4. 呼吸器检查

(1)面罩、背架检查;
(2)气瓶压力检查:完全打开气瓶阀;
(3)检查气瓶内压缩空气的压力,压力值必须在规定范围内(气瓶压力值应不小于250bar);
(4)气密性检查:关气瓶阀,观察气瓶压力计,在一分钟内压力下降必须小于20bar;
(5)报警器检查:按下供气阀控制按钮放气,使压力缓慢下降,观察压力计,当压力低于55±5bar 的时候报警笛响起为报警器正常。

5. 佩戴呼吸器

(1)调节背带,调节腰带,佩戴合适,戴上面罩并拉紧头带,检查面罩的气密性。
(2)把气瓶阀完全打开。
(3)将供气阀连接在面罩上接口处。
(4)装好供气阀后由他人检查一下是否正确连接,检查快速接口的两个按钮是否正确连接在面罩上。检查气瓶内的压缩空气,注意经常观察压力计,在气瓶压力低于55±5bar 时,报警笛开始鸣叫,此时人员尽快撤离危险区域。

6. 脱卸呼吸器

使用后卸下供气阀,关上气瓶阀。按下供气阀的控制按钮排空整个系统,松开背带,把整套设备卸下。

7. 清理场地

收拾材料、工用具,清理现场。

8. 安全文明生产

安全文明操作,在规定时间内完成。

四、技术要求

(1)在规定时间15min内完成,到时停止操作;
(2)做呼吸器的用前检查,气密性合格,报警笛工作正常。

任务三　四合一气体检测仪的使用

一、学习目标

在有毒有害物质环境,能正确使用四合一气体检测仪。

二、准备工作

(1)设备准备:四合一气体检测仪;
(2)人员准备:按照要求穿戴劳动保护用品。

三、操作步骤

1. 准备工作

劳动防护用品准备齐全,穿戴整齐,工具、用具、材料准备齐全。

2. 基础知识

四合一气体检测仪的结构、功能。

3. 风险防范

设备损坏:拿放检测仪不平稳,检测仪掉落。应按规定规范穿戴劳保用品;操作前熟知主要风险、危害因素及防范措施;严格按操作规程操作;平稳操作;正确使用检测仪、材料。

4. 四合一气体检测仪结构认识

认识进气口、LED报警灯、蜂鸣器、[ok]键(确认键)、电源、[＋]键([mode]键)、显示屏、红外接口、固定夹、型号牌、充电触点、测量气体显示、测量值显示。

5. 检查

使用前检查检测仪外观是否完好,进气口应保持清洁。

6. 开机

(1)按下[ok]键3s,可开启仪器。仪器鸣音震动,显示软件版本,仪器开始自检;

(2)显示剩余运行时间,依次显示所有报警设定值A1和A2;

7. 检测

(1)A2高端报警——可听到双频报警声LED报警灯双频闪烁;A1低端报警——可听到单频报警声LED报警灯单频闪烁;

(2)知道仪器对各种气体的检测范围,检测气体:O_2,0~25%(体积分数);Ex(可燃气),0~100%(爆炸下限);CO,0~3000mg/m³;H_2S,0~150mg/m³。

8. 关机

同时按住[+]键和[ok]键直到屏幕倒计时3、2、1消失关闭仪器,关闭设备前声光和震动报警短时间激活。

9. 清理场地

收拾工具,清理现场。

10. 安全文明生产

安全文明操作,在规定时间内完成。

四、技术要求

(1)在规定时间20min内完成,到时停止操作;

(2)注意设备使用温度;

(3)清楚高、低端报警声音特征。

任务四 H_2S中毒紧急救护应急处置

一、学习目标

清楚H_2S中毒紧急救护应急处置流程及方法。

二、准备工作

(1)设备准备:正压式空气呼吸器;

(2)材料、工具准备:警戒线、手套、对讲机、担架;

(3)人员准备:按照要求穿戴劳动保护用品。

三、操作步骤

1. 准备工作

劳动防护用品准备齐全,穿戴整齐,工具、用具、材料准备齐全。

2. 基础知识

(1)H_2S中毒机理;

(2)正压式空气呼吸器的使用;
(3)H₂S中毒紧急救护处理流程及方法。

3. 风险防范

中毒:采取正确防范措施施救;着火、爆炸:抢救现场有可燃气体,遇火源着火或爆炸,进入含可燃气体现场前释放静电,禁带火种。

4. 应急措施及步骤

发现有人中毒,立即撤离中毒场所,转移至上风口安全地带,上报,事故区域设警戒标志;救援人员佩戴正压式空气呼吸器把中毒人员迅速送到地势高的通风处,脱离污染区。如患者呼吸停止,应立即以人工胸外心脏挤压法施救(不宜口对口呼吸),对猝死者实施心肺复苏,待病人生命体征平稳后转送附近医院,配合相关部门调查事故原因。

5. 保护现场及原因分析

(1)切断泄漏源,维护现场秩序,保护事故现场;
(2)防范意识淡薄分析;
(3)油气泄漏分析;
(4)气中析出的有毒有害气体分析。

6. 防范措施

(1)安装硫化氢监测仪,在超标部位作业应用防毒面具;加强对硫化氢知识的学习。
(2)加强巡检,定期维护设备管路。

7. 清理场地

收拾材料、工用具,清理现场。

8. 安全文明生产

安全文明操作,在规定时间内完成。

四、技术要求

(1)在规定时间20min内完成,到时停止操作;
(2)进入危险区域前,先佩戴正压式空气呼吸器;
(3)中毒者移至通风处,进行急救。

项目三 采气集气基本流程认识

采气集气基本工艺流程主要包括井身结构、采气井口、单井工艺流程和多井集气工艺流程。流程是采气工作人员的必修课,只有在认识流程的基础上,才能正确熟练地操作设备,才能对流程中的故障及难题积极应对。

☞ 知识目标

(1)井身结构的基本组成;

(2)采气井口的基本组成;

(3)常温采气集气工艺流程的特点;

(4)低温采气集气工艺流程的特点。

能力目标

(1)能绘制气井井身结构图;

(2)能绘制采气井口工艺流程;

(3)能绘制常温采气集气工艺流程;

(4)能绘制低温采气集气工艺流程。

任务资源

一、气井井身结构

井身结构作为沟通地层与地面的基本通道,其基本构造关系到气井产能的高低,甚至关系到气井的寿命,所以作为采气工作者,必须掌握井身结构的相关知识。

(一)井别分类

(1)生产井:用来采油、气的井。

(2)注水井:用来向油、气层内注水的井。

(3)探井:在经过地球物理勘探证实有希望的地质构造上,为了探明地下情况,寻找油、气田而钻的井。

(4)评价井:在已探明的油、气区,为了扩大、证实储量而钻的井。

(5)开发井:在油气田为了提高采收率而钻的油气井。

(6)资料井:为了取得编制油田开发方案所需要的资料而钻的取心井。

(7)观察井:在油田开发过程中,专门用来观察油田地下动态的井。

(8)检查井:在油田开发过程中,为了检查油层开采效果所钻的井。

(9)调整井:为了挽回油区储量损失,改善断层遮挡地区注水开发效果等所钻的井。

(二)井身结构

井身结构是油井基础、全井骨架,不仅关系全井能否顺利钻进、是否顺利完井,而且关系到能否顺利生产和井的寿命,如图1-9所示。

1. 导管

导管指井身结构中靠近裸眼井壁的第一层套管。它的作用是在钻井开始时保护井口附近的地表层不被冲垮,建立循环钻井液、引导钻具的钻进,保证井眼钻凿的垂直等。一般下入深度在2~40m,直径一般为450mm和375mm。

2. 表层套管

井身结构中的第二层套管称为表层套管,又称地面套管或封隔水层套管。它的作用是封隔地下水层、加固疏松岩层的井壁,保护井眼和安装封井器。一般下入深度在30~150m,直径一般为400mm和324mm。

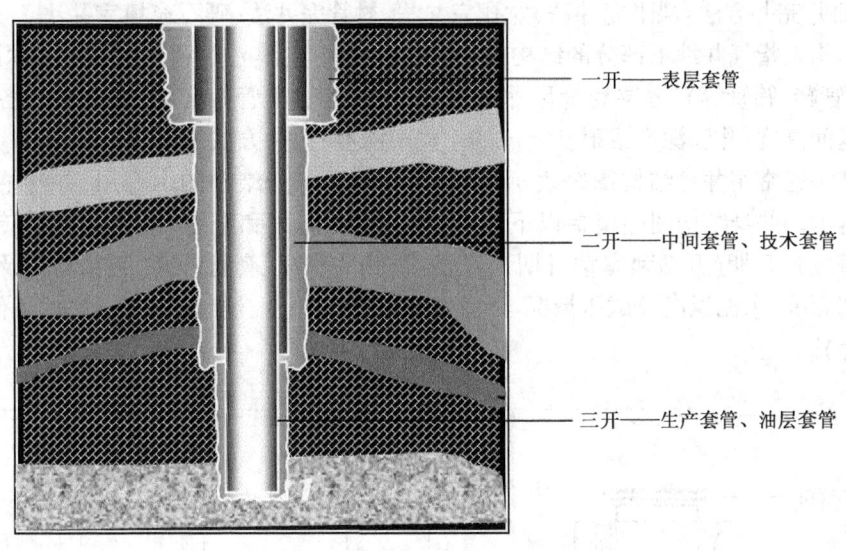

图1-9 气井井身结构

3. 技术套管

在表层套管里面下入的一层套管(即表层套管和油层套管之间)称技术套管,又称中间套管。它的作用是用来保护封隔油层上部难以控制的复杂地层。一般为了加快钻进和节省费用,钻进过程中尽可能不下或少下技术套管。

4. 油层套管

油井内最后下入的一层套管,称为油层套管,又称生产套管。它的作用是加固油层井壁,封隔油气水层,建立一条封固严密的永久通道,保证气井能够进行长时期的生产。下入深度应超过油层底界30m以上,足够长的沉砂口袋,直径一般为168mm、140mm等。

在井身结构的设计上,水泥上返高度必须超过油气层顶界100~150m。只要地层情况允许,钻井工艺技术措施得当,可只下两层套管即表层套管和油层套管。

(三)基本概念

(1)固井:在套管和井壁的环形空间内注入水泥浆进行封固;用于加固井壁,保护套管,封隔井内油、气、水层之间不串通,便于分层采油。

(2)固井水泥环:当下完各类套管并经过固井后,便在套管与井壁的环形空间形成了坚固的水泥环状柱体;用于封固井壁地层、加固井壁和保护套管。

(3)转盘方补心:旋转钻井时,带动井下工具旋转的转盘中间用来卡住方钻杆的部件。

(4)油补距(补心高差):在旋转钻井时,转盘方补心上平面到套管四通上部平面间的距离。

(5)套补距:转盘方补心上平面到套管法兰上部平面之间的距离。

(6)完钻井深(钻井井深):完钻井裸眼井底至转盘方补心顶面的高度。

(7)套管深度:转盘方补心上平面到油层套管鞋位置的高度。

(8)人工井底:油井固井完成留在套管内最下部一段水泥凝固后的顶面。

(9)水泥返高:固井时油层套管和井壁之间的环形空间的水泥上返高度。

(10)水泥塞:固井后,从完钻井底至人工井底这段水泥柱。

(11)油井完井方法:裸眼完井法、射孔完井法、衬管完井法、砾石充填完井法。

井身结构是指气井地下部分的结构。井身结构主要包括:油管柱尺寸和下入深度;油管下端管件(油管鞋、筛管等);各层套管尺寸及下入深度;各层套管相应的钻头尺寸;各层套管外水泥浆的返回高度;井底深度或射孔完成的水泥塞深度;完井方法等。

井身结构通常用井身结构图来表示,它是气井地下部分结构的示意图,井身结构参数如图1-10所示。井身结构图应包括以下几项数据:地面海拔和补心海拔(钻井时转盘面的海拔为补心海拔)、日期(开钻和完钻日期)、产层段、钻头程序、套管程序、完钻井深及射孔完成井的水泥塞深度、水泥返高及试压情况、油管规格及下入深度、油气层完井方法、其他情况(井下落物情等)。

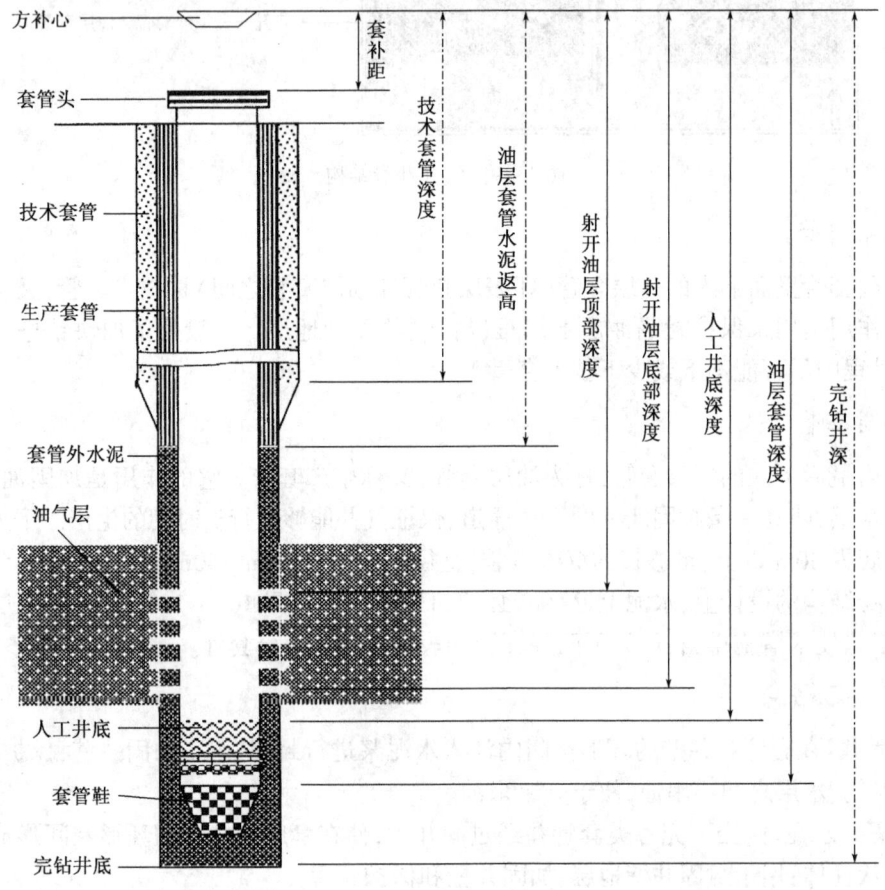

图1-10 井身结构参数

(四)井下工具的作用

(1)油管:油气从井底流到井口的通道,控制油气流,便于井下作业。

(2)水力锚:利用水力锚咬合力克服顶力,从而固定油管。

(3)封隔器:保护套管,分层开采。

(4)节流器及单流阀:调节层间矛盾,达到各层合理压差下生产,有举油作用。

(5)筛管:油流通过筛管孔眼进入油管。

(6)堵头:堵塞人工井底脏物进入油管或堵塞一定部位。

(7)下工作筒:工作筒投入配套使用堵塞器,就可以不压井放喷起下作业;采油过程中清蜡、测试等仪器工具,掉落井底时,因工作筒小,不致落到套管内,便于打捞。常用的工作筒内径有 $\phi 55mm$、$\phi 54mm$、$\phi 53mm$、$\phi 52mm$。

(8)喇叭口(油管鞋):一旦下入井工具(刮蜡片、压力计、流量计)掉到井底,打捞时容易进入油管;便于流量计等过油管的仪器,上提经喇叭口顺利进入油管;有利于原油从油层进入井底后汇集到油管里,使油中的天然气更有效举升原油。

二、采气井口装置

采气井口装置是控制气井生产的重要地面设备之一。如图 1-11 所示,采气井口装置主要由套管头、油管头和采气树三大部分组成。其中,由套管头和油管头构成井口装置的基础部分,将防喷器安装在井口装置上方,即构成钻井井口装置;卸去防喷器,将采气树安装在井口装置上方,即构成采气井口装置。

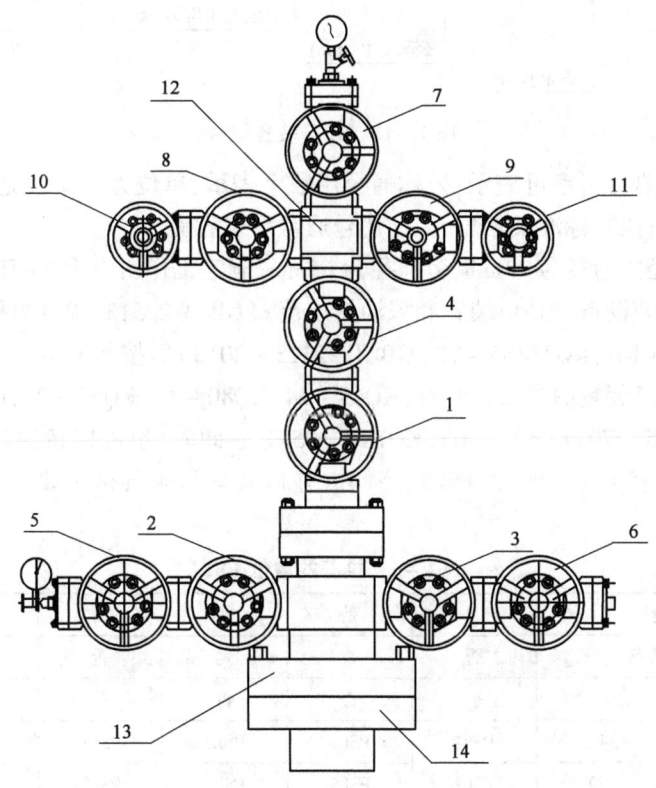

图 1-11 采气井口装置阀门配置及编号
1—①号总闸阀;2—套管左翼①号闸阀;3—套管右翼①号闸阀;4—2号总闸阀;5—套管左翼②号闸阀;6—套管右翼②号闸阀;7—测压闸阀;8—油管左翼①号闸阀;9—油管右翼①号闸阀;10—左翼角式节流阀;11—右翼角式节流阀;12—小四通;13—大四通;14—底法兰

(一)采气井口装置的作用

采气井口装置的作用体现在以下几个方面:

(1)开关控制和引导井内气流,即在开采过程中,从油管内将气引到地面上来,并对天然气流量、压力、方向进行控制;

(2)悬挂油管,即悬挂下入井中的油管柱;

(3)连接井下套管,承托下入油气井中的各层套管柱;

(4)密封套管和油管之间的环形空间;

(5)创造测试和井下作业条件,便于测压、清蜡、洗井、循环、压井和油气井增产等各种措施的实施。

(二)井口装置的型号、材料级别与温度级别

井口装置型号的表示方法如图1-12所示。

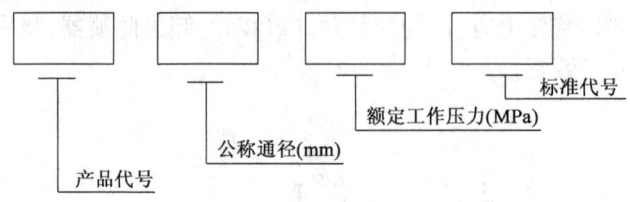

图1-12 井口装置型号

产品代号用汉语拼音字母表示;公称通径用数字表示,单位为mm,主通径在前面;额定工作压力单位为MPa;执行标准及年号、标准代号通常可以省略。

例如,公称通径主通径为78mm,旁通径为65mm,额定工作压力为70MPa,采用《石油天然气工业 钻井和采油设备 井口装置和采油树规范》(GB/T 22513—2013)标准生产的采气井口装置的型号表示如下:KQ78/65-70(GB/T 22513—2013)。按照GB/T 22513—2013要求,现在国内生产的井口装置的主要型号有:KQ65-14、KQ80-14、KQ65-21、KQ65-35、KQ80-35、KQ65-70、KQ78-70、KQ65-105、KQ78-105等。同时,也可以按照用户的要求设计制造。产品规范级别有PSL1、PSL2、PSL3、PSL4。井口装置和采气树主要零件推荐的最低PSL见表1-5。

表1-5 推荐的最低PSL

	酸性环境		否	是	是	否	是	是
	高浓度硫化氢连接		否	否	是	否	否	是
	靠得很近		否	否	否	是	是	是
产品规范级别	额定工作压力(MPa)	34.5	PSL1	PSL1	PSL2	PSL1	PSL2	PSL3
		69	PSL2	PSL3	PSL3	PSL3	PSL3	PSL4
		≥103.5	PSL3	PSL4	PSL4	PSL4	PSL4	PSL4

采气树主要零件最少包括油管头、油管悬挂器、油管头异径连接装置、下部主阀。

是否高浓度H_2S——若100mg/L H_2S的暴露半径距井口15m以上时认为是高浓度H_2S。

是否靠得很近——100mg/L H_2S的暴露半径距井口大于15m,并包含除公共道路以外的任何公共区域;500mg/L H_2S的暴露半径大于15m,并包括除公共道路在内的公共区域的任何部分;井位于任何环境敏感区,如公园、野生生物保护区、市区等;井位于距明火或火焰燃烧设备45m之内;井位于国家或联邦的给水区;井位于或接近内陆航运水系附近;井位于或接近生活给水区附近;井位于任何住宅105m以内。除以上考虑的最低要求外,还应符合当地的法规

要求。

井口装置的材料级别有 AA、BB、CC、DD、EE、FF、HH 七级,材料级别与最低要求见表 1-6。

表 1-6 材料级别与最低要求

材料级别	材料最低要求	
	本体、盖、端部和出口连接	控压件、阀杆心轴悬挂器
AA——一般使用	碳钢或低合金钢	碳钢或低合金钢
BB——一般使用		
CC——一般使用	不锈钢	不锈钢
DD—酸性环境	碳钢或低合金钢	碳钢或低合金钢
EE—酸性环境		不锈钢
FF—酸性环境	不锈钢	
HH—酸性环境	抗腐蚀合金	抗腐蚀合金

井口装置的温度级别有 K、L、N、P、R、S、T、U、V,各温度级别额定温度值见表 1-7。

表 1-7 各温度级别额定温度值

温度级别	作业范围(℃)	
K	-60	82
L	-46	82
P	-29	82
R	室温	
S	-18	66
T	-18	82
U	-18	121
V	2	121

(三)井口装置组成部件

1. 套管头

用于悬挂各种套管,密封各层套管的环形空间,安装在套管柱顶部或另一个套管头上的部件称为套管头。通过悬挂器支撑其后各层套管的质量,承受防喷器的质量,在内外套管之间形成压力密封,为释放套管柱之间的压力提供一个出口,可进行钻采工艺方面的特殊作业。

套管头主要由套管头壳体(本体)、套管悬挂总成等组成。根据生产标准可分为标准套管头和简易套管头;根据结构可分为卡瓦悬挂式套管头和坐封式套管头;根据用途可分为单级套管头和多级套管头;另外还可分为螺纹式套管头和焊接式套管头等。

(1)标准套管头,一般用于海上钻井、深井、高压井和气井等。

(2)简易套管头,主要应用于浅井、低压井和井身结构简单的井。

2. 油管头

安装在最上层的套管头或最小套管挂上的部件,用来悬挂油管,密封油、套管环形空间的部件称为油管头。在钻穿气层前,将其装在最上层的套管头上,再与防喷器连接。在完钻以后,利用它悬挂油管柱,密封油管与生产套管之间的环形空间并可以进行各种工艺作业。

油管头由油管四通和一个悬挂封隔机构（油管挂）、平板阀等组成。根据采气工艺的需要，它既可悬挂单根油管柱，也可悬挂多根油管柱。油管头的结构有锥座式和直座式两种。

3. 采气树

用于控制气井生产和进行日常维修作业，安装在套管头上部连接法兰以上的各种阀门、三通或四通、油管挂等的总称为采气树。采气树的作用是开关气井、调节压力、气量、循环压井、下井下压力计测量气层压力和井口压力等作业。

采气树各部分的作用：

（1）总阀门，安装在采气树变径法兰和小四通之间的阀门，通常有两只闸阀，一只备用。总阀门是控制气流进入采气树的主要通道。因此，在正常生产情况下，它都是开着的，只有在需要长期关井或其他特殊情况下才关闭总阀门。总阀门关闭后，阀门以外就没有气流了。

（2）小四通，安装在总阀上面，通过小四通可以采气、放喷或压井。

（3）油管阀门，当气井用油管采气时，用来开关气井。

（4）节流阀（针形阀），用于调节气井的生产压力和气量，节流阀是绝不允许作为截止阀使用的。

（5）测压阀门，通过测压阀门使气井在不停产的情况下，进行下井底压力计测压、测温、取样作业，其上接压力表可观察采气时的油管压力。

（6）压力表缓冲器，装在压力表截止阀和压力表之间，内装隔离液，隔离液对压力表启停时起压力缓冲作用，以防止压力表突然受压损坏。在含硫气井上，隔离液能防止硫化氢进入压力表造成压力表的腐蚀。

（7）套管阀门，用于控制套管的阀门，一端接有压力表，可观察采气时的套管压力。从套管采气时，用于开关气井。修井时可作为循环液的进口或出口。

三、采气站工艺流程

采气流程是把从气井采出的含有液体、固体杂质的高压天然气变成适合矿场输送的合格天然气的各种设备组合。采气流程是对采气全过程各个工艺环节之间关系及管路特点总的说明。用图例符号表示采气全过程的图称为采气（工艺）流程图。

一般来说采气流程可以分为井口区、保温节流区、分离区、计量区几大区域。

控制节流部分（包括井口区、保温节流区）的作用是开关井，控制气流，调节气量，提高天然气的温度，降低气流压力，防止水合物生成等。

分离净化部分的作用是通过分离器等设备，将天然气中的油、非烃类气体、水、砂等杂质分离出来，使气质较为纯净。

计量部分的作用是测算天然气的流量，以及油水量。

根据气井中采出天然气的性质以及矿场集输的要求，采气流程可分为单井常温采气流程、多井常温采气流程、低温采气流程等，部分采气流程中还加入天然气脱水工艺。

（一）常温分离工艺流程

1. 单井常温分离工艺流程

在单个采气井井场，安装一套包括天然气加热、调压、分离、计量和放空等设备的流程，称为单井常温分离工艺流程,如图1-13所示。气井采出的天然气,经采气树节流阀调压后进入加热设备加热(水套炉、导管换热器或电热带)升温,升温后的天然气再一次经节流阀降压到系统设定压力后进入分离器(卧式或立式),在分离器中除去液体和固体杂质,天然气从分离器顶部出口出来进入计量管段,经计量装置计量后,进入集气支线输出。分离出来的液(固)体从分离器下部进入计量罐计量,再分别排入油罐和污水池中,如果气井不产油,则分离出的液体直接排入污水池。

由于单井站各工艺设备区压力等级不同,为保证采气安全,在工艺设备各压力区(高、中、低压)分别安装有安全阀和放空阀,一旦设备超压,安全阀会自动开启泄压,同时启动井口自动切断系统,切断井口气源;对含有硫化氢等腐蚀性气体较多的气井,在井口装有缓蚀剂注入装置,以便定期向井内或管线内注入缓蚀剂;在冬季气温较低时,为防止生成水合物堵塞管线,应考虑加注防冻剂,可利用管线缓蚀剂注入装置或采用泵注方式注入。若生产后期气井采取泡沫排水采气工艺时,需定时定量向井筒内加注起泡剂,为防止起泡剂再生引起管线堵塞影响管输效率,必须定期加注消泡剂。

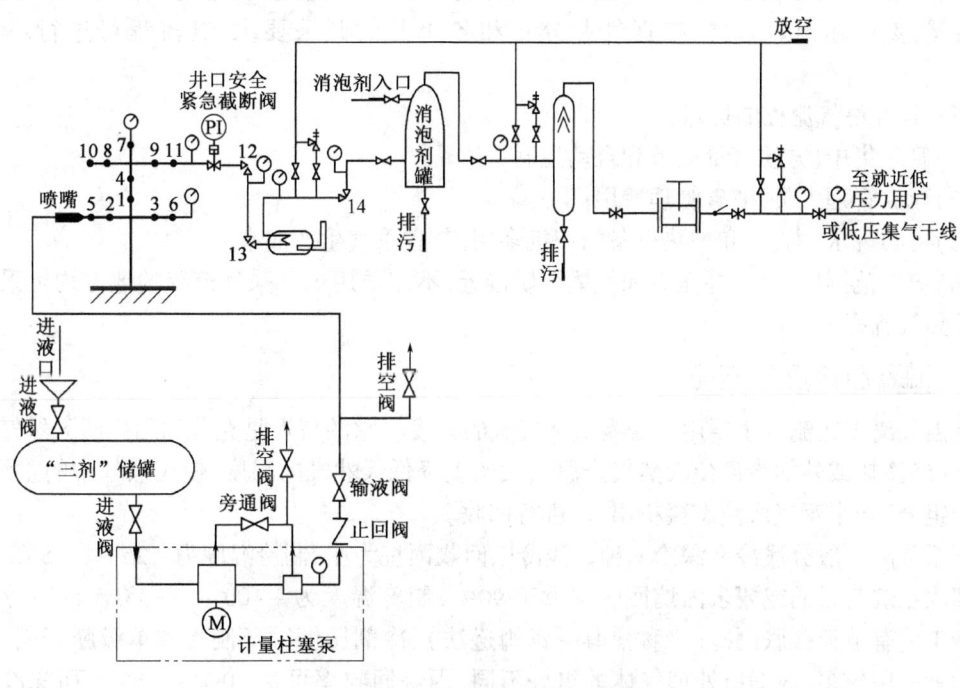

图1-13 单井常温分离工艺流程
1~11—采气树阀门编号;12~14—气井生产节流阀

随着科技发展,自动化程度越来越高,压力和流量多采用压力变送器和温度变送器、电动控制阀采集压力、温度以及进行压力控制等,有利于减少工人劳动强度,提高生产数据录入的准确性。现场常利用水套炉作为加热设备,其燃气可利用附近气井低含硫气或净化气,没有条件的可直接利用井口含硫气,采用干法脱硫处理后,再调压、计量供水套炉作燃料气用,也可作为井站生活用气。

单井常温分离工艺流程的适用条件:

(1)用于边远气井采气。气田边远部位一般井数少,如果要集中起来建集气站,则集气支线很长,浪费管材。

(2)用于产水量大的气水同产井。产水量大的气井必须就地把水分离后输气,如果气水两相混输,输气阻力很大,导致气井井口压力上升,产气量减小,甚至把井"憋死",出现水淹停产。

(3)用于低压气井采气。由于低压气井井口压力低,集气干线的压力波动影响很大,单井采气可避免这种影响,保持产气稳定。

2. 多井常温集气流程

将几口单井的采气流程集中在气田某一适当位置进行集中采气和管理的流程,称为多井常温集气流程,具有这种流程的站称为集气站,如图1-14所示。

多井常温集气流程包括两大部分:一是单井工艺,二是集气站工艺。各单井站经节流降压后输至集气站或由高压管线与集气站连接。在集气站的工艺过程一般包括加热—节流—分离—计量等几部分。为防止节流降压过程中因气体温度过低形成水合物,也可在井口进行加热—降压—节流—分离—计量后,经集气支线直接进入集气站汇管(图中虚线部分)输出即可。若气体压力较低,节流后不会形成水合物,集气站的流程也可适当简化为节流—分离—计量,然后输出。总之,根据气井分布和各单井的开采要求,其流程可进行不同的组合。

多井常温集气流程的优点:

(1)管理集中,方便气量调节和自动控制;

(2)减少管理人员,节省管理费用;

(3)可实现水、电、气和加热设备的一机多用,节省采气生产成本。

(4)应用范围广,凡气井压力和气体性质接近,不需要用单井采气流程的地方均可采用常温多井集气流程。

(二)低温分离工艺流程

低温分离工艺流程主要用于含凝析油气藏的开发。它的特点是充分利用高压天然气的节流制冷(经换热或外加冷源使天然气降温),大幅度降低天然气的温度,使天然气中的重烃(丙烷以上组分)和水蒸气成液态凝析出来,进行回收。

低温分离一般分浅冷和深冷两种。浅冷以回收丙烷为主,制冷温度为 $-25 \sim -15℃$;深冷则以回收乙烷为目的或要求丙烷回收率大于90%,制冷温度为 $-100 \sim -90℃$。浅冷分离常用制冷工艺有节流膨胀制冷(又称焦耳—汤姆逊法)、冷剂压缩循环制冷和单级膨胀制冷,其中后两者应用较多,根据所处理气体的组分不同,丙烷回收率可达50%~70%。而深冷工艺主要有复叠式制冷、膨胀制冷以及混合制冷(膨胀制冷与冷剂制冷相结合)三种方法,其丙烷回收率可达85%以上。

低温分离一般有冷量获得系统,也就是说,为了冷凝天然气必须需要冷量,冷量的来源主要有内冷和外冷两种。对于甲烷含量较多的气体,一般不需外冷源,相反甲烷含量较少的富气,仅靠内冷不足以将可凝组分全部冷凝,需辅以外冷。因此,常用的制冷方法大体上可分为膨胀制冷和外加冷剂制冷两种。选择制冷工艺时,主要考虑原料气的压力、组成、产品质量、回收率及其他经济技术因素,不同条件下其制冷工艺方法的选择也不同。一般来讲,选择轻烃回收工艺方法应遵循以下原则:

(1)当进气压力与输气压力间存在可供利用的压差(增压或无须增压回收)且丙烷含量不太多时,宜选用膨胀制冷工艺。

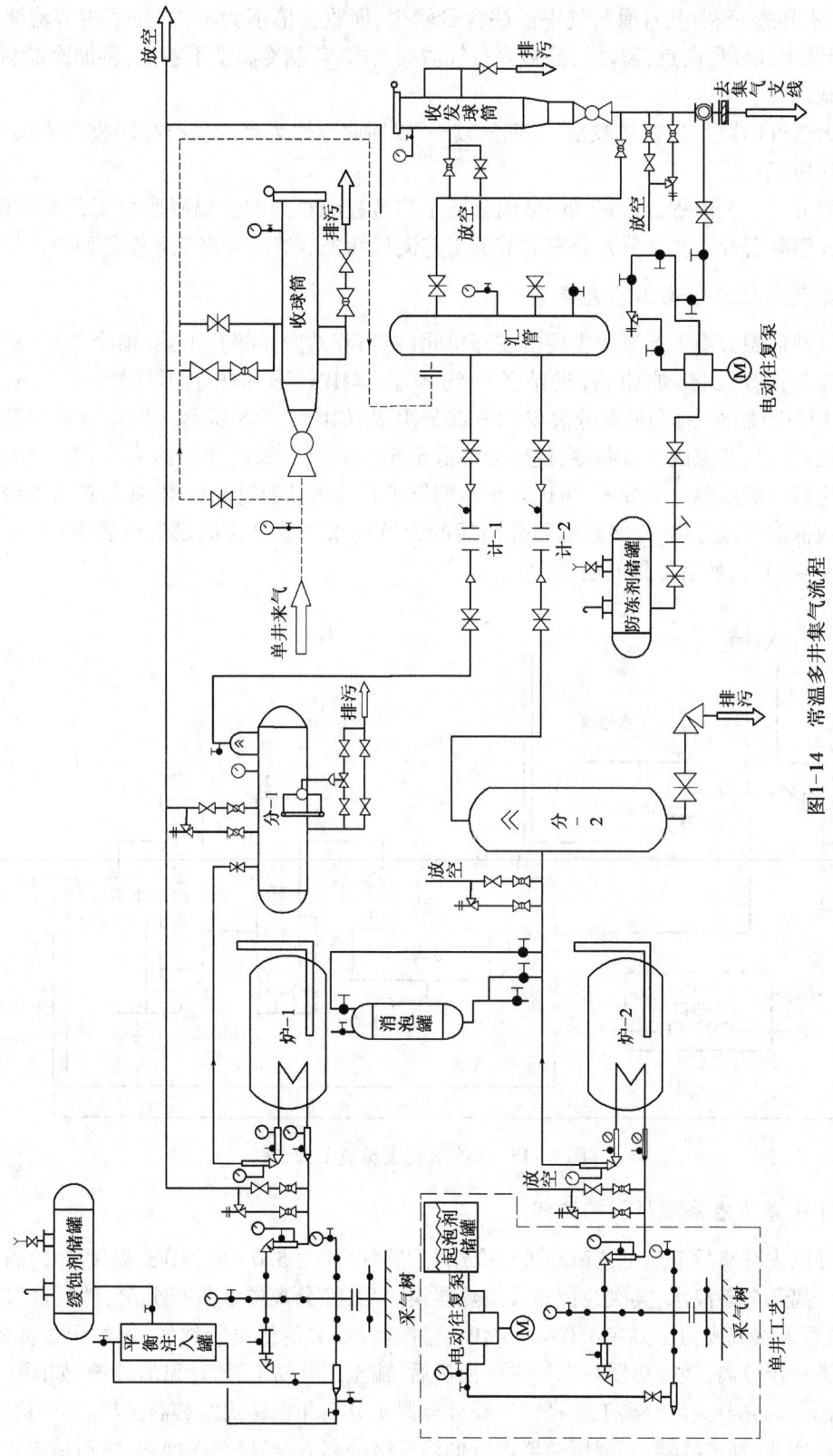

图1-14 常温多井集气流程

(2)有压差可利用,且原料气中乙烷含量较少、回收价值不大时,往往采用节流膨胀制冷工艺,降低水及轻烃露点,满足长输管道对气质的要求;若制冷温度不够低,再加冷剂制冷作为辅助措施。

当天然气(伴生气)组成较富、处理量较小、以回收丙烷为目的且产品回收率要求不高时,宜选用浅冷工艺。

低温分离工艺流程分为集气站低温分离工艺流程和小压差大温降脱烃工艺流程两种,而小压差大温降脱烃工艺又分先分离后节流工艺流程和先节流后分离工艺流程两类。

1. 集气站低温分离工艺流程

集气站低温分离工艺流程主要由注醇单元(井口和站内注醇)、加热/预冷单元(进站压力大于14MPa,利用加热炉加热;进站压力约等于14MPa,不加热也不预冷;进站压力小于14MPa,用换热器预冷)和低温分离单元三部分组成,如图1-15所示。从井口来的高压天然气经加热/预冷、节流阀节流制冷,使压力降低至5MPa左右、温度在-18~-8℃,进入计量或分离器进行一级低温气液分离,再进入预过滤器进行二级低温过滤分离,最后进入气液聚结器进行三级低温气液分离,检测经低温分离后的天然气水露点是否满足气质要求(混合气温度在-10~-8℃),然后计量外输。

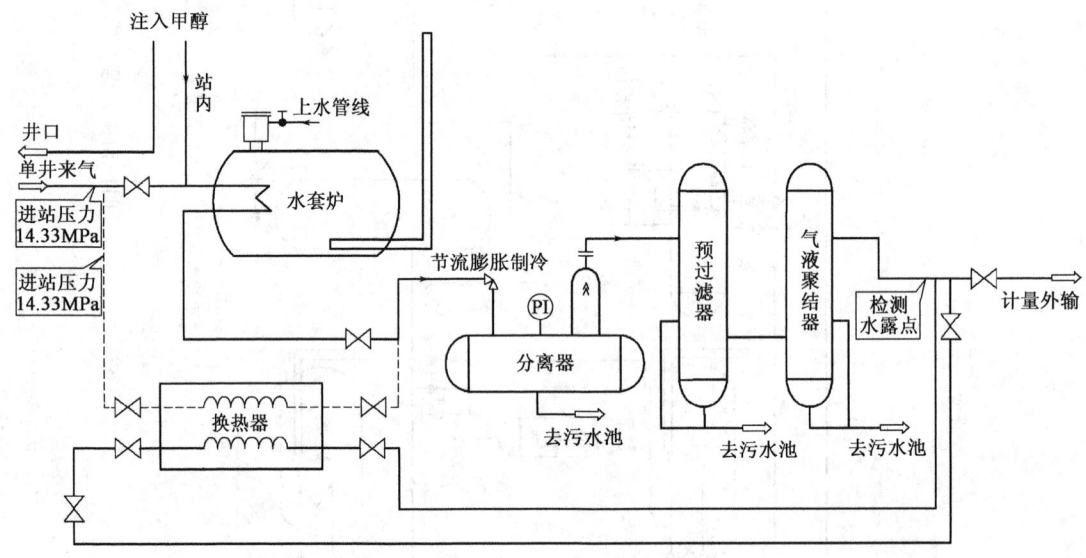

图1-15 集气站低温分离工艺流程

2. 小压差大温降脱烃工艺流程

此处以先分离后节流工艺流程进行介绍:天然气(压力5.0~5.7MPa、温度5℃)首先经分离器Ⅰ分离部分游离水,其次经板翅式换热器换热后,经分离器Ⅱ进行分离,然后经节流阀节流,节流后天然气成为压力在4.0~4.5MPa、温度≤-8℃的低温天然气,再经预过滤器、气液聚结器进一步分离,经换热器与来气进行换热后,输至配气站汇管,计量后外输,如图1-16所示实线部分。先节流后分离工艺是来气经分离器Ⅰ分离和板翅式换热器换热后,先进行节流,再经分离器Ⅱ、预过滤器、气液聚结器进行低温三级分离后,经换热器换热,然后输至配气站汇管,计量后外输,如图1-16所示虚线部分。

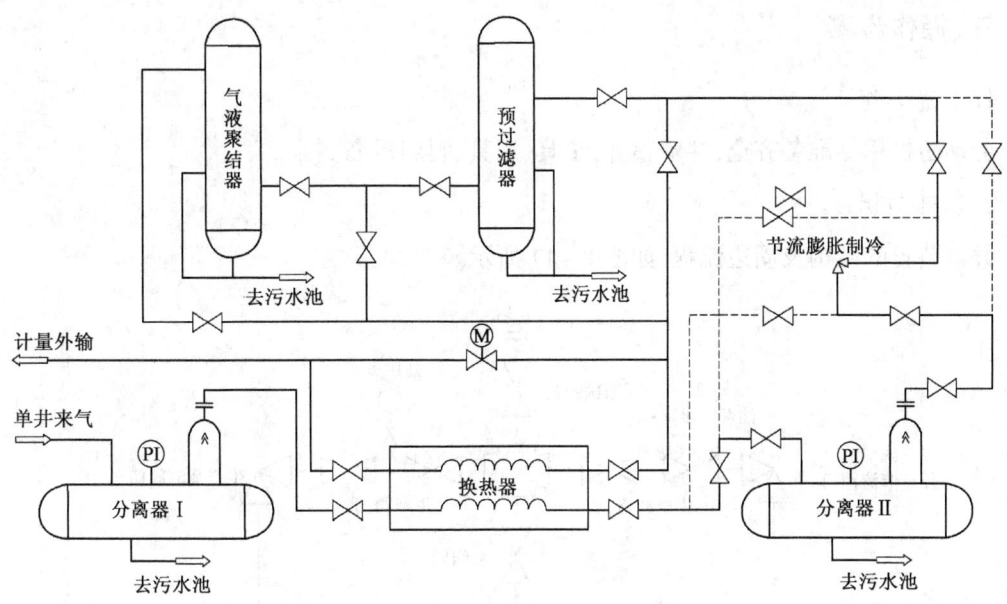

图 1-16 先分离后节流工艺流程

3. 低温分离工艺流程的适用范围

(1) 天然气中有较高的凝析油含量,一般应在 20mg/m³ 以上。

(2) 气井应有足够的压力,井口压力和进站压力一般应大于 8MPa。

(3) 有相当的产气量,一般应大于 $70 \times 10^4 m^3/d$。

低温分离工艺流程具有不消耗外来能源节流制冷、投资少、工艺简单、操作方便、经济效益高的优点,而且单井和多井站都可以使用。

复习思考题

1. 简述井身结构的基本组成。
2. 简述采气井口的基本组成。
3. 简述常温采气集气工艺流程的特点。
4. 简述低温采气集气工艺流程的特点。

任务实施

任务一 绘制并讲解气井井口工艺流程

一、学习目标

清楚气井的井口工艺流程。

二、准备工作

(1) 材料准备:A4 纸、尺子、铅笔、橡皮;
(2) 人员准备:按照要求穿戴劳动保护用品。

三、操作步骤

1. 准备工作

劳动防护用品准备齐全,穿戴整齐,工具、用具、材料准备齐全。

2. 基础知识

井口装置的结构及周边流程,如图1-17所示。

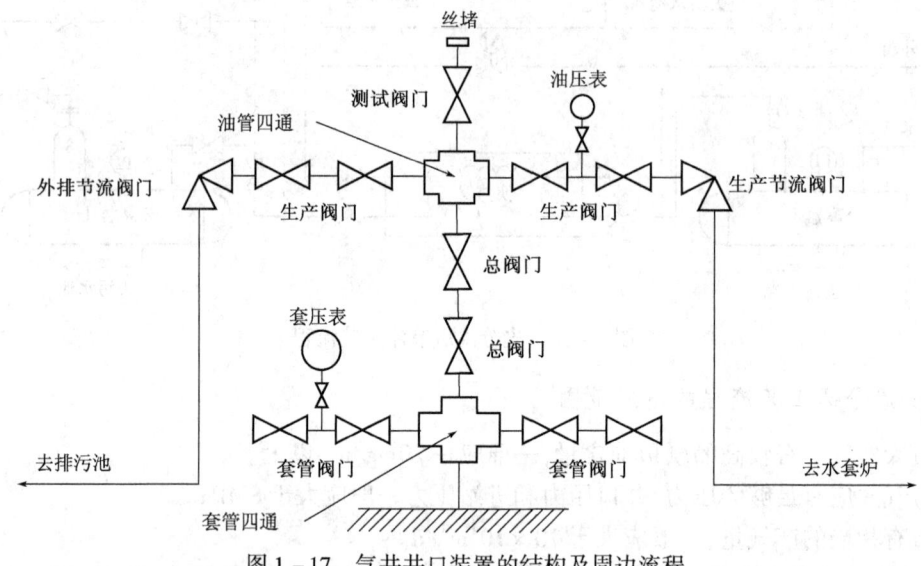

图1-17 气井井口装置的结构及周边流程

3. 标注图名

在图最上方填写所需绘图标准名称。

4. 绘制流程示意图

按常规或给定气井井口工艺流程绘制流程图。

5. 工艺说明

说明井口流程各设备、设施的作用、阀门编号及流程走向。

6. 脱卸呼吸器

使用后卸下供气阀,关上气瓶阀。按下供气阀的控制按钮排空整个系统,松开背带,把整套设备卸下。

7. 清理场地

收拾材料、工用具,清理现场。

8. 安全文明生产

安全文明操作,在规定时间内完成。

四、技术要求

(1)在规定时间20min内完成,到时停止操作;

(2)线条平直,图面整洁。

任务二　井身结构图绘制

一、学习目标

清楚气井的井身结构。

二、准备工作

(1)材料准备:A4纸、尺子、铅笔、橡皮、井身结构数据,见表1-8至表1-13。

表1-8　第一组:气田井井深结构图数据

一开	φ660.0mm×297.5m	油管	φ73mm×3545.9m
二开	φ445mm×2486.9m	人工井底	3719.5m
三开	φ216mm×3731.84m	补心高度	4.35m
表层套管	φ508mm×297.5m	完井方式	射孔完井
技术套管	φ244.5mm×2486.9m	油层	3536.0~3571.5m
油层套管	φ139.7mm×3762.2m	水泥全部返到地面	

表1-9　第二组:气田井井深结构图数据

一开	φ660.0mm×304.2m	油管	φ73mm×3545.9m
二开	φ445mm×2506.3m	人工井底	3735.5m
三开	φ216mm×3762.2m	补心高度	4.2m
表层套管	φ508mm×304.2m	完井方式	射孔完井
技术套管	φ244.5mm×2506.2m	油层	3546.5~3571.0m
油层套管	φ139.7mm×3762.2m	水泥全部返到地面	

表1-10　第三组:气田井井深结构图数据

一开	φ660.0mm×289.5m	油管	φ73mm×3545.9m
二开	φ445mm×2527.2m	人工井底	3699.6m
三开	φ216mm×3702.4m	补心高度	4.1m
表层套管	φ508mm×289.5m	完井方式	射孔完井
技术套管	φ244.5mm×2527.2m	油层	3550.0~3580.0m
油层套管	φ139.7mm×3702.4m	水泥全部返到地面	

表1-11　第四组:气田井井深结构图数据

一开	φ660.0mm×220.8m	油管	φ73mm×3527.9m
二开	φ445mm×2543.9m	人工井底	3650.0m
三开	φ216mm×3666.5m	补心高度	7.3m
表层套管	φ508mm×220.8m	完井方式	射孔完井
技术套管	φ244.5mm×2543.9m	油层	3530.0~3579.0m
油层套管	φ139.7mm×3666.5m	水泥全部返到地面	

表1-12 第五组:气田井井深结构图数据

一开	φ660.0mm×302.8m	油管	φ73mm×3574.15m
二开	φ445mm×2541.5m	人工井底	3730.15m
三开	φ216mm×3746.3m	补心高度	4.08m
表层套管	φ508mm×302.8m	完井方式	射孔完井
技术套管	φ244.5mm×2541.5m	油层	3574.5~3582.0m
油层套管	φ139.7mm×3746.3m	水泥全部返到地面	

表1-13 第六组:气田井井深结构图数据

一开	φ660.0mm×301.5m	油管	φ73mm×3549.3m
二开	φ445mm×2574.8m	人工井底	3785.3m
三开	φ216mm×3808.7m	补心高度	3.97m
表层套管	φ508mm×301.5m	完井方式	射孔完井
技术套管	φ244.5mm×2574.8m	油层	3550.0~3564.0m
油层套管	φ139.7mm×3808.7m	水泥全部返到地面	

(2)人员准备:按照要求穿戴劳动保护用品。

三、操作步骤

1. 准备工作

劳动防护用品准备齐全,穿戴整齐,工具、用具、材料准备齐全。

2. 基础知识

(1)气井井身结构的组成;

(2)气井井身结构相关参数解释。

3. 标注图名

在图最上方填写所需绘图标准名称。

4. 绘图

(1)图名下方绘制基线一条,上方绘制井口海拔线和补心海拔线;

(2)自基线向下引数条垂线,自外向内依次表示为导管、表层套管、技术套管、油层套管;

(3)在基线下10mm处画出间断符号。

5. 标注规格

(1)标出下入井内各层套管规格尺寸及深度,各层套管用粗实线画出;

(2)标出各层套管间的水泥返至地面的高度;

(3)标出井下结构、规格及长度;

(4)标出该井口的海拔高度及补心海拔高度;

(5)标出人工井底深度、产层深度及名称,各种产层符号用地质惯用符号表示;

(6)标出各层套管相应的钻头尺寸及钻开深度。

6. 清理场地

收拾材料、工用具,清理现场。

7. 安全文明生产

安全文明操作,在规定时间内完成。

四、技术要求

(1)在规定时间15min内完成,到时停止操作;
(2)图幅布局合理、对称、美观,线条粗细一致,图纸整洁、清晰。

任务三　绘制并讲解集气站工艺流程

一、学习目标

清楚集气站工艺流程。

二、准备工作

(1)材料准备:A4纸、尺子、铅笔、橡皮;
(2)人员准备:按照要求穿戴劳动保护用品。

三、操作步骤

1. 准备工作

劳动防护用品准备齐全,穿戴整齐,工具、用具、材料准备齐全。

2. 基础知识

(1)集气站主要设备及作用;
(2)集气站的常规工艺流程,如图1-18所示。

3. 标注图名

在图最上方填写所需绘图标准名称。

4. 绘图

按图例符号规定要求绘制集气站工艺流程简图。

5. 工艺说明

单井产出的原料气进入水浴炉加热,调节一、二级节流阀开度,控制好压力、温度、产量。原料气需要计量时,经过计量汇管进入计量分离器,调节原料气产量;不需要计量时,则经过生产汇管生产。最后油气汇合后外输至天然气处理站。

6. 参数说明

根据本单位生产参数控制要求,说出处理站浅冷液相处理工艺生产中参数控制点及控制要求。

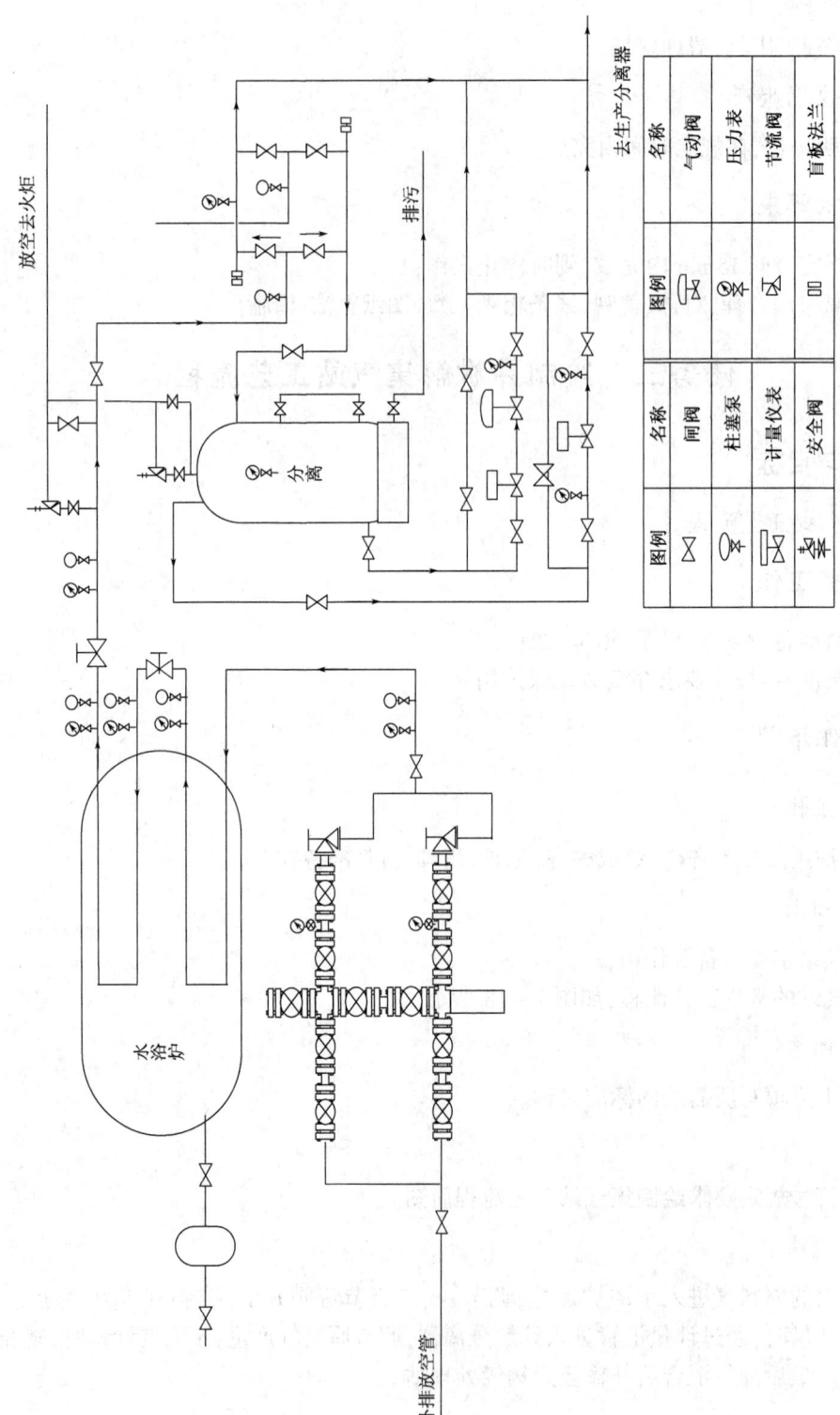

图1-18 集气站工艺流程

7. 清理场地

收拾材料、工用具,清理现场。

8. 安全文明生产

安全文明操作,在规定时间内完成。

四、技术要求

(1)在规定时间 15min 内完成,到时停止操作;

(2)图幅布局合理、对称、美观,线条粗细一致,图纸整洁、清晰;

(3)在右下角标注图例说明。

任务四　利用 Visio 绘图软件绘制单井工艺流程图

一、学习目标

Visio 绘图软件的使用。

二、准备工作

(1)设备、软件准备:计算机、打印机、Office 办公软件、Visio 绘图软件;
(2)人员准备:按照要求穿戴劳动保护用品。

三、操作步骤

1. 准备工作

劳动防护用品准备齐全,穿戴整齐,设备、软件、材料准备齐全。

2. 基础知识

Visio 绘图软件的作用及使用。

3. 建立文件

在指定位置建立 Visio 文档,并按考核要求命名。

4. 检查计算机

检查计算机及 Visio 绘图软件安装情况。

5. 绘制工艺流程图

(1)绘制边框及标题栏。

(2)运行 Visio 绘图软件在[文件]菜单上,指向[新建],然后单击[选择绘图类型],在[选择绘图类型]窗口的[类别]下,单击[工艺工程],在[模板]下,单击[工艺流程图]。

(3)添加形状,通过将[形状]窗口中模具上的形状拖到绘图页上,可以将形状添加到图表中。将流程图形状拖到绘图页上时,可以使用动态网格(将形状拖到绘图页上时显示的虚线)快速将形状与绘图页上的其他形状对齐,也可以使用绘图页上的网格来对齐形状;要放大缩小图表中的形状,可以通过拖动形状的角、边或底部选择手柄来调整形状的大小。

(4)标注工艺流程走向。

(5)使用模具中带方向的管道连接形状,选择拖动管道类型连接形状,[管道]形状会使用一个红色框来突出显示连接点,表示可以在该点进行连接。从第一个形状上的连接点处开始,将[管道]拖到第二个形状顶部的连接点上,管道的端点会变成红色,如果想要形状保持相连,两个端点必须为红色。

(6)给形状及管道添加文本,双击某个形状然后键入文本,Microsoft Office Visio 会放大以便可以看到所键入的文本。

(7)绘制流程图布局。

6. 设置二维形状的格式图

设置二维形状的格式,填充颜色(形状内的颜色)、填充图案(形状内的图案)、图案颜色(构成图案的线条的颜色)、线条颜色和图案线条粗细(线条的粗细)、填充透明度和线条透明度,还可以向二维形状添加阴影并控制圆角等。

7. 编辑图例

根据给定单井工艺流程图编辑图例附件表。

8. 保存打印

保存绘制完成的工艺流程图,进行页面设置和打印。

9. 清理场地

关闭计算机,收拾工用具,清理现场。

10. 安全文明生产

安全文明操作,在规定时间内完成。

四、技术要求

(1)在规定时间 60min 内完成,到时停止操作;
(2)画全画准设备流程,不漏项;
(3)根据工艺管线流体性质设置线条颜色和线条粗细;
(4)标注仪表图例、管线图例、阀门图例。

情境二 气井生产资料录取与整理

录取气井生产资料是采气井站的主要工作之一。原始采气生产资料,是气井和气田动态分析的基础,它直接关系到气井的生产寿命和总采气量,也间接影响气藏的采收率和经济效益。因此,每一个采气工都要熟悉气井生产资料的录取内容和要求,并能对气井生产资料进行必要的分析,以判断气井的生产状况。

项目一 生产资料的录取

生产资料的录取在本项目中主要包括四项基本内容:站场巡检、气田取水样、天然气取样、生产报表的填写。这是采气工人日常最基本的操作技能,以取得天然气生产中的第一手资料,为气田生产的开发和调整提供依据。

知识目标

(1)掌握天然气的物化性质;
(2)掌握地层水的分类及特征;
(3)掌握测量相关概念;
(4)掌握取样的内容和技术要求。

能力目标

能正确为气田气、气田水取样。

一、天然气的物化性质

天然气是指在不同地质条件下生成、运移,并以一定压力储集在地下构造中,以碳氢化合物为主的可燃性烃类气体。它们的通式为 C_nH_{2n+2}。

碳氢化合物种类极多,一般以分子中含碳原子的多少为排列顺序。天然气中主要存在的烷烃有:CH_4—甲烷;C_2H_6—乙烷,C_3H_8—丙烷,C_4H_{10}—丁烷,C_5H_{12}—戊烷,C_6H_{14}—己烷,C_7H_{16}—庚烷。同时在天然气中还含有少量 H_2S、CO_2、CO、N_2、He、H_2 等。在常温(20℃)、常压(101325Pa)下,甲烷、乙烷、丙烷、丁烷为气态,戊烷以上到 $C_{17}H_{36}$ 为液态,$C_{18}H_{38}$ 以上为固态。

(一)天然气的组成

天然气的成分因地而异,大部分是甲烷,其次是乙烷、丙烷、丁烷等,此外还含有少量其他气体,如氮气、硫化氢、一氧化碳、二氧化碳、水气、氧、氢和微量惰性气体氦、氩等。天然气主要成分的物理化学性质见表 2−1。

表 2-1 天然气主要成分的物理化学性质

名称	分子式	相对分子质量	密度(kg/m^3)	临界温度(K)	临界压力(MPa)	黏度μ(mPa·s)
甲烷	CH_4	16.043	0.716	190.55	4.604	0.01(气)
乙烷	C_2H_6	30.070	1.342	305.43	4.880	0.009(气)
丙烷	C_3H_8	44.097	1.967	369.82	4.249	0.125(10℃)
正丁烷	$n-C_4H_{10}$	58.12	2.593	425.16	3.797	0.174
异丁烷	$i-C_4H_{10}$	58.12	2.593	408.13	3.648	0.194
氦	He	4.003	0.197	5.2	0.277	0.0184
氮	N_2	28.02	1.250	126.1	3.399	0.017
氧	O_2	32.0	1.428	154.7	5.081	0.014
氢	H_2	2.016	0.0899	33.2	0.297	0.00842
二氧化碳	CO_2	44.0	1.963	304.19	7.382	0.0137
一氧化碳	CO	28.0	1.250	132.92	3.499	0.0166
硫化氢	H_2S	34.076	1.521	373.5	9.005	0.01166
水气	H_2O	18.015	1.293	647.3	22.118	

名称	自燃点(℃)	可燃性限(%,体积分数)		热值($kcal/m^2$)(15.6℃,常压)		气体常数[J/(mol·K)]
		低限	高限	全热值	净热值	
甲烷	645	5.0	15.0	8900	8000	52.84
乙烷	530	3.2	12.45	15800	14400	28.2
丙烷	510	2.37	9.50	22400	20600	19.23
正丁烷	490	1.86	8.41	29000	25900	14.59
异丁烷		1.8	8.44	29000	25900	14.59
氦						211.79
氮						30.26
氧						26.49
氢	510	4.1	74.2	3050	2570	420.75
二氧化碳						19.27
一氧化碳	610	12.5	74.2	3020	3020	30.26
硫化氢	290	4.3	45.5			24.87
水气						29.27

注:1 kcal = 4.18kJ。

(二)天然气的分类

(1)干气和湿气。干气和湿气是按天然气中含凝析油多少来区分的,一般含凝析油 $50g/m^3$ 左右称湿气,含油较少的称干气。

(2)酸性天然气和洁气。天然气中含硫化氢和二氧化碳气体超过 $20mg/m^3$,需要进行净化处理才能达到管输标准的天然气称为酸性气体。硫化氢和二氧化碳含量甚微,不需要净化的天然气称为洁气。

(3)气田气、石油伴生气、凝析气田气。气田气指产自气田的天然气,一般以甲烷为主;石油伴生气指产自油田的天然气,主要成分是 $C_1 \sim C_6$ 的烷烃类;凝析气田气指产自凝析气田的天然气。

(三)天然气的常用参数

1. 天然气的密度

单位体积天然气的质量称密度:

$$\rho_g = \frac{m}{v}$$

式中　ρ_g——密度,kg/m^3;
　　　m——质量,kg;
　　　v——体积,m^3。

气体的密度与压力、温度有关,在低温高压下与压缩因子 Z 有关。

2. 天然气的相对密度

相同压力、温度下天然气的密度与干燥空气密度的比值,称为天然气的相对密度:

$$G = \rho_g / \rho$$

式中　G——天然气相对密度;
　　　ρ_g——天然气密度,kg/m^3;
　　　ρ——空气密度,kg/m^3。

3. 天然气的黏度

天然气的黏度是指气体的内摩擦力。当气体内部有相对运动时,就会因内摩擦力产生内部阻力,气体的黏度越大,阻力越大,气体的流动就越困难。黏度就是气体流动的难易程度。

相对运动的两层流体之间的内摩擦力与层之间的距离成反比,与两层的面积和相对速度成正比,这一比例常数称为流体的动力黏度或绝对黏度:

$$\mu = \frac{Fd}{vA}$$

式中　μ——流体的动力黏度,$Pa \cdot s$;
　　　F——两层流体的内摩擦力,N;
　　　d——两层流体间的距离,m;
　　　v——两层流体的相对运动速度,m/s;
　　　A——两层流体间的面积,m^2。

黏度使天然气在地层、井筒和地面管道中流动时产生阻力,压力降低。

4. 临界温度、临界压力

每种气体要变成液体,都有一个特定的温度,高于该温度时,无论加多大压力,气体也不能变成液体,该温度称为临界温度。相应于临界温度的压力,称为临界压力。

天然气是混合气体,为了区分单组分气体和混合气体的临界参数,将天然气各组分的临界温度和临界压力的加权平均值分别称为视临界温度(T_c)和视临界压力(p_c)。

5. 气体状态方程式

在天然气有关计算中,总要涉及压力、温度、体积,气体状态方程式表示的就是压力、温度、

体积之间的关系,可用下式表示:

$$\frac{pV}{T} = \frac{p_1 V_1}{T_1}$$

式中　p——气体压力,MPa;
　　　V——气体体积,m³;
　　　T——气体热力学温度,K;
　　　p_1, V_1, T_1——气体在另一条件下的压力、体积、温度。

天然气为真实气体与理想气体的偏差,用气体偏差系数"Z"校正:

$$\frac{pV}{T} = \frac{p_1 V_1}{ZT_1}$$

式中　Z——气体偏差系数。

偏差系数是一个量纲为1的系数,决定于气体的特性、温度和压力。根据天然气的视对比温度 T_{pr},视对比压力 p_{pr},可从天然气偏差系数图2-1中查出。

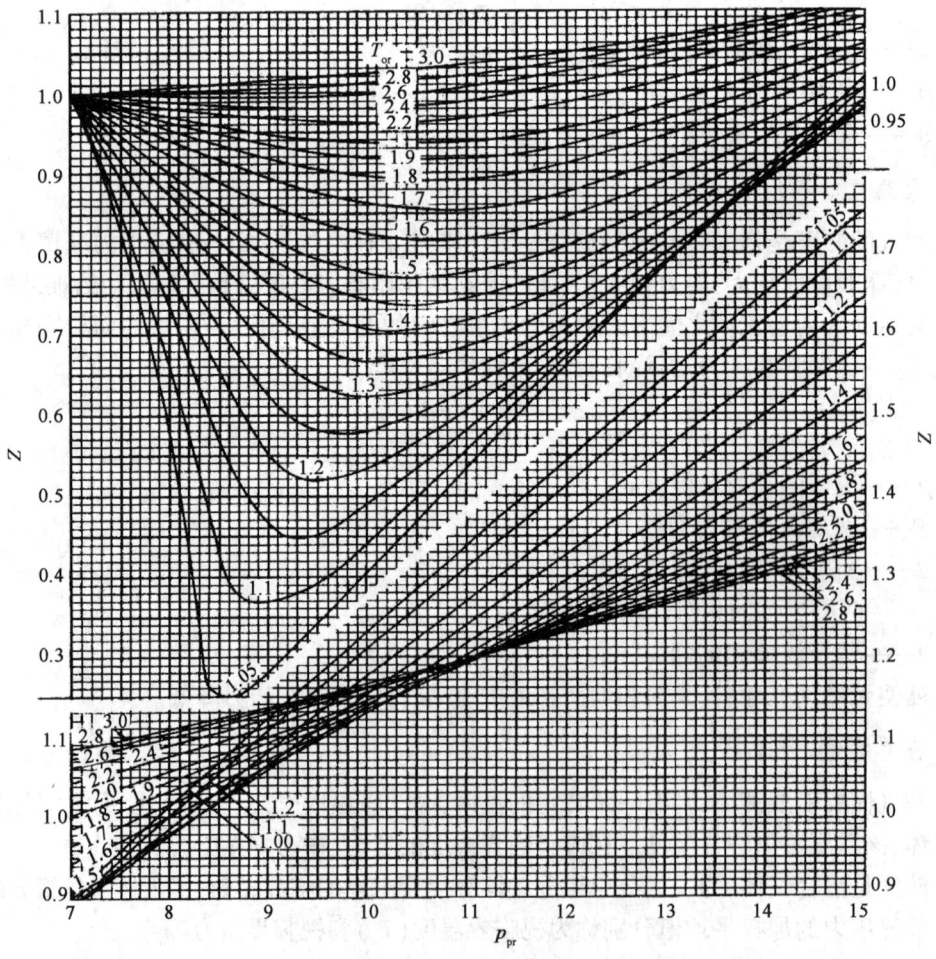

图2-1　天然气偏差系数图

$$T_{pr} = \frac{T}{T_c}$$

$$p_{pr} = \frac{p}{p_c}$$

式中　T_{pr}——视对比温度；
　　　T_c——视临界温度，K；
　　　T——天然气的温度，K；
　　　p_{pr}——视对比压力；
　　　p_c——视临界压力，MPa；
　　　p——天然气的压力，MPa。

6. 天然气的含水量

天然气在地层中长期和水接触，含有一定量的水蒸气，把每立方米天然气中含有水蒸气的克数称为天然气含水量或绝对湿度，绝对湿度用 e 表示。

一定压力、温度下，每立方米天然气中含有最大水蒸气克数，称为天然气的饱和含水量。饱和含水量用 e_s 表示。当 $e<e_s$ 时，天然气未被水蒸气饱和；$e=e_s$ 时，天然气刚好被水蒸气饱和；经过脱水处理的天然气 $e<e_s$。在一定条件下，天然气的含水量与饱和含水量之比，称为天然气的相对湿度，用下式表示：

$$\mu = \frac{e}{e_s}$$

式中　μ——天然气的相对湿度；
　　　e——天然气的含水量；
　　　e_s——天然气的饱和含水量。

在采输气工程中，常用露点表示饱和含水量。露点就是在一定的压力下，天然气被水饱和时对应的温度。例如，某一天然气的露点为 $-5℃$，则表示天然气在 $-5℃$ 时处于含水饱和状态，只要天然气温度低于 $-5℃$，就会凝析出液态水。压力相同时，温度越高，含水量越高；温度相同时，压力越高，含水量越低。天然气中重烃或杂质含量，以及地层水的含盐量，都会影响含水量结果，但对于甲烷含量在90%以上的天然气，误差极小。

7. 天然气的溶解度

在地层压力下，地层水中溶解有部分天然气，每立方米地层水中含有标准状态下天然气的体积数称为天然气的溶解度。天然气在地层水中的溶解度可按下式计算：

$$S_2 = S_1 \left(1 - \frac{XY}{10000}\right)$$

式中　S_1——天然气在纯水中的溶解度，m^3/m^3；
　　　S_2——天然气在地层水中的溶解度，m^3/m^3；
　　　X——校正系数，可由表2-2查得；
　　　Y——地层水中含盐量，mg/L。

溶解的天然气会释放出来从而增加天然气储量。在某些条件下，还会形成水溶性气藏。

表2-2 校正系数 X

温度(℃)	38	66	83	121
X 值	0.074	0.050	0.044	0.033

8. 天然气的可燃性限和爆炸限

1) 可燃性限

可燃物和空气中的氧,化合而放出光、热的现象被称为燃烧。天然气燃烧时空气量过多、过少都不好。过少使燃烧不完全而降低了热值,同时生成一氧化碳等有毒气体,对人体产生危害;过多使过剩空气被加热而降低了燃烧温度甚至使火焰熄灭。当甲烷在空气中的含量占总体积的5%~15%时,甲烷与空气的混合气体才能稳定燃烧。可燃气体与空气组成的混合物,可以稳定燃烧的最低浓度称为可燃性低限;最高浓度称为可燃性高限;低限和高限之间的浓度范围简称可燃性限。

2) 爆炸限

燃烧与爆炸是同一性质的化学反应过程,但在反应强度上,爆炸比燃烧激烈。天然气爆炸是在一瞬间产生高压、高温(2000~3000℃)的燃烧过程,体积突然膨胀,同时发出巨大的声响,爆炸时波速可达2000m/s左右,具有很大的破坏力。

天然气与空气以一定比例组成的混合气体,在封闭的系统中,遇到明火就发生爆炸。可能发生爆炸的最低浓度称为爆炸低限,最高浓度称为爆炸高限。低限和高限之间的浓度范围,称为爆炸界限,简称爆炸限。

爆炸限与混合气体的压力温度有关,天然气与空气混合物的压力、温度越高,爆炸限范围越大。

二、地层水的类型特征

在自然界中有地表水、大气水与地层水,它们是相互转化、相互影响且不断循环的。地层水所处的地质环境与地表隔绝(封闭)程度是它们之间联系的决定因素。封闭性好,它们之间的联系就弱。因此封闭性好坏与气藏的形成和破坏关系密切。气田水是一种深埋地下的地层水,它与天然气关系密切,是气田区域内的地层水。

目前所发现的气藏,80%以上全有地层水,因而地层水的活动,对气藏的开采影响很大。它可以分割气藏,使气井过早水淹,降低单井产量,减少气藏最终采收率。因此必须充分注意地层水的活动规律,了解地层水的性质和特征,采取积极措施,延长气藏稳产、高产时间,提高气藏最终采收率。

在气藏的形成过程中,水在其中起了很大作用,所以水经常和天然气在一起,或离天然气很近,同处于封闭环境之中。地层水的矿化度高,密度一般大于纯水,其中含有很多与天然气有直接关系的特殊化学成分。因此,和天然气埋藏在一起,具有特殊化学成分的地下水称为气田水。研究地层水有利于为合理开发气藏提供措施依据。

(一)地层水的分类

(1)按地层水在气藏中的位置分类,有底水、边水、夹层水三种。

底水——从气层底部托着天然气的水称为底水。

边水——从气层边缘(顶部和底部)包围着天然气的水称为边水。

夹层水——夹在同一气层层系中的薄而分布面积不大的水称为夹层水。含水层位于气层上部时称上层水,位于气层下部时称下层水。

(2)按地层水在气藏中的活动性质分类,有自由水、间隙水两种。

自由水——在压力差的作用下可向低点流动的边水、底水都属于自由水。自由水充满地层的连通孔隙,形成一个连续的水系。

间隙水——以分散状态储存在地层部分孔隙中难以流动的水。间隙水是地层在沉积过程中就留在地层孔隙中的,当油、气聚集时未被置换出来,吸附在岩石表面。油气藏都有间隙水存在,含量约占孔隙空间的5%～50%。用容积法计算储量时,必须知道间隙水的含量(含水饱和度)。

(二)地层水的水型

根据地层水所含各种化学成分的多少将地层水分成各种不同的型号,这种型号称为水型。水化学成分的形成取决于它所处的环境,在不同环境中,经过长期的化学及物理化学等作用,形成了各种不同成分的水,并且含有不同的典型盐类。典型盐类组合可以反映水形成的地质环境。因此,不同的水型表示不同的地质环境。地层水通常分为硫酸钠(Na_2SO_4)型、碳酸氢钠($NaHCO_3$)型、氯化镁($MgCl_2$)型、氯化钙($CaCl_2$)型四种水型。

(1)硫酸钠水型:多属地表水的水型,也可分布于油、气田垂直剖面的上部。此水型是环境封闭性差的反映,不利于油、气的聚集、保存。在成因上为大陆环境下形成的,反映所处气藏的封闭情况为开敞式。

(2)碳酸氢钠水型:在油、气田中此水型分布广泛,但在有大量石膏分布的地区此水型不可能出现。此水型水的pH值常大于8,为碱性水,在油田分布广,可作为含油良好的标志。在成因上为大陆环境下所形成的,反映所处气藏的封闭情况为半开敞式。

(3)氯化镁水型:此水型存在于油、气田内部,在封闭环境中此水型要向氯化钙水型转变,故此水型多为过渡类型。在成因上为海洋环境下形成的,反映所处气藏的封闭情况为封闭式。

(4)氯化钙水型:在完全封闭的地质环境中,地层水与地表完全隔离而成的唯一最深部水型,有利于油、气聚集、保存。此水型pH值在4～6,为酸性水。在成因上为海洋环境下形成的,反映所处气藏的封闭情况是封闭性好,为封闭式。

由此可知,气层封闭性差,易与地面有联系的水多为硫酸钠型和碳酸氢钠型。气层封闭条件好的地层水多为氯化镁型和氯化钙型。但气层水较多的是氯化钙型和碳酸氢钠型。

(三)地层水的特点

(1)地层水一般较暗,呈灰白色,透明度差,特别是刚从井中出来时混浊不清。

(2)由于溶解的盐类多,矿化度高,一般有咸味,也有硫化氢味或汽油味等特殊气味。

(3)化学成分复杂,含元素种类多。常见的阳离子有钠(Na^+)、钾(K^+)、钙(Ca^{2+})、镁(Mg^{2+})、氢(H^+)、铁(Fe^{3+});阴离子有氯(Cl^-)、硫酸根(SO_4^{2-})、碳酸根(CO_3^{2-})、碳酸氢根(HCO_3^-)。其中又以Cl^-和Na^+含量最多,故食盐NaCl含量丰富。

知道了地层水的特点,就能在气井出水时,对水进行化验判断水的性质,根据不同的出水情况,采取有效措施,维持气井正常生产。

三、录取气井资料

(一)与测量有关的基本概念

测量:以确定量值为目的的一组操作。

测量信号:表示被测量并与该量有函数关系的量。如压力传感器输出的电信号、电压频率变换器的频率、用以测量浓度差的电化学电池的电动势。

测量准确度:测量结果与被测量值之间的一致程度。

测量误差:测量结果减去被测量的真值。

相对误差:测量误差除以被测量的真值。

系统误差:在重复性条件下,对同一被测量值进行无限多次测量所得结果的平均值与被测量的真值之差。

由于测量过程中存在一些不可避免的影响因素,任何一种测量都必然存在误差,误差存在于一切测量中,即使准确度再高的测量也存在误差,与其不同的是误差的大小之分。

误差的来源通常可分为以下四种:

(1)器具误差。这种误差按其来源有标准器误差、器具误差和附加误差。按表现形式分为机构误差、调整误差和量值误差。主要包括器具设计原理上的误差,零部件制造装配中的误差及安装、调试、运转的误差。

(2)环境误差。由于实际环境条件与规定条件不一致所引起的误差,偏离计量器具使用环境条件造成的误差,如温度、湿度、气压、振动、电磁场、粉尘超出了规定范围而带来的测量误差,计量器具超出规定条件使用时所增加的误差,即为附加误差。

(3)人为误差。测量人员主观因素和操作技术引起的误差。

(4)方法误差。测量方法不完善所引起的误差。它主要包括测量原理不完善,获得测量结果的方式不完善等引起的误差。

(二)资料的录取内容

1. 生产气井

取全取准下列资料:井口节流阀开度(圈数)或油嘴直径、套管压力、油管压力、输气压力、流量计静压、流量计差压、计量管内径、孔板直径、井口气流温度、大气温度、计量管内的气流温度、天然气压缩因子、气产量、水产量、油产量、水的氯离子含量等。气井开关井时,要记录气井开关井的原因、时间,开关井前后的油压、套压,以及压力升降数据,并填入原始记录中。

以上资料填写在气井原始记录表中,并绘成采气曲线,随时分析和掌握气井的生产动态。气井原始记录表和流量记录卡片应作为气井的永久性资料,装订成册,妥善保管。

2. 观察井

观察井是用来监测气藏压力、气水界面变化的。在全气藏关井或气井开井生产及有井喷时,通过观察井的压力变化,还可以研究井间连通关系及了解气藏动态。

(1)每班记录套压、油压至少一次,遇井喷、全气藏关井等特殊情况应加密记录。如果井内有积液,应定期下压力计实测气层中部压力。以上资料记录在观察井原始记录中。

(2)每3~6月实测液面和井底压力一次,记录在探液面原始记录中。

(三)资料的录取要求

资料录取的基本要求:齐全、准确、字迹整洁。齐全是指按规定内容、按时录取,不提前、不推迟、不漏取、不误时;准确就是不超过允许误差,能反映真实情况。资料录取的具体要求如下:

(1)压力:①压力表读数要读到最小分度值的五分之一。②按气井压力选择合适的、周检合格的压力表。

(2)温度:①按规定时间录取温度。②必须使用检定合格,且在检定周期内的温度计。

(3)气产量:①按规定周期检定流量计,每周一次校对零位,对导压管路查堵查漏,检查求积仪示值误差;每月对求积仪进行一次校验。②流量计静、差压指针应在卡片的 30~90 格范围内运行。③读卡片误差要求不超过 0.5 格。④按规定的计量顺序和有效位数计算产量。

(4)水产量:①测量污水池几何尺寸要规则,标尺应明确。②放水操作平稳,避免天然气冲水。③放水次数适应产水量大小,水不翻塔(水翻出分离器顶部进入其他设备或管线中)。

(5)氯离子含量:①按操作规程滴定。②分析精度误差要求:氯离子含量 0~1000mg/L,误差 35mg/L 以下;1000~10000mg/L,误差 90mg/L 以下;10000~50000mg/L,误差 180mg/L 以下。另外,开井、关井、调配气量要按要求操作。

复习思考题

(1)简述天然气的物理化学性质。
(2)简述地层水的分类及特征。
(3)简述与测量有关的基本概念。
(4)简述误差的类型及定义。

任务实施

任务一 气井生产巡检

一、学习目标

按操作规程进行气井生产巡检。

二、准备工作

(1)设备准备:采气井口工艺设备;
(2)工具、材料准备:防爆照明工具、防爆对讲机、记录纸;
(3)人员准备:按照要求穿戴劳动保护用品。

三、操作步骤

1. 准备工作

劳动防护用品准备齐全,穿戴整齐,工具、用具、材料准备齐全。

2. 基础知识

采气井口工艺流程、规范、控制参数。

3. 风险防范

磕碰伤:井场不平整、湿滑、冰雪。压力介质伤人:侧身操作高压介质阀门;按操作规程操作,及按要求做好检测、检修、维护、保养等工作,避免压力介质刺出。应按规定规范穿戴劳保用品;操作前熟知主要风险、危害因素及防范措施;平稳操作;正确使用工用具。

4. 参数准备

熟知各点控制参数。

5. 辅助设施检查

(1)检查通信工具、仪器仪表是否齐全、完好;

(2)检查、维护各装配点配备的消防器材。

6. 参数检查

按时巡回检查,记录井口油压、套压、温度、井口外输压力和温度(如有水套炉需检查运行情况及参数录取)。

7. 井口检查

(1)检查井口各法兰连接处无跑、冒、滴、漏现象;

(2)冬季检查井口电热带、远传仪表、保温棉应完好无冻堵。

8. 填报记录

填写巡检记录(巡检时间、油压、套压、温度、巡检人等)。

9. 清理场地

收拾材料、工用具,清理现场。

10. 安全文明生产

安全文明操作,在规定时间内完成。

四、技术要求

(1)在规定时间20min内完成,到时停止操作;

(2)熟知各点控制参数;

(3)检查连接处无跑、冒、滴、漏,冬季检查井口电热带、远传仪表、保温棉应完好无冻堵。

任务二　录取气井生产数据

一、学习目标

熟悉采气井口具体的、需要录取的原始资料项目、录取时间、录取要求等,会正确录取资料。

二、准备工作

(1)工具准备:生产报表。
(2)人员准备:按照要求穿戴劳动保护用品。

三、操作步骤

(1)准备工作。
劳动防护用品准备齐全,穿戴整齐,工具、用具、材料准备齐全。
(2)基础知识。
采气工艺流程、控制参数。
(3)风险防范。
磕碰伤:井场不平整、湿滑、冰雪。压力介质伤人:侧身操作高压介质阀门;按操作规程操作,及按要求做好检测、检修、维护、保养等工作,避免压力介质刺出。应按规定规范穿戴劳保用品;操作前熟知主要风险、危害因素及防范措施;平稳操作;正确使用工用具。
(4)录取套管压力。
(5)录取油管压力。
(6)录取输气压力。
(7)录取井口气流温度、大气温度。
(8)检查计量管内径、孔板内径、仪表静差压规范。
(9)录取流量计静压。
(10)录取流量计差压。
(11)录取计量气流温度。
(12)输入相关参数计算天然气的产量。
(13)录取油产量。
(14)录取水产量。
(15)滴定水的氯离子含量。
(16)清理场地。
收拾材料、工用具,清理现场。
(17)安全文明生产。
安全文明操作,在规定时间内完成。

四、技术要求

(1)油压、套压、输压、井口气流温度、计量气流温度、大气温度每小时记录一次。
(2)气井压力变化大时,每30min或每15min记录一次,以便取得更多的资料,加深对气井的认识,避免资料过少造成的误差。
(3)静压、差压、K值、孔板直径、计量气流温度、天然气压缩因子等计算气产量的各项参数,气产量的计算过程和结果,均应记录清楚,填写在当天的记录卡片上,以备核对。
(4)气产量每天计算一次,油产量、水产量每班计算一次;或者根据相关规定和实际情况确定上述参数的计算周期。
(5)产地层水的气井,定期滴定氯离子。

(6)定期取水样、取气样。

任务三　气田水取样

一、学习目标

学习气田水取样的方法,了解取样的内容和技术要求,能正确为气田水取样。

二、准备工作

(1)工具准备:500mL 取样瓶3 个,准备标签、蜡和盆(或桶)。
(2)人员准备:按照要求穿戴劳动保护用品。

三、操作步骤

(1)准备工作。
劳动防护用品准备齐全,穿戴整齐,工具、用具、材料准备齐全。
(2)基础知识。
采气井口工艺流程、规范、控制参数。
(3)风险防范。
磕碰伤:井场不平整、湿滑、冰雪。压力介质伤人:侧身操作高压介质阀门;按操作规程操作,及按要求做好检测、检修、维护、保养等工作,避免压力介质刺出。应按规定规范穿戴劳保用品;操作前熟知主要风险、危害因素及防范措施;平稳操作;正确使用工用具。
(4)取样前用欲取的水样将取样瓶清洗2~3 次。
(5)在分离器排污口或特设的取样点直接取水样。
(6)盖好瓶塞。
(7)用蜡封好瓶口。
(8)贴好标签。
(9)清理场地。
收拾材料、工用具,清理现场。
(10)安全文明生产。
安全文明操作,在规定时间内完成。

四、技术要求

(1)取样前必须用欲取水样清洗取样瓶。
(2)瓶塞必须严密不漏,使用内塞外盖最好。
(3)水样面至瓶口应留20~50mm 的高度空间。
(4)取样量在1500mL 左右。
(5)水样标签内容包括:取样气田、井号、地点、部位、水样名称、产气(水)层位、井深、取样方法、取样人、取样日期、送分析内容(要求、目的)等。
(6)所取水样要有代表性,不允许在计量池内取样。
(7)直接取样有困难时,可用清洗干净的塑料桶或白铁桶(盆)接水后取样。

项目二　生产资料的整理与分析

现场录取完后的生产资料必须进行及时分析整理,以形成系统的分析数据。生产资料的整理是为了让现场录取的资料看起来更加直接明了,通过整理后的资料分析气井的生产状况,及时对气井的各类生产状况做出判断和处理。

知识目标

(1)掌握地层水氯离子分析方法;
(2)气井分析的方法;
(3)非线性稳定渗流求产能方法。

能力目标

(1)用生产资料分析气井动态;
(2)用采气曲线分析气井动态;
(3)常见采气异常情况的判断和处理。

任务资源

一、地层水氯离子分析方法

(一)原理

根据硝酸银与氯离子反应生成氯化银沉淀的原理,计量滴定消耗的硝酸银量,就可计算出水的氯离子含量。反应方程式为:

$$NaCl + AgNO_3 \longrightarrow AgCl\downarrow + NaNO_3$$
$$AgNO_3 + KCrO_3 \longrightarrow AgCrO_3\downarrow + KNO_3$$

这个方法是根据分级沉淀原理,氯化银先析出沉淀,到当量点后,铬酸银才开始析出沉淀。

(二)分析步骤

(1)备好试剂和器皿,用肥皂水、碱水洗净器皿,再用蒸馏水冲洗几次。
(2)准备待分析的水样。
(3)过滤水样。
(4)取一定量的过滤水样置于三角瓶内,并使水样呈中性(pH=7)。检查方法是在三角瓶内加入酚酞溶液,再加入 $NaHCO_3$ 溶液使之变红,加入稀硝酸溶液使红色刚好褪去为止。
(5)向中性水样中加入 3~5 滴铬酸钾作终点指示剂。
(6)用一定浓度的硝酸银溶液滴入中性水样中,边滴定边摇动水样,滴定到水样出现砖红色为止。计量消耗的硝酸银量。
(7)计算氯离子含量:

$$M = \frac{N_1 V_1}{V} \times 35.5 \times 10^3$$

式中　M——氯离子含量,mg/L;

N_1——硝酸银浓度,当量浓度;
V_1——硝酸银耗量,mL;
V——水样量,mL。

二、生产资料分析气井动态

气井生产分析是气井生产管理的重要手段,它是利用气井的静、动态资料,结合气井的生产史及目前生产状况,用数理统计法、图解法、对比法、物质平衡法和渗流力学等方法,分析气井的各项生产参数(地层压力、井底流动压力、油压、套压、输压、流量计静压、差压、油气比、水气比、日产气量、日产油量、日产水量及气井出砂量等)及它们之间变化的原因,从而制定相应的措施,以便充分利用地层能量,使气井保持稳产高产,提高气藏的采收率。

分析程序可分为收集资料,了解现状,找出问题,查明原因,制定措施等步骤。分析的方法应从地面到井筒,再到地层;从单井到井组,再到全气藏。

生产资料是指气井生产过程中的一系列动态和静态资料,压力、产量、温度、油气水物性、气藏性质及各种测试资料。气井生产资料是气井、气藏各种生产状况的反映。气井某些生产条件的改变,引起气井某一项或多项生产数据的变化,而某一项生产数据的变化,又往往与多种因素有关。因此利用这些变化,找出引起变化的原因,从而制定出相应的措施。

(一)用油压、套压分析井筒情况

(1)气井生产时,油压和套压的大小与采气方式有关。油管采气时,套压大于油压;套管采气时,油压大于套压;油、套管合采时,油压约等于套压。

(2)当井内无液柱油管生产时,套压直接反映了井底流压的大小,观察套压的大小,可以分析气井的生产能力和生产压差。

(3)气井关井压力稳定后,油压和套压的关系是:井筒内无液柱时,油压 = 套压;油管液柱高于环空液柱时,油压 < 套压;油管液柱低于环空液柱时,油压 > 套压。

(4)油管在井筒液面以上断裂,关井油压等于套压。开井油管生产,油压、套压差比正常时减小,甚至相等。

(二)由生产资料判断气井产水的类别

一般气田开采中,从气井内产出的水有两类:一类是气层水,包括边水、底水、层间水等;另一类是非气层水,包括凝析水、钻井滤液、残酸水、外来水、地面水等。

(1)凝析水:由于温度降低,天然气中的水汽组分凝析成的液态水。

(2)钻井滤液:钻井过程中钻井液渗入井底附近岩石缝隙中,天然气开采过程中,随气流被带出地面。

(3)残酸水:酸化施工后,未喷净的残酸水,滞留在井底周围岩石缝隙中,气井生产时,被天然气带至地面。

(4)外来水:气层以外来到井筒的水称为外来水,包括上层水(气层上面水层的水)和下层水(气层下面水层的水)。

(5)地面水:由于井下措施等把地面上的水泵入井筒,部分渗入气井周围,随着气井生产被天然气带出地面。

不同类别水的典型特征见表 2 – 3。

表2-3 不同类别水的典型特征

序号	名 称	典 型 特 征
1	气层水	氯离子含量高(每升可达数万毫克)
2	凝析水	氯离子含量低(一般低于1000mg/L)
3	钻井滤液	浑浊、黏稠、氯离子含量不高、固体杂质多
4	残酸水	有酸味、矿化度高,pH<7,氯离子含量高
5	外来水	根据水的来源不同,水型不一致
6	地面水	pH≈7,氯离子含量低(一般低于100mg/L)

气层水氯离子含量高,且含烃类物质,非气层水一般不含有机物质;根据氯离子含量可以区别气层水和凝析水。气层水与外来水(非气层的地层水)还需要结合其他资料分析区别。

(三)根据生产数据资料分析是否是边(底)水侵入

(1)钻井资料证实气藏存在边,(底)水;
(2)井身结构完好,不可能外来水窜入;
(3)气井产水的水性与边水一致;
(4)采气压差增加,可能引起底水锥进,气井产水量增加;
(5)历次试井结果对比:指示曲线上,开始上翘的"偏高点"(出水点)的生产压差逐渐减小,证明水锥高度逐渐增高,单位压差下的产水量增大。

(四)根据生产数据资料分析是否有外来水侵入气井

(1)经钻探知道气层上面或下面有水层。
(2)气井固井质量不合格,或套管下得浅,裸露层多,以及在采气过程中发生套管破裂,提供了外来水入井通道。
(3)水性与气藏水性不同。
(4)井底流压高于水层压力下生产时,气井不出水,低于水层压力时则出水;水量的大小除受压力控制外,还受水层的渗透性能及井深结构的破坏程度控制,故气水比不像同层水那样有规律,水性及产水量可能突然变化。
(5)气水比规律出现异常。生产制度固定后,如果流入井中的水可完全带至地面,则油压、套压较稳定,气水比变化不大,否则相反。

三、用采气曲线分析气井动态

采气曲线是生产数据与时间关系曲线。采气曲线反映整个生产过程中气井性能的变化,特别是压力与产量随开采时间的变化,是研究气井动态变化的主要图件。利用它可了解气井是否递减、生产是否正常、工作制度是否合理、增产措施是否有效等,是气田开发和气井生产管理的主要基础资料之一。

采气曲线一般包括日产气量、日产水量、日产油量、油压、套压、出砂等与生产时间的关系曲线。

(一)用采气曲线划分气井类型和特点

(1)通过采气曲线可划分出水气井和纯气井,如图2-2和图2-3所示。

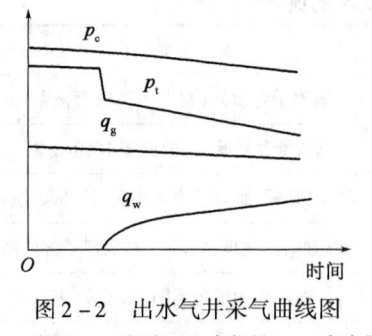
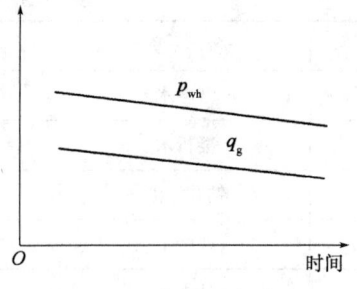

图 2-2 出水气井采气曲线图
p_c—套压；p_t—油压；q_g—产气量；q_w—产水量

图 2-3 纯气井采气曲线图
p_{wh}—压力；q_g—产气量

(2)通过采气曲线可把气井划分成高产气井、中产气井和低产气井,如图 2-4、图 2-5 和图 2-6 所示。

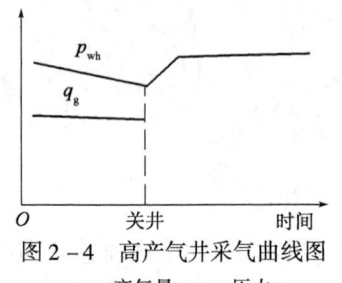
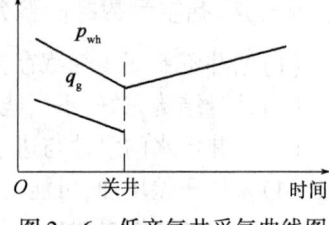

图 2-4 高产气井采气曲线图
q_g—产气量；p_{wh}—压力

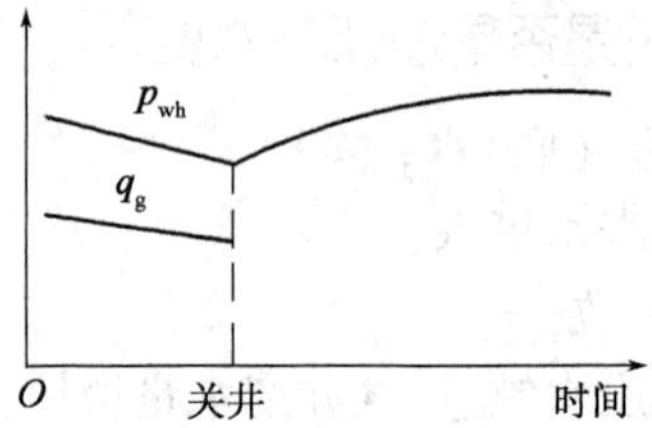

图 2-5 中产气井采气曲线图
q_g—产气量；p_{wh}—压力

图 2-6 低产气井采气曲线图
q_g—产气量；p_{wh}—压力

高产气井的特点:渗透性好,关井压力恢复快;生产过程中,压力和产量稳定;产量大,一般在 $30 \times 10^4 m^3/d$ 以上。

中产气井的特点:关井压力恢复较快(渗透性较好);生产过程中,压力、产量缓慢下降;产量一般在 $(10 \sim 30) \times 10^4 m^3/d$。

低产气井的特点:关井压力恢复慢,经过较长时间后转稳定;生产过程中,压力、产量下降快;产量一般小于 $10 \times 10^4 m^3/d$。

(二)用采气曲线判断井内情况

(1)油管有水柱影响,如图 2-7 所示。当油管内有水柱,将使油压显著下降。产水量增加时油压下降速度相对加快。

(2)井口附近油管断裂的采气曲线,如图 2-8 所示。曲线特征为产量不变,油压上升,油套压相等。

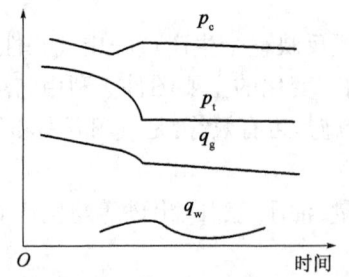
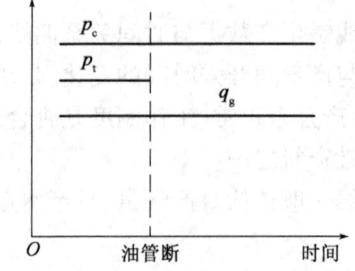

图 2-7 受水柱影响采气曲线图
p_c—套压；p_t—油压；q_g—产气量；q_w—产水量

图 2-8 井口附近油管断裂的采气曲线图
p_c—套压；p_t—油压；q_g—产气量

(3)井壁垮塌:油压、气量突然下降。
(4)井底附近渗透性变化。
变好:压力升高,产量增加;变坏:压力、产量下降速度增快。

(三)由采气曲线判断地面异常

如压力、水量都稳定,产量突然升高或下降,可能是地面仪表计量有误。

(四)用采气曲线可分析气井生产规律

利用生产时的采气曲线,可分析以下规律:
(1)井口压力与产气量关系规律;
(2)地层压降与产气量关系规律;
(3)生产压差与产气量规律;
(4)气水比随压力、产气量的变化规律;
(5)井底渗透率与压力、产气量的变化规律。

气井出现问题是多方面的,同一问题可由不同原因引起,而同一原因,又可引起多个生产数据的变化。如产量的大幅度下降既可能是地面故障,也可能是井下故障,还有可能是地层压力下降和水的影响等原因造成的。因此,在进行原因分析时,应先地面、后井筒、再气层逐次分析、排除。如首先分析是否有多井集气干扰和输压变化影响,集气管线、阀门、设备等是否有堵塞,排除后再验证井筒是否积液,是否存在井壁垮塌或油管堵塞等,同时,还应了解邻井生产情况。在地面、井筒、邻井的原因排除后,才能集中全力分析气层。

四、非线性稳定渗流的产气方程式

由于在气井开采过程中,渗流速度都比较大,不符合达西定律的条件,为非线性渗流,不能直接应用达西定律及其推导公式,经过实验及矿场生产实践表明,非线性稳定渗流规律可以用产气方程式来表示。

(一)二项式产气方程式

$$p_f^2 - p_{wf}^2 = Aq_g + Bq_g^2$$

式中 p_f——地层压力,MPa;
p_{wf}——井底压力,MPa;
q_g——产气量,m³/d;
A——摩擦阻力系数(简称摩阻系数),它与流体及岩层的性质有关,一般由试井求得;
B——惯性附加阻力系数(简称惯阻系数),它与流体性质、岩层性质及渗流方式有关,一般由试井求得。

上式表明,气体从地层流到井底的总压降由两部分组成:Aq_g 项表示压力差与产量的一次方成正比,这部分压降用来克服气流沿程的黏滞摩擦阻力;Bq_g^2 项表示压力差与产量的平方成正比,这部分压降用来克服气流沿程产生的惯性附加阻力。如果气井产量小,流速低,Aq_g 项起主要作用;如果气井产量大,流速高,Bq_g^2 项起主要作用。

(二)指数式产气方程式

$$q_g = C(p_f^2 - p_{wf}^2)^n$$

式中 C——采气指数,它与渗流方式、岩层性质及流体性质有关,一般由试井求得;

n——渗流指数，$0.5 \leqslant n < 1$，一般由试井求得。

该方程是以渗流指数的大小来区分线性和非线性渗流：当 $n = 1$ 时，惯性附加阻力小，可忽略不计，为线性渗流；当 $0.5 \leqslant n < 1$ 时，惯性附加阻力不能忽略，为非线性渗流。

五、常见采气异常情况的判断和处理

采气过程中，当遇到异常情况时，要及时分析，找出原因。有些异常现象，并不是地下发生的变化引起的，而是地面的采输设备、仪表等发生故障引起的。因此，进行分析时要全面考虑，综合地质、工程多方面资料分析，才能使我们的认识更符合客观实际。采气异常现象的判断和处理举例见表 2-4。

表 2-4　采气异常气象的判断和处理举例

序号	异常现象	原　　因	处　　理
1	Cl 增大 $Q_气$ 减小	(1) 压力和水量变化不大，可能是出边底水的预兆； (2) 压力和水量波动（$K_水 \uparrow$），是出边底水的显示； (3) 气量下降幅度大，$p_w \downarrow$，水量增加，出边底水	取水样分析，以确定是否有地层水，是否控制井口压力、产量等
2	未动操作，油压突然下降，套压下降不明显	(1) 边底水已窜入油管内，水的比重比气的比重大，此时 $Q \downarrow$，$H \downarrow$，$Cl^- \uparrow$，$Q_水 \uparrow$； (2) 压力表损坏	(1) 滴定 Cl^- 含量，研究治水措施； (2) 更换压力表
3	Q 减小 p 减小（油、套压）	(1) 井底垮塌堵塞； (2) 井内积液多	(1) 检查分离器砂量增加与否； (2) 排积液
4	生产时套压等于油压	(1) 油套管阀门同时开着（或未下油管）； (2) 压力表有误； (3) 井口油管在离井口不远的地方断落； (4) 井口油管挂螺纹及锥塞封闭不严，窜漏	(1) 检查有关设备； (2) 检查压力表； (3) 修井捞油管； (4) 解除窜漏
5	未动操作油套压均上升	(1) 井底附近脏物、积液带出，渗透性改善（$Q \uparrow$）； (2) 井下带出的脏物在节流阀或输气管中形成堵塞（$Q \downarrow$）； (3) 单井生产中因用户用气量减少，引起产量下降，使油套压上升； (4) 针形阀等处水合物堵塞	(1) 看差压 H 是否增加； (2) 检查差压 H 是否下降，查堵、解堵； (3) 检查差压是否下降； (4) 解除水合物堵塞
6	关井后油、套压不一致	(1) 油压表、套压表处有漏气的地方； (2) 压力表有误； (3) 井筒内有积液（油管和套管环形空间液面不一样）； (4) 井下有垮塌堵塞，套管内有封隔器，套管破，水泥环窜漏等； (5) 取压处有堵或未开旋塞阀	(1) 查漏； (2) 校表； (3) 排积液； (4) 进一步分析验证； (5) 打开旋塞阀，解除导压管堵塞
7	井场输压（$p_输$）减小 静压下降（$p_静$）减小 H 增大（超百格）	(1) 输气管断裂； (2) 有人开大输气阀门	(1) 判断、关气、抢修； (2) 检查有关阀门

续表

序号	异常现象	原 因	处 理
8	$p_{输}$增大 $p_{静}$增大 $H→0$	(1)输气管堵塞; (2)用户停止用气	(1)解堵; (2)与用户联系
9	$H→0$以下	(1)上流分离器放水; (2)流量计故障,差压笔杆松动,计量上流导压部分漏气(或下流导压部分堵塞)等	(1)注意平稳操作; (2)检查计量系统,查漏、吹扫导压管
10	差压波动大	(1)井底来水; (2)管线内有水; (3)导压管内有水; (4)污物堵塞了一部分气流通道; (5)分离器水翻塔(水位超过进口管); (6)集气站所属某口大气量井,气量波动,引起汇管压力波动	(1)控制井口; (2)吹扫; (3)吹扫; (4)解堵; (5)分离器放水; (6)分析、落实

注:Cl⁻—氯离子;$Q(Q_{气})$—日产气量;$K_{水}$—水的渗透率(相对);$Q_{水}$—日产水量;$p_{输}$——输气压力;$K_{气}$—气体的渗透率(相对);p_{w}—井口压力;$p_{静}$—流量计表上的静压值;H—流量计表上的差压值。

从表2-4可见,同一异常现象可以由不同的原因造成。分析时,应该先地面再井筒,最后地下,由表及里,有层次地逐一分析。因为地面的原因容易找,排除地面干扰后,再验证井筒是否有问题,若井筒没有问题,才能确定气井发生的异常变化是地下情况变化所引起的。最后根据产生的原因,提出相应的处理措施。

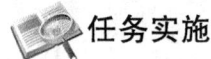复习思考题

1. 简述地层水氯离子分析方法。
2. 简述采气曲线在气井分析中的作用。
3. 气异常气象的判断和处理方法有哪些?

任务实施

任务一　滴定气田水氯离子含量

一、学习目标

滴定气田水氯离子含量的意义及方法。

二、准备工作

(1)设备准备:采气井口工艺设备;
(2)工具、材料准备:防爆照明工具、防爆对讲机、记录纸;
(3)人员准备:按照要求穿戴劳动保护用品。

三、操作步骤

1. 准备工作

劳动防护用品准备齐全,穿戴整齐,工具、用具、材料准备齐全。

2. 基础知识

采气井口工艺流程、规范、控制参数。

3. 风险防范

磕碰伤:井场不平整、湿滑、冰雪。压力介质伤人:侧身操作高压介质阀门;按操作规程操作,及按要求做好检测、检修、维护、保养等工作,避免压力介质刺出。应按规定规范穿戴劳保用品;操作前熟知主要风险、危害因素及防范措施;平稳操作;正确使用工用具。

4. 参数准备

熟知各点控制参数。

5. 辅助设施检查

(1)检查通信工具、仪器仪表是否齐全、完好;

(2)检查、维护各装配点配备的消防器材。

6. 参数检查

按时巡回检查,记录井口油压、套压、温度、井口外输压力和温度(如有水套炉需检查运行情况及参数录取)。

7. 井口检查

(1)检查井口各法兰连接处无跑、冒、滴、漏现象;

(2)冬季检查井口电热带、远传仪表、保温棉应完好无冻堵。

8. 填报记录

填写巡检记录(巡检时间、油压、套压、温度、巡检人等)。

9. 清理场地

收拾材料、工用具,清理现场。

10. 安全文明生产

安全文明操作,在规定时间内完成。

四、技术要求

(1)在规定时间20min内完成,到时停止操作;

(2)熟知各点控制参数;

(3)检查连接处无跑、冒、滴、漏,冬季检查井口电热带、远传仪表、保温棉应完好无冻堵。

任务二 绘制采气曲线

一、学习目标

掌握绘制采气曲线的方法,熟练绘制采气曲线。

二、准备工作

(1)材料准备:铅笔、标准计算纸、铅笔刀、三角板、直尺、彩笔;
(2)人员准备:按照要求穿戴劳动保护用品。

三、操作步骤

1. 准备工作

劳动防护用品准备齐全,穿戴整齐,工具、用具、材料准备齐全。

2. 基础知识

采气曲线的作用。

3. 收集资料数据

油压、套压;日产气量、日产水量、日产油量;氯离子含量;累计产气量、产水量、产油量;工艺措施有关数据等,见表2-5。

表2-5 气井生产数据

序号	日期	油压(MPa)	套压(MPa)	井温(℃)	日产气($10^4 m^3$)	日产油(t)	日产水(m^3)	油气比(g/m^3)	水气比($m^3/10^4 m^3$)	地层压力(MPa)
1	2016.9	28	28	26	5.59	4.39	7.39	78.53	1.32	30.15
2	2016.10	29.8	30.3	28	7.97	4.75	7.91	59.59	0.99	30.15
3	2016.11	27.29	27.99	28	10.25	6.92	10.32	67.51	1.00	30.15
4	2016.12	27.19	27.99	30	10.49	7.15	10.79	68.16	1.02	30.15
5	2017.1	26.18	26.48	28	10.46	7.13	11.02	68.16	1.05	30.15
6	2017.2	26.57	27.57	30	8.25	5.02	9.164	60.84	1.11	30.15
7	2017.3	26.39	27.09	29	8.37	5.13	9.498	61.29	1.13	30.15
8	2017.4	25.28	25.98	30	8.27	5.03	9.646	60.82	1.16	30.15
9	2017.5	24.78	25.48	31	8.3	5.06	9.916	60.96	1.19	30.15
10	2017.6	24.57	25.27	29	7.95	4.73	9.834	59.49	1.23	30.15
11	2017.7	24.07	24.67	30	8.25	5.02	10.36	60.84	1.25	30.15
12	2017.8	22.76	23.26	32	8.47	5.22	10.81	61.62	1.27	28.22
13	2017.9	22.45	22.75	28	8.8	5.54	11.38	62.95	1.29	28.22
14	2017.10	24.55	24.95	26	9.26	5.02	11.1	54.21	1.19	28.22
15	2017.11	21.54	21.94	29	10.14	5.87	12.19	57.88	1.20	28.22
16	2017.12	21.54	22.54	26	9.32	5.08	11.64	54.50	1.24	28.22
17	2018.1	20.93	21.63	30	9.23	4.99	11.80	54.06	1.27	28.22
18	2018.2	20.32	20.92	31	9.47	5.22	12.28	55.12	1.29	28.22
19	2018.3	19.84	20.14	28	9.12	4.89	12.17	53.61	1.33	28.22
20	2018.4	18.43	18.73	32	9.73	5.47	13.00	56.21	1.33	26.88

续表

序号	日期	油压（MPa）	套压（MPa）	井温（℃）	日产气（$10^4 m^3$）	日产油（t）	日产水（m^3）	油气比（g/m^3）	水气比（$m^3/10^4 m^3$）	地层压力（MPa）
21	2018.5	18.43	18.93	32	9.51	5.26	13.03	55.31	1.37	26.88
22	2018.6	22.12	22.22	—	0	0	0	—	—	26.88
23	2018.7	20.12	20.52	25	10.1	5.83	14.09	57.72	1.39	26.88
24	2018.8	15.71	16.11	34	10.92	6.61	15.12	60.53	1.38	26.88
25	2018.9	16.2	17.4	33	10.1	5.83	14.59	57.72	1.44	26.88
26	2018.10	20.4	20.5	—	0	0	0	—	—	26.88
27	2018.11	16.99	18.52	29	4.6	2.49	5.35	54.33	1.16	26.88
28	2018.12	16.69	18.04	28	4.73	2.53	5.47	53.53	1.15	26.88
29	2019.1	16.59	17.91	28	3.67	1.98	4.41	54.20	1.20	26.88
30	2019.2	16.59	18.37	24	3.86	2.00	4.54	51.89	1.17	26.88
31	2019.3	16.49	18.29	27	3.78	1.93	4.47	51.17	1.18	26.88
32	2019.4	16.29	17.98	28	3.75	1.88	4.42	50.38	1.17	26.88
33	2019.5	15.99	17.67	29	4.01	1.99	4.64	49.63	1.15	26.88
34	2019.6	14.69	16.32	36	5.5	2.68	3.01	48.87	0.54	26.88
35	2019.7	15.29	17.17	30	4.24	2.04	3.88	48.14	0.91	26.88
36	2019.8	14.79	16.56	31	4.17	1.97	3.19	47.40	0.76	26.88
37	2019.9	13.39	15.43	28	3.3	1.54	3.9	46.67	1.18	26.88
38	2019.10	14.09	15.75	32	3.2	1.47	3.2	45.98	1	26.88
39	2019.11	14.69	17.92	31	3.03	1.37	2.41	45.27	0.79	26.88
40	2019.12	14.09	16.42	28	3.1	1.384	1.39	44.62	0.44	26.88

4.绘制坐标

预先绘制好纵坐标、横坐标,并写好图名及相关图例。

5.定好曲线单位与规格

定好相应的曲线单位和在坐标上的规格,并注意曲线的颜色,参考表2-6。

表2-6 曲线颜色规定

序 号	曲线类型	曲线颜色
1	开井数	棕色
2	产气量	橘黄色
3	产液量	玫红色
4	产油量	红色
5	产水量	绿色
6	注水量	蓝色
7	含水率	天蓝色
8	水气比	青绿色

续表

序 号	曲 线 类 型	曲 线 颜 色
9	油气比	深紫色
10	井温	水绿色
11	油压	深红色
12	套压	深蓝色
13	流压	褐色
14	地层压力	深褐色
15	泵压	深绿

6．绘制曲线

（1）绘制井口套压曲线；

（2）绘制井口油压曲线；

（3）绘制日产气量及累计产气量曲线；

（4）绘制日产水量及累计产水量曲线；

（5）绘制日产油量及累计产油量曲线；

（6）绘制氯离子含量曲线；

（7）绘制工艺措施曲线；

（8）绘制其他（天然气温度、输压、生产时间等）曲线。

7．清理场地

收拾材料、工用具，清理现场。

8．安全文明生产

安全文明操作，在规定时间内完成。

四、技术要求

（1）绘制1个月的采气曲线，统一用27.5cm×40cm的标准计算纸，时间坐标统一定为每天1cm；

（2）井口套压、油压以及真重测压值不管是生产还是关井均需要填写；

（3）工艺措施曲线包括气举压力、气举注入气量、气举返出气量、泡沫剂注入量等；

（4）图名必须有气田、井号、年、月；

（5）生产数据为纵坐标，时间为横坐标；

（6）各数据应标明计量单位，曲线应标明表示的内容，如套压、油压、日产气量等，取好单位比例；

（7）各条曲线要求比例适中，曲线分布均匀，尽量避免曲线相交，保持曲线准确、清洁美观；

（8）根据各井的具体情况确定曲线的条数与其他内容；

（9）各数据点在图上的误差不得超过0.5mm。

任务三　气井动态分析

一、学习目标

掌握气井动态分析的方法。

二、准备工作

(1)材料准备:气井动态分析、计算机、打印机、Office 办公软件;
(2)人员准备:按照要求穿戴劳动保护用品。

三、操作步骤

1. 准备工作

劳动防护用品准备齐全,穿戴整齐,设备、材料准备齐全。

2. 建立文件

在指定位置建立文件夹及 Word、PPT 文档,并按考核要求命名。

3. 计算机操作

(1)数据录入,绘制图表;
(2)Word、PPT 制作。

4. 数据计算

根据考核要求完成计算部分。

5. 气井生产阶段划分

(1)生产阶段时间划分;
(2)生产阶段划分现象描述。

6. 异常情况判断

气井异常情况判断,准确给定报表参数判断异常点类型。

7. 异常现象描述

气井异常现象描述,准确描述异常点现象。

8. 原因分析

异常现象原因分析,准确描述造成异常现象的原因。

9. 工艺措施整改

工艺措施整改,针对造成异常点的原因采取有效工艺措施解决。

10. 清理场地

收拾材料、计算机,清理现场。

11. 安全文明生产

安全文明操作,在规定时间内完成。

四、技术要求

(1)在规定时间 60min 内完成,到时停止操作;
(2)生产阶段大项、小项的划分描述要做到准确无误;
(3)异常情况判断、描述及原因分析准确。

任务四 求气井产气指数式方程及无阻流量

一、学习目标

求气井产气指数式方程及无阻流量的方法。

二、准备工作

(1)材料准备:对数坐标纸、常用对数查阅表、气井稳定试井资料(表 2-7)、直尺、计算器、铅笔、A4 纸;
(2)人员准备:按照要求穿戴劳动保护用品。

三、操作步骤

1. 准备工作

劳动防护用品准备齐全,穿戴整齐,设备、材料准备齐全。

2. 绘制坐标轴

以 $\lg(p_f^2 - p_{wf}^2)$ 为纵轴,$\lg q_g$ 为横轴建立坐标系。

3. 描点

坐标面上描点:绘各点 $\lg(p_f^2 - p_{wf}^2)$,$\lg q_g$ 值于坐标上。

4. 求渗流指数 n

(1)做出各点的回归直线,连线时应尽可能使更多的点落在直线上,或均匀分布于直线两旁。
(2)图解法求 n,如做平行于纵轴的直线与采气指示直线的夹角 α,则 $n = \tan\alpha$;如做平行于横轴的直线与采气直线的夹角为 α,则 $n = \cot\alpha$。
(3)计算法求 n,在直线上任意取两点,分别记下其坐标值 $\alpha_1:[\lg(p_f^2 - p_{wf}^2)_1, \lg q_{g1}]$,$\alpha_2:[\lg(p_f^2 - p_{wf}^2)_2, \lg q_{g2}]$,则:$n = \dfrac{\lg q_{g2} - \lg q_{g1}}{\lg(p_f^2 - p_{wf}^2)_2 - \lg(p_f^2 - p_{wf}^2)_1}$。

5. 求采气指数 c

(1)图解法求 $\lg c$:延长直线与横轴相交,直线与横轴的截距为 $\lg c$;
(2)计算法求 $\lg c$:在直线上任取一点,记下其坐标 $\alpha_1:[\lg(p_f^2 - p_{wf}^2), \lg q_g]$,则 $\lg c - \lg q_g -$

$n\lg(p_f^2 - p_{wf}^2)$;

(3) 根据 $\lg c$ 查反对数即可求出 c(或用计算器求出);

(4) 写出产气指数方程式: $q_g = c(p_f^2 - p_{wf}^2)^n$;

(5) 求出指数式无阻流量: $q_{AOF} = c(p_f^2 - p_{sc}^2)^n$。

6. 清理场地

收拾材料、计算机,清理现场。

7. 安全文明生产

安全文明操作,在规定时间内完成。

四、技术要求

(1) 在规定时间 50min 内完成,到时停止操作;
(2) 建立坐标系要规范,图面要整洁;
(3) 描点准确不能有偏离,按操作要求连线。

表 2-7 气井稳定试井资料

制度	地层压力 p_f(MPa)	井底压力 p_{wf}(MPa)	q_g($10^3 m^3/d$)	p_{sc}
1	39.6450	37.1980	10.9400	0.101925
2	39.6450	35.9600	16.1000	0.102325
3	39.6450	34.7140	20.9500	0.102867
4	39.6450	33.2470	26.2200	0.101425

任务五　求气井产气二项式方程及无阻流量

一、学习目标

求气井产气二项式方程及无阻流量的方法。

二、准备工作

(1) 材料准备:对数坐标纸、常用对数查阅表、气井稳定试井资料(表 2-8)、直尺、计算器、铅笔、A4 纸;

(2) 人员准备:按照要求穿戴劳动保护用品。

三、操作步骤

(一)准备工作

劳动防护用品准备齐全,穿戴整齐,设备、材料准备齐全。

(二)绘制坐标轴

以 $\dfrac{p_f^2 - p_{wf}^2}{q_g}$ 为纵坐标,q_g 为横坐标建立坐标系。

（三）描点

成果数据投影描点，绘各点 $\left(\dfrac{p_f^2 - p_{wf}^2}{q_g}, q_g\right)$ 值于坐标系上。

（四）绘制曲线

绘制各点的回归直线，应尽可能使更多的点落在直线上，或均匀分布于直线两旁。

（五）图解法求 A、B 值

延伸回归直线与纵轴的截距为 A 值、斜率为 B 值。做平行于横轴的直线与采气指示直线的夹角为 α，则 $B = \tan\alpha$；A 值可直接读取。

（六）计算法求 A、B 值

在直线上任取两点，分别记下其坐标值

$$a_1 : \left(\dfrac{(p_f^2 - p_{wf}^2)}{q_g}\right)_1, q_{g1} \qquad a_2 : \left(\dfrac{(p_f^2 - p_{wf}^2)}{q_g}\right)_2, q_{g2}$$

则

$$B = \dfrac{\left(\dfrac{p_f^2 - p_{wf}^2}{q_g}\right)_2 - \left(\dfrac{p_f^2 - p_{wf}^2}{q_g}\right)_1}{q_{g2} - q_{g1}} \qquad A = \dfrac{p_f^2 - p_{wf}^2}{q_g} - B \cdot q_g$$

（七）写方程

$$p_f^2 - p_{wf}^2 = A \cdot q_g + B \cdot q_g^2$$

（八）求无阻流量

$$q_{AOF} = \dfrac{\sqrt{A^2 + 4B(p_f^2 - p_{sc}^2)} - A}{2B}$$

（九）清理场地

收拾材料、计算机，清理现场。

（十）安全文明生产

安全文明操作，在规定时间内完成。

四、技术要求

(1) 在规定时间 50min 内完成，到时停止操作；
(2) 建立坐标系要规范，图面要整洁；
(3) 描点准确不能有偏离，按操作要求连线。

表 2-8　气井稳定试井资料

制度	地层压力 p_f(MPa)	井底压力 p_{wf}(MPa)	q_g($10^3 \text{m}^3/\text{d}$)	p_{sc}
1	39.6450	37.1980	10.9400	0.101925
2	39.6450	35.9600	16.1000	0.102325
3	39.6450	34.7140	20.9500	0.102867
4	39.6450	33.2470	26.2200	0.101425

任务六 根据生产数据评价气井生产制度

一、学习目标

掌握评价气井生产制度的方法。

二、准备工作

(1)材料准备:气井情况简介、气井生产数据、气井稳定试井数据、临界携液流量计算表、计算机、打印机、Office办公软件;

(2)人员准备:按照要求穿戴劳动保护用品。

三、操作步骤

1. 准备工作

劳动防护用品准备齐全,穿戴整齐,设备、材料准备齐全。

2. 建立文件

在指定位置建立 Word 文档,并按考核要求命名。

3. 控制曲线

绘制生产曲线,注意曲线颜色,见表 2-6。

4. 产能评价

(1)完成产能数据整理,见表 2-9、表 2-10 和表 2-11;

表 2-9 气井生产月平均数据

序号	日期	油压 (MPa)	套压 (MPa)	井温 (℃)	日产气 ($10^4 m^3$)	日产油 (t)	日产水 (m^3)	油气比 (g/m^3)	水气比 ($m^3/10^4 m^3$)	地层压力 (MPa)
1	2016.9	28	28	26	5.59	4.39	7.39	78.53	1.32	30.15
2	2016.10	29.8	30.3	28	7.97	4.75	7.91	59.59	0.99	30.15
3	2016.11	27.29	27.99	28	10.25	6.92	10.32	67.51	1.00	30.15
4	2016.12	27.19	27.99	30	10.49	7.15	10.79	68.16	1.02	30.15
5	2017.1	26.18	26.48	28	10.46	7.13	11.02	68.16	1.05	30.15
6	2017.2	26.57	27.57	30	8.25	5.02	9.164	60.84	1.11	30.15
7	2017.3	26.39	27.09	29	8.37	5.13	9.498	61.29	1.13	30.15
8	2017.4	25.28	25.98	30	8.27	5.03	9.646	60.82	1.16	30.15
9	2017.5	24.78	25.48	31	8.3	5.06	9.916	60.96	1.19	30.15
10	2017.6	24.57	25.27	29	7.95	4.73	9.834	59.49	1.23	30.15
11	2017.7	24.07	24.67	30	8.25	5.02	10.36	60.84	1.25	30.15
12	2017.8	22.76	23.26	32	8.47	5.22	10.81	61.62	1.27	28.22
13	2017.9	22.45	22.75	28	8.8	5.54	11.38	62.95	1.29	28.22

续表

序号	日期	油压(MPa)	套压(MPa)	井温(℃)	日产气($10^4 m^3$)	日产油(t)	日产水(m^3)	油气比(g/m^3)	水气比($m^3/10^4 m^3$)	地层压力(MPa)
14	2017.10	24.55	24.95	26	9.26	5.02	11.1	54.21	1.19	28.22
15	2017.11	21.54	21.94	29	10.14	5.87	12.19	57.88	1.20	28.22
16	2017.12	21.54	22.54	26	9.32	5.08	11.64	54.50	1.24	28.22
17	2018.1	20.93	21.63	30	9.23	4.99	11.80	54.06	1.27	28.22
18	2018.2	20.32	20.92	31	9.47	5.22	12.28	55.12	1.29	28.22
19	2018.3	19.84	20.14	28	9.12	4.89	12.17	53.61	1.33	28.22
20	2018.4	18.43	18.73	32	9.73	5.47	13.00	56.21	1.33	26.88
21	2018.5	18.43	18.93	32	9.51	5.26	13.03	55.31	1.37	26.88
22	2018.6	22.12	22.22	—	0	0	0	—	—	26.88
23	2018.7	20.12	20.52	25	10.1	5.83	14.09	57.72	1.39	26.88
24	2018.8	15.71	16.11	34	10.92	6.61	15.12	60.53	1.38	26.88
25	2018.9	16.2	17.4	33	10.1	5.83	14.59	57.72	1.44	26.88
26	2018.10	20.4	20.5	—	0	0	0	—	—	26.88
27	2018.11	16.99	18.52	29	4.6	2.49	5.35	54.33	1.16	26.88
28	2018.12	16.69	18.04	28	4.73	2.53	5.47	53.53	1.15	26.88
29	2019.1	16.59	17.91	28	3.67	1.98	4.41	54.20	1.20	26.88
30	2019.2	16.59	18.37	24	3.86	2.00	4.54	51.89	1.17	26.88
31	2019.3	16.49	18.29	27	3.78	1.93	4.47	51.17	1.18	26.88
32	2019.4	16.29	17.98	28	3.75	1.88	4.42	50.38	1.17	26.88
33	2019.5	15.99	17.67	29	4.01	1.99	4.64	49.63	1.15	26.88
34	2019.6	14.69	16.32	36	5.5	2.68	3.01	48.87	0.54	26.88
35	2019.7	15.29	17.17	30	4.24	2.04	3.88	48.14	0.91	26.88
36	2019.8	14.79	16.56	31	4.17	1.97	3.19	47.40	0.76	26.88
37	2019.9	13.39	15.43	28	3.3	1.54	3.9	46.67	1.18	26.88
38	2019.10	14.09	15.75	32	3.2	1.47	3.2	45.98	1	26.88
39	2019.11	14.69	17.92	31	3.03	1.37	2.41	45.27	0.79	26.88
40	2019.12	14.09	16.42	28	3.1	1.384	1.39	44.62	0.44	26.88

表2-10 气井测试资料

测试制度	油压(MPa)	日产气量($10^4 m^3$)	日产油量(t)	日产水量(m^3)	流压(MPa)	静压(MPa)
静压	18.7	0	0	0		26.8
1	17.3	2	2.11	2.14	26.1	26.8
2	16.2	4.2	4.34	4.49	25.3	26.8
3	15.4	6.5	6.66	6.96	23.9	26.8
4	14.3	8.3	8.43	8.88	23.2	26.8

表 2-11 临界携液流量

油管内径 (mm)	井底流压 (MPa)	井底流温 (℃)	偏差因子 Z	气液界面 张力 σ(N/m)	气井液体 密度 (kg/m³)	气体密度 (kg/m³)	气体相对 密度 γ_g	临界流量 (m³/d)	校正系数 X
76	20	114	1	0.06	1074	110.38	0.613	50737.59	3.3

(2)完成产能曲线绘制;
(3)完成无阻流量计算;
(4)完成生产指示曲线绘制;
(5)初步确定合理产量。

5.最低产量评价

(1)判断气井是否积液;
(2)临界携液流量计算;
(3)最低产量评价。

6.合理产量评价

合理产量评价,综合评价气井生产合理制度。

7.清理场地

收拾材料、计算机,清理现场。

8.安全文明生产

安全文明操作,在规定时间内完成。

四、技术要求

(1)在规定时间 60min 内完成,到时停止操作;
(2)按标准颜色绘制生产曲线。

情境三　采气常规操作

采气常规操作包含了采气工人在气井采气中所有基本操作,包括井场常用管阀的认识与操作、压力仪表的认识与操作、测温仪表的认识与操作、流量计的认识与操作、液位计的认识与操作、天然气加热设备的认识与操作、分离器的认识与操作、天然气水合物的防治与开发、气井排水采气操作、气井生产流程操作。完成本情景以后,学员能完成单井采气、多井集气的各项操作,能独立地在采气现场顶岗。

项目一　井场常用管阀的认识与操作

采气现场所用的各类管阀很多,现场的很多操作都离不开管阀,所以在学习采气之前,必须对管阀有一个确切的认识。通过本项任务以后,我们应当能正确识别现场常用的管阀,包括管阀的分类、型号及应用。

知识目标

(1)掌握管件的类型、型号、特征及用途;
(2)掌握阀门的分类、原理、特点及用途。

能力目标

能正确选用管件和阀门。

任务资源

一、井场常用管件

(一)法兰

1. 法兰分类

法兰在集输气管道中应用很广,管子与管子间,管子与阀门间,管子与集输设备间,都可以用法兰连接,它具有密封可靠和可拆卸的优点。常用的法兰按形式分有平焊法兰、对焊法兰、活套法兰、螺纹法兰;按密封面形式分有平滑式、凹凸式、榫槽式、梯形槽式、透镜式等。

2. 法兰选用原则

(1)平焊法兰制作较方便,材料消耗少,但法兰与管子连接处,管子会承受很大的弯矩使其应用压力受到限制,一般适用于 PN≤2.5MPa 的情况。

(2)对焊法兰能承受高温高压和温度波动,密封性好、对与其连接的管子的附加矩也小,适合高温高压和要求密封可靠的管道,常用于 PN≥4.0MPa 的情况。

(3)活套法兰适用于管道连接处空间受限制以及管道用不锈钢而法兰用碳钢的情况。螺

纹法兰常用于小直径的高压管道,优点是法兰的弯矩不传递给管道,安装方便,密封性好。在集输管道和集气站中,主要用平焊钢法兰、对焊钢法兰,高压管道的连接上也用螺纹钢法兰,集气管线一般不用活套法兰。

(4)光滑式钢法兰用于温度和压力都不高的情况,一般可用于 PN≤2.5MPa 的情况。

(5)透镜式法兰的密封性能很好,安装较容易,可用于各种高温高压的管道连接。

(二)垫片

根据密封形式的不同,采用不同的垫片。常用的垫片有平垫片、齿形垫片、椭圆形垫片、透镜垫片。最常用的平垫片是用石棉橡胶板制作的。石棉橡胶板有三种牌号,使用时根据不同的工作压力选用不同牌号的石棉橡胶板,常用石棉橡胶板牌号见表3-1。

表3-1 常用石棉橡胶板牌号

牌号	表面颜色	适用范围	适用介质
XB450	紫	温度450℃,压力6MPa以下	水、蒸汽、空气、天然气
XB350	红	温度350℃,压力4MPa以下	
XB200	灰	温度200℃,压力1.5MPa以下	

齿形垫片用比法兰软一些的金属材料制成,密封性能好,适用于对焊法兰凹凸式密封面。

椭圆形垫片是截面为椭圆形的金属环,适用于高压对焊法兰连接处的密封。采油树上的高压阀,法兰连接的密封就用椭圆形垫片。

金属透镜式垫片密封性很好,因其两密封端面是球形的,故容易对中,安装方便,用于透镜式密封面。高压截止阀(节流阀)的法兰密封就是用金属透镜式垫片。

选用法兰、垫片,主要根据管径、阀门和设备的连接尺寸以及工作压力、工作温度、管内介质的性质来选择。

(三)管件

管件种类很多,归纳起来有以下几种主要类型:

(1)变直径管件,用于管端或管上某一部分直径减小处,其又分为同芯和偏芯大小头。

(2)变壁厚的管件,指沿管子长度方向壁厚发生变化。

(3)弯曲管件,将直管变为不同曲率半径的弯管或弯头。

(4)带卷边和封底类的管件,为增加管端总强度向管的内侧卷边,或将管件端部封住的管件,即管帽。

(5)将介质分流或合流的管件,如三通、四通等。

除法兰、垫片外,还有管帽、弯头、三通、盲板、丝堵、大小头等管件,这些管件一般也是按管道、阀门的规格、工作压力、工作温度和安装要求选用。管件按形式和用途一般分为弯头、三通、管接头和管封头等,按连接方式可分为钢制对焊管件和螺纹连接(螺纹)管件。

1.对焊管件

标准对焊管件为钢制(碳钢、低合金钢),与管道对接焊接连接。标准弯头按弯曲半径分为长半径弯头($R=1.5DN$)和短半径弯头($R=1.0DN$)。按弯曲角度分为45°弯头、90°弯头、180°弯头。三通分为同径三通和异径三通。异径接头分为同心异径接头和偏心异径接头。管封头为椭圆形封头。

2. 螺纹管件

螺纹管件有弯头、异径弯头、同径三通、异径三通、异径接头(大小头)、管箍、丝堵、活接头四通等。材质一般有钢、铸铁(可锻铸铁)等。

按管件的生产中是否采用焊接工序将管件分为整体型和焊接型,大直径的管件基本都是焊接型的。管件的加工方法有多种,用得最多的是锻压法、冲压法、弯曲成形法和组合加工法。管件加工是机加工和金属压力加工的有机结合。

锻压法:将钢材锻打成基本形状,再进行机加工。

冲压法:在冲床上用带维度的芯子将钢材冲压到要求的基本尺寸和形状。

弯曲成形法:如滚轮法,用两个固定轮,一个调整轮,可以调整固定提距。

中频加热推制方法也是一种弯曲成形法。总之管件用途广泛,种类繁多,大部分采用组合加工。

二、井场常用阀门

采气中使用的阀门,按其功能可分为截止阀、调节阀、安全阀、止回阀、清管阀;按其结构可分为闸阀、球阀、截止阀、蝶阀、安全阀、旋塞阀和隔膜阀。

(一)阀门的分类

阀门是采输气场站使用最多,型号最多的设备,可根据不同的用途、结构、压力、温度、通径、驱动方式、连接方式等进行分类。

1. 按用途分类

切断阀类——主要用于切断或接通介质流,主要有闸阀、截止阀、隔膜阀、旋塞阀、球阀和蝶阀等;

调节阀类——主要用于调节介质的流量、压力等,包括调节阀、节流阀和减压阀等;

止回阀类——用于阻止介质倒流,包括各种结构的止回阀;

分流阀类——用于分配、分离或混合介质,包括各种结构的分配阀和疏水阀;

安全阀类——用于设备、场站等超压安全保护,包括各种类型的安全阀。

2. 按公称压力分类

真空阀——PN 低于标准大气压;

低压阀——PN≤1.6MPa;

中压阀——PN = 2.5~6.4MPa;

高压阀——PN = 10~80MPa;

超高压阀——PN≥100MPa。

3. 按介质工作温度分类

高温阀——$t > 450℃$;

中温阀——$120℃ < t ≤ 450℃$;

常温阀—— $-30℃ ≤ t ≤ 120℃$;

低温阀——$t < -30℃$(有时对 $t < -150℃$ 的阀门称为超低温阀门)。

4. 按公称通径分类

小口径阀——DN<40mm；

中口径阀——DN=50~300mm；

大口径阀——DN=350~1200mm；

特大口径阀——DN≥1400mm。

5. 按驱动方式分类

手动阀——借助手轮、手柄、杠杆或链轮等，由人力驱动的阀门，传递较大的力矩时，常用蜗轮、齿轮等减速装置；

电动阀——用电动机或其他电器装置驱动的阀门；

液动阀——借助液体(水、油等介质)驱动的阀门；

气动阀——借助压缩空气驱动的阀门。

此外还有依靠介质自身能力而动作的阀门，如安全阀、自力式调压阀、止回阀、疏水阀等。

6. 按与管道连接方式分类

法兰连接阀——阀体带有法兰，与管道采用法兰连接；

螺纹连接阀——阀体等有内螺纹或外螺纹，与管道采用螺纹连接；

焊接连接阀——阀体带有坡口，与管道采用焊接连接；

夹箍连接阀——阀体带有夹口，与管道采用夹箍连接；

卡套连接阀——采用卡套与管道连接的阀门。

(二)阀门公称通径(DN)与公称压力(PN)

1. 公称通径

公称通径是指阀门与管道连接处通道的名义直径，用 DN 表示。多数情况下，DN 即连接处通道的实际直径，但有些阀门的公称通径与实际直径表示不一致，如有些由英制尺寸转换为公制尺寸的阀门，公称通径和实际直径有明显差别。

2. 公称压力

公称压力是指阀门在基准温度下允许的最大工作压力，用 PN 表示。阀门的公称压力值应符合相应国家标准的规定。

(三)阀门的工作压力和压力—温度等级

阀门的工作压力是指阀门在工作温度下的最高许用压力，用 p_t 表示，脚码 t 为介质温度除以 10 所得的数值，如介质温度为 160℃，则对应的工作压力用 p_{16} 表示。当阀门的工作温度超过公称压力的基准温度时，其工作压力相应降低。同一公称压力的阀门在不同工作温度下允许的相应工作压力构成了阀门的压力—温度等级。在高温场所选用阀门时，应按照相关的标准、规范确定阀门工作压力。

(四)阀门类型

1. 闸阀

闸阀是利用闸板控制启闭的阀门。闸阀的主要启闭部件是闸板和阀座。闸板与流体流向垂直,改变闸板与阀座相对位置,即可改变通道大小或截断通道。为保证关闭严密,闸板与阀座间需研磨配合。通常在闸板和阀座上嵌镶有耐腐蚀材料,如用不锈钢、硬质合金等制成的密封面。

闸阀的种类繁多,按密封面配置可分为楔式闸板式闸阀和平行闸板式闸阀即平板闸阀。楔式闸板式闸阀又分为单闸板式、双闸板式和弹性闸板式;平板闸阀可分为单闸板式和双闸板式,根据闸板的结构形式又分为有导流孔型、半导流孔型和无导流孔型。按阀杆螺纹位置划分,可分为明杆闸阀和暗杆闸阀两种。油气集输系统一般采用明杆闸阀,由于暗杆闸阀的开闭状态没有明显标志,容易在使用中产生误操作引起生产事故而不被采用。但是,如果暗杆闸阀有明显可靠的开闭标识也能用于工业系统之中。另外暗杆闸阀的全开高度尺寸小,适用于非腐蚀介质输送的管道和外界环境受限制的场所。

(1)楔式闸阀。由于楔式闸阀流体阻力小,介质流向不受限制、不扰流、不降低压力、结构简单、制造工艺性好,广泛用于油气集输系统。但由于本身设计结构的特点,造成了该类型阀门操作力矩大、密封面之间易引起冲刷和擦伤,维修比较困难而造成密封性能不可靠等缺陷。

(2)平板闸阀。平板闸阀以本身结构上的优势克服了楔式闸阀的缺点,其操作力矩小,操作轻便,密封面在操作中得到充分的保护,不易引起冲蚀和擦伤,使寿命极大延长。

2. 球阀

球阀是利用一个中间开孔的球体作阀芯,靠旋转球体90°来实现阀的开启和关闭。球阀的开孔和连接管道内径可实现一致,主要用于截断和需清管的管道上。球阀按球的结构形式一般可分为浮动球球阀和固定球球阀两类。

(1)浮动球球阀。这种球阀的球体是浮动的,在介质压力作用下,球体能产生一定的位移并压附在出口端的密封圈上,保证出口端密封。浮动球阀结构简单,密封性能好,但出口端密封处承压高,操作扭矩较大。这种结构广泛用于中低压球阀,适用于DN≤150mm。

(2)固定球球阀。这种球阀的球体是固定的,在介质压力作用下,球体不产生位移,通常在与球成一体的上下轴上装有滚动或滑动轴承,操作扭距较小,适用于高压和大口径阀门。

3. 旋塞阀

旋塞阀是一种阀芯为锥体的"球阀"。按结构形式可分为紧定式旋塞阀、自封式旋塞阀、填料式旋塞阀和注油式旋塞阀;按通道形式可分为直通式、三通式和四通式三种。在集输系统中,主要采用直通式。

旋塞阀由于自身结构的特征,锥面与阀体间的接触摩擦面积较大而开闭力矩较大使操作不太方便。现有一种油封式的旋塞在开闭过程中使锥面与阀体的接触面先行脱离而后旋转90°,实现开关操作,这样就克服了常规旋塞阀最明显的缺点,在集输系统中使用得到了较好的评价。

4. 节流阀

1)普通节流阀

在集输系统中使用的常规结构形式的节流阀大多数为带针形或圆锥形阀芯的截止阀。一般用于流量或压力调节,有时也用于分离器排液出口,控制排放速度。由于节流阀处压降大,介质对阀芯的冲蚀较严重,介质在节流阀瓣和阀座之间流速很大,致使这些零件表面很快损坏,即所谓气蚀现象。使用一段时间后,往往关闭不严,因而这种形式的节流阀没有截止功能。

2) 节流截止放空阀

目前集输系统广泛使用的节流阀是具有一种节流截止的放空阀。它的结构特点是：节流元件由笼形阀套和柱形阀芯构成，密封副由圆柱阀芯和带有软质密封的端面阀座构成硬质和软质双重密封，节流面与密封面完全分开，避开了介质的直接冲刷，能够满足全压差的放空使用和流量调节的开启使用，阀芯设置了平衡孔，保证了启闭力矩较小，开启轻便灵活。硬软质密封副、柱形阀芯、笼形阀套的开槽使该型阀同时具有节流、截止、放空多种功能。该阀在阀座上增设了一个缓压装置，减低了高压介质反向流动瞬时产生的负压涡流吸力，能满足特殊工况条件下介质的正反向流动。该型阀门具有密封可靠、耐冲蚀、使用寿命长的特点。

3) 双作用式节流截止阀

该阀在节流截止放空阀的基础上进行了改进，由喷嘴、柱塞形阀芯、迷宫轴、阀芯套、阀体、阀杆等组成。采用笼形阀套迷宫轴结构，具有多级节流功能，节流压差大。喷嘴配置在阀座下端，阀芯设置有平衡孔，阀芯套开设有节流孔。阀芯与阀座采用硬软双质密封副，把密封部分与节流部分分开，形成前后多级节流，提高了节流能力和阀门密封的可靠性，其工作原理为：

(1) 节流状态——当阀芯在阀杆提升作用下上移打开阀芯套节流孔时，流体首先被喷嘴和迷宫轴节流后进入阀座内腔，再通过阀芯套开孔部位与阀芯端部的圆柱面形成的节流孔排出。节流过程中，大部分压力加在喷嘴和迷宫轴上，小部分压力加在阀芯套节流孔上，高速流体对喷嘴和迷宫轴的磨损比节流孔严重得多，而磨损的喷嘴和迷宫轴并不影响节流与密封性能。

(2) 双质密封——双作用式节流截止阀除阀座密封面堆焊有硬质合金外，增设有软质密封部件，阀芯在阀杆推力作用下及平衡孔介质反作用力压迫下，紧贴在阀座硬软双质密封副上，形成双质密封，保证了高压体气介质"零泄漏"的使用要求。

该阀的工作原理和结构与节流截止阀相同，只是多设第一级节流孔和锥形节流阀芯，适用于高压下的节流截止工况，在高压差的条件下具有减压阀的功能，其安装形式可为直通式或角式。

5. 调压阀

调压阀是利用降压原理来控制管道系统流体压力或流量的阀门。

在天然气输配系统中常用的调节阀有气动薄膜调压阀、自立式调压阀、电动调压阀以及手动的节流截止阀。气动薄膜调压阀要与气动调节器配套使用，并要压缩空气给膜头提供给定压力值。电动调压阀则以电气控制的方式提供给定压力值，而自立式调压阀不需外来能源，直接利用管道流体介质自身所具有的压力能进行压力（流量）等工艺参数的调节。自立式调压阀结构简单、维修方便、调节灵敏，适用于缺电的地区，因此在天然气输配系统目前广泛使用自立式调节阀。

自立式调节阀主要用于阀后压力调节，稳定阀后管道介质压力。将指挥器作适当改装亦可作阀前压力调节，保持调节器前面管道或设备压力为稳定值。连入孔板可作恒差调节，保持流过孔板前后的差压为恒定值。

6. 止回阀

止回阀主要用于介质单向流动的管路，阀门的启闭件靠介质流动的力量自行开启或关闭，以防止介质倒流。止回阀只允许介质向一个方向流动,以防止发生事故。

根据结构不同止回阀可分为升降式、旋启式和碟式三种。油气集输系统通常采用升降式和旋启式止回阀。

7. 安全阀

安全阀是安装在管道和容器上,用以保护管道和容器安全的阀门。安全阀种类很多,集输系统中使用的安全阀主要为弹簧式安全阀和先导式安全阀,大多采用全启式结构。

1) 弹簧式安全阀

弹簧式安全阀的主要特点在于一般开启高度等于或大于阀座通径的1/4。阀瓣在开启过程中可突然跳起,达到全开的高度。这主要是由于阀瓣具有一个反冲盘,阀座具有一个可调的调节圈,两者之间可形成一个气室。当气体超压泄漏时,在气室形成一个回旋区,该回旋区的压力可作用在阀瓣反冲盘上,增加阀瓣的实际承压面积,故突然将阀瓣抬起,起到保护设备、管路的作用。弹簧式安全阀的优点是轻便、灵敏度高、安装位置不受严格限制,在采气现场普遍采用。

2) 先导式安全阀

先导式安全阀是新结构产品,主要用于石油天然气、化工、电力、冶金和城市燃气等生产领域,以保护压力容器、工艺装置和管线,避免超压,保证安全生产。

先导式安全阀由主阀和导阀组成。介质压力和弹簧压力同时加载于主阀瓣上,超压过时导阀阀瓣首先开启,导致加到主阀阀瓣上的介质压力被泄掉,主阀开启。当压力降低到安全压力时,导阀阀瓣在弹簧力的作用下导阀关闭,主阀充气,在介质压力和弹簧压力的作用下推动活塞下行,使主阀关闭。先导式安全阀是近几年引进的一种新型阀门,主要用于大口径和高压场合。先导式安全阀的特点为:导阀间接作用,阀芯、阀座软硬双重密封;动作精度高、重复性好;回坐快、不泄漏;高背压排放;调校方便、工作寿命长。

(五) 阀门型号规格表示方法

阀门型号规格的表示方法由以下七个单元组成,阀门型号规格如图3-1所示。

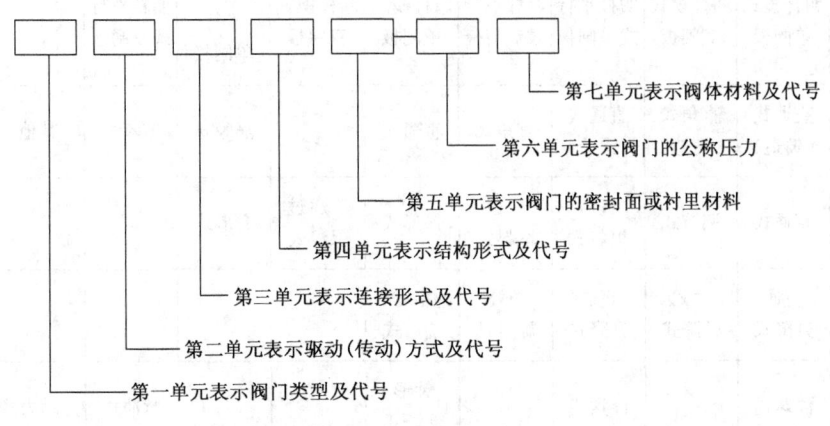

图3-1 阀门型号规格

第一单元用汉语拼音表示阀门类型及代号,见表3-2。

表 3-2 阀门类型及代号

阀门类别	闸阀	截止阀	止回阀	旋塞阀	减压阀	球阀	注塞阀	疏水阀	安全阀	隔膜阀	蝶阀	节流阀	柱塞阀	调节阀	电磁阀
	Z	J	H	X	Y	Q	U	S	A	G	D	L	U	T	ZCLF

第二单元用一位阿拉伯数字表示阀门的驱动方式,见表 3-3。

表 3-3 阀门的驱动方式及代号

传动方式	代号	传动方式	代号
电磁驱动	0	伞齿轮传动	5
电磁—液压驱动	1	气动驱动	6
电—液压驱动	2	液压驱动	7
涡轮传动	3	气—液驱动	8
正齿轮传动	4	电动机驱动	9

注:1. 手轮和扳手传动及安全阀、减压阀、止回阀、疏水器省略本代号。
   2. 对于气动驱动和液驱动,常开式用"6K""7K"表示,常闭式用"6B""7B"表示;气动带手动用"6S"表示;防爆电动用"9B"表示。

第三单元用一位阿拉伯数字表示阀门的连接形式,见表 3-4。

表 3-4 阀门的连接形式及代号

连接形式	内螺纹	外螺纹	法兰	焊接	对夹	卡箍	卡套
代号	1	2	4	6	7	8	9

注:1. 法兰连接代号 3 仅用于双弹簧安全阀;法兰连接代号 5 仅用于杠杆重垂式安全阀;单弹簧安全阀及其他类别阀门系法兰连接时,可采用代号 4。
   2. 焊接包括对焊和承插焊。

第四单元用一位阿拉伯数字表示结构形式,见表 3-5。

表 3-5 阀门的结构形式及代号

代号类别	1	2	3	4	5	6	7	8	9	0
闸阀	明杆楔式单闸板	明杆楔式双闸板	明杆平行式单闸板	明杆平行式双闸板	暗杆楔式单闸板	暗杆楔式双闸板	暗杆楔式平行单闸板	明杆平行式双闸板		明杆楔式弹性闸板
截止阀/节流阀	直通式(铸造)	直角式(铸造)	直通式(锻造)	直角式	直通式	隔膜式	节流式	其他		
旋塞阀	直通式	调节式	直通填料式	三通填料式	保温式	三通过保温式	润滑式			
止回阀	直通升降式	立式升降式	直通升降式	单瓣旋启式	多瓣旋启式					
疏水器	浮球式			浮桶式	钟形浮子式			脉冲式	热动力式	
减压阀	外弹簧薄膜式	内弹簧薄膜式	膜片活塞式	波纹管式	杠杆弹簧式	气热薄膜式				

续表

代号类别	1	2	3	4	5	6	7	8	9	0
	封闭				不封闭				带散热器	带散热器
弹簧式安全阀	微启式	全启式	带扳手微启式	带扳手全启式	微启式	全启式	带扳手微启式	带扳手全启式	微启式	全启式
杠杆重垂式安全阀	单杠杆微启式	单杠杆全启式	双杠杆微启式	双杠杆全启式		脉冲式				

注：杠杆式安全阀在类型代号前加汉语拼音字母"G"。

第五单元用汉语拼音字母表示阀门的密封面或衬里材料，见表3-6。

表3-6 阀门的密封或衬里材料及代号

密封圈或衬里材料	代号	密封圈或衬里材料	代号	密封圈或衬里材料	代号
铜（黄铜或青铜）	T	硬橡胶	J	石墨石棉（层压）	S
耐酸钢或不锈钢	H	无密封圈	W	衬胶	CJ
渗氮钢	D	聚四氟乙烯	SA	衬铅	CQ
巴比特合金	B	聚三氟乙烯	SB	衬塑料	CS
渗硼钢	P	聚氯乙烯	SC	搪瓷	C
硬质合金	Y	酚醛塑料	SD	尼龙塑料	N
橡胶	X				

第六单元用阿拉伯数字表示阀门公称压力。

第七单元用汉语拼音字母表示阀体材料，见表3-7。

表3-7 阀体材料及代号

阀体材料	代号	阀体材料	代号
HT25-47（灰铸铁）	Z	Cr5Mo	I
KT30-6（可锻铸铁）	K	1Cr18N9Ti	P
QT40-25（球墨铸铁）	Q	Cr18Ni12Mo2Ti	R
H62（铜合金）	T	12Cr1MoV	V
ZG25Ⅱ（碳素钢）	C	高硅铸铁	G
铝合金	L		

三、气田专用非标阀门

石油天然气现场用阀门除选用国家标准阀门外，有时根据石油天然气生产的特殊性和行业要求，也使用一些专用非标准阀门。

（一）节流截止阀

前面介绍的节流阀由于不能严密关闭的缺点，使节流截止阀的使用受到重视，这类阀不仅具有很好的调节流量和压力的性能，而且经过很长时间使用后仍能保持良好的关闭截断性能，因而它具有节流和截止的双重功能，这类阀门结构上的特点是它的节流面与其截断气流的密封面分开一小段距离，当阀门处于节流工作状态时，截断密封面处于气体回流或相对静止区，因而截断密封面不受气流的冲刷，只有当需要截断气流时才将阀芯与阀座的密封面压合，从而保证了阀门较长的密封寿命。

(二)井口高低压高温自动截断阀

井口高低压自动截断阀属油气生产井口的专用安全系统。目前主要用于高含硫气井和需要无人值班的井场。井口安全截断系统主要由气控平板阀、气动两位三通阀、高低压力感测器、快速排气阀、气源减压阀、气源过滤器、高温检测器组成井口安全系统。

(三)截止止回阀

为井口、场站设备安全需要,在部分工艺设备或管段上安装止回阀,以防止天然气倒流。一般止回阀由于材质和压力等级的限制,不能满足工艺要求,针对天然气集输需要研制了高压抗硫截止止回两用阀。

复习思考题

1. 阀门如何分类?怎样表示阀门的型号规格?
2. 简述常见的闸阀、截止阀、止回阀、节流阀、球阀、安全阀的结构、工作原理、特点及注意事项。
3. 自力式调节阀由哪几部分组成?其规范如何表示?工作原理、安装及使用和操作规程各是什么?
4. 旋塞阀的结构、作用及工作原理各是什么?

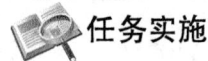任务实施

任务一 识别常用工具

一、学习目标

(1)能正确识别并使用采气生产现场常用操作工具;
(2)能说出给定工具的规格型号。

二、准备工作

(1)工具准备:各种规格管钳、各种规格活动扳手、各种规格开口扳手、各种规格梅花扳手、各种规格平口螺丝刀、各种规格梅花螺丝刀;
(2)人员准备:按照要求穿戴劳动保护用品。

三、操作步骤

1. 准备工作

劳动防护用品准备齐全,穿戴整齐,工具、用具、材料准备齐全。

2. 描述管钳

任取两把管钳,说出管钳的结构:手柄、活动钳口、调查节轮、反力弹片、固定销;规格型号:长度×夹持管子最大外径;用途:紧固或拆卸各种管子、管路附件或圆形零件。

3. 描述活动扳手

任取两把活动扳手,说出活动扳手的规格:长度×最大开口宽度;用途:紧固拆卸螺栓、螺母。

4. 描述开口扳手

任取两把开口扳手,说出开口扳手的规格开口宽度对边宽度;用途:紧固拆卸螺栓、螺母。

5. 描述梅花扳手

任取两把梅花扳手,说出开口扳手的规格对边宽度;用途:紧固拆卸螺栓、螺母。

6. 描述平口起子

任取两把平口起子,说出平口起子规格:不连柄的杆长度×杆直径;用途:紧固拆卸螺钉。

7. 描述梅花起子

任取两把梅花起子,说出梅花起子规格:不连柄的杆长度×杆直径;用途:紧固拆卸螺钉。

8. 清理场地

收拾工具,清理现场。

9. 安全文明生产

安全文明操作,在规定时间内完成。

四、技术要求

(1)在规定时间10min内完成,到时停止操作;
(2)注意各工具的规格要准,用途要对。

任务二 识别常用管阀及配件

一、学习目标

(1)能正确识别采气生产现场常用管阀及配件;
(2)能说出给定管阀及配件的规格型号。

二、准备工作

(1)工具准备:各种规格闸板阀、球阀、旋塞阀、截止阀、单流阀、节流阀、蝶阀、安全阀、管子、弯头、三通、四通、接箍、短节、大小头、活接头、法兰、钢圈、堵头、表接头;
(2)人员准备:按照要求穿戴劳动保护用品。

三、操作步骤

1. 准备工作

劳动防护用品准备齐全,穿戴整齐,工具、用具、材料准备齐全。

2. 管子识别

任取 3 个管子,根据管子实物说出材质、压力等级、管径,常见材质有铜、铁、钢、铝等,高低管子压力等级:低压管压力不超 2.5MPa、中压压力为 4~6.4MPa、高压压力为 10~100MPa、超高压压力超过 100MPa。

3. 阀门识别

任取 3 个阀门,根据实物说出阀门名称、高低压等级(小于 1.6MPa 的为低压阀,1.6~10MPa 的是中压阀,10~100MPa 的是高压阀,100MPa 以上的是超高压阀)、公称直径,球型、截止型、单流阀阀门用途。

4. 配件识别

任取 3 个配件,根据实物说出配件名称、高低压压力等级(常见有 PN1.6、PN2.5、PN4.0 等)、公称直径、连接方式及用途。

5. 清理场地

收拾工具,清理现场。

6. 安全文明生产

安全文明操作,在规定时间内完成。

四、技术要求

(1)在规定时间 15min 内完成,到时停止操作;
(2)注意各工具的规格要准,用途要对。

任务三　游标卡尺使用操作

一、学习目标

学会使用游标卡尺。

二、准备工作

(1)工具、材料准备:游标卡尺、被测工件;
(2)人员准备:按照要求穿戴劳动保护用品。

三、操作步骤

1. 准备工作

劳动防护用品准备齐全,穿戴整齐,工具、用具、材料准备齐全。

2. 基础知识

游标卡尺使用方法。

3. 游标卡尺结构

介绍游标卡尺各部件名称。

4. 游标卡尺检查

擦净被测工件和游标卡尺,检查游标卡尺是否归零,即主副尺上的零刻度线对齐,检查测量爪有无伤痕,对着光看测量爪有无缝隙,是否对齐。

5. 测量

(1)松固定螺栓,移动副尺,打开测量爪,测量内尺寸时用游标卡尺的上量爪,测量外尺寸时用游标卡尺的下量爪,测量槽深时用深度测杆测量;

(2)测量外尺寸时一手握住被测工件,另一手四指握住卡尺尾端,使固定卡脚的测量面贴靠工件,拇指操作指挂轻轻用力,使副尺上活动卡脚的测量面微贴工件,并使两卡脚测量面的连线与所测工件表面垂直,拧紧固定螺栓,缓慢取出卡尺。

6. 读值

读值时,在主尺上读出副尺零位以前的读数,此数据为整数值(mm),在副尺上找到与主尺相对齐的刻度线,读值,将此数值除以100即为小数值(mm),将上述整数值与小数值相加,即为游标卡尺测得的数据,边测量边记录测量值,测量三个值(由考评员给定:长度、宽度、内径、外径、深度)。

7. 清理场地

测量完毕后,擦净卡尺,放回盒内保管,收拾工具。

8. 安全文明生产

安全文明操作,在规定时间内完成。

四、技术要求

(1)在规定时间20min内完成,到时停止操作;
(2)每个测量值误差不超过±0.02mm。

任务四 使用外径千分尺测量工件

一、学习目标

学会使用外径千分尺。

二、准备工作

(1)工具、材料准备:0~25mm外径千分尺、25~50mm外径千分尺、被测工件;
(2)人员准备:按照要求穿戴劳动保护用品。

三、操作步骤

1. 准备工作

劳动防护用品准备齐全,穿戴整齐,工具、用具、材料准备齐全。

2. 基础知识

外径千分尺使用方法。

3. 外径千分尺结构

指出外径千分尺各部位结构。

4. 选择外径千分尺

擦净被测工件,根据被测工件测量尺寸,选择合适测量范围的外径千分尺。

5. 检查外径千分尺

(1)用清洁纱布擦净千分尺(必须先擦刀口);

(2)检查外径千分尺各活动部件是否灵活可靠,微分筒、棘轮转动要灵活,锁紧装置作用可靠。

6. 对零

转动棘轮使两测量面接触,查看微分筒上零线是否与固定套管上的基准线对齐,微分筒的端面是否与固定套管的零刻线对齐,若不对零,进行校零或记录零误差值(正负)。

7. 测量

左手拿住尺架的隔热装置,右手旋转微分筒打开测微螺杆比被测工件稍大,将被测工件放入两测量面间,旋转微分筒,待测微螺杆的测量面与工件表面接近时停止旋转,缓慢旋转棘轮,听到2~3声"咔咔"响后停止转动,锁好锁紧装置,轻轻取下外径千分尺。

8. 读值

读整数,单位为 mm;读小数,从微分筒上找到与固定套管中线对齐的刻线,该刻线数乘以 0.01 就是小数部分的读数,读数为 0.01~0.49mm。将整数值与小数值相加即为测量数值,记录测量值。

9. 清理场地

测量完毕后,擦净外径千分尺,放回盒内保管,收拾工具。

10. 安全文明生产

安全文明操作,在规定时间内完成。

四、技术要求

(1)在规定时间 20min 内完成,到时停止操作;

(2)每个测量值误差不超过 ±0.01mm。

任务五　使用手动注油枪保养阀门

一、学习目标

学会使用手动注油枪。

二、准备工作

(1)工具、材料准备:阀门、200mm 活动扳手、300mm 活动扳手、铜质 F 扳手、平口起子、尖嘴钳、梅花扳手、注脂枪、对讲机、清洗液、润滑脂;

(2)人员准备:按照要求穿戴劳动保护用品。

三、操作步骤

1. 准备工作

劳动防护用品准备齐全,穿戴整齐,工具、用具、材料准备齐全。

2. 基础知识

手动注油枪使用方法。

3. 风险防范

(1)机械伤害:操作阀门时人站侧面;
(2)环境污染:铺设毛毡,并用大布清理挤出润滑油。

4. 检查

(1)检查设备齐全完好,流程正确,无渗漏;
(2)切换生产流程,将直通改为旁通生产;
(3)关闭上流压源阀门,关闭下流压源阀门;
(4)接好排污桶,缓慢开放空阀,泄尽管线内余压。

5. 加润滑油

(1)拧开注油枪上盖,向腔体内加入润滑油;
(2)盖紧注油枪上盖,按枪筒尾部的锁定片;
(3)压动注油枪手柄排气(按压排气孔)直到有润滑油流出。

6. 注油保养

(1)检查、清洁阀门黄油咀子;
(2)将注油枪润滑脂出口连接在(套在)阀门黄油咀子上;
(3)压动手柄,将润滑脂注入阀座密封面至阀杆见油;
(4)取下接口,擦净,处理好残余油料;
(5)开关阀门,检查阀门开关灵活。

7. 清理场地

收拾工具,清理现场。

8. 安全文明生产

安全文明操作,在规定时间内完成。

四、技术要求

(1)在规定时间 10min 内完成,到时停止操作;

(2)注意切换生产流程,将直通改为旁通生产,按顺序关闭上流压源阀门,关闭下流压源阀门。

任务六　更换低压闸阀法兰垫片

一、学习目标

更换低压闸阀法兰垫片的操作方法。

二、准备工作

(1)设备准备:低压闸阀配套流程;
(2)工具、材料准备:300mm 活动扳手、375mm 活动扳手、500mm 撬杠、钢锯条、排污桶、检测仪、对讲机、验漏壶、清洗剂、润滑脂、相同规程垫片、禁止操作警示牌;
(3)人员准备:按照要求穿戴劳动保护用品。

三、操作步骤

1. 准备工作

劳动防护用品准备齐全,穿戴整齐,工具、用具、材料准备齐全。

2. 基础知识

闸阀的结构、特点、用途。

3. 风险防范

(1)中毒窒息:有毒有害物质(如油、气、氮气、制冷剂等)泄漏;进入有毒有害场所作业,未按要求采取防护措施;防护不到位,接触有毒物。
(2)压力介质伤人:操作时人站侧面,防止压力介质刺伤;必须在确认压力落零后进行操作,严禁带压拆卸。
(3)超压憋压:正确切换流程,流程检查,一人操作一人确认。
(4)火灾、爆炸:制好流速,做好静电释放。
(5)环境污染:接好排污桶后打开放空阀门,防止污水、污油落地污染环境。

4. 检查

检查设备齐全,流程正确,无渗漏。

5. 切换流程

切换生产流程(室内在操作前打开门窗,受限空间作业除办理相关手续外,在进入操作前必须进行气体检测合格后方可操作,在操作全过程中每 5min 检测一次,确保人员安全)。

6. 法兰泄压

(1)缓慢打开旁通阀门,关闭上流阀门,关闭下流阀门(如为容器阀门,前端无控制则需切换容器并放空),挂禁止操作警示牌;
(2)人站上风口,接好排污桶,缓慢打开排污阀,泄压,确认压力落零;

(3)缓慢打开排污阀,泄压,确认压力落零。

7. 更换法兰

(1)先下部后上部卸松法兰螺栓,侧身用撬杠撬开法兰底部再次泄压,取出旧垫片,用锯条、大布清理法兰面,卸掉法兰螺栓,浸泡清洗后抹润滑脂;

(2)将新垫子两面均匀涂抹润滑脂装入槽内,注意法兰对中、对角上紧法兰螺栓。

8. 恢复生产

关放空阀,摘警示牌,缓慢打开下流阀门1~2圈试压,观察压力平稳,检查不渗不漏,完全打开下流阀门,打开上流阀门,关闭旁通阀门,确认流程正确,压力平稳,无渗漏。

9. 清理场地

收拾工具,清理现场,填写记录(更换阀门部位、更换阀门型号规格、更换时间、更换人、更换后使用情况)。

10. 安全文明生产

安全文明操作,在规定时间内完成。

四、技术要求

(1)在规定时间30min内完成,到时停止操作;
(2)人站侧面开关阀门;
(3)流程切换要正确,防止憋压。

任务七　更换低压阀门密封填料

一、学习目标

更换低压阀门密封填料的操作方法。

二、准备工作

(1)设备准备:低压闸阀;
(2)工具、材料准备:200mm活动扳手、250mm活动扳手、300mm铜质F扳手、50mm平口起子、200mm平口起子、钢丝钩子、剪刀、手锤、密封填料、油漆刷、黄油、棉纱、柴油、清洗盆;
(3)人员准备:按照要求穿戴劳动保护用品。

三、操作步骤

1. 准备工作

劳动防护用品准备齐全,穿戴整齐,工具、用具、材料准备齐全。

2. 基础知识

闸阀的结构、特点、用途。

3. 风险防范

(1)压力介质伤人:操作时人站侧面,防止压力介质刺伤;必须在确认压力落零后进行操作,严禁带压拆卸。

(2)超压爆炸:检查流程畅通,避免憋压;确保监控仪表完好,规范操作,避免高压窜低压;按要求检测,确保设备完好;定期校验和检查,确保安全附件齐全完好并投用。

(3)环境污染:接好排污桶后打开放空阀门,防止污水、污油落地污染环境。

4. 检查

检查设备齐全,流程正确,无渗漏。

5. 切换流程

切断需换填料阀门的压源,进行排污放空,待压力落零后进行操作。

6. 卸螺栓

交替卸密封填料压盖螺栓。

7. 取旧填料

将填料盒内的旧填料取出,并将填料盒擦洗干净。

8. 加新填料

(1)选用规格、性能合适的密封填料,量出长度,用剪刀、电工刀切好密封填料,交接面呈30°~45°斜角,抹上润滑脂备用;

(2)向填料盒内加入新填料,密封填料切口位置相互错开90°~120°。用压盖下压,将加入密封填料压均匀、压紧。

9. 试压验漏

加满后放下压盖,对称拧紧压盖螺栓,压盖不能倾斜,松紧合适,阀门开关灵活自如。关放空阀,缓慢微开上游或下游压源阀门试压,用验漏液检查不渗不漏。

10. 恢复流程

活动阀门检查维护保养质量,恢复生产流程。

11. 清理场地

收拾工具,清理现场,填写记录(更换阀门部位、更换阀门型号规格、更换时间、更换人、更换后使用情况)。

12. 安全文明生产

安全文明操作,在规定时间内完成。

四、技术要求

(1)在规定时间15min内完成,到时停止操作;

(2)切割填料尺寸准确、断口平齐、交接面在30°~45°范围;

(3)流程切换要正确,防止憋压。

任务八　更换法兰式工艺闸阀

一、学习目标

更换法兰式工艺闸阀的操作方法。

二、准备工作

(1)设备准备:同型号法兰式闸阀;

(2)工具、材料准备:250mm活动扳手、300mm活动扳手、375mm活动扳手、组合套筒、撬杠、锯条、接污桶、四合一检测仪、对讲机;

(3)人员准备:按照要求穿戴劳动保护用品。

三、操作步骤

1.准备工作

劳动防护用品准备齐全,穿戴整齐,工具、用具、材料准备齐全。

2.基础知识

闸阀的结构、特点、用途。

3.风险防范

(1)中毒窒息:做好操作现场通风,按要求采取防护措施;

(2)物体打击:操作阀门不正对阀杆;

(3)压力介质伤人:确定压力放空后再操作,放空及拆卸法兰时不正对排口及法兰缝隙;

(4)火灾爆炸:使用防爆工具,做好人体静电释放工作;

(5)设备超压:正确导通流程,避免憋压;

(6)环境污染:接好排污桶后打开放空阀门,防止污水、污油落地污染环境。

4.检查设备

检查设备齐全,流程正确,根据更换位置确定流程切换方式。

5.切换流程

(1)切换生产流程。室内在操作前打开门窗,有限空间作业除办理相关手续外,在进入操作前必须进行气体检测合格后方可操作,在操作全过程中每5分钟检测一次,确保人员安全;

(2)先将阀门的上流压源阀门关闭,后关闭下流压源阀门。如为容器阀门,前端无控制则需切换容器并放空。

6.泄压

接排污桶,缓慢开放空阀(无放空处可卸松部分法兰螺栓进行放空),泄尽管线内余压。

7.更换阀门

(1)卸掉法兰螺栓,浸泡清洗后抹润滑脂;

(2)用撬杠撬起法兰,取出旧阀门,用锯条、钢丝刷、擦布清理法兰面;

(3)将新垫子、已保养好的新阀门装入槽内,注意法兰对中、对角上紧法兰螺栓。

8. 恢复生产流程

关放空阀,缓慢打开下流压源阀门,打开上流压源,检查不渗不漏后恢复流程。

9. 清理场地

收拾工具,清理现场,填写记录(更换阀门型号规格、更换时间、更换人、更换后使用情况)。

10. 安全文明生产

安全文明操作,在规定时间内完成。

四、技术要求

(1)在规定时间20min内完成,到时停止操作;

(2)室内更换时,要打开门窗通风,按有限空间作业要求操作;

(3)正确切换生产流程,防止憋压。

任务九　更换弹簧式安全阀

一、学习目标

更换弹簧式安全阀的操作方法。

二、准备工作

(1)设备准备:校验好的安全阀;

(2)工具、材料准备:250mm活动扳手、300mm活动扳手、375mm活动扳手、17in呆扳手、19in呆扳手、22in呆扳手、24in呆扳手、撬杠、起子、垫片、验漏液、松动剂、润滑脂;

(3)人员准备:按照要求穿戴劳动保护用品。

三、操作步骤

1. 准备工作

劳动防护用品准备齐全,穿戴整齐,工具、用具、材料准备齐全。

2. 基础知识

闸阀的结构、特点、用途。

3. 风险防范

(1)压力介质伤人:操作前确认根阀关闭,泄压;

(2)火灾爆炸:使用防爆工具,做好人体静电释放工作;

(3)设备超压:正确导通流程,避免憋压;

(4)环境污染:接好排污桶后打开放空阀门,防止污水、污油落地污染环境。

4. 检查设备

操作人员到现场,检查流程及需要更换的安全阀,根据现场情况分析需要带的工具及安全阀,根据现场情况检查通风是否良好,检查设备完好情况,流程检查,有无渗漏。

5. 放空

根据现场情况,对系统进行放空操作,或关闭安全阀流程操作,确定放空系统无压力,才能进行操作。

6. 固定

根据现场情况决定是否需要将安全阀的放空管线固定牢固。

7. 更换安全阀

(1)法兰连接:卸安全阀与放空管线法兰连接螺栓及安全阀底座固定螺栓,将安全阀取下。螺纹连接的卸松活接头,手动将安全阀取下;

(2)确定现场安全阀连接面,如是法兰连接堵好法兰孔,清理法兰面,取出法兰孔内堵塞物,如是螺纹连接,堵好丝孔口,清理螺纹面,取出丝孔口堵塞物;

(3)法兰连接:新垫子对中放正,将新安全阀装上,对角上紧安全阀底座固定螺栓。对正放空管线法兰,穿入三条螺栓,将新垫子放入两法兰片之间,注意对中,装好其余螺栓并对角上紧;螺纹连接:螺纹用密封胶带进行密封,再上紧安全阀。

8. 恢复生产流程

根据现场情况如放空管线的固定连接,需要松开;如未固定,不需要松开。登记安全阀编号,恢复生产流程,检查不渗不漏。

9. 清理场地

收拾工具,清理现场,填写记录(更换阀门型号规格、更换时间、更换人、更换后使用情况)。

10. 安全文明生产

安全文明操作,在规定时间内完成。

四、技术要求

(1)在规定时间20min内完成,到时停止操作;
(2)按要求切断安全阀根阀;
(3)正确切换生产流程,防止憋压。

任务十 闸阀或截止阀转动不灵活故障处理

一、学习目标

闸阀或截止阀转动不灵活故障处理。

二、准备工作

(1)设备准备:校验好的安全阀;

(2)工具、材料准备:200mm活动扳手、250mm活动扳手、150mm平口起子、梅花扳手、300mm管钳、350mm管钳、接污桶、验漏壶、填料钩、阀杆密封填料、密封垫、阀门同型号滚珠轴承、阀杆、阀芯、润滑脂、松动剂、砂纸;

(3)人员准备:按照要求穿戴劳动保护用品。

三、操作步骤

1. 准备工作

劳动防护用品准备齐全,穿戴整齐,工具、用具、材料准备齐全。

2. 基础知识

闸阀的结构、特点、用途。

3. 风险防范

(1)中毒、窒息:做好操作现场通风,按要求采取防护措施;

(2)物体打击:操作阀门不正对阀杆;

(3)压力介质伤人:确定压力放空后再操作,放空及拆卸法兰时不正对排口及法兰缝隙;

(4)火灾爆炸:使用防爆工具,做好人体静电释放工作;

(5)设备超压:正确导通流程,避免憋压;

(6)环境污染:接好排污桶后打开放空阀门,防止污水、污油落地污染环境。

4. 切换流程

打开旁通阀,关闭上游阀门,关闭下游阀门,人在上风处缓慢打开放空阀,泄尽管线内余压(观察压力表落零)。

5. 检查

检查阀杆锈蚀、变形,检查阀芯被卡,更换阀门密封填料。

6. 故障处理

检查阀杆锈蚀,除锈加润滑脂;检查阀芯是否被卡、阀杆是否变形。如阀门仍转动不灵活,则将阀盖打开。检查阀芯,若阀芯损坏更换阀芯。检查阀杆是否变形,如变形,更换阀杆。清理阀腔,检查阀盖与阀体间的密封垫,如损坏,更换密封垫;更换阀门密封填料,转动手柄,如阀门转动不灵活更换阀门密封填料,密封填料切口呈35°~45°角,上下密封填料切口错开120°~180°角;阀杆有滚珠轴承的,检查滚珠轴承是否变形、锈蚀、损坏,如有进行更换;回装阀门。

7. 恢复生产流程

关闭放空阀,缓慢打开下游阀门,打开上游阀门,关闭旁通阀,检查渗漏情况。

8. 清理场地

收拾工具,清理现场,填写记录。

9. 安全文明生产

安全文明操作,在规定时间内完成。

四、技术要求

(1)在规定时间 30min 内完成,到时停止操作;
(2)针对不同的故障采用最合理的处理方法;
(3)正确切换生产流程,防止憋压。

项目二 压力表的认识与操作

压力表是现场常用的仪表之一,特别是在采气生产中起着举足轻重的作用。现场的很多设备都是高压,一旦处理不好将发生重大事故。不论是在天然气的生产、处理还是输送过程中必须安装压力表,根据气体性质不同和压力不同我们将安装不同的压力表以适应生产要求。

知识目标

(1)掌握压力表的分类;
(2)掌握压力表的结构及原理;
(3)掌握压力表的选用方法。

能力目标

(1)能正确选用、维护压力表;
(2)能正确测取油套回压。

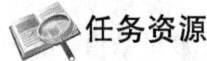任务资源

一、测量误差

(一)误差的概念

测量误差是指仪表的指示值与被测参数的真实值(真值)之间存在的偏差。引起测量误差的因素较多,如测量仪器本身的问题、测量原理的不完善、外界因素的干扰、测量人员的技术状况及操作能力等。

(二)误差的分类

1. 按误差产生的原因及规律分类

按误差产生的原因及规律分为系统误差、随机误差和粗大误差。

(1)系统误差:在相同条件下,多次测量同一个量时,出现的一种绝对值大小和符号保持不变或是按照某一规律变化的误差。单纯增加测量次数,无法消除系统误差,只有找到产生误差的原因后,通过对测量结果进行适当的修正才能消除。

(2)随机误差:已经消除系统误差之后,在相同的条件下测量同一个量时,出现的一种误差,其绝对值和符号以不可预计的方式变化。随机误差对于单次测量无法预计,但多次重复测量同一个量时,其误差值总体服从统计规律。随机误差可通过增加测量次数求平均值的方法使其减小。

(3)粗大误差:一种显然与事实不相符的误差,误差数值较大且违反常规。带有这种误差的测量结果毫无意义。

2.按误差的数值表示方法分类

按误差的数值表示方法分为绝对误差、相对误差和引用误差。

(1)绝对误差:仪表的指示值 x_m 与被测量真值 x_t 之间的代数差,用符号 e_a 表示:

$$e_a = x_m - x_t$$

(2)相对误差:仪表指示值的绝对误差 e_a 与仪表真实值 x_t 之比的百分数,用符号 E_q 表示:

$$E_q = \frac{e_a}{x_t} \times 100\%$$

(3)引用误差:仪表指示值的绝对误差 e_a 与仪表量程 R_s 之比的百分数,用符号 E_r 表示:

$$E_r = \frac{e_a}{R_s} \times 100\%$$

二、计量仪表的性能指标

仪表的性能指标是评价仪表质量好坏的重要依据,也是正确选择、使用仪表必须具备和了解的知识。

(一)精确度

精确度是指仪表的测量值接近真值的程度,以此可以估算测量值的误差大小。仪表的精确度是用精度等级来表示的。

精度等级,是仪表最大允许绝对误差 e_{max} 与仪表量程 R_s 之比,乘以 100 的数值,用符号 A_c 表示:

$$A_c = \frac{e_{max}}{R_s} \times 100$$

精度等级是按国家统一规定的允许基本误差大小划分的几个等级,某一精度等级是指正常测量下的允许基本误差。仪表的精度等级有 0.1、0.2、0.5、1.0、1.5、2.5 等级别,仪表精度等级常以圆圈内的数字标明在仪表面板上。

(二)灵敏度

灵敏度表示测量仪表对被测参数变化的灵敏程度,它是仪表的输出信号(如转角的位移量 Δ_a)与引起此位移的被测参数变化量 Δ_x 的比值,即灵敏度为 Δ_a/Δ_x。

(三)反应时间

从测量开始到仪表正确显示被测参数的时间称为反应时间(时滞)。反应时间过长的仪表,不能及时准确地反映被测参数的变化情况,故不适用于被测参数变化频繁的地方。

(四)变差

在工作条件不变的情况下,使用同一仪表对某一被测量进行逐渐由小到大(正行程)和逐渐由大到小(反行程)的测量时,其结果是:对同一被测量值,正、反行程中得到的仪表示值是不相同的,这种现象称为变差 E_{qh}。

$$E_{qh} = \frac{|e_{hmax}|}{R_s} \times 100\%$$

(五)线性度

线性度是用于测试系统的输出与输入,系统能否像理想系统那样保持正常值比例关系(线性关系的一种度量)。对于理论上具有线性特性的仪表,由于许多因素的干扰,使其实际特性偏离了理论特性。

$$E_{ql} = \frac{|e_{lmax}|}{R_s} \times 100\%$$

(六)其他性能

仪表应具有一定的防护性能,即仪表对杂电的抗干扰能力,抗振动、抗撞击、抗挤压的机械性能,绝缘性、耐电压的电气特性,防爆性和对工作环境的适应性等。防护性能的强弱直接关系仪表的可靠耐用,是仪表的一项质量指标。

三、压力的概念及单位

压力是指介质垂直均匀作用在单位面积上的力。在我国法定计量单位中,规定压力的基本单位为帕斯卡(简称帕),符号为 Pa,它的定义为:1 牛顿力(N)垂直均匀作用在 1 平方米(m^2)的面积上所形成的压力。

压力的导出单位有千帕,符号为 kPa;兆帕,符号为 MPa。压力单位之间的换算关系为:$1MPa = 10^3 kPa = 10^6 Pa$。常用的法制计量单位与法制计量单位换算见表 3-8。

表 3-8 常用的法制计量单位与法制计量单位换算表

单位符号	帕斯卡(Pa)	毫米水柱(mmH_2O)	标准大气压(atm)	工程大气压(kgf/cm^2)	毫米汞柱(mmHg)
Pa	1	1.0197×10^{-1}	9.8692×10^{-6}	1.0197×10^{-5}	7.5006×10^{-3}
mmH_2O	9.8067	1	9.6784×10^{-5}	10^{-4}	7.3556×10^{-2}
atm	1.0133×10^5	1.0332×10^4	1	1.0332	760
kgf/cm^2	9.8067×10^4	1×10^4	9.6784×10^{-1}	1	7.3556×10^2
mmHg	1.3332×10^2	1.3595×10^1	1.3158×10^{-3}	1.3595×10^{-3}	1

在压力测量中,常用的表示方法有大气压力、绝对压力、表压力、负压或真空度。

(1)大气压力,指空气的重力作用在地球表面所产生的压力,其值可用气压计测得,一般用符号 Pa 表示。

(2)绝对压力,指作用在物体表面的全部压力,其零点以绝对真空为基准,又称总压力或全压力,一般用符号 $p_{绝}$ 表示。

(3)表压力,高于大气压力的绝对压力与大气压力之差称为表压力,它是以大气压力为基准的。一般压力表的读数为表压力,用符号 $p_{表}$ 表示。

(4)负压或真空度,指低于大气压力的绝对压力,一般用符号 $p_{真}$ 表示。

在工业生产中,按介质工作压力大小的不同,将压力划分为以下几个等级:

(1)微压:$p < 0.1MPa$;

(2)低压:$0.1MPa \leq p < 1.6MPa$;

(3)中压:$1.6MPa \leq p < 10MPa$;

(4)高压:10MPa≤p<100MPa;

(5)超高压:p≥100MPa。

四、各类压力测量仪表

采气现场的压力测量仪表按使用场合主要有:就地指示压力表、高低极限压力开关,和为集中、连续检测所设置的用于指示、记录、运算用的智能压力变送器。

测量压力的仪表根据其测量原理的不同,可分液柱式压力计、弹性式压力计、活塞式压力计、电气式压力计四类。

(一)液柱式压力计

液柱式压力计是以液体静力学原理为基础的,将被测压力转换为液柱高度进行测量。一般采用水银或水作为工作液,用于测量低压、负压或压力差,其结构有U形液柱压力计和单管液柱压力计。工业生产中的压力测量一般不用此类压力计。

(1)U形液柱压力计是一种简单的测压仪表,可用来测量低压、负压和压力差。采气站常用来校正其他仪表。

(2)单管液柱压力计由一个较大容器和一单管相连,由于容器的内径D远大于管子的内径d,当被测压力引入容器时,在引入压力作用下,容器内的工作液体减少,管内工作液体增加,减少和增加量相等。容器内的工作液下降远小于管子内液面的上升,因此管内液柱的高度即是被测的压力值。

(二)弹性式压力计

1. 常用弹性式压力计

弹性式压力计是以弹性元件受压后所产生的弹性变化作为测量基础,将被测压力转换为弹性元件的弹性变形位移进行测量。根据测压范围的不同,所用弹性元件也不同,常用的有波纹膜片、波纹管、单圈弹簧管、多圈弹簧管。工业生产中的压力测量多用此类压力计,其中最常用的为弹簧管压力表。弹簧管压力表是一种历史悠久,应用广泛的压力测量仪表。弹簧管压力表品种多、使用广,具有安装使用方便、刻度清晰、简单牢固、测量范围较广等优点,而且有各种专用的压力表,可以满足各种特殊用途的需要。缺点是测量准确度不高,不适宜动态测量。采气站常用单圈弹簧管压力表。它采用弹性元件作为压力检测元件,在力平衡原理的基础上,弹性元件以弹性变形的形式将压力转换为弹性元件的机械位移信号,然后测量其位移量确定被测压力的大小。

2. 弹簧管压力表的结构

弹簧管压力表主要由单圈弹簧管、传动放大机构、指示机构和表壳四部分组成,其结构组成如图3-2所示。

(1)单圈弹簧管,是一根弯曲成270°圆弧的扁圆或椭圆形截面的空心金属薄管,管子的一端封闭,并连接传

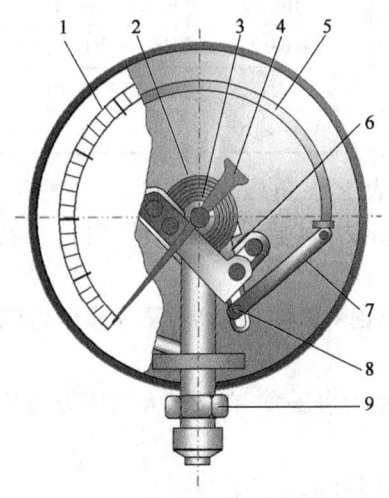

图3-2 弹簧管压力表结构图
1—面板;2—游丝;3—中心齿轮;4—指针;5—弹簧管;6—扇形齿轮;7—拉杆;8—调整螺钉;9—接头

动机构,是弹簧管的自由端,用来输出弹簧管的变形位移;管子的另一端焊在压力表接头上,并固定于表壳上,以便输入被测压力到弹簧管的内腔。

(2)传动放大机构,作用是将弹簧管的变形——自由端位移加以放大,并将其变为指针的偏转。在传动放大机构中,拉杆与扇形齿轮形成一级杠杆放大,其放大倍数等于扇形齿轮的等效半径与拉杆到扇形齿轮轴的长度之比,可通过调节调整螺钉的位置来改变;扇形齿轮与中心齿轮形成第二级齿轮放大,其放大倍数等于两齿轮节圆半径之比,其大小不可调节。

(3)指示机构,作用是指示被测压力的数值。

(4)表壳,作用是固定和保护表内各种部件。

3. 弹簧管压力表的选择

弹簧管压力表的选择包括类型、量程、精度及材料的选择。

(1)类型的选择:根据被测介质的性质,如被测介质的温度、腐蚀性、脏污程度、易燃易爆性及现场环境条件,如高温、腐蚀、潮湿、振动等来选择。

(2)量程的选择:在压力波动不大的情况下,最大压力值不应超过满量程的2/3;在压力波动较大的情况下,最大压力值不应超过满量程的3/5;为保证测量精度,被测压力最小值不应低于满量程的1/3。常用弹簧管压力表的量程有0~0.16MPa,0~0.25MPa,0~0.4MPa,0~0.6MPa,0~1MPa,0~1.6MPa,0~2.5MPa,0~4MPa,0~6MPa,0~10MPa,0~16MPa,0~25MPa,0~40MPa等规格。

(3)精度的选择:在满足生产工艺要求的条件下,尽量选择精度低的压力表。

(4)弹簧管的材料,因被测介质的性质和压力的高低而不同。一般压力小于20MPa时用磷铜弹簧管;压力大于20MPa时用不锈钢或合金钢弹簧管。测氨气时用不锈钢弹簧管;测含硫气时用抗硫合金钢弹簧管。

4. 弹簧管压力表使用中应注意的事项

(1)压力表应工作在允许的压力范围之内。

(2)压力表的安装环境应满足规定要求,安装地点应力求避免振动和高温影响。

(3)压力表应安装在易观察和检修的地方,且垂直安装,接头阀门应无泄漏。

(4)压力表应定期鉴定,使用中若出现弹簧管破裂、指针脱落、指示失真等现象时应停止使用。

(5)仪表在使用过程中应注意保持其干燥和清洁。

(6)更换压力表时,必须先关闭压力表的截断阀,松动压力表接头,缓慢降压,不要使指针猛然回落,以免损坏指针。待压力表内的压力逐步卸完后,才能拆出压力表。拆下的压力表应存放在防尘、干燥、无腐蚀的环境中。

5. 压力表的校验

为了保证压力表在使用中压力指示值的准确度,就要对其进行校验。压力表的校验可在室温25℃条件下,利用标准仪器(活塞式压力计或标准表)进行。所用标准仪器基本误差的绝对值应不大于被检压力表基本误差绝对值的1/3。

(1)零位检查:压力表在没有压力引入时,指针尖端与零点分度线偏差不得超过压力表允许基本误差的绝对值。

(2)基本误差:压力表示值与标准仪器示值之差不超过压力表精度等级所允许的基本

误差。

(3)来回变差：在增压校验和降压校验的所有校验点上，两次读数之差不得超过允许的基本误差的绝对值。

(4)轻敲位移：轻敲表壳所引起的指针位移，不得超过允许的基本误差的绝对值的一半。

6. 校验结果处理

校验记录如果为非线性误差，此压力表不得使用；超误差为线性时应将误差调到允许误差范围之内才能使用。经校验合格的压力表应予封印或发给合格证，不合格的压力表允许降级使用。压力表校验周期不得超过半年。

7. 压力表的调整

(1)零位和最大刻度的调整。当压力加到仪表上限值或去掉压力后，压力表指针不能指在最大刻度或不能指在零位时，可用调整螺钉调整。

(2)中间刻度的调整。在加压校验中，如果误差和刻度是正比关系，可微调调整螺钉，正误差（刻度示值偏大）向外移，负误差向里移；如果刻度示值不合格，可改变拉杆长度，调整拉杆与扇形齿轮间的夹角或检查扇形齿轮和中心齿轮接触是否良好。

(3)变差的消除。压力表的变差大，一般是由于传动机构间隙大或接触松动，此时应检查游丝和齿轮间的啮合情况。当游丝排列紊乱时，需将游丝校正或更换。游丝转矩的调整，可分离扇形齿轮和中心齿轮的啮合，然后旋转中心齿轮来增加或减少转矩。

（三）活塞式压力计

活塞式压力计是将被测压力转换为活塞上所加平衡砝码的重量进行测量，其精度较高，一般用于校验压力表。

活塞式压力计既是一种标准压力测量仪表，又是一种压力发生器。作为标准压力测量仪器使用时，用来校验标准压力表和测量井口压力。标准压力值由平衡时所加砝码的重量确定。

（四）电气式压力计

电气式压力计是将被测压力转换为各种电量进行测量。自控装置多用此类压力计，计量仪表的基本组成包括：

(1)检测元件，一般与被测介质直接接触，感受被测量，并基于某种物理效应把被测量转换成相应的机械的、电的或其他形式的易于传递、测量的信号，完成对被测参数信号形式的转换。

(2)变换环节，是仪表的中间环节。它的作用是将检测元件的输出信号进行放大，作远距离传送、作线形化处理或转换成标准统一信号输出，供给显示环节，以供显示。

(3)传输环节，作用是联系仪表的各个环节，给其他环节的输入、输出信号提供通路，它可以是导线、管路，也可以是一个机械元件等。

(4)显示环节，是人机联系的环节，其作用是向测量者显示被测量数值的大小。

1. 电接点信号压力表

电接点信号压力表常使用在需要控制压力的管线或设备上，作为压力报警之用。当被控制的流体压力超过或低于给定值时，仪表的触点装置发出信号，提醒操作值班人员采取措施进行处理。电接点信号压力表的外形如图3-3所示。

电接点信号压力表结构是在弹簧管压力表的基础上，在指针上设有动触点，另设两个调节的指针，分别有静触点2个(需控制压力的低值和高值触点)，3个触点用线路与电流和红绿灯(信号灯)分别连接。当压力超过或低于上下限给定值时，动触点分别与静触点高值或静触点低值接触，信号灯就发光，2个静触点是可以根据需要进行调节的。

2. 压力传感器

压力传感器的作用是把压力信号检测出来，并转换为电信号输出。由于信号可以远距离传送，所以在工业生产过程中可以实现压力自动控制和报警，并可与工业控制机连用。

图3-3 电接点信号压力表外形图

1) 应变片式压力传感器

应变片式压力传感器，是利用电阻应变原理构成的。电阻应变片有金属应变片(金属丝或金属箔)和半导体应变片两类。

被测压力作用在应变片上时，使应变片产生应变，当应变片产生压缩应变时，其阻值减小；当应变片产生拉伸应变时，其阻值增加。应变片阻值的变化，再通过桥式电路获得相应的毫伏计电势输出，并用毫伏计或其他记录仪表显示出被测压力，从而组成应变片式压力计。

2) 压阻式压力传感器

压阻式压力传感器，是利用单晶硅的压阻效应构成的。

采用单晶硅片为弹性元件，在单晶硅膜片上利用集成电路的工艺，在单晶硅的特定方向扩散一组等值电阻，并将电阻接成桥路，单晶硅片置于传感器腔内。当压力发生变化时，单晶硅产生应变，使直接扩散在上面的应变电阻产生与被测压力成比例的变化，再由桥式电路获得相应的电压输出信号。

压阻式压力传感器具有精度高、工作可靠、频率响应高、滞后小、尺寸小、结构简单等特点，可以适应恶劣的环境条件，便于实现显示数字化。压阻式压力传感器不仅可以用来测量压力，稍加改变，就可以用来测量差压、高度、速度、加速度等参数。

3) 电容式压力传感器

电容式压力传感器，是将压力的变化转换为电容量的变化，然后进行测量的。

电容式压力传感器的工作原理：中心感应膜片和两侧的固定电极分别形成两个相等的电容，当工艺过程压力经隔离膜片、灌充液传送到中心感应膜片上，使中心感应膜片产生一定的位移，位移的大小与压力成正比，此时中心感应膜片与两侧的固定电极间距不再相等，从而使两个电容器的电容量不再相等。通过转换部分的检测和放大，转换为4~20mA的直流电信号输出。

电容式压力传感器的精度较高，允许误差不超过量程的±0.25%。由于它的结构性能比较耐振动和冲击，使其可靠性、稳定性高。当测量膜盒的两侧通以不同压力时，便可以用来测量差压、液位等参数。

五、压力检测仪表的设置原则

(1) 天然气井口需设置油压和套压的压力就地指示和远传记录。

(2)对于重要测压点宜设置双重压力检测仪表,并有一点远传及报警。

(3)各类站场进出站口必须设置就地指示压力表,在自控水平要求较高的站场的进、出口同时设置力变送器。

(4)高压设备必须要在能反映设备工作压力之处装设就地指示压力表。该压力表不得因设备进出口阀门关闭而失去指示设备内压力的能力。

(5)压缩机进出口除设就地指示压力表、压力变送器外,宜设压力超高、超低检测开关。

(6)为便于自力式调压器的调整与操作,调压器所控制压力管线上应装设便于操作的就地指示压力表。

(7)用于分析和计算的压力参数,如流量计量补偿用压力,应进行连续记录和长期的数据储存。

(8)压力值低于10MPa应选用弹簧管压力表,40kPa宜选用膜盒式压力表,压缩机进、出口设置的压力表宜采用抗震型。

(9)为了集中显示、记录、报警、连锁和远传压力,根据输气管道站场防爆区域的划分,一般都选隔爆型电动仪表或本安型电动仪表。

(10)需安装在爆炸危险场所的测压电气仪表,必须选用防爆型仪表,其防爆等级和分组不得低于该危险场所划分的级别与组别。

(11)对于压力检测点极限值的监测,可采用防爆电接点压力表,它既能现场就地指示,又能提供具有一定驱动能力的可调上、下限触点。该触点可用于声光报警,也可驱动控制设备,是一种经济实用的压力监测仪表。防爆压力开关也可用于压力极限值的检测。但是,现在由于输气管线自动控制水平设置较高以及这两种设备的可靠性不稳定等原因,实际使用较少。

(12)检测含有腐蚀性物质的天然气时,需选用耐腐蚀的压力测量仪表。

(13)为了清晰可视,就地指示的压力表宜选用直径100mm或150mm的压力表。

(14)压力仪表量程的选择,测量稳定的压力时,操作最高压力宜为仪表量程的1/2~2/3;测量振动的压力时,操作最高压力宜为仪表量程的1/3~1/2。

六、压力检测仪表的安装

要使压力检测仪表和调压设备达到预定的检测和控制目的,除正确选用、及时检验与维护外,尚需正确安装。

(1)压力检测仪表取压点应位于管道或工艺设备的上方。

(2)取压管嘴应插入工艺设备或管壁焊接,内壁应保持平整,不应有凸出物或毛刺,以保证正确测得静压。

(3)取压口与压力仪表之间应装截断阀门,以便检验和调校。取压管不宜过长,以减少压力传递的时延。

(4)压力测量仪表取压点应位于管线或工艺设备上方。对于含凝析液的天然气水平管道,取压管宜在垂直轴线45°左右的平面上设置。

(5)对于水套炉的压力测量仪表,安装地点应远离高温环境或选用高温压力表。

(6)对低温分离、高压节流或膨胀机之后的压力检测仪表应考虑低温的影响。

(7)对含硫天然气等腐蚀性介质,除选用抗腐蚀仪表外,还可考虑隔离措施。

复习思考题

1. 什么是测量误差？测量误差有哪几种表示形式？
2. 简述弹簧管压力表、电接点压力表的结构和工作原理。
3. 如何进行压力表零位、中间刻度和最大刻度的调整？
4. 气站出口压力为 25~28MPa，测量误差不得大于 0.1MPa，工艺要求就地显示，试选择一压力表。

任务实施

任务　更换弹簧管式压力表

一、学习目标

更换弹簧管式压力表的操作方法。

二、准备工作

(1) 设备准备：带压力表的流程；
(2) 工具、材料准备：200mm 活动扳手、250mm 活动扳手、压力表、对讲机、接污桶、验漏壶、压力表密封垫、计算器、记录本；
(3) 人员准备：按照要求穿戴劳动保护用品。

三、操作步骤

1. 准备工作

劳动防护用品准备齐全，穿戴整齐，工具、用具、材料准备齐全。

2. 基础知识

压力表的结构、特点、用途。

3. 风险防范

(1) 中毒窒息：做好操作现场通风，按要求采取防护措施；
(2) 压力介质伤人：确定压力放空后再操作，放空及拆卸法兰时不正对排口及法兰缝隙；
(3) 物体打击：操作阀门不正对阀杆；
(4) 火灾、爆炸：使用防爆工具，做好人体静电释放工作；
(5) 环境污染：接好排污桶后打开放空阀门，防止污水、污油落地污染环境。

4. 检查

检查设备齐全，流程正确，无渗漏。

5. 选择压力表(量程)

量程指压力表的最大测压范围，选用的一般要求是：

$$p_{最大量程} = (15 - 3) \times p_{被测压}$$

6. 选择压力表(精度等级)

压力表精度等级的选择应根据其测量值对生产的重要性确定。指示生产过程用的压力表,选 1.5~2.5 级的压力表即可,如分离器、调压阀前后压力表等;用来指导生产或测出的压力对生产有重大影响的压力表,准确度等级应选高些,如井口油套压、计量用压力表等,可选用 0.25~1 级的压力表。

7. 选择压力表(类型)

根据被测介质的性质和工作现场的环境条件,如温度高低、黏度大小、脏污程度不同、腐蚀性、潮湿性、易燃易爆、振动条件等,选择合适的压力表类型。

8. 检查

检查设备齐全完好,流程正确,无渗漏,记录压力值。

9. 泄压

关压力表控制阀,接好排污桶,缓慢开压力表放空阀泄压。若无放空阀,可用扳手把压力表活接头卸松 1~2 圈,让气体沿螺纹缓慢泄漏,直至压力表指针回零。

10. 卸表

泄尽余压(待压力落零无余气)后,卸下压力表(表面朝下放置),用棉纱轻堵压力表阀口,缓开表阀两次吹扫,直至无污物、粉尘喷出后关闭,清理干净表接头内的余留污物。

11. 装压力表

检查活接头是否完好、有无堵塞、检查更换压力表密封垫,装好压力表,调整压力表方向。

12. 验漏

关压力表的放空阀,缓慢打开控制阀,在看到压力表的指针起压后,检查压力表接头无渗漏后,完全打开压力表控制阀。

13. 清理场地

收拾工具,清理现场,录取压力值,填写记录(压力表型号、规格、精度、表号、厂名、使用地点、换表原因、时间等)。

14. 安全文明生产

安全文明操作,在规定时间内完成。

四、技术要求

(1)在规定时间 10min 内完成,到时停止操作;
(2)先关放空阀后开控制阀;
(3)卸表时应边卸边晃,泄尽余压。

项目三 测温仪表的认识与操作

采气生产中,对天然气温度的控制很重要。温度的高低影响着被测介质的物理性能及密度等参数,同时影响到生产过程的热平衡及工艺设备的物理性能如耐压强度等。它反映了天然气传输中的介质温度变化状态。温度控制不好会造成管道中形成天然气水合物、产生液态水或水蒸气等,影响气井的生产和天然气的品质。所以我们应当熟练掌握各类测温仪表在采气现场的应用。

知识目标

(1)掌握测温仪表的分类;
(2)掌握测温仪表的结构及原理;
(3)掌握测温仪表的选用方法。

能力目标

(1)能正确选用、维护测温仪表;
(2)能正确测取温度数据。

任务资源

一、温度的相关知识

温度是表示物体冷热程度的物理量。用来量度温度高低的标尺称为温标,温标是用数值来表示温度的方法。常用的温标有摄氏温标和国际实用温标。

(一)摄氏温标

摄氏温标的测量单位是摄氏度,用符号"℃"表示。物体的温度符号一般用"t"表示。它规定在标准大气压下水的凝固点为0℃,水的沸点为100℃,其间划分100等份,每一等份为1℃。工程上常用摄氏温标。

(二)国际实用温标

国际实用温标是以热力学温标为基础的一种温标。物理学认为-273.15℃时,理想气体的分子停止运动,即分子热运动的动能等于零,这个温度称为热力学温度,这种计量温度数值的方法就是热力学温标。热力学温标的单位是"开"(开尔文),用符号"K"表示,使用热力学温标时,物体的温度符号用"T"表示。

热力学温标与摄氏温标的不同之处,在于起点温度的规定不同,两者的温度间隔是相同的。两种温标的换算关系为

$$T = t + 273.15℃$$

我国法定的温度计量单位是热力学温标开尔文,即K,也可以用摄氏温标,即℃。一般温度计标的温度单位是℃。

(三)华氏温标

华氏温标的测量单位是华氏度,用符号"℉"表示,物体的温度符号一般用"t"表示。它规定水的凝固点为32℉,沸点为212℉,其间划分为180等份,每一等份为1℉。欧美国家经常使用华氏温标。它与摄氏温标的换算关系为

$$t_c = \frac{5}{9} \times (t_F - 32)$$

二、温度测量仪表及分类

按测量范围,分为测量550℃以下的仪表和测量550℃以上的仪表两类,前者称为低温温度计,通称温度计,后者称为高温温度计,通称高温计。

按仪表的作用原理,分为接触式温度计和非接触式温度计两类。

接触式测温仪表具有结构简单、可靠、精确、便宜等优点,采气工作中用得比较多,其中常用的有玻璃管式温度计、压力表式温度计、双金属温度计、热电阻温度计、热电偶温度计。

非接触式温度计用于测物体表面温度,适宜于高温测量、动态温度测量,主要有辐射式温度计、光学高温计、热敏探测器、热敏电阻探测器、光子探测器等。

(一)玻璃管式温度计

玻璃管式温度计是利用玻璃感温包内的测温物质(汞、乙醇或甲苯等)受热膨胀,遇冷收缩的原理进行测温的,故也称为膨胀式温度计。玻璃管式温度计由玻璃温包、毛细管和刻度标尺三部分构成,有直式、90°式及135°式几种,刻度有棒式、内标尺式、外标尺式几种。工业用玻璃管式温度计一般做成内标尺式,各温度计工作液的测温范围见表3-9。

表3-9 各温度计工作液的测温范围

工作液体	水银	甲苯	乙醇	石油醚	戊烷
测温范围(℃)	-30~750或更高	-90~100	-100~75	-130~25	-200~20

玻璃的选取:当温度超过300℃时,应采用硅硼玻璃,500℃以上要采用石英玻璃。

(二)压力表式温度计

压力表式温度计是基于放在一定密封容器内的工作物质随温度而发生体积或压力变化的原理制成的,其结构由温包、传压毛细管和测量显示部分组成。温包用于传热、容纳膨胀介质;毛细管用来传递压力;测量显示部分用于显示压力(温度),如图3-4所示。

测量显示部分由弹簧管、连杆、传动机构、刻度盘和指针等组成,使用时将温包置于被测介质中,当被测介质温度变化时,温包内感温物质的体积变化受到限制从而导致压力变化,此变化经毛细管传递到弹簧管,弹簧管自由端产生位移,通过传动机构带动指针指示相应的温度值。压力表式温度计的测量范围,随感温介质的不同而有所差别。压力表式温度计的工作物质可以是液体、气体和蒸气,按工作介质可以分为:

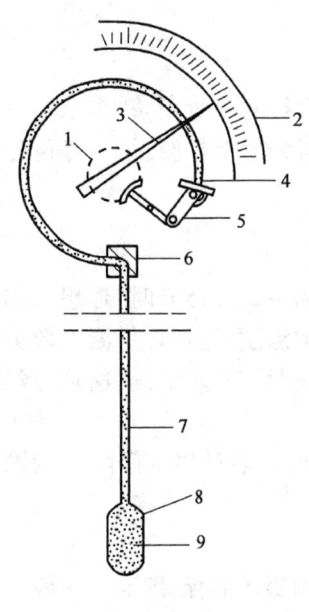

图3-4 压力表式温度计
1—传动机构;2—刻度盘;3—指针;4—弹簧管;5—连杆;6—接头;7—毛细管;8—温包;9—工作介质

(1)液体压力式温度计。密闭系统内充满液体工质,常用的工质有水银、二甲苯、甲醇等。它的特点是液体工质的线膨胀量与温度呈线性关系,仪表盘刻度均匀;高度差的变化会带来静压误差;环境温度变化产生额外的膨胀。

(2)气体压力式温度计。密闭系统内充满气体工质,常用的工质有氮或氦等。它的特点是压力与温度呈线性关系,表盘刻度均匀;没有静压误差;环境温度变化产生额外的膨胀(加大感温包)。

(3)蒸气压力式温度计。密闭系统内封入约占感温包容积2/3的挥发性液体,其余容积充满了该液体的饱和蒸气。道尔顿蒸气定律:如果同时存在液气两相,则饱和蒸气压力仅取决于温度,而与容器尺寸大小无关。常用的挥发性液体有丙烷、氯甲烷、氯乙烷、氟利昂、乙醚及丙酮等。蒸气压力式温度计的特点是灵敏度高,响应快;环境温度变化对毛细管和弹簧管内的蒸气压力无影响(感温包可以较小),没有静压误差。缺点是饱和蒸气压力与温度间的关系非线性,因此表盘刻度不均匀;易受大气压力变化的影响。注意:使用时,感温包应立装而不可倒装。

压力表式温度计的校正设备及方法如下:
(1)校正设备,包括恒温器、标准温度计、盛有冰水共存的容器。
(2)校验方法。一般校验点不少于三点,即刻度标尺的起点、中点和终点。对每一刻度点校验两次,分别在恒温器的温度上升、下降时进行。读数要读两次(不敲表壳和敲表壳),指针变化不应超过允许误差的一半。

(三)双金属温度计

目前在工业生产过程中普遍采用的双金属温度计是就地指示温度检测仪表,它是利用两种不同金属受热膨胀系数不同的原理,采用两种固体金属受热变形产生位移来检测温度的一种固体膨胀式温度计,如图3-5所示。双金属温度计是一种适合测量中低温的现场指示型温度检测仪表。它的结构方式有轴向型、径向型、万向型等几种,可根据现场不同的安装位置选用不同的型式,以便于现场读数。

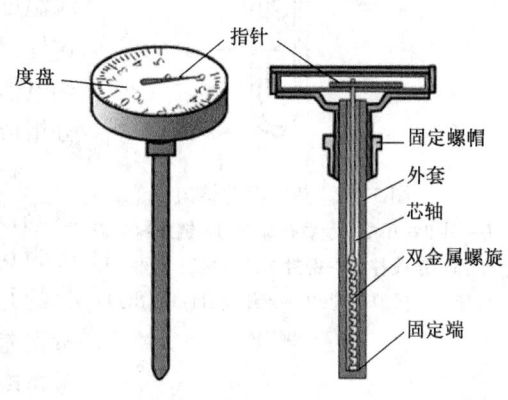

图3-5 双金属温度计

双金属温度计是采用膨胀系数不同的两种金属片,叠焊在一起制成螺旋形感温元件,并置于金属保护套管中,一端固定在套管底部,称为固定端,另一端连接在一根细轴上,称为自由端,细轴上安装有指针用以指示温度。双金属片受热后由于两金属片的膨胀长度不同而产生弯曲,温度越高产生的线膨胀长度差越大,因而引起的弯曲角度就越大。当温度变化时,双金属螺旋感温元件的自由端便绕固定端转动,从而带动与自由端连接的轴上的指针转动,指示出温度值。双金属温度计属耐振型仪表,结构简单、刻度清晰、使用方便,测量范围为$-80 \sim 600℃$。

(四)热电阻温度计

热电阻温度计是基于金属导体或半导体的电阻值随温度的变化而变化的原理制成的,当测出金属导体或半导体的电阻值时,就可以获得与之对应的温度值。

热电阻温度计由感温元件热电阻、显示仪表和连接导线组成。使用时将热电阻元件置于被测温的介质中,介质温度的变化引起热电阻的电阻值变化,此变化通过显示仪表指示出被测介质的温度值。热电阻作为感温元件,具有结构简单、精度高、使用方便等优点。热电阻由电阻体、绝缘管、保护套管、接线盒四部分组成,如图3-6所示。常用的热电阻材料有铂、铜。热电阻与二级仪表配套使用,可以远传、显示、记录和控制$-200 \sim 600℃$温度范围内的流体、气体、蒸气等介质和固体表面的温度。

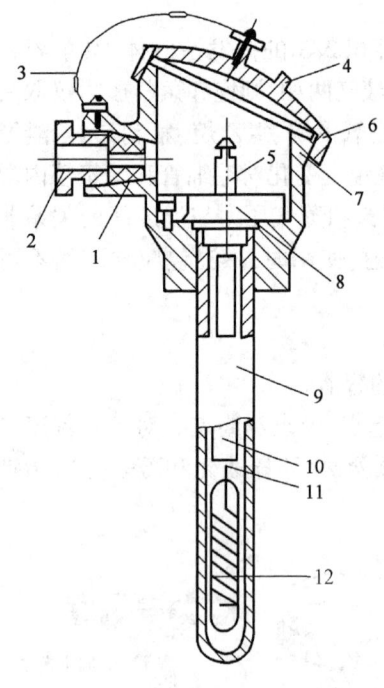

图 3-6 热电阻的结构
1—引出线孔；2—引线孔螺母；3—链条；4—盖子；5—接线柱；6—密封圈；7—接线盒；8—接线座；9—保护套管；10—绝缘管；11—引出线；12—电阻体

(五)热电偶温度计

热电偶温度计的测温范围很广，可测量生产过程中 0～1600℃ 范围内(在某些情况下，上下限还可扩展)液体、蒸气和气体介质以及固体表面的温度。这类仪表结构简单、使用方便、测温准确可靠、便于远传、自动记录和集中控制，因而在工业生产中应用极为普遍。

热电偶温度计是基于热电效应这一原理测量温度的。它是将两种不同金属导体的一端焊接在一起构成热电极，焊接的一端作为热端，另一端作为冷端。测量时将热电偶的热端置于被测温度场中，冷端处于环境温度下，由于热电偶冷热两端的温度不同，在热电偶上将产生与冷热两端的温度差大小有关的热电势，测量时若保持冷端温度不变，热电偶的热电势就是所测温度的单值函数。这样，测出热电势 E 的大小，就可知道所测温度的大小。热电偶测温系统主要由热电偶、连接导线、显示仪表三部分组成，如图 3-7 所示。

热电偶由热电极、绝缘管、保护套管、接线盒四部分组成，其外形与热电阻相像。热电偶一般都是在冷端温度为 0℃ 时进行分度的。由于冷端温度(环境温度)是变化的并且很难保持在 0℃ 不变，这样，就会产生较大的测量误差。为了提高测量精度，一般都要采用补偿导线和考虑冷端温度补偿。

电信号远传温度测量仪表时将现场工艺过程的温度参数远传到控制室进行集中监视控制，需采用带电信号远传的温度测量仪表，温度测量通常由测量元件与变送器组成。

温度测量元件有热电偶、热电阻。它们的特点是：热电偶结构简单、测量温度范围广、信号稳定，适用于测量高温；而热电阻的精度高、稳定性好、灵敏，适用于测量低温。在天然气集输工程中被测介质天然气的温度通常不高，天然气计量要求温度测量精度高，故常选用热电阻测量元件。热电阻测量元件中根据采用材料的不同又分为铂电阻和铜电阻，由于铂电阻比铜电阻性能稳定、精度高，而且耐用，故多数采用铂电阻测温元件。

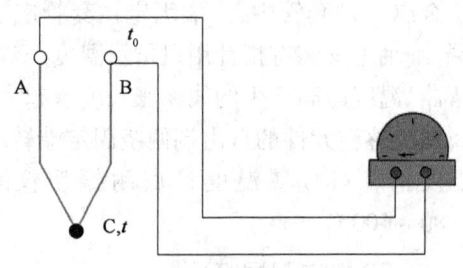

图 3-7 热电偶测温系统

(六)辐射式温度计

辐射式温度计通过特定波长光波的强度或热辐射强度来确定光源温度，通常用于测量高温条件，特别是光学温度计和比色温度计需要利用物体在高温下发射的可见光进行检测。

光学温度计：采用光学分频法，测定不同频率光波的强度比值；

比色温度计：直接通过可见光颜色的对比，确定光源温度。

通过各类温度计在现场的应用，总结出了各类温度计的测温参数及特点，见表 3-10。

表 3-10 各类温度计的测温参数及特点

测温法	温度计或传感器类型			测温范围(℃)	精度(%)	特点
接触式	热膨胀式	水银		-50~650	0.1~1	简单方便,易损坏,感温部大
		双金属		0~300	1	结构紧凑、牢固可靠
		压力	液	-30~600	1	耐振、坚固、价廉,感温部大
			气	-20~350		
	热电偶	铂铑—铂		0~1600	0.2~0.5	种类多、适应性强,结构简单、经济、方便,应用广泛;须注意寄生热电势及动圈式仪表电阻对测量结果的影响
		其他		-200~1100	0.4~1.0	
	热电阻	铂镍铜		-260~600	0.1~0.3	精度及灵敏度均较好,感温部大,须注意环境温度的影响
				-50~300	0.2~0.5	
				0~180	0.1~0.3	
		热敏电阻		-50~350	0.3~0.5	体积小、响应快、灵敏度高;线性差,须注意环境温度的影响
非接触式	辐射温度计			800~3500	1	非接触测温,不干扰被测温度场,辐射率受干扰小,能做远距离测量,不能用于低温测量
	光学高温计			700~3000	1	
	热敏探测器			200~2000	1	非接触测温,不干扰被测温度场,响应快,测温范围大,适于测温度分布,易受外界干扰,标定困难
	热敏电阻探测器			-50~3200	1	
	光子探测器			0~3500	1	
其他	示温涂料	碘化银、二碘化汞、氯化铁、液晶等		-35~2000		测温范围大、经济方便,特别适于大面积连续运转零件上的测温,精度低,人为误差大

三、温度检测仪表的设置

天然气温度测量主要应用于进、出站温度测量和流量计量中的温度补偿运算,以及用于优化管理中管道模拟时,沿输气管线天然气温度的检测。

(1)天然气温度检测一般都设在站场进出口、流量计的下游。

(2)就地指示采用双金属温度计、玻璃棒温度计。

(3)需要将温度信号上传至站控系统或流量计算机进行集中检测和控制时,一般采用铂热电阻温度计或一体化温度变送器。铂热电阻温度计的物理和化学性能稳定,重复性好,通常用于温度检测元件,利用站控系统和流量计算机对其检测温度进行显示。目前,带铂热电阻的一体化温度变送器也越来越广泛地应用到天然气开采中。

(4)输气管道系统中,一般压力都较高,采用玻璃棒温度计时,需要加保护套管,通过测量套管温度间接测量天然气温度。玻璃棒温度计价格便宜,但是要进行清洗维护,且不便观察。

(5)为了方便读数,大多数站场都采用双金属温度计,可采用万向型指示表盘方便任何方向的读数。在双金属温度计调校或维护时,为了保证输气管道的连续供气,一般都采用加保护套管的方式。

复习思考题

1. 有一只温度计,其测量范围为 0~100℃,经鉴定,最大测量误差为 ±1.3℃,问该温度计的精度等级可能是几级?
2. 简述热电阻温度计的工作原理。
3. 简述热电偶温度计的工作原理。
4. 简述双金属温度计的工作原理。

任务实施

任务 温度远传仪表操作维护

一、学习目标

温度远传仪表操作维护。

二、准备工作

(1)设备准备:热电阻、热电偶;

(2)工具、材料准备:250mm 防爆活动扳手、350mm 防爆活动扳手、150mm 一字螺丝刀、150mm 十字螺丝刀、万用表、防爆对讲机、浓度 70% 以上乙二醇溶液、变压器油、导热油、防水胶布;

(3)人员准备:按照要求穿戴劳动保护用品。

三、操作步骤

1. 准备工作

劳动防护用品准备齐全,穿戴整齐,工具、用具、材料准备齐全。

2. 基础知识

温度远传仪表的特点、用途。

3. 风险防范

(1)触电:定期检查线路、接地等电气设施完好;

(2)压力介质伤人:侧身操作高压介质阀门;按操作规程操作,及按要求做好检测、检修、维护、保养等工作,避免压力介质刺出。

4. 操作前检查

(1)识别仪表的输出信号有无与其他设备联动的,如有应先取消设备的联动,方可进行后续作业;

(2)识别仪表所在的安装位置是否有保护套管,如未安装应按照管线打开作业办理作业许可;

(3)如仪表安装于受限空间,应按照受限空间作业许可执行;

(4)操作前通知中控室,如有联锁,解除联锁控制,改为手动控制。

5. 拆卸

(1)拆装前应断开仪表回路开关,并采用万用表检查仪表的各接线端子是否带电,确保回路断电后方可拆卸接线端子。

(2)拆除接线端子,用防水绝缘胶布包裹,并做好标识;拆除防爆软管与仪表的电气接口,将信号线抽出。

(3)卸仪表与管线(设备)间的接口,将变送器拆下。

6. 安装

(1)检查添加保护套管内导热介质;检查仪表的尾长是否合适,仪表的插深应符合要求。

(2)选择合适量程的仪表,且在校验有效期内;在安装前做好计量确认,并粘贴标识。

(3)调整 DCS 组态量程与现场仪表量程一致,安装紧固仪表与管道(设备)的接口。

(4)安装紧固仪表与防爆软管的电气接口;将信号线从铂电阻电气接口接入,并上紧电气接口。

7. 投入生产

按照接线标识逐一连接紧固仪表接线端子,再上紧仪表防爆接线盖;通电检查显示是否正常;确认无误后恢复数据连锁,投入正常生产。

8. 维护保养

(1)每月进行一次卫生清扫;检查仪表零部件完整无缺,无严重锈蚀、损坏;铭牌、标识清晰无误;紧固件不得松动,端子接线牢固。

(2)每月检查一次现场测量线路,包括输入、输出回路是否完好,线路有无断开、短路情况,绝缘是否可靠。

(3)检查挠性防爆软管应完好,电气接口连接紧固;冬季应检查仪表保温伴热是否良好。

9. 清理场地

收拾工具,清理现场,录取压力值,填写记录(压力表型号、规格、精度、表号、厂名、使用地点、换表原因、时间等)。

10. 安全文明生产

安全文明操作,在规定时间内完成。

四、技术要求

(1)在规定时间 30min 内完成,到时停止操作;
(2)拆装前断开仪表回路开关,严禁带电操作。

项目四　流量计的认识与操作

流量计不论是在天然气开采,还是在天然气输送过程中都起着至关重要的作用,没有流量计来测量天然气的流量,很多设备都没法运行,很多参数都没法计算。

知识目标

(1)掌握流量计的分类；
(2)掌握各流量计的结构及原理；
(3)掌握流量计的选用方法。

能力目标

(1)能正确选用、维护流量计；
(2)能正确测取、分析流量参数。

任务资源

一、流量测量相关知识

(一)流量的概念及单位

单位时间内流过管道横截面积的流体数量称为流量。流量可用体积流量 q_v 和质量流量 q_m 两种方法表示。

体积流量：单位时间内流过管道横截面积的流体体积数量为体积流量。天然气流量常用体积流量来表示，其法定单位为 m^3/s。

质量流量：单位时间内流过管道横截面积的流体质量数量为质量流量。流体的体积流量 q_v 等于流体的流速 v 与流通截面积 A 之积。其法定单位为 kg/s。

$$q_v = A \times v$$

设在测量压力、温度下流体的密度为 ρ，管路横断面上流体的体积流量 q_v 和质量流量 q_m 之间的关系为：

$$q_m = q_v \times \rho$$

一定质量天然气的体积与所处的温度、压力有关。当天然气的温度、压力发生变化时，天然气的体积随之发生变化，那么体积流量也发生变化。有关法规规定：天然气流量计量用标准状态下的体积流量来计量。

(二)天然气流量的计量方法

1. 差压法

差压法是基于伯努利原理和流体连续性方程设计制造的流量计，适用于稳定流。利用流体在压能作用下充满管道流动时，遇到管道的缩颈部件发生节流产生差压，利用差压与流过的流体量之间的特定关系而测得流量。

差压流量计具有简单、价廉、易于安装和维修、经久耐用、适应性宽、可操作性强等优点。它的缺点是测量范围较窄，当最大流量与最小流量之间太宽时，差压流量计不能准确地测量流体流动的速度。当流速相当稳定时，差压流量计工作状态才会良好。

2. 容积法

容积法是直接测量管道中满管流流体流过的容积值来测量流体量的方法。从流体中吸收部分能量，利用机械测量元件把流体连续不断地分割成单个已知的体积，根据计量室逐次、重复地充满和排放该体积流体的次数来测量流体体积总量。吸收的能量用来克服测量元件和附件转动的摩擦力,在仪表入口和出口形成压力降。

容积流量计在流量仪表中是准确度最高的一类,它一般不具有时间基准,为得到流量需要另外附加测量时间的装置。这类流量计零部件多,转子与壳体间的间隙小且体积大,要求气质干净,因此用于计量天然气的故障率高。但由于它对流态要求不严、测量范围宽、准确度高、测量数据可直读和远传,安装条件对准确度影响不大以及操作简便等优点而得到较为广泛的应用。

3. 速度法

速度法是以直接或间接测量封闭管道中满管流流体流动速度而得到流体流量的流量计,通常称速度流量计,如涡轮流量计、旋涡流量计、超声流量计、电磁流量计、激光多普勒流量计和插入式速度流量计等。

4. 其他方法

除了利用差压法、容积法和速度法测量封闭管道中流体流量的方法外,还有利用其他方法设计制造的各种类型的流量计。例如,用改变流体流通面积来测量流体流量而研制成的浮子流量计;利用流体流动产生科里奥利力与质量流量成正比关系而研制成的科氏质量流量计;利用流体在流动中与热量交换关系而研制成的热式质量流量计;利用流体流动冲击靶板产生力与流体流速、流体密度和靶板面积的相关关系而研制成的靶式流量计等,这些方法均可测量天然气流量。

二、流量计分类、原理及特点

矿场集输及处理中,天然气流量测量可采用接触式测量方法。常用的有差压式流量计、容积式流量计和速度式流量计。差压式流量计以标准孔板式节流装置为代表,容积式流量计以腰轮流量计为代表,速度式流量计的代表产品为涡轮流量计及旋叶式流量计。

(一)差压式流量计

差压式流量计是基于流体流动的节流原理,利用流体流经节流装置时产生的压力差实现流量测量的。通常是由能将被测流体的流量转换成差压信号的孔板、喷嘴等节流装置及用以测量压差信号的差压计所组成,即采用标准节流装置作检测元件与差压检测仪表构成差压式流量计量装置,并配以符合标准的安装附件。

1. 标准孔板流量计

标准孔板流量计是差压节流装置标准型,其特点是结构简单,制造、加工和安装方便,使用和维护容易,组合灵活,应用广泛,可操作性强,价格低廉,它是标准化程度最高的流量测量装置。孔板节流装置适用于天然气集输工程中的各个环节原料和净化天然气、各种其他气体和液体的流量计量。对于较脏的介质,在节流装置上游直管段外的适当距离安装分离过滤器。

孔板流量计由标准节流装置、差压信号管路及差压计三部分组成,如图3-8所示。

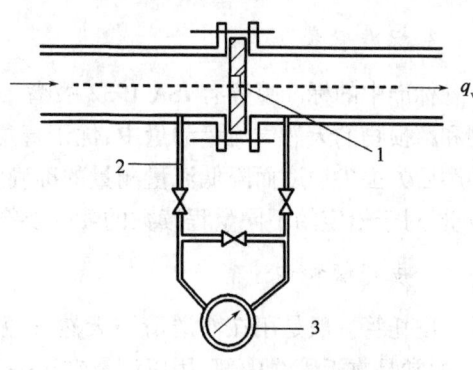

图3-8 孔板流量计组成示意图
1—标准节流装置;2—差压信号管路;3—差压计

孔板流量计利用流体流经节流装置时产生的压力差来实现流量测量。当气体流经管道中的节流孔板时，气体的流速将在节流孔板处形成流体的局部收缩，从而使流速增加，静压力降低，动能增加，静压能降低，于是在节流孔板上、下游便产生压力差；流量越大，压力差越大，流量减小，压差也将减小，这种现象就称为流体的节流现象。实践证明，节流元件前后的压差信号 Δp 与流量 q_v 有一定的关系，即流量 q_v 与压差 Δp 的开平方成正比关系，所以通过测量流体流经节流孔板后产生的压差信号 Δp，就可以间接地测出对应的流量 q_v，这就是差压式流量计的测量原理。

孔板节流装置包括孔板、孔板夹持器和上下游直管段。

孔板是块薄的、平行的，具有同心圆形开孔的、直角入口边缘尖锐的圆板。孔板是产生差压的关键零件，通常称为一次元件，差压是测量流量的必要参数。孔板的开孔必须按规定加工。

孔板夹持器是夹持孔板并按标准规定的位置准确钻出取压孔和带有差压信号引管的组件。孔板夹持器是根据取压方式最适当地、稳固地安装在计量管道上，用以夹持孔板而设计的。目前有夹式孔板夹持器、阀式孔板夹持器两大类孔板夹持器。

标准节流装置的使用条件：

(1)计量的气流应为单相、连续地流经管道的圆管流。若气流中含有质量成分不超过2%的呈均匀分散状的粉末或雾状液体，可认为是单相流，否则应采取适当措施除去气体中的固体或液体杂质。

(2)气流流经孔板之前，其流束必须与管道轴线平行，不能有旋转流。

(3)气流应是亚音速气流。若孔板下游侧取压口处的静压力与孔板上游侧取压口处的静压力之比等于或大于 0.75 时，气流为亚音速，即临界流。

(4)气流为非脉动流，处于稳定流动状态。工业测量下，一般认为差压的波动幅度与其差压值相比不大，波动次数较少，就是稳定流动。

(5)节流装置应符合行业标准 SY/T 6143—2004《用标准孔板流量计测量天然气流量》全部技术要求。

2. 经典文丘里管

在低压降场合，采用经典文丘里管来测量脏污天然气流量是有利的，天然气流经文丘里管不会使压力值下降很多。当天然气通过文丘里管时，污物不会在管中堆积。

3. 标准喷嘴

标准中的标准喷嘴有 ISA 1932 喷嘴、长颈喷嘴和文丘里喷嘴三种形式。喷嘴用于含有污物和磨损物的天然气流量测量中，优于直角入口锐孔板。因为直角入口锐孔板的入口边缘被冲磨后失去尖锐度而降低流量测量的准确度。但是喷嘴结构复杂，加工检验困难，比直角锐孔板贵，对于给定的不同量程读数的喷嘴要产生与直角锐孔板相等的永久压力损失。

4. 皮托管和均速管

皮托管一般是用在输送清洁天然气流体的大口径管线中。皮托管安装在管线的某一点上，通常是靠近管线中部，用以测量在这一点上的流体的速度。因为皮托管测量的是在一个相当小的点上的速度，所以必须测定管内的平均流速。为了测定平均流速，就应考虑到管横截面上的所有速度，测量出管子横截面上各点的流速，得出速度剖面。当所用输送天然气管的已知横截面上的速度剖面得出后,综合分析得出平均流速,流量就可以计算出来了。流量测量和计算方法由制造厂提供。

均速管(俗称阿牛巴)是基于皮托管原理的多孔式差压发生器,它避免了皮托管易受振而损坏和需要横向移动测速口以适应流态改变的校正。均速管流量计是非标准化的流量计,需要实流校准,其特点是结构简单,价格较低,为插入式流量计,适用于大型输送管线的天然气、人工煤气和各种其他气体以及各种液体流量测量,监测管线的堵塞、漏泄和爆管,确保安全生产。

5. 转子流量计

转子流量计是工业上和实验室最常用的一种流量计。一般分为玻璃转子流量计和金属转子流量计。金属转子流量计是工业上最常用的,对于小管径腐蚀性介质通常用玻璃材质,由于玻璃材质的本身易碎性,关键控制点也有用全钛材等贵重金属为材质的转子流量计。它具有结构简单、直观、压力损失小、维修方便等特点。转子流量计适用于测量通过管道直径 $D<150\mathrm{mm}$ 的小流量,也可以测量腐蚀性介质的流量。使用时流量计必须安装在垂直走向的管段上,流体介质自下而上地通过转子流量计。

浮子流量计又称转子流量计,是变面积式流量计的一种,在一根由下向上扩大的垂直锥管中,圆形横截面的浮子的重力是由液体动力承受的,浮子可以在锥管内自由地上升和下降。在流速和浮力作用下上下运动,与浮子重量平衡后,通过磁耦合传到与刻度盘指示流量。当流量增大时,原来的环隙面积产生更大的节流压差,转子所受的压差浮力增大,转子上浮,但锥环隙增加,又使节流压差变小,转子就不继续上浮,而停留在高一些的平衡高度上。转子上升的高度与流量不成正比关系,锥管上有刻度。浮子流量计和流体的密度、黏度关系很大,故一般分水和空气两种,且背压都是连通大气,如果测量其他流体或压力(耐压很低),需要运算校正和标定。

(二)容积式流量计

1. 气体腰轮流量计

腰轮流量计是一种计量流经管道流体流量的容积式仪表,结构如图3-9所示。它利用安装在壳体内部的运动部件,在仪表进出口流体差压或者动能作用下,把充满在计量室的流体由进口排向出口。运动部件通过机械传动机构、磁性联轴器与积算器结合,可就地指示,或通过发信器将信号传至显示仪表。

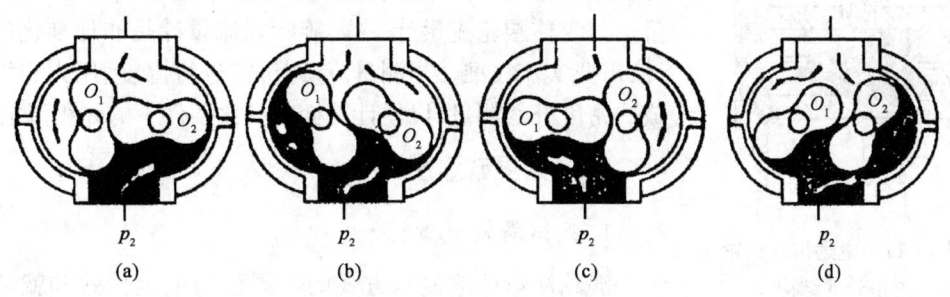

图3-9 腰轮流量计工作原理示

气体腰轮流量计是非标准化的流量计,需要实流校准。它的特点是准确度高,重复性好,测量范围较宽,压力损失小,对仪表前后直管段要求不高,安装、拆卸方便,但结构复杂、体积大、耐压低、要求介质洁净,其上游直管段外需安装过滤器。气体腰轮流量计适用于天然气、人工煤气和各种其他气体的流量测量,是贸易计量比较满意的流量计。当测量流量时须进行温度、压力和气体组成或密度补偿测量,以便计算标准参比条件下的体积流量。

2. 旋叶式流量计

测量气体流量的刮板式容积流量计称作旋叶式流量计,其结构如图3－10所示。

按刮板与腔壁是否接触分为弹性刮板和刚性刮板两种。弹性刮板前端与腔壁弹性接触,适用于测量含砂粒等杂质的流体;刚性刮板前端与腔壁保持固定极小间隙,用于清洁或带少许微细粉状杂质流体。刚性刮板的结构又分为凹线式和凸轮式两种。

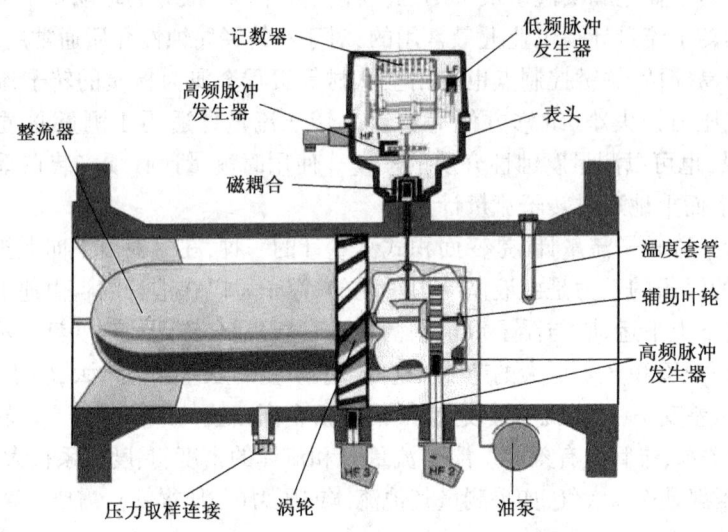

图3－10　旋叶式流量计结构图

旋叶式流量计由于刮板的特殊运动规律,流体通过流量计后无流动干扰不产生涡流和振动。通常采用计量室与承压壳体分离的双壳体结构,计量室不受安装应力和管线热膨胀影响,测量性能稳定。旋叶式流量计的特点:它与气体腰轮流量计相比具有运行无脉动和噪声小的优点,更适用于清洁或带少许微细粉状杂质天然气、人工煤气和各种其他气体的流量测量。与气体腰轮流量计一样,旋叶式流量计是非标准化的流量计,需要实流校准。当测量流量时,需进行温度、压力和气体组成或密度补偿测量,以便计算标准参比条件下的体积流量。

(三) 速度式流量计

1. 气体涡轮流量计

涡轮流量计按显示方式的不同分为电远传式和就地显示式两种。

电远传式涡轮流量计由涡轮变送器和显示仪表组成,涡轮流量计是一种速度式流量仪表。如图3－11所示,当被测气体

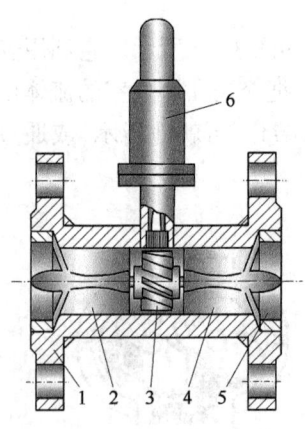

图3－11　电远传式涡轮流量计的结构

1—壳体组件;2—前导向架组件;3—叶轮组件;4—后导向架组件;5—压紧圈;6—带前置放大器的磁电感应转换

冲击涡轮叶片时,涡轮旋转,涡轮的旋转速度随流量的变化而不同,涡轮将流量 Q 转换成涡轮的转数 ω,磁电转换装置又把此转数 ω 变换成电脉冲信号,送入显示仪表进行计数和显示,由单位时间的脉冲数和累计脉冲数就可反映出瞬时流量和累积流量。

就地显示式涡轮流量计,当气体流经流量计时,驱动叶轮转动,其转数与流量成正比,叶轮的转动通过机械传动传到计数器上,计数器把叶轮的转数累计成对应的气体体积流量直接显示出来。就地显示式仪表设备少,不需要电源,适用于计量点分散,只需计量累计流量的场合。按转子的类型分,气体涡轮流量计又分为单转子和双转子两种。

气体涡轮流量计是非标准化的流量计,需要实流校准。它的特点是准确度高、结构简单、加工零部件少、质量轻、维修方便、流通能力大和可适应高压、高温及低温情况等,但有转动部件,要求介质洁净,其上游直管段外需安装过滤器。气体涡轮流量计适用于天然气、人工煤气和各种其他气体的流量测量,是贸易计量流量计之一。当测量流量时须进行温度、压力和气体组成或密度补偿测量,以便计算标准参比条件下的体积流量。

涡轮流量计一般为水平安装,避免垂直安装。当气体涡轮流量计安装于可能存在各种机械杂质的天然气管道中,必须安装过滤器。为避免气体涡轮流量计受到超高速天然气气流的冲击,可在其下游安装限流喷嘴或限流孔板。实际的涡轮流量计中为提高气体涡轮流量计的灵敏度和低流速时的准确度,气体进入流量计时,经过一变窄的导流空间被压缩,使流速增加。目前大部分的涡轮流量计是需要将感应脉冲信号就地进行放大后传送的,所以有时也称作涡轮变送器。

2. 气体超声流量计

气体超声流量计由检测器、转换器及微机部分组成。气体超声流量计的结构主要取决于声波探头的设置方式、声波的接收方式和声道的设置数三个方面。

声波探头的设置方式:外置式或内置接触式,气体超声流量计一般采用将接收和发射探头插入管内至内壁边缘,如图 3-12 和图 3-13 所示。

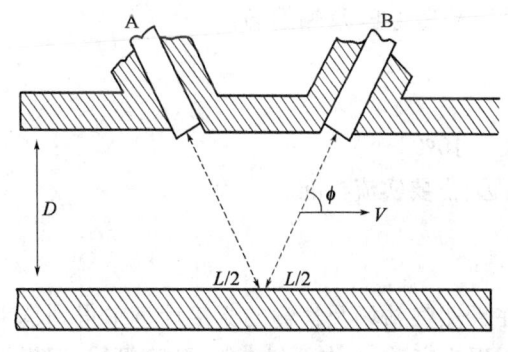

图 3-12 探头置于管壁同一侧

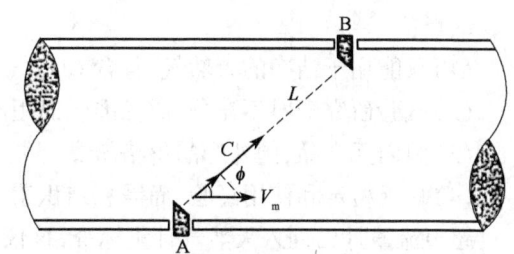

图 3-13 探头置于管壁两侧

声波的接收方式:直接接收发射探头的声波或接受经管壁反射以后的声波。

声道的设置数:单声道或多声道(如 3 声道、5 声道)。不论是单声道,还是多声道气体超声流量计,其声波的发射与接收原理是一样的。不同的是在不同声程上所测的线速度对管道截面的流速呈现不同。单声道气体超声流量计指单一声道组成的气体超声流量计。多声道气体超声流量计指两声道及以上声道组成的气体超声流量计。

多声道气体超声流量计主要类型有平行声道布置及反射式交叉声道布置,其主要目的是通过测得在更多声程上的流体线速度,并以一定方式组合、计算,以期更准确测量管内流体的平均速度,提高测量准确度。多声道的单一声道测量原理及方法与单声道一致。

超声流量计的工作原理是基于超声波在流体中顺流与逆流传播的速度不同而研制的流量测量装置,即顺流时的超声脉冲传播速度比逆流时的传播速度要快,两种超声脉冲传播的时间差越大,则流量也越大的原理来进行气体流量测量的。

由于声学技术及电子技术的发展,不同原理的超声流量计分别问世,如声环法(亦称频差式)、相位差法、模拟时差测量法,以及以微处理器为核心的数字式绝对时差法。前三种方法均是硬件组合手段实现测量,其性能、准确度、可靠性均受到当时的器件水平限制,这些气体超声流量计不可能得到广泛应用。而微电子技术与声学技术的共同发展,使数字式绝对时差法用于气体超声流量计获得成功,并迅速发展,推广应用。

在安装中,虽然超声流量计具有一定的抗外界电磁和电子干扰的能力,但安装现场往往复杂多变,不能安装在变压器或固定的无线电通信场所附近。除此以外,超声流量计如果长期在靠近振源或具有振动的环境中使用,其测量性能及使用寿命都有可能受到严重的影响。因此,唯一的方法就是远离或消除振动。

超声流量计适用于天然气、人工煤气和各种其他气体(吸收超声脉冲的气体除外,如CO_2)的流量测量,是贸易计量流量计之一,特别适用于大口径输送管道和正、反输的流量测量。当测量流量时须进行温度、压力和气体组成或密度补偿测量,以便计算标准参比条件下的体积流量。

应当注意气体超声流量计与其他速度式流量计一样,对上游流体入口速度分布有一定要求,而入口速度分布又受上游安装的阻流件的影响,因此不同阻流件形式应有相应的上、下游直管段的要求。根据所收集的资料看,气体超声流量计还有以下优缺点。

优点:

(1)无压损,对管路气流特性基本无干扰,属节能型仪表。

(2)量程范围宽,一般为30:1(流速比)或者更宽。

(3)双向测量有相同准确度,所以它特别适用于天然气正、反输的场合。

(4)可以测量脉动流流量。

缺点:

(1)只能用于洁净的天然气,且含CO_2气不大于10%。

(2)试验研究资料不充分,离标准化的距离尚远,需要实流校准。

(3)国内无产品,国外产品价格昂贵。

(4)缺乏检定和使用经验,尚需总结积累。

超声流量计已列入天然气计量标准,该仪表在天然气站场及集输的交接计量中得到越来越多的应用,尤其在天然气商务交接计量上的应用更为广泛,如在西气东输、陕京管线、四川气田、长庆气田、新疆塔里木气田等的应用。

3. 气体涡街流量计

气体涡街流量计是非标准化的流量计,需要实流校准。它的特点是输出与被测气体实际体积流量成正比的频率信号,不受气体组分、密度、压力和温度等变化的影响;测量范围宽,一般在10:1以上,准确度中上水平,无可动部件,可靠性高,结构简单牢固,安装方便,维护费较低,但要求介质洁净,其上游直管段外需安装过滤器,如图3-14所示。气体涡街流量计适用于天然气、人工煤气和各种其他气体的流量测量,是贸易计量流量计之一,仅在振动较小、常温范围,较稳定的环境中使用。当测量流量时须进行温度、压力和气体组成或密度补偿测量,以便计算标准参比条件下的体积流量。

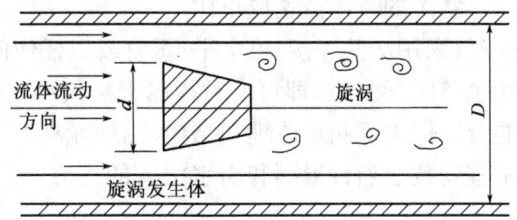

图3-14 气体涡街产生图

涡街流量计由传感器和转换器两部分组成。传感器包括旋涡发生体、检测元件和表体等;转换器包括前置放大、滤波整形、D/A转换和输出接口电路及端子、支架和防护罩等。目前旋涡发生柱主要有三角柱、圆形柱、矩形柱、T形柱和组合柱,其柱体形状和尺寸直接决定流量计测量的准确度和测量范围。旋涡发生柱形状不同,流速(或流量)与交替旋涡的频率表达式也将有所变化。

按旋涡频率检测方法大体分为两类:一类为检测流体振动的变化频率,如热丝、热敏电阻检测其阻值变化,利用超声波束或光束穿过管道受到旋涡的调制(振幅、相位)和偏转;另一类检测检测体上作用力的变化频率,如压电晶体、力敏电阻、电阻应变片、光导纤维、电容传感及应力产生的微小位移等。不同的检测方式将限定流量计的使用范围,如应力式敏感元件中压电晶体的灵敏度受温度影响较大,长期在高温下工作由于元件老化灵敏度下降而影响使用的可靠性,同时这种力敏元件容易受管道振动产生的惯性力影响,使流量计抗震性差,特别在小流量时影响尤为明显。这类仪表常用于240℃及0.2g以下振动场合。

涡街流量计的工作原理是基于卡门旋涡理论。卡门试验发现,在流体中垂直插入一个非流线型的柱状物体如圆柱物体,当流速增大到一定值时,流线不再沿柱状物体表面附着流动,而是逐渐从柱状物体面上分离出去,从而引起速度局部增长、压力局部降低,使流线返回旋转而形成旋涡。同时试验发现该旋涡在柱状物体两侧是交替的、周期的,在流量恒定时,向下流动的旋涡是等距离的。通过测试发现:单位时间内产生旋涡数量与该时间内流过的流量成正比,其相关系数则与物体柱几何形状、尺寸和管道直径有关。

实际应用中,流量计生产厂通过对该频率放大、整形、转换,其信号以电流、电压或频率等信号进行传送。由于涡街流量计是利用流体自然振荡原理而制成的旋涡分离型流量计,对管道速度分布畸变、旋转流和脉动流相当敏感,因此对现场安装条件应充分重视。

4. 气体旋进旋涡流量计

气体旋进旋涡流量计与气体涡街流量计一样,是非标准化流量计,需要实流校准。它的特点是输出与被测气体实际体积流量成正比的频率信号,不受气体组分、密度、压力和温度等变化的影响;测量范围宽,无可动部件,可靠性高;结构简单牢固,安装方便,维护费较低,对介质洁净度、在管道内的速度分布要求不高。气体旋进旋涡流量计适用于天然气、人工煤气和各种其他气体的流量测量,是贸易计量流量计之一,仅在振动较小、常温范围,较稳定的环境中使用。当测量流量时须进行温度、压力和气体组成或密度补偿测量,以便计算标准参比条件下的体积流量。

气体旋进旋涡流量计基本工作原理:旋涡发生器,它有螺旋叶片,当流体通过固定在壳体入口处的旋涡发生体时,产生剧烈旋转而形成旋涡流,经缩颈段使涡流加速,到达扩散段时迅速减速,压力回升产生回流,迫使旋涡中心流体偏离原前进方向,并贴近扩散段管壁作类似陀螺形的进动旋转,产生进动旋涡。检测件(压电传感器)安装在扩散口处检测进动旋涡频率。通过测试验证,该频率与操作状态的流体流速成正比。

气体旋进旋涡流量计一般采用法兰连接,可水平、垂直或以任何倾斜度安装,对上、下游直管段长度要求短,一般取上游 $5D$ 下游 $2D$ 即可。对被测天然气,除含有较大颗粒或较长纤维杂质外,一般不需安装过滤器。但由于测量原理和结构特点所限,不应安装在强烈电磁干扰和强烈机械振动环境中,也不宜安装于烈日曝晒和雨水浸入的地方。介质流动方向必须与流量计要求一致。

5. 科里奥利质量流量计

科里奥利质量流量计是利用科里奥利力制造的,是测量流体质量的一种角动式质量流量计。它的作用原理是当流体流过某一角度旋转的管子时,流体以一定速度运动,流体质量会产生使管子变位的科里奥利力,质量流量与科里奥利力成正比。

科里奥利质量流量计的特点是不受压力、温度、黏度、密度及流体种类影响而直接测得质量流量,准确度高,量程比大,安装简便,不需要专用连接管段。但压损较大,信号控制与处理难度大,二次仪表线路复杂;另外,由于振动管运行在振动中而易于疲劳,加之体积较大,价格较高。然而由于科里奥利质量流量计计量准确,应用方便,将是很受欢迎的流量计。大多数科里奥利质量流量计主要用于测量黏度和密度相对较大的单相与混相流体的流量,这是因为气体密度小,同样体积的气体产生的科氏力比液体小,振动管位移小给信号测量带来困难。科里奥利质量流量计与输送管道的连接可以是法兰也可以是管螺纹,并且可任意方位安装。

从上面的内容可以看出,不同流量计的工作原理不同,这就造成了流量使用上的差异,表 3-11 说明了不同原理下流量计的相关特征。

表 3-11 各类型流量计原理及相关特征

类别		工作原理	仪表名称		可测流体种类	适用管径 (mm)	测量精度 (%)	安装要求、特点
体积流量计	差压式流量计	流体流过管道中的阻力件时产生的压力差与流量之间有确定关系,通过测量差压值求得流量	节流式	孔板	液、气、蒸汽	50~1000	±1~2	需直管段,压损大
				喷嘴	液、气、蒸汽	50~500		需直管段,压损中等
				文丘里管		100~1200		需直管段,压损小
			均速管		液、气、蒸汽	25~9000	±1	需直管段,压损小
			转子流量计		液、气	4~150	±2	垂直安装
			靶式流量计		液、气、蒸汽	15~200	±1~4	需直管段
			弯管流量计		液、气		±0.5~5	需直管段,无压损
	容积式流量计	直接对仪表排出的定量流体计数确定流量	椭圆齿轮流量计		液	10~400	±0.2~0.5	无直管段要求,需装过滤器,压损中等
			腰轮流量计		液、气			
			刮板流量计		液		±0.2	无直管段要求,压损小
	速度式流量计	通过测量管道截面上流体平均流速来测量流量	涡轮流量计		液、气	4~600	±0.1~0.5	需直管段,需装过滤器
			涡街流量计		液、气	150~1000	±0.5~1	需直管段
			电磁流量计		导电液体	6~2000	±0.5~1.5	直管段要求不高,无压损
			超声流量计		液	>10	±1	需直管段,无压损

续表

类别		工作原理	仪表名称	可测流体种类	适用管径（mm）	测量精度（%）	安装要求、特点
质量流量计	直接式	直接检测与质量流量成比例的量来计算质量流量	热式质量流量计	气		±1	
			冲量式质量流量计	固体粉料		±0.2~2	
			科氏质量流量计	液、气		±0.15	
	间接式	同时测体积流量和流体密度来计算质量流量	体积流量经密度补偿	液、气		±0.5	
			温度、压力补偿				

三、流量计的选择

在天然气开采中对天然气的计量仪表选择应根据工作状态及计量场所对计量精度的要求进行选择。

在商务计量场所必须选择计量精度高,而且有计量标准依据的仪表,如超声流量计、标准孔板节流装置流量计、气体涡轮流量计、气体腰轮流量计等。

而在一般的流量测量场所可以选择投资少、使用和安装维护方便,又能满足精度要求的仪表,如简易孔板流量计、涡街流量计、匀速管流量计、旋进漩涡流量计等。

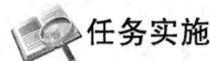 复习思考题

1. 我国计量天然气流量(体积流量)的标准状态是怎样规定的?
2. 简述孔板差压计的组成。
3. 什么是节流装置?节流装置的取压方式有几种?采气中使用的取压方式是什么?
4. 简述孔板阀的结构。
5. 简述涡轮流量计的工作原理及特点。
6. 简述旋进旋涡智能流量计的工作原理及特点。
7. 简述气体超声流量计的工作原理及特点。

任务实施

任务一 维护保养高级阀式孔板节流装置

一、学习目标

维护保养高级阀式孔板节流装置。

二、准备工作

(1)设备准备:孔板阀;

(2)工具、材料准备:250mm 活动扳手、375mm 活动扳手、125mm 木柄螺丝刀、专用摇柄、专用内六角弯扳手、300mm 圆角游标卡尺、防爆对讲机、计算器、孔板密封圈、密封垫、密封润滑脂、锂基润滑脂、清洗油、棉纱、清洗盆、验漏液、毛刷;

(3) 人员准备:按照要求穿戴劳动保护用品。

三、操作步骤

1. 准备工作

劳动防护用品准备齐全,穿戴整齐,工具、用具、材料准备齐全。

2. 基础知识

孔板阀的结构、特点。

3. 风险防范

(1) 触电:定期检查线路、接地等电气设施完好;
(2) 压力介质伤人:确认压力落零后方可操作;
(3) 机械伤害:操作阀门时人站侧面,防止阀门零部件(如阀杆)飞出伤人;
(4) 超压憋压:正确切换流程,流程检查,一人操作一人确认;
(5) 着火、爆炸:操作时使用防爆工具;
(6) 环境污染:排污时使用排污桶。

4. 操作前检查

检查顶丝是否紧固,检查放空阀是否关闭。

5. 取出孔板

(1) 打开平衡阀平衡上、下阀腔压力,打开滑板阀;
(2) 转动下齿杆直到上齿杆转动,转动上齿杆将孔板完全提到上阀腔;
(3) 关滑阀,关平衡阀,开放空阀,排尽上腔内气体;
(4) 松顶丝取出顶板、压板、密封垫片;
(5) 逆时针摇动,取出孔板导板,检查孔板安装方向;
(6) 检查并清理上阀腔污物,注入密封脂;
(7) 开下阀腔排污阀排污并关闭。

6. 清洗检查

(1) 清洁上阀腔槽口;
(2) 将孔板从导板中取出,检查孔板 A、B 面脏物情况;
(3) 取下橡胶密封圈,清洁、检查橡胶密封圈、密封垫片;
(4) 用毛刷清洗孔板(孔板应放置在毛巾或纸张上);
(5) 按顺序清洗导板、压板、顶丝顶板(密封圈不能用清洗油清洗);
(6) 板、压板、导板涂抹润滑脂。

7. 检查孔板

(1) 外观检查:A、B 面,圆筒形部分及边缘有无沉积、污垢、坑蚀及划痕;
(2) 孔径测量:用 0.02 级游标卡尺在 4 个大致相等角度上测量,其算数平均值与孔板实际孔径值是否一致。

8. 装入孔板

(1)将孔板装入密封圈内,喇叭口朝下游,放入导板,顺时针转动上齿杆将孔板导板放入上阀腔,依次装垫片、压板、顶板,对称拧紧顶丝;

(2)关放空阀,开平衡阀,开滑阀;

(3)顺时针转动上齿杆带动下齿杆,转动下齿杆使孔板完全进入下阀腔;

(4)关闭滑阀、平衡阀;

(5)验漏;

(6)开放空阀、注密封脂,关放空阀。

9. 恢复生产

检查无渗漏、流程正确,各类控制阀开关到位,启表,检查运行正常。

10. 清理场地

收拾工具,清理现场,记录孔板直径、更换的配件名称,做清洗记录。

11. 安全文明生产

安全文明操作,在规定时间内完成。

四、技术要求

(1)在规定时间 18min 内完成,到时停止操作;

(2)先开平衡阀后开滑阀。

任务二　更换气体流量计

一、学习目标

更换气体流量计的操作方法。

二、准备工作

(1)设备准备:校验合格的气体流量计;

(2)工具、材料准备:250mm 活动扳手、300mm 活动扳手、梅花扳手、撬杠、排污桶、锯条、润滑脂、法兰垫;

(3)人员准备:按照要求穿戴劳动保护用品。

三、操作步骤

1. 准备工作

劳动防护用品准备齐全,穿戴整齐,工具、用具、材料准备齐全。

2. 基础知识

流量计的结构、特点、选用。

3. 风险防范

泄漏:按照操作规程进行操作,防止气体泄漏,着火爆炸;

环境污染:排污时使用排污桶。

4. 操作前检查

检查设备齐全完好、流程正确、无渗漏。

5. 放空泄压

确认分离器进出口阀门关闭,打开分离器放空阀门,使分离器处于放空状态,关闭气体流量计出口阀门,打开气体流量计进口阀门,泄尽余压。

6. 更换气体流量计

卸掉气体流量计两端法兰上的螺栓,取下气体流量计用锯条、擦布清理气管线两端法兰面,将校验合格的气体流量计放入两法兰片之间(注意介质流向),穿入螺栓(三条螺栓即可),新垫子抹上润滑脂,用撬杠顶开法兰,将垫子放入两法兰片内,注意对中装好其余法兰螺栓并对角上紧。

7. 试压

关分离器放空阀门,开分离器进口阀门,待压力平衡后,打开气体流量计出口阀门,检查不渗不漏。

8. 恢复流程

恢复原生产流程。

9. 清理场地

收拾工具,清理现场。

10. 安全文明生产

安全文明操作,在规定时间内完成。

四、技术要求

(1)在规定时间 30min 内完成,到时停止操作;
(2)注意气体流量计方向,防止装反。

项目五　液位计的认识与操作

随着工业的不断发展,液位计被越来越多的行业所应用,在使用变送器的时候,需要注意一些问题,这样不仅仅使测量更加准确,同时也能使液位计的使用寿命更长。

知识目标

(1)掌握液位计的分类;
(2)掌握液位计的结构及原理;

(3)掌握液位计的选用方法。

能力目标

(1)能正确选用、维护液位计;
(2)能正确测取液位数据。

任务资源

一、液位计的分类

容器中液体介质的高低称为液位,测量液位的仪表称液位计。液位计为物位仪表的一种。液位计的类型有音叉振动式、磁浮式、压力式、超声波、声呐波、磁翻板、雷达等。

液位计按测量方式可以分为连续测量和定点测量,按其工作原理可分为下列几种类型:

(1)声学式液位计,根据物位变化引起声阻抗和反射距离变化来测量物位,如超声波液位计、雷达液位计等。

(2)直读式液位计,根据流体的连通性原理来测量液位。

(3)差压式(静压式)液位计,根据液柱或物料堆积高度变化对某点上产生静(差)压力的变化的原理测量物位。

(4)电气式液位计,根据把物位变化转换成各种电量变化的原理来测量物位。

(5)核辐射式液位计,根据同位素射线的核辐射透过物料时,其强度随物质层的厚度变化而变化的原理来测量液位。

(6)浮力式液位计,根据浮子高度随液位高低而改变或液体对浸沉在液体中的浮筒(或称沉筒)的浮力随液位高度变化而变化的原理来测量液位。前者称为恒浮力式液位计,后者称为变浮力式液位计。

二、液位计的结构与工作原理

(一)就地液位计

就地液位计是一种习惯叫法,是安装在现场、能直观看到液位的仪表。

对于液位要求不高的设备可以只设一个液位计,但一般容器的液位都最少设两个液位计。在比较重要的地方有时需用两个,如气包的液位等。

(二)玻璃管(板)式液位计

玻璃管(板)式液位计是一种直读式液位测量仪表,根据流体的连通性原理来测量液位。适用于工业生产过程中一般储液设备的液体位置的现场检测,其结构简单,测量准确,是传统的现场液位测量工具,如图3-15和图3-16所示,一般用于直接检测。

(三)浮标液位计

以浮标为测量元件,液位变化时,浮标随之上下浮动,通过与浮标软连接的牵引索带动主体立管内的重锤(内含磁钢)做反向同步移动,利用磁钢与磁翻板的磁耦合作用,驱使磁翻板翻转180°,显示器顶端为液位下限(即零位)底端为液位上限(即满量程)。液位上升时,显示器以红色指示液位高度,红色下部为白色,显示无液部分(即液红气白),如图3-17所示。随

着液位的不断上升,红色不断增加向上,白色不断下移减少,从而显示器以红色连续地显示出液位的高度。

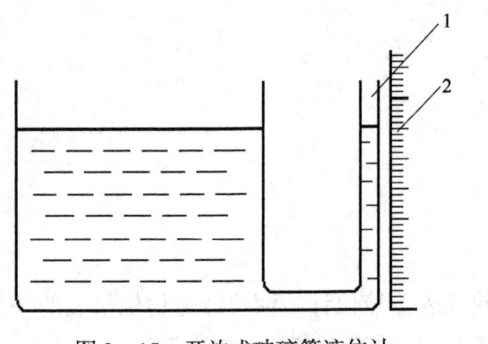

图3-15 开放式玻璃管液位计
1—液位管;2—刻度板

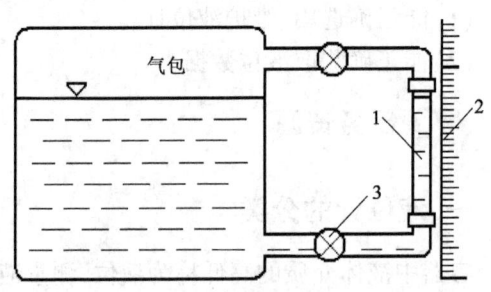

图3-16 密闭式玻璃管液位计
1—液位管;2—刻度板;3—测液阀

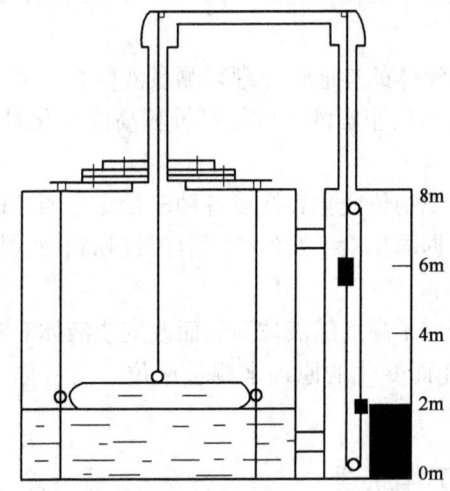

图3-17 浮标液位计

(四)浮筒液位计

浮筒实际上是沉筒,是变浮力式的,液位变化、浮力变化引起扭力管变化。智能浮筒液位计依据力平衡原理,在早期浮筒液位计的基础上采用最新的传感结构,使传感器与杠杆机构合二为一,可直接测量浮筒在液体中所受的浮力,如图2-18所示,适合工艺流程中敞口或带压容器内的液位、界位、密度的连续测量。浮筒液位计主要特点包括:

(1)耐高温高压、抗震性能好、质量稳定、性能可靠。
(2)采用系列化设计,多种安装方式,实用面广,可装于各种储灌和过程罐,以及各种常压罐和压力容器。
(3)智能化结构设计,具有参数设定、标校及故障提示功能。
(4)标准的二线制4~20mA输出,无须专用二次仪表,并可与计算机连接。
(5)具有温度补偿和软件修正功能。
(6)具有去零功能及中间点标校功能。

智能浮筒液位计由内浮筒、扭力管、传感器、杠杆四部分组成。

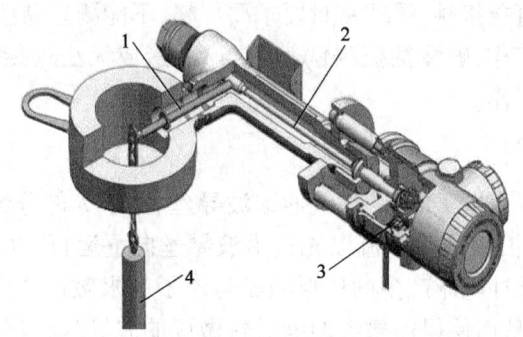

图 3-18 智能浮筒液位计的结构
1—杠杆；2—扭力管；3—传感器；4—内浮筒

(五)磁翻板液位计

磁翻板液位计,也称磁性浮子液位计,是根据浮力原理和磁性耦合作用研制而成。当被测容器中的液位升降时,液位计本体管中的磁性浮子也随之升降,浮子内的永久磁钢通过磁耦合传递到磁翻柱指示器,驱动红、白翻柱翻转 180°,当液位上升时翻柱由白色转变为红色,当液位下降时翻柱由红色转变为白色,指示器的红白交界处为容器内部液位的实际高度,从而实现液位清晰的指示,如图 3-19 所示。

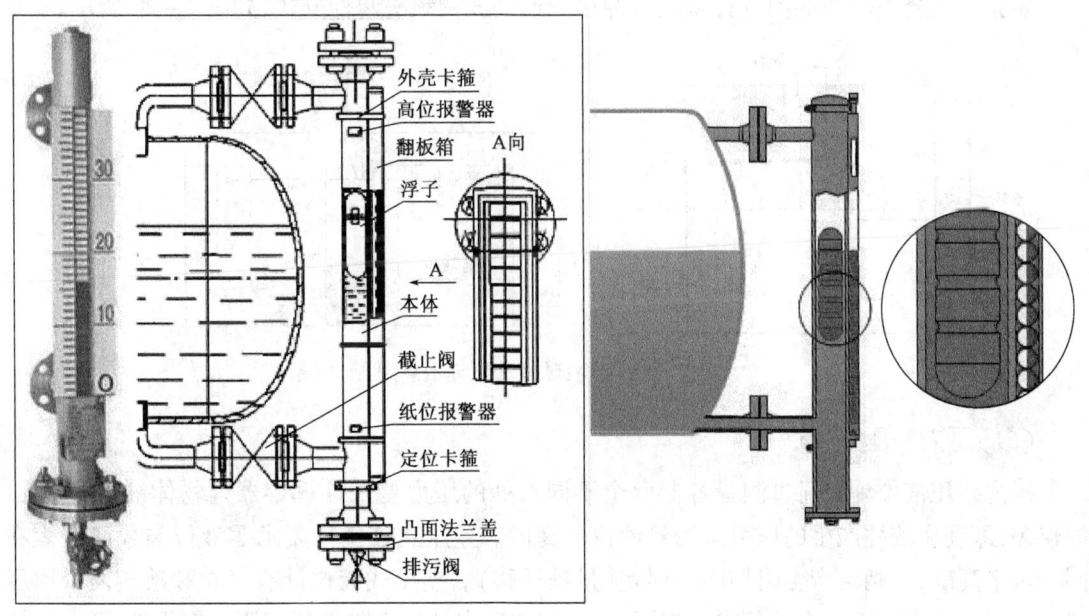

图 3-19 磁翻板液位计结构

(六)磁性浮子液位计

磁性浮子液位计是根据浮力原理和磁性耦合作用研制而成的。当被测容器中的液位升降时,液位计本体管中的磁性浮子也随之升降,浮子内的永久磁钢通过磁耦合传递到磁翻柱指示器,驱动红、白翻柱翻转,当液位上升时翻柱由白色转变为红色,当液位下降时翻柱由红色转变为白色,指示器的红白交界处为容器内部液位的实际高度,从而实现液位清晰的指示。可以做到高密封、防泄漏,适用于高温、高压、耐腐蚀的场合,对高温、高压、有毒、有害、强腐蚀介质更显其优越性。因与介质直接接触,浮球密封要求要严格,不能测量黏性介质。磁性材料如退磁易导致液位计不能正常工作,磁性翻板(柱)容易卡死,造成无法远传指示。磁性材料如退磁易导致液位计不能正常工作。

(七)磁致伸缩液位计

磁致伸缩液位计主要由电子部件、磁致伸缩波导丝、浮子等部分组成。测量时,电子部件产生一个电流"激励"脉冲,该脉冲电流以光速沿波导丝向下运行,并在波导丝周围形成周向安培环形磁场。当激励脉冲电流产生的环形磁场与浮子内永磁铁产生的偏置磁场相遇时,浮子周围的磁场发生改变,从而使得由磁致伸缩材料做成的波导丝在浮子所在的位置产生一个感应扭转波脉冲,该扭转波以声速由产生点向波导丝的两端传播,传向末端的扭转波被阻尼器件吸收,传向激励端的信号则被检波装置接收,并由电子部件测量出脉冲电流与扭转波的时间差,再乘以扭转波在波导丝中的传播速度(固定量为2800m/s),即可精确地计算出浮子产生扭转波的位置与测量基准点间的距离,也就是液面的位置。

(八)雷达液位计

雷达液位计是基于时间行程原理的测量仪表,雷达波以光速运行,运行时间可以通过电子部件被转换成物位信号。探头发出高频脉冲并沿缆式探头传播,当脉冲遇到物料表面时反射回来被仪表内的接收器接收,并将距离信号转化为物位信号

雷达探测器对时间的测量有微波脉冲法及连续波调频法两种方式,如图3-20所示。

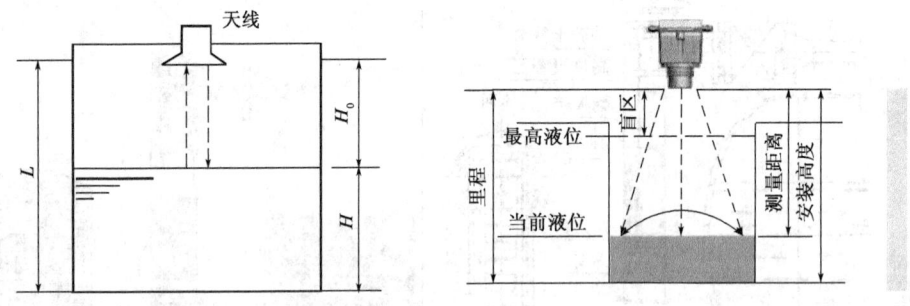

图3-20 微波脉冲法原理示意图

(九)压力差压液位计

压力差压液位计是通过测量容器两个不同点处的压力差来计算容器内物体液位(差压)的仪表,即利用液柱产生的压力来测量液位的高度。差压式液位计要求零液位与检测仪表在同一水平高度,否则会产生附加静压误差(量程迁移)。差压式液位计有气相和液相两个取压口。气相取压点处压力为设备内气相压力;液相取压点处压力除受气相压力作用外,还受液柱静压力的作用,液相和气相压力之差,就是液柱所产生的静压力。这类仪表包括气动、电动差压变送器及法兰式液位变送器,安装方便,容易实现远传和自动调节,工业上应用较多。

复习思考题

1. 液位计有哪些类型?各自有什么特点?
2. 简述浮标液位计的工作原理。
3. 简述浮筒液位计的工作原理。

4. 简述磁翻板液位计的工作原理。
5. 简述磁性浮子液位计的工作原理。

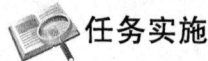
任务实施

任务　磁浮子液位计卡堵处理

一、学习目标

磁浮子液位计卡堵处理。

二、准备工作

(1) 设备准备:分离器;
(2) 工具、材料准备:250mm 防爆扳手、300mm 防爆扳手、350mmF 扳手、四合一检测仪、防爆对讲机;
(3) 人员准备:按照要求穿戴劳动保护用品。

三、操作步骤

1. 准备工作

劳动防护用品准备齐全,穿戴整齐,工具、用具、材料准备齐全。

2. 基础知识

液位计的类型、原理、特点。

3. 风险防范

(1) 人身伤害:开关阀门人站在侧面,不硬开、硬关阀门,严禁带压操作,防止高压介质伤人;
(2) 设备损坏:严格执行操作规程,防止超压、憋压;
(3) 环境污染:严格执行操作规程,防止泄漏污染环境。

4. 判断卡堵

(1) 记录待处理的分离器的液位值。对比前几次巡检液位值,若出现连续几次液位值不发生变化,则可判断液位计出现假液位,应汇报检查。
(2) 验证上控制阀门是否出现卡堵。关闭液位计下控制阀,打开排污阀门,缓慢打开上控制阀门应出气或液;未出气或液,则出现卡堵,验证后关闭上控制阀门。
(3) 验证下控制阀是否出现卡堵。关闭液位计上控制阀,打开排污阀门,缓慢打开下控制阀门应出气或液;未出气或液,则出现卡堵,验证后关闭下控制阀门。
(4) 验证液位计是否出现卡堵。关闭液位计的上、下控制阀,打开排污阀门或拆卸堵头将液位计内的液(气)体排放干净;未迅速排净或不出液(气),则出现冻堵卡。

5. 控制阀卡堵处理

切换流程,分离器放空,拆卸阀门进行卡堵处理。

6. 液位计卡堵处理

(1)工作前应先做好通风工作,办理管线打开作业票;
(2)关闭液位计下控制阀门,再关上控制阀门,打开排污阀门放压;
(3)卸下液位计下连接法兰,取出磁浮子;
(4)清洗检查磁浮筒,清洁法兰密封面、螺栓、螺母;
(5)检查浮子磁性,将浮筒贴近液位计浮标移动(不能碰刮面板),浮标翻动即证明磁性正常,反之则需更换;
(6)将磁浮子按箭头方向装入浮子室,装好密封垫,对角上紧下连接法兰,关闭排污阀,依次开启液位计上下控制阀;
(7)验漏投用液位计,记录液位值。

7. 清理场地

收拾工具,清理现场,填写记录。

8. 安全文明生产

安全文明操作,在规定时间内完成。

四、技术要求

(1)在规定时间 25min 内完成,到时停止操作;
(2)进行液位计卡堵处理时,注意将磁浮子按箭头方向装入浮子室。

项目六 天然气加热设备的认识与操作

天然气节流作用以后,温度降低,容易形成水合物,造成天然气管道输送的阻碍,这时就可以对天然气采取加热和换热的方式来消除温度降低带来的危害。

知识目标

(1)掌握加热设备的分类;
(2)掌握各加热设备的原理及特点;
(3)掌握换热设备的分类;
(4)掌握各换热设备的原理及特点。

能力目标

(1)能正确绘制各加热、换热设备的结构图;
(2)能正确选用天然气加热、换热设备;
(3)根据现场规范进行水套加热炉的启炉和停炉操作。

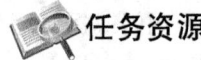任务资源

一、加热设备

加热设备将燃料燃烧或电流所产生的热量传给被加热介质使其温度升高。在油气集输系

统中,它被用来将原油、天然气及其产物加热至工艺所要求的温度,以便进行输送、沉降、分离和粗加工等。

(一)水套加热炉

目前,气田上广泛采用的天然气加热炉均属于常压水套式加热炉,均为火筒式间接加热炉。它不像套管加热器需要配备专用的蒸汽锅炉和蒸汽管线。由于水套加热炉是在常压下对管线进行加热,因而易于操作和控制,也更安全。

1. 基本结构

水套加热炉的外形和结构如图3-21所示。水套炉是以水作传热介质的间接加热设备,加热炉本体由炉体、炉胆、高压盘管、火嘴、防爆门、烟囱、加水包等主要部分和其他附件组成,气盘管与筒体进出口管处用密封填料密封。筒体与大气连通,内部的烟火管(燃烧室)经筒体后进入烟气出口排入大气。气流从气盘管一端进入,经加热后从另一端流出。在热负荷较大的地方,水套加热炉还配备有一套温度控制与熄火自动保护系统。

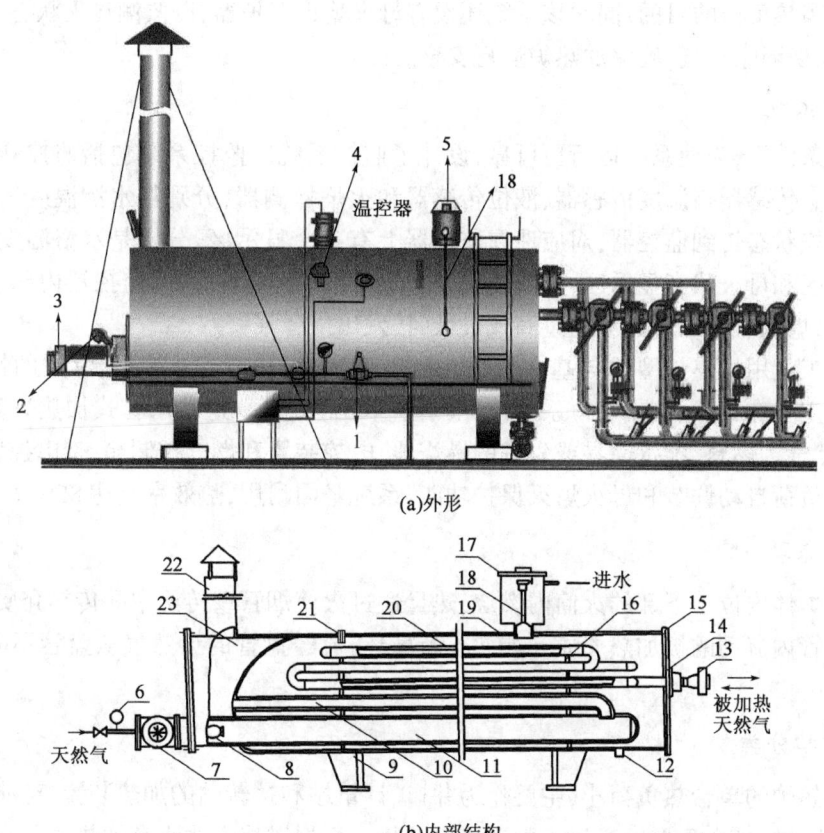

图3-21 水套加热炉结构示意图

1—减压器;2—母火熄灭保护器;3,8—燃烧器;4—温度变送器;5—加水包;6—压力表;7—调风阻火器;9—支座;10—烟气出口管;11—烟火管;12—排污口;13—法兰;14—填料压盖;15—法兰盖;16—支撑板;17—水箱;18—水位计;19—筒体;20—气盘管;21—温度计管嘴;22—烟囱;23—烟箱

153

带控制装置的水套炉系统主要由加热炉本体、燃烧器、供气管路和温度控制系统以及监控系统等部分组成。

1) 加热炉本体

加热炉本体由炉体、炉胆、高压盘管、火嘴、防爆门、烟囱、加水包等主要部分组成。炉体内盛满常压水，通过燃烧器燃烧天然气，并经炉内散热，使水浴升温，进而使浸在水中的高压盘管吸收热量，加热盘管内输送的天然气。

2) 燃烧器

燃烧器采用专利技术设计的多级喷射式负压型燃烧器。燃气通过三级引射器的引射，吸引空气并与之混合燃烧，无须配风机，使用方便，并有较好的防回火性能。

3) 供气管路和温度控制系统

供气管路和温度控制系统是燃料气供给和加热炉功率调节的控制核心，它将工艺管道 $2.5 kgf/cm^2$ 的燃气调节火嘴燃烧所需的燃气压力，并通过温度控制器控制和调节燃气流量，以达到调节火嘴热负荷的目的；同时该系统还设有母火熄灭保护器，以监测母火状态。当母火熄灭，系统自动切断燃料气，确保加热炉运行安全。

4) 监控系统

在有电条件下，为使系统运行更可靠，设计了监控系统。监控系统包括监控器、传感器和声音报警器。传感器指温度传感器、液位传感器和火焰探测器，分别将水浴温度信号、液位信号和母火火焰状态传到监控器，对应地在监控器上有三个显示区，分别是水浴温度显示区、水位状态显示区和母火状态显示区，另外还设有 DCS 工作状态显示区。监控器内部装有声音报警器，当母火熄灭、水位过低、温度过高或过低时，发出声音报警。

按石油工业用加热炉型式与基本参数（SY/T 0540—2013）行业标准，常用的快装水套式加热炉型号主要有 SL（单进单出）系列、SSL（双进双出）系列。这些水套式加热炉都在常压下运行，以天然气为燃料，配备简易或先进的燃烧器、电控装置和燃气控制箱，带电控装置的水套炉可实现热负荷自动调节和母火熄灭保护功能，系统坚固耐用，热效率高达85%。

2. 工作原理

燃料在炉体内位于下部的火筒内燃烧，热量通过火筒烟管壁传给中间传热介质——水，水再加热在盘管内流动的被加热介质。如此不断循环，流经盘管的天然气从盘管不断获得热量而温度提高。

3. 应用和分类

水套加热炉的单台热负荷小，主要作为井口、计量站和接转站的加热装置，对油、气介质进行加热，以防被输送介质在输送过程中形成水合物。根据燃烧方式水套加热炉分为以下两种：

(1) 微正压燃烧水套加热炉，采用机械通风微正压燃烧方式，燃烧器为强制供风式，并配备自动程序点火与熄火保护装置。大筒部分由采用平直或平直与波形组合的火筒和螺旋槽构成，盘管采用可拆式螺旋槽 U 形管束。该水套加热炉的优点是热效率高，结构紧凑，钢材耗量少。

(2) 负压燃烧水套加热炉，采用负压燃烧方式，燃烧所需空气为自然进风。火筒与烟管采用 U 形或类似结构，该水套加热炉的优点是结构简单，适应性强，密封效果好。

4. 型号及说明

常用水套加热炉的型号及说明如图 3-22 所示。

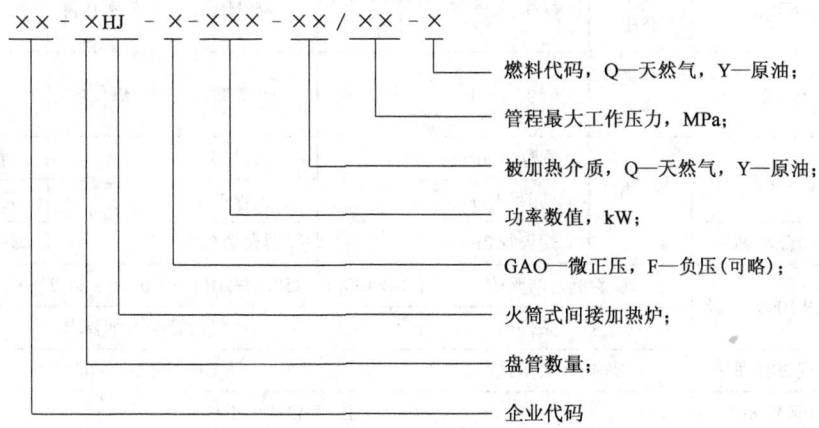

图 3-22 常用水套加热炉型号及说明

5. 基本参数

常用水套炉基本参数见表 3-12 和表 3-13。

表 3-12 ××-2HJ60-YQ/35-Q 型水套炉基本参数

设 计 数 据							
热功率	60kW	工作介质	石油、天然气	最大允许工作压力	35MPa	管程压降	0.1MPa
设计压力	管程 35MPa	设计温度	管程 170℃	操作介质	管程天然气	介质温度	管程 22~55℃
	壳程 0.4MPa		壳程 170℃		壳程水		壳程 135℃
	烟火管常压		烟火管 250℃		烟火管烟气		烟火 200℃
输气量	1325×2m²/h	燃气耗量	约 7m²/h	热效率	85%	热负荷	60kW
传热面积	管程 2×3.3m²	腐蚀裕度	管程 2.5mm	焊缝系数	管程 1	试验压力	管程 44MPa
	壳程 2mm		壳程 2mm		壳程 0.85		壳程 0.5MPa
	烟火管 4.98m²		烟火管 2mm		烟火管 0.9		烟火管 0.6MPa
焊缝透视长度及合格标准	管程 100% Ⅱ级	检验制造与验收		SY 0031—2012、SY/T 5262—2016			
		技术条件		气盘管按图纸要求			
	壳程 20% Ⅲ级	焊接接头型式		GB 985.1—2008			
设备油漆包装运输要求				JB/T 4711—2003			

表 3-13 ××-2HJ60-Q/60-Q 型水套炉基本参数

设 计 数 据							
热功率	60kW	工作介质	石油、天然气	最大允许工作压力	60MPa	管程压降	0.1MPa
设计压力	管程 60MPa	设计温度	管程 100℃	操作介质	管程天然气	介质温度	管程 22~55℃
	壳程常压		壳程 100℃		壳程水		壳程 90℃
	烟火管常压		烟火管 200℃		烟火管烟气		烟火 200℃

续表

设 计 数 据							
热功率	60kW	工作介质	石油、天然气	最大允许工作压力	60MPa	管程压降	0.1MPa
输气量	1325×2m²/h	燃气耗量	约7m²/h	热效率	85%	热负荷	60kW
传热面积	管程2×3.3m²	腐蚀裕度	管程1.5mm	焊缝系数	管程1	试验压力	管程75MPa
			壳程1mm		壳程0.6		壳程充水试漏
	烟火管4.98m²		烟火管2mm		烟火管0.6		烟火管充水试漏
焊缝透视长度及合格标准	管程100%Ⅱ级	检验制造与验收技术条件		GB 150.1~150.4—2011、SY 0031—2012、SY/T 5262—2016 气盘管按图纸要求			
	壳程20%Ⅲ级	焊接接头型式		GB 985.1—2008			
设备油漆包装运输要求				JB/T 4711—2003			

(二)电热带

在天然气开采系统中,通常采用电热带作为地面管线和设备的电伴热产品。电伴热系列产品除电热带外,还包括电热板及其配件,如温度控制器、接线盒和管卡等。

电热带的优点主要是热效率高,可达80%~90%;发热均匀、温度控制准确、反应快、可实现远程控制及遥控,易于实现自动化管理;管理费用低、投资少。主要缺点是电热丝寿命短,易出现断路的情况,且断路的机会随电热带的长度增加而增加;电热带更换时还需更换保温层。从目前气田集输工程中电热带的应用情况来看,也存在电热丝易于断路的问题。但总体来说,电热带已在逐步推广使用。

电热带主要有单相恒功率电热带、三相恒功率电热带、高温电热带以及自限式电热带等几种形式。

单相恒功率电热带主要由两根平行的电源母线和电热丝,以及必要的绝缘材料组成,电热丝每隔一定距离与母线连接,形成连续的并联电阻。所谓"发热节长",即每根电热丝与母线连接的距离。母线通电后,将各电阻丝同时加热,形成一条连续的电加热带。对电加热带的温度控制主要利用温度控制器。温度控制器由感温包、毛细管和温控电触器等组成。它可以实现电热带温度的就地控制,温控精度在±4℃左右。

(三)圆筒形管式加热炉

圆筒形管式加热炉按其内部结构形式可分为以下几种,如图3-23所示。

1. 螺旋管式和纯辐射式

当炉子热负荷非常小时,而且对热效率无要求时,采用螺旋管式和纯辐射式这两种炉型。它们是最简单、最便宜的炉子。螺旋管式加热炉内,炉管是一段盘绕成螺旋状的小管,其优点是能完全排空,管内压降小。

2. 有反射锥的辐射—对流型

过去有反射锥的辐射—对流型圆筒炉是立式圆筒炉的典型代表,最适于流体进、出炉温升不大时使用,热效率比螺旋管式和纯辐射式高。但是这种炉子为了强化传热,在炉膛顶部使用了反射锥,当炉子烧劣质燃料时容易腐蚀损坏,燃烧器的火焰尖部也容易吞到反射锥上造成烧损。近年来已不大使用这种炉型了。

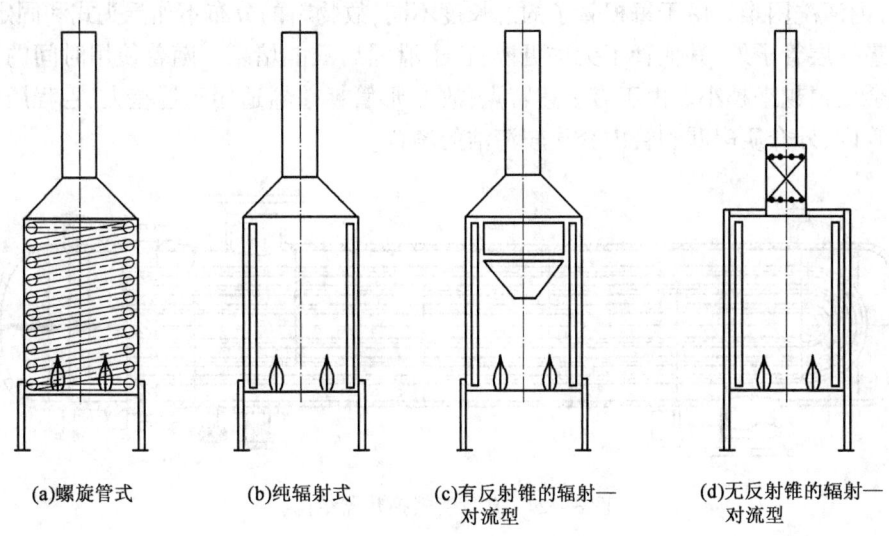

(a)螺旋管式　　(b)纯辐射式　　(c)有反射锥的辐射—对流型　　(d)无反射锥的辐射—对流型

图 3-23　圆筒形管式加热炉的分类

3. 无反射锥的辐射—对流型

无反射锥的辐射—对流型圆筒炉取代有反射锥的辐射—对流型圆筒炉,已成为现代立式圆筒炉的主流。它取消了反射锥,能够建成较大的炉子,对流室水平布置若干排管子,并尽量使用钉头管和翅片管,热效率较高。它的制造及施工简单,造价低,是管式加热炉中应用最广泛的炉型。但是,这种炉子放大以后,炉膛内显得太空,炉膛体积发热强度将急剧下降,结构上和经济上都开始不利。为了克服这一缺点,可以在大型圆筒炉的炉膛内增添炉管。

二、换热设备

(一)列管式换热器

列管式换热器的优点是热效率较高,压力降较小,结构简单、坚固,安全可靠,操作弹性大,用材广泛,运转周期长,制造、安装和维修都比较方便,适于在高温高压操作条件下使用。列管式换热器一般又分为浮头式、U 形管式和固定管板式三种。

1. 浮头式换热器

浮头式换热器的管束可以抽出,管、壳程都可以机械清洗(正方形排列时)。管束可以自由伸缩,管束与壳体间不会产生温差应力。故此种换热器适用于介质脏,管、壳程温差较大的地方。但浮头式换热器较之固定管板式和 U 形管式换热器结构复杂,耗钢量大,笨重,造价较高,而且由于浮头的密封无法检查和热紧,容易造成"内漏";管束和壳体间的环隙较大,故排管较少。"不会产生温差应力"也是相对而言的,在换热器直径比较大时,该温差应力仍应引起重视。综上所述,在能用 U 形管式或固定管板式换热器的地方,应尽量采用这两种换热器。

2. U 形管式换热器

U 形管式换热器是将换热管弯成 U 形,管端装于管板上,管板夹持在两个法兰之间,如

图 3-24 所示。它的优点是结构简单,制造容易,省去了一块浮头管板和浮头部分的加工件,耗钢量少,成本较低,换热器伸缩自由,每根管都可以自由膨胀,泄漏点少,检修方便,管外清扫容易,但管内清洗困难。由于每根管子的总长度不同,故物料的分布不如浮头式和固定管板式均匀。除最外层管子外,其他管子无法更换,管子泄漏后只能堵塞。随着使用时间的推移,其换热面积会变得越来越小。由于有上述特点,故 U 形管换热器适用于温差大、管程压力高、绝对不允许管内、外介质串漏和管内介质较清洁的场合。

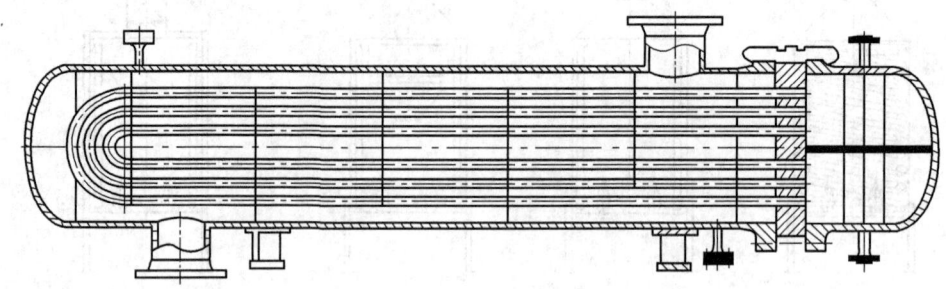

图 3-24 U 形管式换热器结构

3. 固定管板式换热器

固定管板式换热器结构简单,价格便宜,可排列较多的换热管。壳程无法用机械办法清洗,难以检查、修补。管子和壳程之间有温差应力存在。因此,用于温差较小或温差虽大,但壳程压力不高(温差大时,壳程需要设置膨胀节,受膨胀节强度的限制,壳程压力不能太高)且腐蚀小,壳程结垢不太严重的场合。至于是否需要设置膨胀节,需通过应力计算确定。当介质温差小于或等于 50℃ 时,一般可不设置膨胀节。

4. 列管式换热器的长径比及流道选择

1) 列管式换热器的长径比

选择列管式换热器时,应尽量采用大的长径比,这样可以减小受压零部件的厚度,节约金属,减轻重量,降低投资。长径比一般在 4~25 之间,常用的为 6~10,但立式列管式换热器不可将长径比取得过大。

2) 流道的选择

介质走管程或壳程的原则是:(1)冷却水走管程。若冷却水走壳程,在折流板死角处的"气陷"和沉淀会引起腐蚀。(2)脏的、易结垢的、含有悬浮物的流体走管程(U 形管换热器除外)。(3)腐蚀性介质走管程。(4)高温、高压介质走管程。(5)混相流体或大体积冷凝蒸汽走壳程。(6)当换热的两种单相流体的流量相差较大时,流量小的走壳程。

以上流道选择的目的是清洗容易,减少高压区和热损失,节省贵重金属。但这不是绝对的,要综合分析比较,选择最经济的方案。

(二)套管式换热器

套管式换热器适用于传热面积较小的场合。虽然其占地较其他管壳式换热器所需面积大,但由于结构简单,制造方便,管程可流通高压介质,天然气流通内管可以采用与集输管线相同的材质和相同直径的管子,因而在集输系统应用较多。

该设备传热结构采用内外管式。内管通过需加热的天然气,外管通过蒸汽。套管式换热器的每根换热管由U形弯头连接在一起,外管与内管的连接有可拆和不可拆两种方式。为了使内外管之间的环形空间,即蒸汽通道能进行清洗、检修,以及防止内外管之间由于温差所引起的热应力,常使内外管之间的连接一端采用不可拆式,另一端采用可拆式,如图3-25所示。

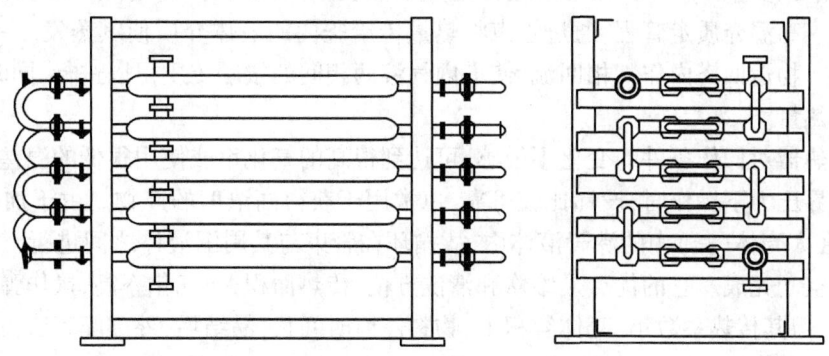

图3-25 套管式换热器结构

(三)蛇管式换热器

蛇管式换热器又分为沉浸式和喷淋式两种。沉浸式蛇管换热器的蛇管多由金属管子弯绕而成,沉浸在容器的另一种介质中,两种介质分别在管内、管外换热。这种换热器的特点是结构简单、造价低,但传热效率低、笨重。喷淋式蛇管换热器的蛇管通常成排地固定在钢架上,用喷淋水来冷却蛇管内的热介质。与前者相比,其管外流体的传热系数大,便于检修和清洗,缺点是体积庞大。

(四)板式换热器

1. 螺旋板式换热器

螺旋板式换热器是由两张平行的钢板卷制而成具有两个螺旋通道的螺旋体,并在其上装有端盖和接管等零部件。它的特点是传热效率高,制造简单,材料利用率高,适用于处理含固体颗粒或纤维的悬浮液以及其他高黏性介质。

2. 波纹板式换热器

波纹板式换热器由一组长方形的传热板片、密封垫片和压紧装置组成。两相邻板片的边缘用垫片夹紧,类似于常用的压滤机。由于流道的当量直径小,板形波纹使截面变化复杂,以及流体的扰动作用,因而具有较高的传热系数。该换热器具有传热效率高、结构紧凑、使用灵活、清洗和维修方便等特点,但由于密封周边长、渗漏机会大,难以实现大流量操作。

3. 板翅式换热器

板翅式换热器的基本结构是在两块平板之间放置一种波纹状的金属导热翅片,在其两侧用密封条密封组成单元体,对各单元体进行不同的组合和适当的排列,并用针焊将它们焊牢即成。这种换热器具有较高的传热效率,它在单位体积内的传热面积一般都能达到$2500m^2/m^3$,最高可达$4370m^2/m^3$,是管壳式换热器的十几倍。该换热器通常用铝合金制造,结构紧凑、体积小、质量轻;同时,因为波形翅片既是主要的传热面,又是两板的支撑,故强度高。它既可用作气和气、气和液、液和液的热交换,也可用作冷凝和蒸发。由于该换热器的流道小,容易产生堵塞,堵塞后又不易清洗,故要求所处理的物料应清洁,或在进入换热器前先进行过滤。

(五)釜式换热器

釜式换热器的结构形式与浮头式换热器类似,不同点在于其"浮头"位于壳程内而非管箱内(也有采用U形管的),并且在管束上方增加了蒸发空间,在壳体内增加了堰板以保证釜内的液位高度。高温介质走管程,通过管束将热量传给釜内的液体介质使其蒸发。一般用来气化部分液相产物返回塔内作气相回流,使塔内气液两相间的接触传质得以进行,同时提供蒸馏过程所需的热量。

釜式换热器对操作条件的变化不敏感,可达到很高的气化率或使用很低的温差,在真空下或在接近临界压力下操作时,设计比较可靠,也常用于获得高浓度的产物。由于加热管束(可抽出)沉浸在大壳体(釜)中的沸腾液体内,故循环在管束与其周围液体之间进行,气液分离也在釜内上部空间完成。它的优点是维修和清洗方便,传热面积大,气化率高,操作弹性大,可在真空下操作;但其传热系数小,壳体容积大,物料停留时间长,易结垢,外部配管所占空间较大,投资较高。

 复习思考题

1. 简述加热设备的分类。
2. 简述各加热设备的原理及特点。
3. 简述换热设备的分类。
4. 简述各换热设备的原理及特点。

任务实施

任务一　绘制绕管式换热器结构简图

一、学习目标

绘制绕管式换热器结构简图。

二、准备工作

(1)工具、材料准备:A4纸、尺子、铅笔;
(2)人员准备:按照要求穿戴劳动保护用品。

三、操作步骤

1. 准备工作

劳动防护用品准备齐全,穿戴整齐,工具、用具、材料准备齐全。

2. 基础知识

绕管式换热器的结构,如图3-26所示。

3. 标注图名

在图最上方填写所需绘图标准名称。

4. 绘制结构示意图

绘制结构示意图。

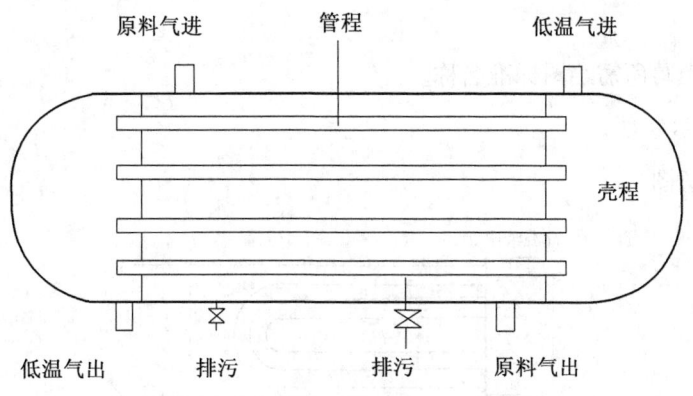

图 3-26 绕管式换热器结构简图

5. 工艺说明

螺旋绕管式换热器从传热原理上属于间壁管式换热器,螺旋绕管式换热器是在芯筒与外筒之间的空间内将换热管螺旋线形状交替。芯筒内的空间称为管程,芯筒与外筒之间的空间称为壳程。原料气走壳程,低温气走管程,两种气体进行热量交换,低温气升温,原料气降温。

6. 清理场地

收拾工具,清理现场。

7. 安全文明生产

安全文明操作,在规定时间内完成。

四、技术要求

(1)在规定时间 20min 内完成,到时停止操作;
(2)图幅布局合理、对称、美观线条粗细一致,图纸整洁、清晰。

任务二 绘制浮头式换热器结构简图

一、学习目标

绘制浮头式换热器结构简图。

二、准备工作

(1)工具、材料准备:A4 纸、尺子、铅笔;
(2)人员准备:按照要求穿戴劳动保护用品。

三、操作步骤

1. 准备工作

劳动防护用品准备齐全,穿戴整齐,工具、用具、材料准备齐全。

2. 基础知识

浮头式换热器的结构,如图3-27所示。

3. 标注图名

在图最上方填写所需绘图标准名称。

4. 绘制结构示意图

绘制结构示意图。

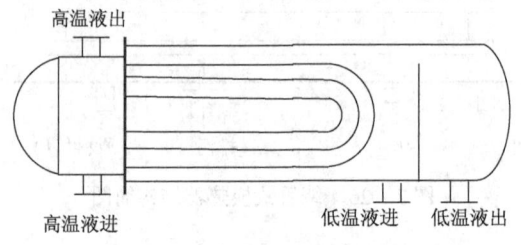

图3-27 浮头式换热器结构简图

5. 工艺说明

高温液体走管程,低温液体走壳程,两种液体进行热量交换,低温液体升温,高温液体降温。

6. 清理场地

收拾工具,清理现场。

7. 安全文明生产

安全文明操作,在规定时间内完成。

四、技术要求

(1)在规定时间20min内完成,到时停止操作;
(2)图幅布局合理、对称、美观线条粗细一致,图纸整洁、清晰。

任务三 绘制板翅式换热器结构简图

一、学习目标

绘制板翅式换热器结构简图。

二、准备工作

(1)工具、材料准备:A4纸、尺子、铅笔;
(2)人员准备:按照要求穿戴劳动保护用品。

三、操作步骤

1. 准备工作

劳动防护用品准备齐全,穿戴整齐,工具、用具、材料准备齐全。

2. 基础知识

板翅式换热器的结构,如图 3-28 所示。

3. 标注图名

在图最上方填写所需绘图标准名称。

4. 绘制结构示意图

绘制结构示意图。

5. 工艺说明

板翅式换热器主要由隔板、翅片、封条、导流片和封头等元件组成。隔板作用为分隔形成流道,同时承受压力进行一次传热,翅片作用为提高换热器强度和传热效率进行二次换热,板翅式换热器主要适用于气—气、气—液、液—液不同流体间换热,通过流道的布置整合可适应逆流、错流、多股流等不同的换热工况。

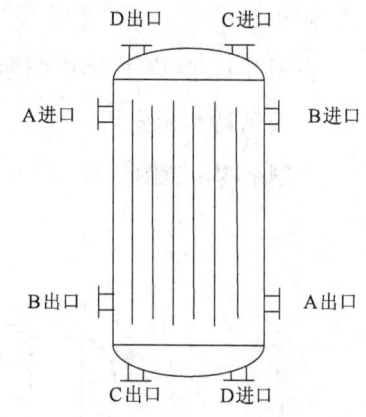

图 3-28 板翅式换热器结构简图

6. 清理场地

收拾工具,清理现场。

7. 安全文明生产

安全文明操作,在规定时间内完成。

四、技术要求

(1)在规定时间 20min 内完成,到时停止操作;
(2)图幅布局合理、对称、美观线条粗细一致,图纸整洁、清晰。

任务四 绘制釜式换热器结构简图

一、学习目标

绘制釜式换热器结构简图。

二、准备工作

(1)工具、材料准备:A4 纸、尺子、铅笔;
(2)人员准备:按照要求穿戴劳动保护用品。

三、操作步骤

1. 准备工作

劳动防护用品准备齐全,穿戴整齐,工具、用具、材料准备齐全。

2. 基础知识

釜式换热器的结构,如图 3-29 所示。

3. 标注图名

在图最上方填写所需绘图标准名称。

4. 绘制结构示意图

绘制结构示意图。

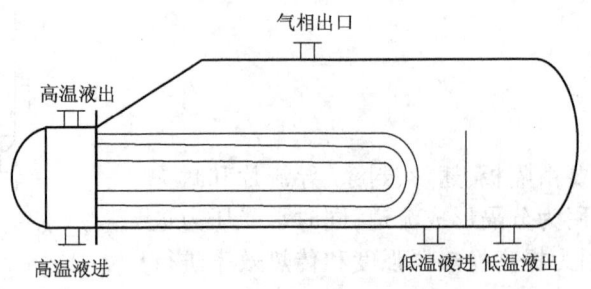

图 3-29　釜式换热器结构简图

5. 工艺说明

釜式重沸器基本原理与浮头式换热器相同,都是高温液体走管程,低温液体走壳程,两种液体进行热量交换,低温液体升温,高温液体降温。此外为了满足低温液体加热蒸发的需要,在壳体上部增加了一个蒸发空间和蒸发气体的出口。

6. 清理场地

收拾工具,清理现场。

7. 安全文明生产

安全文明操作,在规定时间内完成。

四、技术要求

(1) 在规定时间 20min 内完成,到时停止操作;
(2) 图幅布局合理、对称、美观线条粗细一致,图纸整洁、清晰。

任务五　绘制水套加热炉结构简图

一、学习目标

绘制水套加热炉结构简图。

二、准备工作

(1) 工具、材料准备:A4 纸、尺子、铅笔;
(2) 人员准备:按照要求穿戴劳动保护用品。

三、操作步骤

1. 准备工作

劳动防护用品准备齐全,穿戴整齐,工具、用具、材料准备齐全。

2. 基础知识

水套加热炉的结构,如图3-30所示。

3. 标注图名

在图最上方填写所需绘图标准名称。

4. 绘制结构示意图

绘制结构示意图。

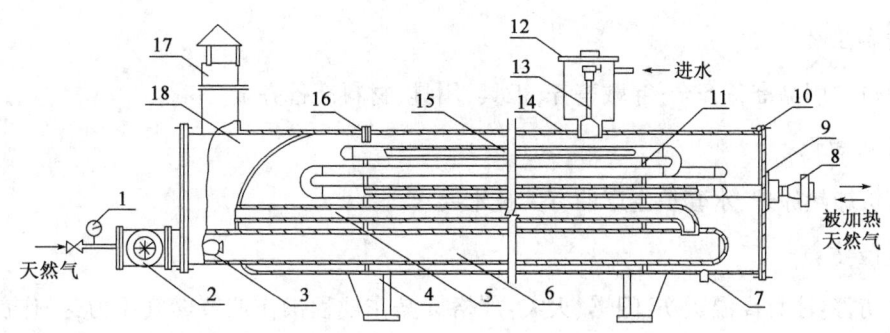

图3-30 水套加热炉结构简图

1—压力表;2—调风阻火器;3—燃烧器;4—支座;5—烟气出口管;6—烟火管;7—排污口;8—法兰;9—填料压盖;10—法兰盖;11—支撑板;12—水箱;13—水位计;14—筒体;15—气盘管;16—温度计管嘴;17—烟囱;18—烟箱

5. 工艺说明

天然气从燃烧器喷出的高温火焰直接进入烟火管和烟气出口,烟火管和烟气出口附件的水受热后密度减小而上升,与气盘管传热后温度下降,密度增加而下沉,再次和烟火管接触被加热上升,如此不断地循环,流经盘管的天然气从盘管不断获得热量而温度提高。

6. 清理场地

收拾工具,清理现场。

7. 安全文明生产

安全文明操作,在规定时间内完成。

四、技术要求

(1)在规定时间20min内完成,到时停止操作;
(2)图幅布局合理、对称、美观线条粗细一致,图纸整洁、清晰。

任务六 水套加热炉的开炉操作

一、学习目标

了解水套炉加热原理,熟悉水套炉生产的有关技术要求,能正确启动、使用水套炉。

二、准备工作

(1)设备准备:水套加热炉;
(2)工具、材料准备:300mm 活动扳手、250mm 活动扳手、350mm 平口螺丝刀、阀门开关扳手;
(3)人员准备:按照要求穿戴劳动保护用品。

三、操作步骤

1. 准备工作

劳动防护用品准备齐全,穿戴整齐,工具、用具、材料准备齐全。

2. 基础知识

水套炉加热原理,水套炉生产的有关技术要求。

3. 风险防范

人身伤害:注意高温烫伤;闪爆、火灾:严格按操作规程操作调节燃气压力,操作前熟知主要风险、危害因素及防范措施。

4. 检查处理

(1)经过处理(沉淀或过滤)的清水 2~3m^3。
(2)检查水套炉及附属设施和天然气低压配气系统上的阀门、调压装置等是否齐全完好,并使其处于良好状态。

5. 操作过程

(1)全开炉膛配风系统排空。
(2)关闭水套炉排污阀。
(3)向水套炉加水。
(4)调节燃气压力,点火。
(5)缓慢开启燃气控制阀门,逐步加大燃烧量,同时调节配风门的开度,直至火焰完全燃烧为止。
(6)待炉温升至工况要求并高出约20℃时,水套炉就可带负荷,投入生产保温。

6. 清理场地

收拾材料、工用具,清理现场,做好工作记录。

7. 安全文明生产

安全文明操作,在规定时间内完成。

四、技术要求

(1)在规定时间 20min 内完成,到时停止操作;
(2)排空时间不少于 5min,以排净炉膛内的残余天然气;
(3)加水至水套高度的 2/3 或满水位置;

(4)先点火,后开气,开气后人体不得正对炉门;

(5)水套炉的火焰要随气量的改变随时调整大小,各操作参数要严格控制在生产要求范围内;

(6)水套炉从点火升温到投入运行,时间一般不少于2h,以避免水套炉升温过快造成设备事故,新安装的水套炉应提前用小火烘炉16h。

任务七 水套加热炉的停炉操作

一、学习目标

了解水套炉维护保养方法,会正确停炉及维护保养水套炉。

二、准备工作

(1)设备准备:水套加热炉;

(2)工具、材料准备:300mm 活动扳手、250mm 活动扳手、阀门开关扳手、450mm 管钳、350mm 管钳、350mm 平口螺丝刀、200mm 平口螺丝刀、0.5m 长撬棍、油盆、钢丝刷、除锈刀、灰刀、黄油、柴油、棉纱、磷酸三钠 3~6kg。

三、操作步骤

1. 准备工作

劳动防护用品准备齐全,穿戴整齐,工具、用具、材料准备齐全。

2. 基础知识

水套炉维护保养方法。

3. 风险防范

人身伤害:注意高温烫伤;闪爆、火灾:严格按操作规程操作调节燃气压力,操作前熟知主要风险、危害因素及防范措施。

4. 具体操作过程

停用水套炉有三种情况:暂时停用、停用一段时间(约半月时间)、停用很长时间(约一月或更长时间)。

1)暂时停用

(1)将炉头燃气阀关小,留一小火温炉。

(2)开排污阀,大排量、快速排污,每隔30s排一次,共进行三次。

(3)加水至满水位。

2)停用一段时间(约半月时间)

(1)关小燃气阀,留一小火温炉。

(2)开排污阀,大排量、快速排污,将水套炉内水排出,约留二分之一。

(3)向水套炉内加水至三分之二高度以上。

(4)将磷酸三钠 2~3kg 溶解为液体加入炉内。

(5)加大火焰煮炉。

(6)煮炉24h后,将炉水从排污口大排量、快速排放干净。

(7)关闭炉火。

(8)加满清水等待下次使用。

3)停用很长时间(约一月或更长时间)

(1)关小炉火,留一小火温炉。

(2)大排量、快速排污,炉内保持约三分之二水套炉高度。

(3)用磷酸三钠约3kg溶解后加入炉内。

(4)加大火焰煮炉。

(5)煮炉24h后,关小火焰。

(6)大排量、快速排放炉水,排完为止。

(7)再次加水至炉内三分之二水套炉高度。

(8)用磷酸三钠约3kg,溶解后加入炉内。

(9)加大火焰煮炉。

(10)煮足36h后,关小火焰。

(11)将炉水大排量、快速排放干净。

(12)烘干水套炉。

(13)熄火。

四、技术要求

(1)在规定时间30min内完成,到时停止操作。

(2)若长期停炉,应每隔24h用小火烘烤水套炉1~2h,以保持干燥、减轻腐蚀。

(3)检查清扫烟箱和烟道必须在停炉、炉温降下后进行。

(4)一般每季度煮炉一次,如果水质很好,可延长至半年或一年;若水质很差,就要加密煮炉次数。

(5)若用磷酸三钠煮炉,每次加入量为2~3kg,溶解后加入,煮炉时间为24~36h。若采用除垢剂或酸洗法,按照说明书操作。

项目七 分离器的认识与操作

分离器是现场最常用的装置之一,几乎在各阶段,各场站都要用到分离器。分离器主要用来除去天然气中悬浮的固、液相杂质。固体杂质主要是由气层中夹带出来的少量地层岩屑等,以及设备管线中产生的腐蚀产物。固相杂质相对来说比较少而分离的主要对象是液相杂质,如地层水、凝析油等。因而天然气开采系统用的分离设备主要是气液分离设备。分离器可以分为多类,各类的用途又不尽相同。

知识目标

(1)掌握分离器的分类及用途;

(2)掌握各类分离器的结构及原理。

能力目标

(1)能按正确流程进行分离器的启停操作;
(2)能正确进行分离器的排污操作。

任务资源

一、分离器概述

(一)天然气中的杂质及其危害

从气井产出的天然气中往往含有液体杂质和固体杂质。液体杂质包括水和油,固体杂质包括泥沙、岩石颗粒等。这些杂质如不及时除掉,会对采气、输气、脱硫以及用户带来很大危害,影响生产正常进行。天然气中杂质的主要危害有以下几方面:

(1)增加输气阻力,使管线输送能力下降。气液两相流动比气体单相流动时的摩阻大,对直径一定的管线来说,摩阻增大意味着通过能力下降。

(2)含硫地层水对管线和采气设备的腐蚀。实验和矿场实际资料说明,含硫化氢的液态水对金属腐蚀特别严重,会使管壁厚度大面积减薄或产生局部坑蚀。这样,将给气井生产带来严重隐患。

(3)天然气气流中的固体杂质在高速流动时对管壁的冲蚀。

(4)使天然气流量测量不准。

因此,为了避免上述危害,天然气从气井产出后,必须先进行气液(固)分离。

分离器是分离气液(固)的重要设备,按其作用原理分为重力分离器、旋风分离器、混合分离器三种,以前两种应用最多。

(二)分离器的功能及结构的共同点

无论分离器的名称和类型,就分离气井产出的流体来说,分离器都应具有以下功能:

(1)实现液相和气相的初次分离;
(2)改善初次分离效果,将气相中夹带的雾状液滴分离;
(3)进一步将液中夹带的气体分离;
(4)在确信气体中无液滴、液体中无气体的情况下,连续地将气体和液体分别排出分离器。

为实现上述功能,分离器内部结构都应具有以下共同点:

(1)气液的初次分离段一般通过离心式入口装置实现;
(2)有足够高(或足够长)的沉降段,使液滴能从气体中沉降到分离器底部;
(3)分离器的气体出口处装有除雾器,捕捉气流中不能靠自身重力沉降的微小液滴;
(4)分离器具有控制阀件及仪表,如液位控制器、安全阀、止回阀、压力表等附件。

(三)影响分离效果的因素及分离器的选择

分离器的操作压力、温度和流体组分,对气相、液相的分离与操作有直接影响。在给定流体条件下,改变上述任一因素,都会改变分离器总排出的气量、液量。一般来说,提高操作压力或降低操作温度,将增加分离器的排液量。然而,各种改变都有一个最佳点,超过这一最佳点都不会增加液体的回收量。因此,利用气井产出流体组分分析资料,计算分离效果最佳的操作压力和操作温度是提高分离效果的保证,此外还与分离器的直径密切相关。

选择分离器的类型主要考虑井内产物的特点。例如,对于气水井和泥沙井适宜选用立式分离器,对于泡沫排水井适宜选用卧式分离器,而对于凝析气井则使用三相分离器较为理想。

自动放水器是分离器的一种自动放水的附属设备。它是依靠分离器本身的压力进行自动放水,可极大减轻工人的劳动强度。

天然气经管线长距离输送后,气体中的主要杂质是腐蚀产物和粉尘杂质(如硫化铁粉末),而一般的重力式和离心式分离器很难分离这些粉尘。因此,集气站上往往也用气体过滤器来解决天然气的分离粉尘问题。气体过滤器可分为干式过滤器和过滤式分离器等,它们都具有多功能的复合体,前者适用于清除固体粉尘,后者适用于分离液体除尘问题。

二、各种类型的分离器

分离器种类繁多,但按其作用原理主要可分为重力分离和旋风分离两大类。有的分离器是两者的结合体,如百叶窗式分离器和多管干式除尘器;而过滤分离器则是过滤和重力分离的结合体。

(一)重力分离器

重力分离器有各种各样的结构形式,按其外形可分为卧式分离器和立式分离器,按功能可分为油气两相分离器、油气水三相分离器等。但其主要分离作用都是利用天然气和被分离物质的密度差(即重力场中的重力差)来实现的,因而称为重力分离器。除温度、压力等参数外,最大处理量是设计分离器的一个主要参数,只要实际处理量在最大设计处理量的范围以内,重力分离器即能适应较大的负荷波动。在集输系统中,由于单井产量的递减、新井投产以及配气要求等原因,气体处理量变化较大,因而集输系统中,重力分离器的应用比其他类型分离器的应用更为广泛。

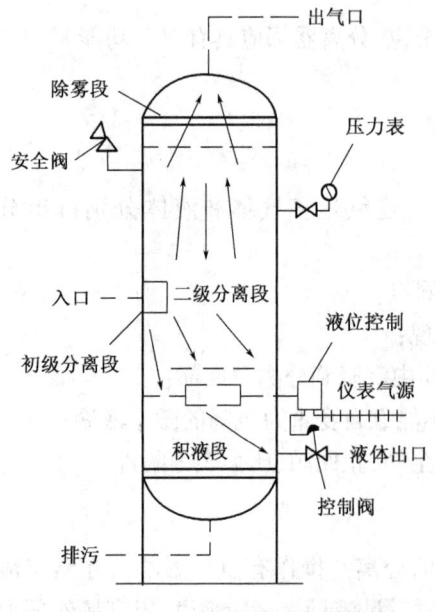

图 3 - 31　立式重力分离器结构

1. 立式重力分离器

立式重力分离器的主体为一立式圆筒体,气流一般从该筒体的中段(切线或法线)进入,顶部为气流出口,底部为液体出口,结构与分离原理如图 3 - 31 所示。

初级分离段——即气体入口处,气流进入筒体后,由于速度突然降低,成股状的液体或大的液滴由于重力作用被分离出来直接沉降到积液段。为了提高初级分离的效果,常在气流入口处增设入口挡板或采用切线入口方式。

二级分离段——即沉降段,经初级分离后的天然气流携带着较小的液滴向气流出口以较低的流速向上流动。此时,由于重力作用,液滴向下沉降与气流分离。沉降段的分离效率取决于气体和液体的特性、液滴尺寸及气流的平均流速与扰动程度。在分离器设计计算过程中,本分段的各种流动参数是决定分离器计算直径的关键因素,也是分离器工艺计算的立足点。

除雾段——通常设在气体的出口附近,由金属丝网等元件组成,用于捕集沉降段未能分离出来的较小液滴($10\sim100\mu m$)。微小液滴在金属丝网上发生碰撞、凝聚,最后结合成较大液滴下沉至积液段。

积液段——本段主要收集液体。在设计中,本段还具有减少流动气流对已沉降液体扰动的功能。一般积液段还应有足够的容积,以保证溶解在液体中的气体能脱离液体而进入气相。对三相分离而言,积液段也是油水分离段。分离器的液体排放控制系统也是积液段的主要组成部分。为了防止排液时的气体旋涡,除了保留一段液封外,也常在排液口上方设置挡板类的破旋装置。

影响重力分离器效率的主要因素是分离器的直径,在气量一定、工作压力一定时,直径大,气流速度低,对分离细小液滴有利。立式重力分离器占地面积小,易于清除筒体内污物,便于实现排污与液位自动控制,适于处理较大含液量的气体。

2. 卧式重力分离器

卧式重力分离器的主体为一卧式圆筒体,气流从一端进入,另一端流出,其作用原理与立式重力分离器大致相同。结构与分离原理如图3-32所示。

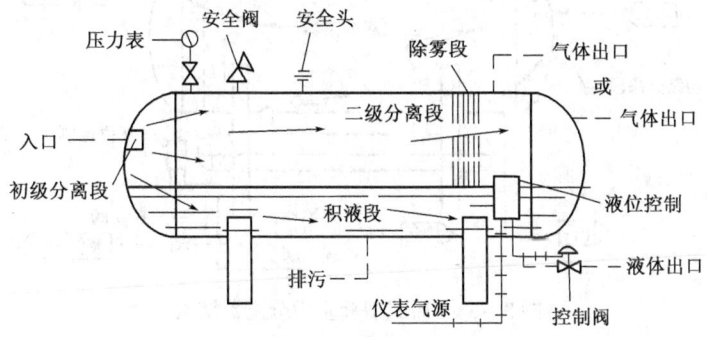

图3-32 卧式重力分离器结构

初级分离段——即气流入口处。气流的入口形式有多种,其目的在于对气体进行初级分离,除了入口处设挡板外,有的在入口内增设一个小内旋器,即在入口处对气、液进行一次旋风分离;还有的在入口处设置弯头,使气流进入分离器后先向相反方向流动,撞击挡板后再折返向出口方向流动。

二级分离段——即沉降段,此段是气体与液滴实现重力分离的主体,其各种参数为设计卧式重力分离器的主要依据。在立式重力分离器的沉降段内,气流向上流动,液滴向下沉降,两者方向完全相反,因而气流对液滴下降的阻力较大;而在卧式重力分离器的沉降段内,气流水平流动与液滴运动的方向成90°夹角,因而对液滴下降的阻力小于立式重力分离器,通过计算可知卧式重力分离器的气体处理能力比同直径的立式重力分离器的气体处理能力大。

除雾段——此段可设置在筒体内,也可设置在筒体上部紧接气流出口处。除雾段除设置纤维或金属丝网外,也可采用专门的除雾芯子。

液体储存段——即积液段,此段设计常需考虑液体必须在分离器内的停留时间,一般储存高度按 $D/2$ 考虑。

泥沙储存段——此段实际上在积液段下部,由于在水平筒体的底部,泥沙等污物有45°~

60°的静止角,因此排污比立式重力分离器困难。有时此段需增设两个以上的排污口。

卧式重力分离器和立式重力分离器相比,具有处理能力较大、安装方便和单位处理量成本低等优点。但也有占地面积大、液位控制比较困难和不易排污等缺点。目前,卧式重力分离器多用于处理量大的集气站和用以对脱硫装置前的气体进行分离。中、小型集气站仍以立式重力分离器为主。

3. 卧式双筒重力分离器

卧式双筒重力分离器也是利用被分离物质的密度差来实现的。与卧式重力分离器的区别在于,卧式双筒重力分离器的气室和液室是分开的,即它的积液段是用连通管相连的另一个小筒体,如图3-33所示。气体经初级分离、二级分离(沉降)和除雾分离后的液滴,经连通管进入液室(下筒体),而溶解在液体中的气体则在液室中析出并经连通管进入气室(上筒体)。由于积液和气流是隔开的,避免了气体在液体上方流过时使液体重新汽化和液体表面的泡沫被气体带走的可能性。但由于其结构比较复杂,制造费用较高,因而应用并不广泛。

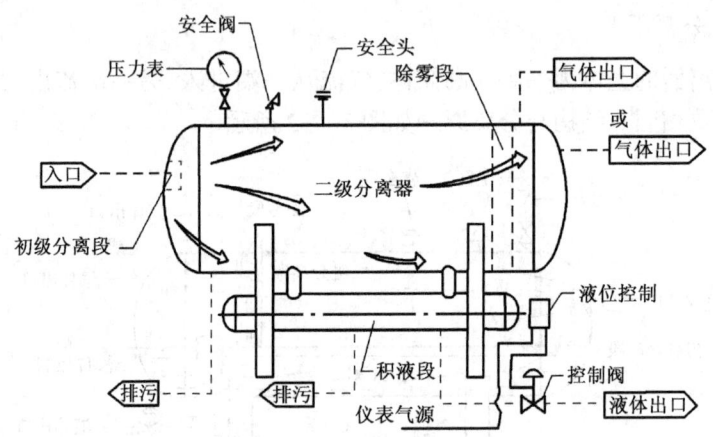

图3-33 卧式双筒重力分离器结构

4. 三相分离器

三相分离器(图3-34)与卧式两相分离器的结构和分离原理大致相同,油水气混合物由进口进入来料腔,经稳流器稳流后进入重力分离段,利用气体和油水的密度差将气体分离出来,再经分离元件进一步将气体中夹带的油、水蒸气分离。油水混合物进入污水腔,密度较小的油经溢流板进入油腔,从而达到油水分离的目的。

卧式分离器与立式分离器的比较:

(1) 从分离器重力沉降部分液滴下沉方向与气流运动方向看,在立式分离器中两者相反而在卧式分离器中两者互相垂直,在后一种情况下,液滴更易于从气流中分离出来,因而卧式分离器适合处理含液量大的气体。

(2) 在卧式分离器中,气液界面面积较大,集液部分液体中所含气泡易于上升至气相空间。此外,卧式分离器还有单位处理量成本低,易于安装、检查、保养,易于制成撬装式装置等优点。

(3) 立式分离器占地面积小,易于实现液面控制,适合于处理含固体杂质较多的气水混合物,可在底部排污口定期排放和清除固体杂质。

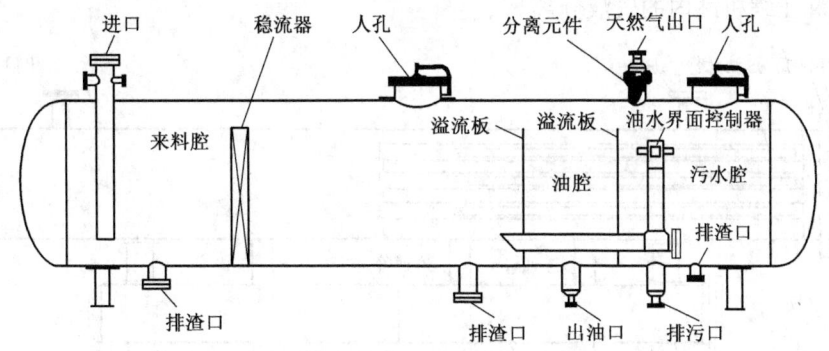

图 3-34 卧式三相分离器结构

(二)旋风分离器

旋风分离器又称离心分离器,由筒体、锥形管、螺纹叶片、中心管和集液包等组成,如图 3-35 所示。气体进口管线与外筒体的连接成切线方向,气体出口管线在顶部与中心管连接。气流从切线方向进入外筒体与中心管之间的环形空间后做旋转运动或圆周运动,由于气、液质量的不同,所产生的离心力也不相同。由于液滴的相对密度远大于气体,故液滴首先被抛向分离器外筒体的内壁,并积聚成较大的液团,在重力作用下流向积液段。在分离器下部,由于气流从中心管折返向上,气液旋转速度降低,为了维持较大的离心力,故将筒体下部设计成圆锥形,以减少回转半径。旋风分离器的离心力产生的分离力比重力产生的分离力要大得多。

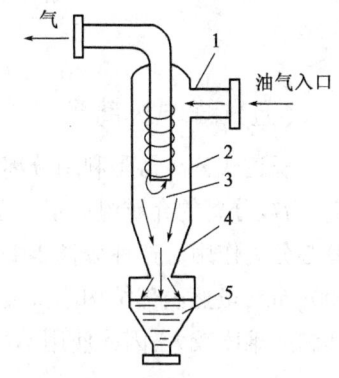

图 3-35 旋风分离器原理图
1—入口短管;2—分离器圆筒部分;3—气体出口;4—分离器锥体部分;5—集液部分

例如,一台直径为 0.5m 的旋风分离器,当气流进口的线速度为 15m/s 时,其离心加速度为 900m/s,而重力加速度才 9.81m/s,相差近百倍。因此旋风分离器是一种处理能力大、分离效率高、结构简单的分离设备,可基本除去 5μm 以上的液滴。但它的分离效果对流速很敏感,一般要求处理负荷应相对稳定,对于负荷波动较大的场合不适用。

(三)过滤分离器

过滤分离器(图 3-36)的主要特点是在气体分离的气流通道上加上了过滤介质或过滤元件,当含微量液体的气流通过过滤介质或过滤元件时,其雾状液滴会聚结成较大的液滴并和入口分离室里的液体汇合流入储液罐内。过滤分离器可以脱除 100% 直径大于 2m 的液滴和 99% 的小到 0.5μm 以上的液滴。通常用于对气体净化要求较高的场合,如气体处理装置、压缩机站进口管路或涡轮流量计等较精密的仪表之前。

(四)百叶窗式分离器

百叶窗式分离器除了综合利用入口的旋风分离作用和沉降段的重力作用外,在气流通道上还增加了百叶窗式的由折流板组成的弯曲通道。通过入口段和沉降段分离后的较小液滴,在百叶窗的弯曲通道内碰撞折流板,并因液滴的表面张力作用凝聚成较大的液滴而被分离出来。这类分离器虽分离效果好,但因其内部结构复杂、制造成本高,故大多只用于凝析油气田的凝液回收和压缩机站内的气液分离。

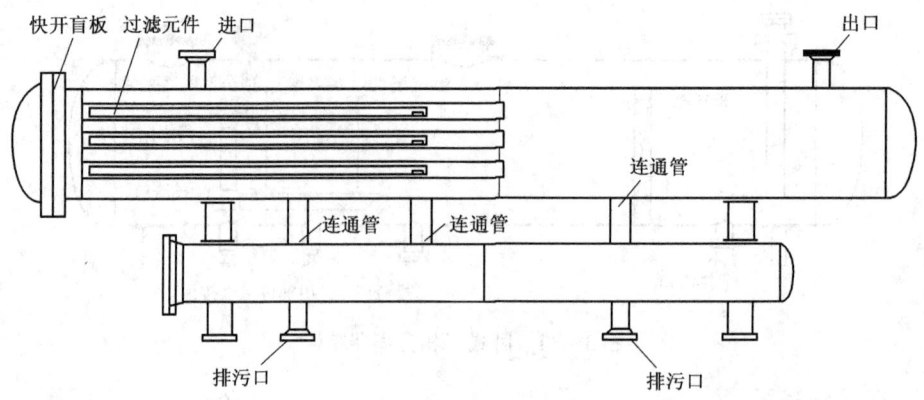

图3-36 过滤分离器结构

(五)螺道式分离器

螺道式分离器是利用分离器筒体内壁与中心管之间的环形空间,以及中心管上的螺旋通道,为被分离的介质组成了一条专门的旋转通道,迫使天然气在螺旋通道内做旋转运动而产生离心分离作用。这种分离器目前设计处理量为$(5\sim13)\times10^4\mathrm{m}^3/\mathrm{d}$,要求天然气含水量小于$200\mathrm{g/m}^3$,虽然内部结构不太复杂,但加工精度要求较高。此种分离器虽然分离效率高,但因其制造难度较大,因此使用不如重力分离器普遍。

(六)多管干式除尘器

多管干式除尘器也是利用离心分离的原理进行工作的。天然气进入除尘器后,向下经多根除尘管分流,每根除尘管的下端均设有旋风子,气流经过旋风子时产生旋转运动,利用离心力的作用将气流中的固体颗粒与气体分离。对$10\mu\mathrm{m}$和$10\mu\mathrm{m}$以上的固体颗粒,其除尘效率达94%。这种分离器适用于净化气的分离,因此在输气干线上的中间清管站使用较多。

三、使用分离器注意事项

(1)严禁超压使用,以防超压引起爆炸。

(2)分离器或紧挨分离器的输气管线上应安装安全阀,其开启压力应控制在分离器工作压力的1.05~1.1倍,并定期检查。

(3)分离器的实际处理气量应符合分离器的设计处理能力,保持高效率的分离。对重力分离器,实际处理能力不得超过设计通过能力;对旋风分离器,实际处理能力应在其设计的最小和最大通过能力之间。

(4)严格控制分离器内的液面。将液面控制在合适的高度,达到排液连续,又不使液面过高,以免产生气流夹带液体的现象。对产水量大的井,可适当调节阀门开度,保持连续排液;对产水量少的井,应摸索排水周期,定时排液。

(5)开井要慢,防止分离器猛然升压,引起振动或突然受力;关井时要将分离器压力卸掉,积液排净。

(6)使用中如发现焊缝或法兰连接处漏气,应立即停止使用并修理。

(7)定期测量分离器壁厚,如发现壁厚减薄,应做水压试验后降压使用。

复习思考题

1. 简述现场设置分离器的作用。
2. 简述分离器的类型及特点。
3. 简述各种类型分离器的结构。
4. 简述现场工艺流程中分离器的选用。

任务实施

任务一 绘制立式重力两相分离器结构简图

一、学习目标

绘制立式重力两相分离器结构简图。

二、准备工作

(1)工具、材料准备:A4 纸、尺子、铅笔;
(2)人员准备:按照要求穿戴劳动保护用品。

三、操作步骤

1. 准备工作

劳动防护用品准备齐全,穿戴整齐,工具、用具、材料准备齐全。

2. 基础知识

立式重力两相分离器结构,如图 3-37 所示。

3. 标注图名

在图最上方填写所需绘图标准名称。

4. 绘制结构示意图

绘制结构示意图。

5. 工艺说明

天然气由进口管进入筒体内,筒体横截面积远远大于进口管横截面积,使天然气体膨胀,流速降低。由于天然气和水、固体杂质密度不同,造成液滴和固体杂质的沉降速度大于气流的上升速度,液、固体杂质沉降到分离器底部,气体从分离器顶部的出气口排出,从而实现气、液两相分离。

6. 清理场地

收拾工具,清理现场。

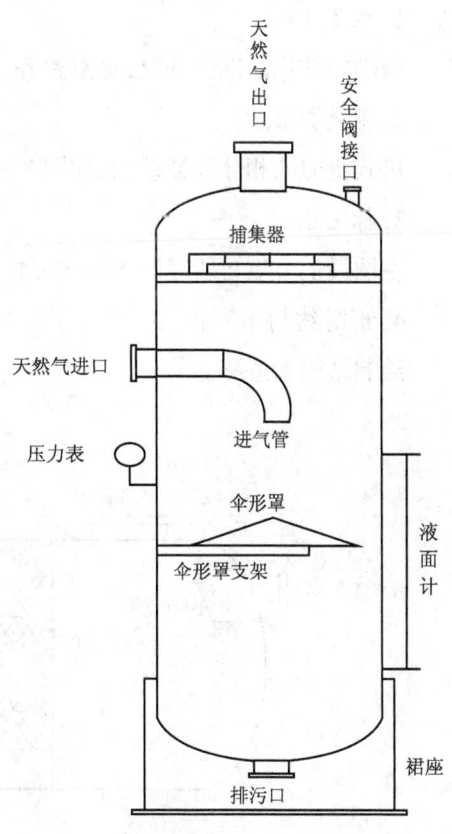

图 3-37 立式重力两相分离器结构简图

7. 安全文明生产

安全文明操作,在规定时间内完成。

四、技术要求

(1)在规定时间 30min 内完成,到时停止操作;
(2)图幅布局合理、对称、美观线条粗细一致,图纸整洁、清晰。

任务二　绘制卧式重力两相分离器结构简图

一、学习目标

绘制卧式重力两相分离器结构简图。

二、准备工作

(1)工具、材料准备:A4 纸、尺子、铅笔;
(2)人员准备:按照要求穿戴劳动保护用品。

三、操作步骤

1. 准备工作

劳动防护用品准备齐全,穿戴整齐,工具、用具、材料准备齐全。

2. 基础知识

卧式重力两相分离器结构,如图 3-38 所示。

3. 标注图名

在图最上方填写所需绘图标准名称。

4. 绘制结构示意图

绘制结构示意图。

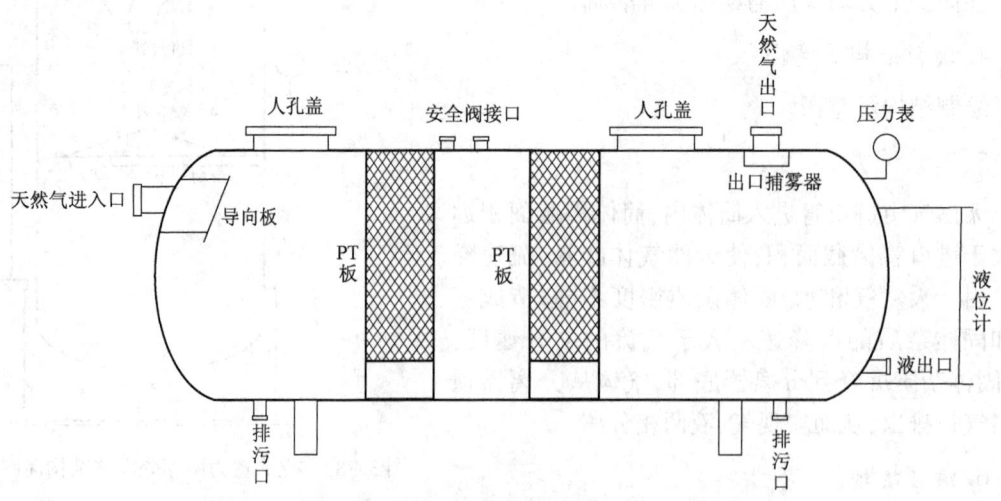

图 3-38　卧式重力两相分离器结构简图

5. 工艺说明

当气液混合的天然气进入分离器后,在导向板的作用下改变流向,在惯性力的作用下,直径大的液滴被分离下来,夹带直径较小液滴的气流继续向下运动。由于分离器直径比进口直径大得多,气流速度下降,在重力作用下较小直径的液滴被分离下来,气流通过 PT 板使更小的液滴与 PT 板接触,聚积成大的液滴而沉降,最后,雾状液滴在捕雾器中被捕集下来。

6. 清理场地

收拾工具,清理现场。

7. 安全文明生产

安全文明操作,在规定时间内完成。

四、技术要求

(1)在规定时间 30min 内完成,到时停止操作;
(2)图幅布局合理、对称、美观线条粗细一致,图纸整洁、清晰。

任务三　绘制卧式重力三相分离器结构简图

一、学习目标

绘制卧式重力三相分离器结构简图。

二、准备工作

(1)工具、材料准备:A4 纸、尺子、铅笔;
(2)人员准备:按照要求穿戴劳动保护用品。

三、操作步骤

1. 准备工作

劳动防护用品准备齐全,穿戴整齐,工具、用具、材料准备齐全。

2. 基础知识

卧式重力三相分离器结构,如图 3-39 所示。

3. 标注图名

在图最上方填写所需绘图标准名称。

4. 绘制结构示意图

绘制结构示意图。

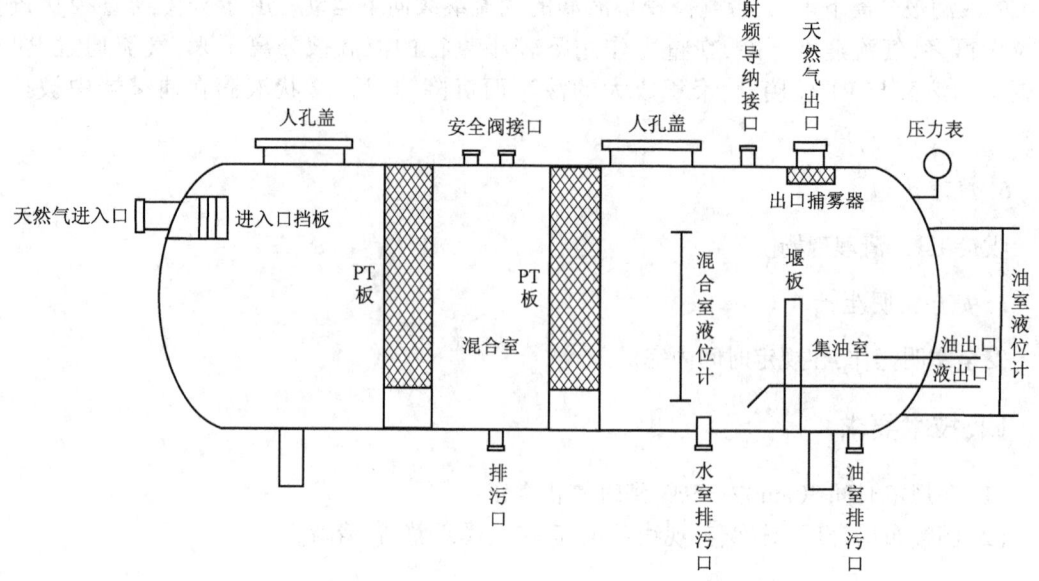

图 3-39 卧式重力三相分离器结构简图

5. 工艺说明

携带油、水的混合天然气进入三相重力分离器后,利用它们之间的密度差进行分离。密度小的天然气从分离器顶部出口输出。容器内设有堰板,由于油的密度小于水的密度,油在上水在下;当油的高度超过堰板高度时,翻过堰板进入集油室中;集油室排油口安有自动排油阀,当集油室内油面高度达到给定高度时,排油阀开启,自动排油,油面高度降低到给定高度下限时,排油阀自动关闭。水通过射频导纳仪监测联动气动阀开启及关闭。

6. 清理场地

收拾工具,清理现场。

7. 安全文明生产

安全文明操作,在规定时间内完成。

四、技术要求

(1) 在规定时间 30min 内完成,到时停止操作;
(2) 图幅布局合理、对称、美观线条粗细一致,图纸整洁、清晰。

任务四　绘制高效旋流三相分离器结构简图

一、学习目标

绘制高效旋流三相分离器结构简图。

二、准备工作

(1) 工具、材料准备:A4 纸、尺子、铅笔;

(2)人员准备:按照要求穿戴劳动保护用品。

三、操作步骤

1. 准备工作

劳动防护用品准备齐全,穿戴整齐,工具、用具、材料准备齐全。

2. 基础知识

高效旋流三相分离器结构简图,如图3-40所示。

3. 标注图名

在图最上方填写所需绘图标准名称。

4. 绘制结构示意图

绘制结构示意图。

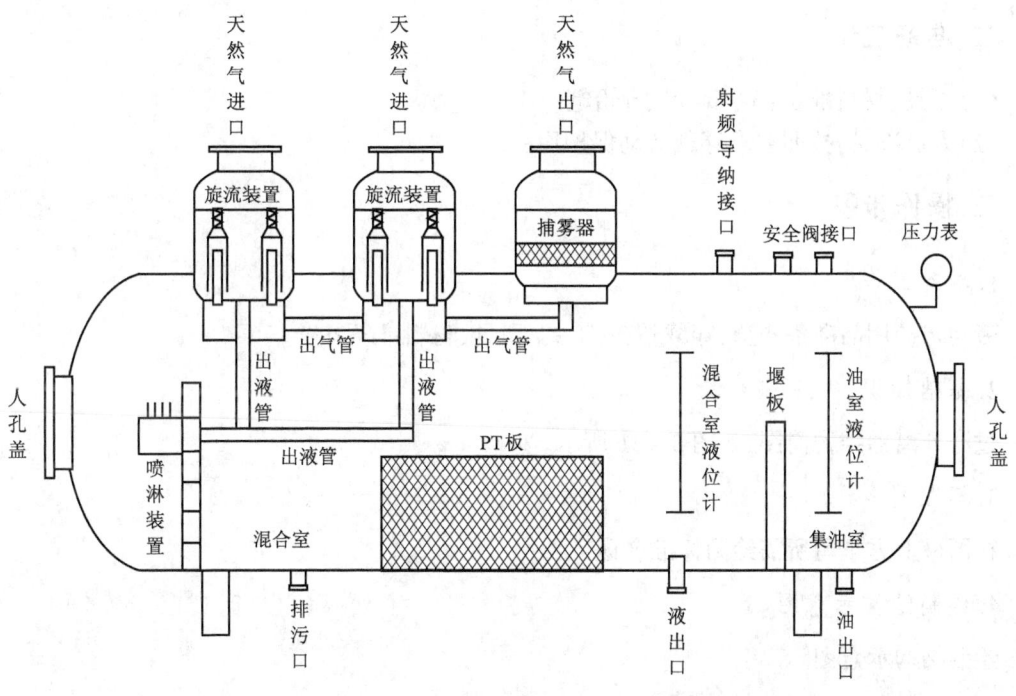

图3-40 高效旋流三相分离器结构简图

5. 工艺说明

高效旋流三相分离器是利用天然气在狭窄的旋流装置内作高速旋转运动,形成强烈的离心力,使气流中的液滴聚集成较大的液滴沿壁下沉,从出液管进入喷淋装置,气通过出气管排出,而实现气、液分离。液则通过喷淋装置进入筒体,由于油的密度小于水的密度,油在上水在下;当油的高度超过堰板高度时,翻过堰板进入集油室中;集油室排油口安有自动排油阀,当集油室内油面高度达到给定高度时,排油阀开启,自动排油,油面高度降低到给定高度下限时,排油阀自动关闭。水通过射频导纳仪监测联动气动阀开启及关闭。

6. 清理场地

收拾工具,清理现场。

7. 安全文明生产

安全文明操作,在规定时间内完成。

四、技术要求

(1)在规定时间 30min 内完成,到时停止操作;
(2)图幅布局合理、对称、美观线条粗细一致,图纸整洁、清晰。

任务五　绘制卧式过滤分离器结构简图

一、学习目标

绘制卧式过滤分离器结构简图。

二、准备工作

(1)工具、材料准备:A4 纸、尺子、铅笔;
(2)人员准备:按照要求穿戴劳动保护用品。

三、操作步骤

1.准备工作

劳动防护用品准备齐全,穿戴整齐,工具、用具、材料准备齐全。

2.基础知识

过滤分离器结构简图,如图 3 - 41 所示。

3.标注图名

在图最上方填写所需绘图标准名称。

4.绘制结构示意图

绘制结构示意图。

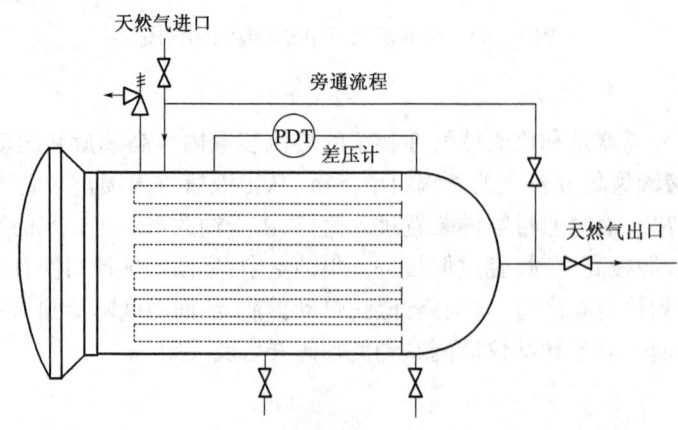

图 3 - 41　卧式过滤分离器结构简图

5. 工艺说明

天然气从气相进口进入过滤分离器后,在气体压力作用下,气相在封闭空间内从滤芯外部经过滤后进入内筒,从内筒气相出口端排出。经滤芯过滤下来的液体和杂质分别由内筒和外筒底部排污阀排出。过滤分离器可以脱除直径大于 $2\mu m$ 的液滴和杂质,在生产过程中,过滤分离器进口压力和滤芯筒内压力压差不大于 0.025MPa。

6. 清理场地

收拾工具,清理现场。

7. 安全文明生产

安全文明操作,在规定时间内完成。

四、技术要求

（1）在规定时间 20min 内完成,到时停止操作;

（2）图幅布局合理、对称、美观线条粗细一致,图纸整洁、清晰。

任务六 气井计量操作

一、学习目标

气井计量的操作方法。

二、准备工作

（1）设备准备:计量分离器;

（2）工具、材料准备:四合一检测仪、防爆对讲机、F 扳手、250mm 铜质活动扳手、300mm 铜质活动扳手、报表;

（3）人员准备:按照要求穿戴劳动保护用品。

三、操作步骤

1. 准备工作

劳动防护用品准备齐全,穿戴整齐,工具、用具、材料准备齐全。

2. 基础知识

计量分离器的结构、原理、特点。

3. 风险防范

（1）中毒、窒息:进入泄漏场所做好防护措施;

（2）高压介质伤人:做好维护保养及压力容器检测;

（3）机械伤害:做好维护保养,操作阀门时人站侧面;

（4）设备损坏:严格按操作规程操作,检查工艺流程正确;

（5）着火、爆炸:做好维护保养及压力容器检测工作,严格控制火源;

(6)环境污染:做好设备维护保养,防止油气泄漏造成环境污染。

4. 检查

(1)检查关闭计量分离器排污阀;
(2)检查关闭计量分离器液相出口阀;
(3)检查阀门及法兰连接处无渗漏;
(4)检查液位计完好,上下控制阀处于开启状态;
(5)检查仪器仪表齐全完好,处于投用状态;
(6)检查安全阀下控制阀完全打开,检查关闭手动放空阀,确认放空管线无冻堵现象。

5. 充压

缓慢打开计量分离器气相出口阀旁通阀,对计量分离器进行充压,当计量分离器压力与生产管汇压力一致时,全开分离器气相进、出口阀,关闭计量分离器气相出口阀旁通阀。

6. 切换流程

确定计量井号,缓开计量管汇上该井对应阀门,缓慢关闭该井生产汇管阀门,同时观察进站压力。

7. 控制液位

观察计量分离器压力及液位变化情况,同时控制分离器液相出口阀,使液位保持在1/3～2/3液位计之间。

8. 计量

(1)按地质配产要求调整计量井产量在规定范围之内;
(2)计量时间达到要求后,开该井生产管汇阀门,关该井计量管汇阀门,同时观察进站压力;
(3)根据地质计量计划要求,倒下一口井轮井计量。

9. 清理场地

收拾材料、工用具,清理现场,按要求填写计量岗位报表。

10. 安全文明生产

安全文明操作,在规定时间内完成。

四、技术要求

(1)在规定时间 25min 内完成,到时停止操作;
(2)注意倒流程的顺序,防止憋压;
(3)按地质配产调整计量井产量。

任务七　分离器排污操作

一、学习目标

分离器排污操作方法。

二、准备工作

(1)设备准备:分离器;
(2)工具、材料准备:350mmF扳手、四合一检测仪、防爆对讲机;
(3)人员准备:按照要求穿戴劳动保护用品。

三、操作步骤

1. 准备工作

劳动防护用品准备齐全,穿戴整齐,工具、用具、材料准备齐全。

2. 基础知识

分离器的结构、原理、特点。

3. 风险防范

(1)中毒、窒息:进入泄漏场所做好防护措施;
(2)高压介质伤人:做好维护保养及压力容器检测;
(3)机械伤害:做好维护保养,操作阀门时人站侧面;
(4)设备损坏:严格按操作规程操作,检查工艺流程正确;
(5)着火、爆炸:做好维护保养及压力容器检测工作,严格控制火源;
(6)环境污染:做好设备维护保养,防止油气泄漏造成环境污染。

4. 检查

(1)检查设备、仪表齐全完好,流程正确,无渗漏;放空阀、排污阀关闭,安全阀、压力表、液位计投用,确认分离器液位。
(2)检查工艺流程正确,检查排污管线正常,记录排污罐(池)(蒸发池)液位。
(3)检查排污罐(池)(蒸发池)附近无火种。
(4)联系主控岗记录分离器液位。

5. 切换流程

(1)主控岗通知现场进行分离器排污操作;
(2)缓慢开启分离器排污阀;
(3)按要求控制排污速度;
(4)主控岗监控液位下降情况;
(5)主控岗通知分离器排污结束,关分离器排污阀。

6. 清理场地

收拾材料、工用具,清理现场,记录排污罐(池)(蒸发池)液位。

7. 安全文明生产

安全文明操作,在规定时间内完成。

四、技术要求

(1)在规定时间15min内完成,到时停止操作;

(2)排污前,检查附近无火源。

任务八　投运卧式三相分离器

一、学习目标

投运卧式三相分离器的操作方法。

二、准备工作

(1)设备准备:卧式三相分离器;
(2)工具、材料准备:350mmF扳手、四合一检测仪、防爆对讲机;
(3)人员准备:按照要求穿戴劳动保护用品。

三、操作步骤

1. 准备工作

劳动防护用品准备齐全,穿戴整齐,工具、用具、材料准备齐全。

2. 基础知识

卧式三相分离器结构、原理、特点。

3. 风险防范

(1)中毒、窒息:进入泄漏场所做好防护措施;
(2)高压介质伤人:做好维护保养及压力容器检测;
(3)机械伤害:做好维护保养,操作阀门时人站侧面;
(4)设备损坏:严格按操作规程操作,检查工艺流程正确;
(5)着火、爆炸:做好维护保养及压力容器检测工作,严格控制火源;
(6)环境污染:做好设备维护保养,防止油气泄漏造成环境污染。

4. 检查

检查工艺流程正确,设备、管路法兰连接完好无渗漏。放空阀、排污阀关闭,安全阀控制阀打开,检查仪表完好,投用温度计、压力表、液位计。

5. 切换流程

(1)检查确认分离器液相出口阀门关闭,缓慢打开气相出口阀门充压至与管网压力一致;
(2)观察压力平稳后,缓慢打开分离器进口阀口,开阀时注意观察压力变化;
(3)监控好分离器压力变化;
(4)观察分离器液位上涨情况;
(5)分离器油相及油水界面液位上升到规定参数时,缓慢打开管路调节阀旁通阀,手动调节油室液位及油水界面液位保持在规定范围。

6. 投入自动控制

待油相液位相对平稳后,打开油出口气动调节阀前后控制阀门,投入自控操作,关闭旁通阀门。待油水界面平稳后,打开水出口气动调节阀前后控制阀门,投入自控操作,关闭旁通阀门。

7. 监控液位

(1)观察分离器油相液位,应自动控制在规定范围内;

(2)观察分离器油水界面液位自动控制在规定范围内。

8. 清理场地

收拾材料、工用具,清理现场,填写有关的记录(温度、压力、液位、投产时间、操作人)。

9. 安全文明生产

安全文明操作,在规定时间内完成。

四、技术要求

(1)在规定时间 15min 内完成,到时停止操作;

(2)切换流程中,注意打开气相出口阀。

任务九 分离器运行巡检

一、学习目标

分离器运行巡检的操作方法。

二、准备工作

(1)设备准备:分离器;

(2)工具、材料准备:四合一检测仪、防爆对讲机;

(3)人员准备:按照要求穿戴劳动保护用品。

三、操作步骤

1. 准备工作

劳动防护用品准备齐全,穿戴整齐,工具、用具、材料准备齐全。

2. 基础知识

分离器的结构、原理、特点。

3. 风险防范

(1)气液互窜:严密观察、控制分离器压力和液位;

(2)高压介质伤人:做好维护保养及压力容器检测;

(3)机械伤害:做好维护保养,操作阀门时人站侧面;

(4)设备损坏:严格按操作规程操作,检查工艺流程正确;

(5)环境污染:做好设备维护保养,防止油气泄漏造成环境污染。

4.检查设备流程

(1)检查工艺流程正确;
(2)熟知分离器控制参数;
(3)检查各类仪表处于投运状态。

5.检查记录参数

(1)按照要求(2h)对本岗位各点检查一次;
(2)检查并记录分离器压力、液位;
(3)核对现场数据与远传数据是否一致;
(4)检查分离器的调节阀、法兰、阀门连接处无跑、冒、滴、漏现象;
(5)冬季检查分离器相关电热带、远传仪表的保温棉应完好,无冻堵现象。

6.清理场地

收拾材料、工用具,清理现场,填写有关的记录。

7.安全文明生产

安全文明操作,在规定时间内完成。

四、技术要求

(1)在规定时间10min内完成,到时停止操作;
(2)检查记录参数时,注意检查连接处无跑、冒、滴、漏。

项目八　天然气水合物的防治与开发

天然气水合物是在油气开采、加工和运输过程中,在一定温度与压力下,天然气中的某些组分与液态水形成的冰雪状复合物。天然气水合物若在井底、井口针形阀、场站设备或集输管线中生成,会降低气井产能,严重时这些天然气水合物能堵塞井筒、管线、阀门和设备,影响天然气开采、集输和加工的正常运转,甚至造成停产事故。因此,如何防止天然气水合物的生成是采气工艺中应该研究的问题。近年来,随着海洋石油天然气的开发,又发现天然气水合物可在钻杆和防喷器之间形成环状封堵,堵塞防喷器、节流管线和压井管线,所以天然气水合物也成为海洋石油天然气开发中的一个突出问题。

知识目标

(1)天然气水合物的特点;
(2)天然气水合物形成的条件;
(3)天然气水合物的防治方法;
(4)天然气水合物的开采方法;
(5)开采天然气水合物的环境影响。

能力目标

(1)能根据现场进行天然气水合物的预测;

(2)能进行采气装置中水合物的防治操作。

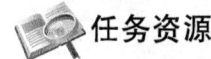任务资源

一、天然气水合物概述

天然气水合物化学式 $CH_4 \cdot nH_2O$，因其外观像冰一样而且遇火即可燃烧，所以又被称为可燃冰。天然气水合物发现于19世纪初。关于天然气气水合物结构和生成条件的数据多半是20世纪30年代获得的。当时，天然气气水合物的生成与沉淀常给输气管道、气井和工厂设备带来了各种麻烦。所以，专家们的主要注意力放在了预报水合物在管道中的形成和如何消除管道堵塞的办法。从60年代开始，原苏联、美国、荷兰相继开展了气水合物的结构与热动力学研究。

70年代初，原苏联科学家论证了地壳存在有气水合物生成带并可形成大的工业气水合物矿藏。之后，美国在深海钻探中发现了海底气水合物实物，原苏联发现了世界上第一个气水合物矿藏——麦索亚哈气田。80年代以来，国外特别是原苏联、美国和加拿大等国家对气水合物的研究已相当普遍和深入。目前，国外在气水合物方面的研究重点是：

(1) 气水合物的结构、稳定性、物理化学性质以及形成与分离的热动力学；
(2) 天然气工业处理系统中水合物的预报和清除，水合物生成抑制剂的应用；
(3) 气水合物地质学、气水合物的分布与储量计算；
(4) 气水合物地球物理普查；
(5) 气水合物地球化学、找矿标志；
(6) 气水合物矿物的开采方法等。

在天然气工业、石油工业和化学工业的许多生产过程中都伴随着气水合物的生成，所以天然气水合物具有日益增长的实际意义，因而必须拥有气水合物的基本物化数据，了解水合物生成的热力学条件，拥有气水合物系统相平衡和动力学等方面的可靠资料。除此之外，天然气水合物在工业上至少还具有以下有前途的利用途径：

(1) 海水的淡化，目前已形成系统的工业装置；
(2) 气体储存；
(3) 降低天然气含水量，提高气体压力，利用结晶水合物制冷；
(4) 双组分和多组分气体与液体混合物的分离；
(5) 大陆之间天然气的运输；
(6) 利用气水合物进行同位素浓缩；
(7) 利用气水合物制造特种水泥。

水合物有很强的吸附气体的能力，1体积的水合物可含200倍于这个体积的气体。据预测，地壳中气水合物的气藏储量要比常规天然气的储量大好几个数量级。据28届国际地质大会资料，天然气水合物储量可达 $28 \times 10^{13} m^3$，也就是说，超过了包括煤炭在内的所有已知的可燃矿产的储量。原苏联院士A·A·特罗菲姆克认为：有利于天然气水合物形成条件的地区占陆地面积的27%，其中大部分分布在冻结岩层；在90%的世界海洋中都具备气水合物生成的有利温度和压力条件，可见天然气水合物作为一种新的矿产资源，在21世纪或人类未来能源中具有极大的潜力。

天然气水合物像冰，它既可存在于0℃以下，又可存在于0℃以上环境。水合物具有比其

187

他冷凝相气体低几十倍的平衡压力。当温度达到水合物生成的临界值时,即使气体不能液化,仍可生成水合物。

二、天然气水合物的生成条件

天然气水合物的生成除与天然气的组分、组成和游离水含量有关外,还需要一定的热力学条件,即一定的温度和压力。生成水合物的第一个条件是,只有当系统中气体压力大于它的水合物分解压力时,才可能由被水蒸气饱和的气体自发地生成水合物。生成水合物的第二个条件是,水合物的自发生成绝不是必须使气体被水蒸气饱和,只要系统中水的蒸气压大于水合物晶格表面水的蒸气压就足够了。

概括起来讲,天然气水合物的主要生成条件有:
(1)有自由水存在,天然气的温度必须等于或低于天然气中水的露点;
(2)低温,体系温度必须达到水合物的生成温度;
(3)高压。

除此之外,在下列因素的影响下,也可生成或加速天然气水合物的生成,如高流速、压力波动、气体扰动、H_2S 和 CO_2 等酸性气体的存在,以及微小水合物晶核的诱导等。

在同一温度下,当气体蒸气压升高时,形成水合物的先后次序分别是硫化氢→异丁烷→丙烷→乙烷→二氧化碳→甲烷→氮气。在确定岩石水合物的生成条件时,必须考虑多孔介质中毛细管现象的影响。在人工多孔介质样品中,气体水合物生成条件的首批研究工作证明:间隙水生成水合物比自由接触时需要较低的温度或较高的压力。

三、天然气水合物的微观结构

天然气水合物是水和烃类气体物理化学结合的产物,从外表看类似于冰或雪,是白色结晶体。按目前的认识,在水合物晶格的水分子节点之间的空隙中,水合物分子是依靠范德华力保持着平衡,根据 X 射线对天然气水合物结构的分析,气体水合物的主晶格有三种结构类型,即 I 型结构、II 型结构、H 型,如图 3-42 所示(这里只列出前两种)。

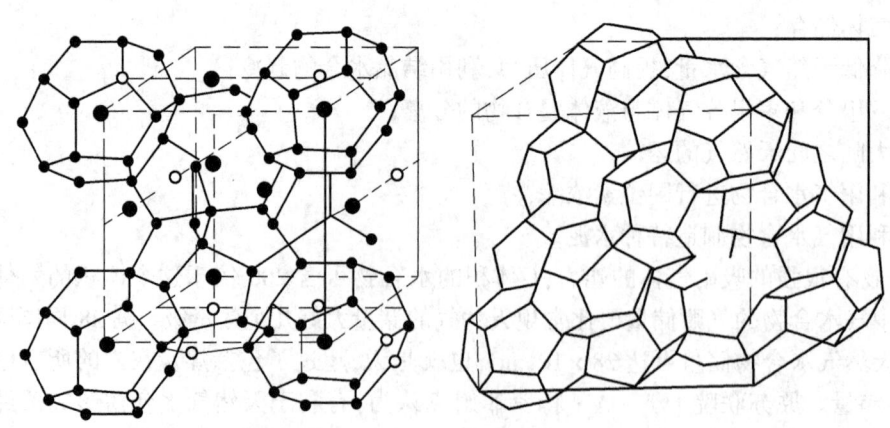

图 3-42 水合物的微观结构

这三类晶格含有无数小的和大的空腔,在稳定的水合物中,一些空腔被气体水合物占据。只有分子尺寸较小和几何形状适宜的气体才能进入孔穴。在 I 型立方晶体结构中,46 个水分子组成两个内径为 0.52nm 的小孔穴和 6 个内径为 0.59nm 的大孔穴;这种结构分布最广,仅能容纳甲烷、乙烷分子及 N_2、CO_2、H_2S 等非烃类分子。在 Ⅱ 型菱形晶体结构中,136 个水分子形成 8 个内径为 0.69nm 的大孔穴和 16 个内径为 0.48nm 的小孔穴。除包含 C_1、C_2 外,较大"笼单元"(水合物晶体中水分子间的空穴)可容纳丙烷、异丁烷等烃类。H 型结构为六方晶体结构,其大的"笼单元"可接纳直径超过异丁烷的分子,如异戊烷和直径范围为 0.75~0.86nm 的分子。它早先只在实验室里得以发现,1993 年在美国墨西哥湾大陆斜坡发现了它的天然产物。

天然气水合物主要属于 Ⅰ 型结构水合物,甲烷、乙烷、硫化氢、二氧化碳和氮气可在大小两种孔穴中充填,所以这类气体最容易形成水合物,丙烷和丁烷只能在大孔穴中充填,戊烷以上的烷烃分子一般情况下不形成水合物。碳原子数越多的烷烃,形成的水合物越稳定。同时,在一稳定的水合物中无须所有的孔穴均被充填,在同一孔穴中既可以充填一种分子,也可以充填多种分子。

四、天然气水合物生成条件的预测

目前,有很多可供选择的确定天然气水合物生成压力和温度的方法,大致可分为图解法、经验公式法、相平衡计算法和统计热力学法四大类。目前应用最广泛的是图解法。

(一)图解法

图解法主要有相对密度曲线和节流曲线预测水合物生成条件的两种方法。

1. 相对密度曲线法

图解法在矿场实际应用中是非常方便且有效的一种方法。天然气从井底到井口,从井口到集气站,又从集气站到用户,沿线的温度和压力要逐渐降低,如需确定各点是否生成水化物,如图 3-43 所示,可利用图中甲烷和天然气相对密度为 0.6、0.7、0.8、0.9 和 1.0 的五种天然气预测生成水合物的压力—温度曲线。曲线上每一个点对应的温度,即该点压力条件下水合物的生成温度。每条曲线的左区是水合物生成区,右区是非生成区。

2. 节流曲线法

天然气在开采、输送过程中,通过节流阀时将产生急剧的压降和膨胀,温度将骤然降低,如需判断在某一节流压力下是否形成水合物,可利用密度为 0.7、0.8、0.9 和 1.0 的天然气节流压降与水合物关系图。

(二)经验公式法

(1)波诺马列夫法;

(2)天然气水合物 $p-T$ 图的回归法;

(3)水合物生成条件预报的二次多项式;

(4)不同气田的其他经验公式。

(三)相平衡计算法

1941 年卡兹(Katz)提出了应用相平衡常数来计算天然气水合物的生成条件,其计算方法与多组分体系的露点计算法相类似。相平衡计算法的假设前提是:在天然气水合物的分解过程中,气体的相对密度逐渐增加,类似固体溶液。

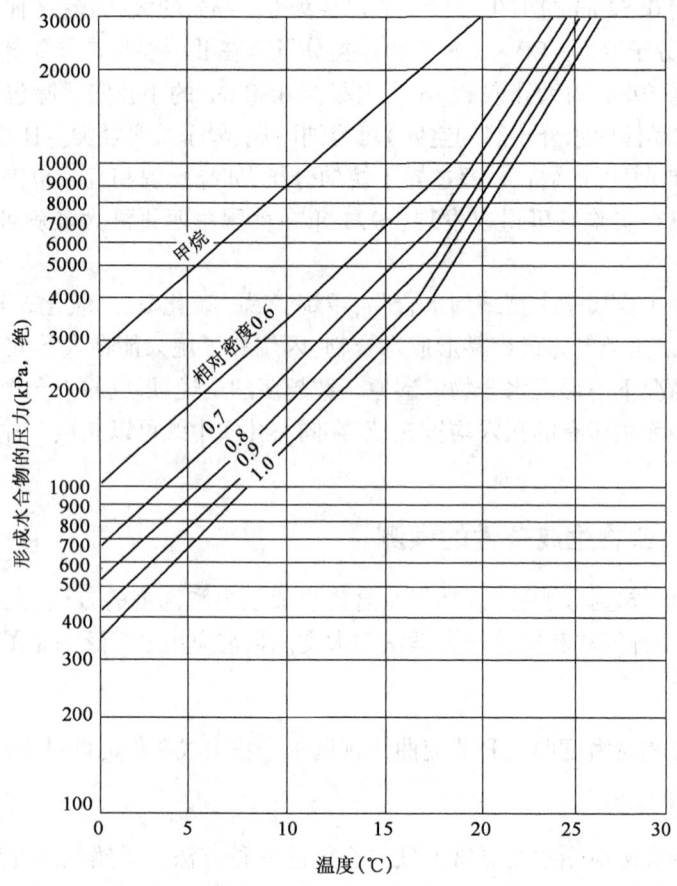

图3-43 预测形成天然气水合物的压力—温度曲线

(四)统计热力学算法

巴尔列尔和斯丘阿尔特根据严格的统计热力学原理,推导出了预测天然气水合物生成条件的统计热力算法。

五、预防生成水合物的方法

天然气中含水分是生成水合物的内在因素。因此,脱除天然气中的水分是杜绝水合物生成的根本途径。管道中有水合物堵塞现象,打开阀门,放空泄压,可解除水合物堵塞,这是一种应急措施。此外,还有两种防止地面流程中生成水合物的有效措施。

(一)提高节流前天然气的温度

将节流前的天然气温度提高,使节流后温度高于水合物生成的温度,这样就可达到预防节流后生成水合物的目的。

(二)天然气中注入抑制剂

向天然气中注入各种能降低水合物生成温度的天然气水合物抑制剂。常用的抑制剂有甲醇、乙二醇(EG)、二甘醇(DEG)等。国外还有采用动力抑制剂防治水合物。

甘醇类的醚基和羟基团形式相似于水的分子结构,与水有很强的亲和力。向天然气中注入的抑制剂与冷却过程凝析的水形成冰点很低的溶液,天然气中的水蒸气被高浓度甘醇溶液所吸收,导致水合物生成温度明显下降。

现场中甲醇和乙二醇用得最多。甲醇可用于任何操作温度场合,它的沸点低,适用于低气流温度场合,价格也低;约有 3%(质量分数)可溶于液烃中,同时也能溶于水。如果气流中有凝析水,就需要多加些甲醇。但甲醇回收的经济性很差,且甲醇具有中等毒性。乙二醇无毒,但沸点比甲醇高得多,蒸发损失量小,可再生重复使用,适用于处理量大的站场,如在天然气加工厂进口处注入。

1. 抑制剂作用下天然气水合物生成温降的定量关系

通过加入水合物抑制剂,水合物的生成温度就会降低,哈默斯密特第一次提出了天然气水合物生成温降 ΔT 与抑制剂水溶液质量分数(%)的半经验关系式:

$$\Delta T = \frac{KW}{M(100-W)}$$

式中　M——抑制剂相对分子质量,甲醇为 32.14,乙二醇为 62.07,二甘醇为 106.10;

　　　W——抑制剂溶液的质量分数,%;

　　　ΔT——水合物生成温降,℃;

　　　K——与抑制剂种类有关的常数,甲醇、乙二醇、异丙醇、氨等取 1297.2,氯化钙取 1200,二甘醇取 2427.8,乙二醇取 1222.2。

2. 所需抑制剂量的确定

所需抑制剂用量包括两部分,一是为保证水合物生成温度降低所必需的抑制剂用量;二是为转入气态饱和气体所必需的抑制剂用量。通常电解质溶液的饱和蒸气压低于由气流中凝析出来的纯水的饱和蒸气压,因此转入气态的电解质抑制剂用量可忽略不计。而用醇类作抑制剂时,这一部分量就不可忽略。

以电解质为抑制剂时,抑制剂的单位耗量 q_s 可由下述关系确定:

$$q_s = \frac{(W_1 - W_2)K}{C - K}$$

式中　W_1——在抑制剂加入的天然气中的水蒸气含量,g/cm³;

　　　W_2——出口气流中的最终含水量,g/cm³;

　　　C——加入抑制剂的质量分数,%;

　　　K——回收抑制剂的质量分数,%。

回收抑制剂的质量分数 K 是根据必要的水合物生成温降的设定值来确定。当确定甲醇抑制剂用量时,必须考虑为建立平衡关系转化为气相的那一部分抑制剂用量。在给定和回收溶液浓度时,为防止水合物生成所需的甲醇单位耗量 q_c 可由下式确定:

$$q_c = \frac{(W_1 - W_2)K}{C - K} + K \times 10^{-3} \times \alpha$$

其中,α 值为给定甲醇溶液浓度时转化为气相的甲醇量,与温度和压力有关,可用经验公式计算:

$$\alpha = 1.97 \times 10^{-2} p^{-0.7} \exp(6.054 \times 10^{-2} T - 11.128)$$

式中　p——压力,MPa;

　　　T——温度,K。

3. 抑制剂喷注参数的计算

以喷注乙二醇为例,介绍几个喷注参数的计算。

(1) 贫液浓度的选择。所谓贫液,是指尚未与湿气接触的新鲜乙二醇或再生后达到浓度要求的乙二醇。贫液浓度越高,吸收水蒸气的效果越好。但是,在低温下浓度过高的甘醇可能结晶,如95%(质量分数)的二甘醇在 -20℃时就会结晶。对于乙二醇,建议使用60% ~80%(质量分数)的浓度更为有利,因为在这个范围内是乙二醇的非结晶区。四川气田一般使用65% ~70%(质量分数)浓度的乙二醇。

(2) 富液浓度的计算。所谓富液,是指吸收了湿气水分的乙二醇稀释液。富液浓度也可以用哈默斯密特公式作近似计算:

$$\Delta T = \frac{KW_R}{100M - MW_R}$$

式中　W_R——乙二醇富液浓度,%(质量分数);

　　　M——乙二醇相对分子质量,$M=62.1$;

　　　ΔT——露点降,℃。

$$W_R = \frac{100 \times 1.8\Delta TM}{4000 + 1.8\Delta TM}$$

计算富液浓度是为计算乙二醇喷注速率提供参数。

(3) 乙二醇喷注速率(喷注比)计算。吸收1kg水蒸气所需的乙二醇贫液量(kg)称为乙二醇喷注速率。喷注速率过小,天然气中的水蒸气不能完全为乙二醇吸收,达不到抑制的目的(即达不到露点降要求)。喷注速率过大,则使重沸器负荷过大,再生浓度达不到要求。

乙二醇喷注比可用下式计算:

$$G = \frac{W_R}{W_L - W_R}$$

式中　G——乙二醇喷注速率,kg(乙二醇)/kg(水);

　　　W_L——乙二醇贫液浓度,%(质量分数)。

每处理 $1 \times 10^4 \text{m}^3$ 天然气所需的乙二醇日喷注量:

$$G_d = Q_g(q_1 - q_2)G$$

式中　G_d——乙二醇贫液日喷注量,kg/d;

　　　Q——日处理气量,$10^4 \text{m}^3/\text{d}$;

　　　q_1——天然气节流前饱和水蒸气含量,$\text{kg}/10^4 \text{m}^3$;

　　　q_2——天然气节流后饱和水蒸气含量,$\text{kg}/10^4 \text{m}^3$。

为使喷注的乙二醇能与天然气均匀混合,喷注乙二醇的喷嘴选择和安装角度都要按设计严格要求,否则喷注的乙二醇不能成雾状,达不到与天然气均匀混合的要求,也就达不到抑制目的,而且聚集在管内的乙二醇在气流的扰动下会发泡,增加乙二醇的损耗量。

六、天然气水合物的开采方法

天然气水合物呈固态,不会像石油开采那样自喷流出。如果把它从海底一块块搬出,在从海底到海面的运送过程中,甲烷就会挥发殆尽,同时还会给大气造成巨大危害。为了获取这种清洁能源,世界许多国家都在研究天然可燃冰的开采方法。科学家们认为,一旦开采技术获得突破性进展,那么可燃冰立刻会成为21世纪的主要能源。

由于可燃冰在常温常压下不稳定,因此开采可燃冰的方法设想有热解法、降压法、二氧化碳置换法。至今技术仍不完善,由此泄漏的甲烷可造成比二氧化碳严重十倍的温室效应。

(一)热激发开采法

热激发开采法是直接对天然气水合物层进行加热,使天然气水合物层的温度超过其平衡温度,从而促使天然气水合物分解为水与天然气的开采方法。这种方法经历了直接向天然气水合物层中注入热流体加热、火驱法加热、井下电磁加热以及微波加热等发展历程。热激发开采法可实现循环注热,且作用方式较快。加热方式的不断改进,促进了热激发开采法的发展。但这种方法尚未很好地解决热利用效率较低的问题,而且只能进行局部加热,因此该方法尚有待进一步完善。

(二)减压开采法

减压开采法是一种通过降低压力促使天然气水合物分解的开采方法。减压途径主要有两种:一是采用低密度钻井液钻井达到减压目的;二是当天然气水合物层下方存在游离气或其他流体时,通过泵出天然气水合物层下方的游离气或其他流体来降低天然气水合物层的压力。减压开采法不需要连续激发,成本较低,适合大面积开采,尤其适用于存在下伏游离气层的天然气水合物藏的开采,是天然气水合物传统开采方法中最有前景的一种技术。但它对天然气水合物藏的性质有特殊要求,只有当天然气水合物藏位于温压平衡边界附近时,减压开采法才具有经济可行性。

(三)化学试剂注入开采法

化学试剂注入开采法通过向天然气水合物层中注入某些化学试剂,如盐水、甲醇、乙醇、乙二醇、丙三醇等,破坏天然气水合物藏的相平衡条件,促使天然气水合物分解。这种方法虽然可降低初期能量输入,但缺陷却很明显,它所需的化学试剂费用昂贵,对天然气水合物层的作用缓慢,而且还会带来一些环境问题,所以,对这种方法投入的研究相对较少。此外,添加化学剂较加热法作用缓慢,但确有降低初始能源输入的优点。添加化学剂最大的缺点是费用太昂贵。

(四)CO_2置换开采法

CO_2置换开采法首先由日本研究者提出,方法依据的仍然是天然气水合物稳定带的压力条件。在一定的温度条件下,天然气水合物保持稳定需要的压力比CO_2水合物更高。因此在某一特定的压力范围内,天然气水合物会分解,而CO_2水合物则易于形成并保持稳定。如果此时向天然气水合物藏内注入CO_2气体,CO_2气体就可能与天然气水合物分解出的水生成CO_2水合物。这种作用释放出的热量可使天然气水合物的分解反应得以持续地进行下去。

(五)固体开采法

固体开采法最初是直接采集海底固态天然气水合物,将天然气水合物拖至浅水区进行控制性分解。这种方法进而演化为混合开采法或称矿泥浆开采法。固体开采法的具体步骤是,首先促使天然气水合物在原地分解为气液混合相,采集混有气、液、固体水合物的混合泥浆,然后将这种混合泥浆导入海面作业船或生产平台进行处理,促使天然气水合物彻底分解,从而获取天然气。

七、天然气水合物开采中的环保问题

天然气水合物在给人类带来新的能源前景的同时,对人类生存环境也提出了严峻的挑战。天然气水合物藏的开采会改变天然气水合物赖以赋存的温压条件,引起天然气水合物的分解。在天然气水合物藏的开采过程中如果不能有效地实现对温压条件的控制,就可能产生一系列环境问题,如温室效应的加剧、海洋生态的变化以及海底滑塌事件等。

(1)甲烷作为强温室气体,它对大气辐射平衡的贡献仅次于二氧化碳。一方面,全球天然气水合物中蕴含的甲烷量约是大气圈中甲烷量的 3000 倍;另一方面,天然气水合物分解产生的甲烷进入大气的量即使只有大气甲烷总量的 0.5%,也会明显加速全球变暖的进程。因此,天然气水合物开采过程中如果不能很好地对甲烷气体进行控制,就必然会加剧全球温室效应。

(2)进入海水中的甲烷会影响海洋生态。甲烷进入海水中后会发生较快的微生物氧化作用,影响海水的化学性质。甲烷气体如果大量排入海水中,其氧化作用会消耗海水中大量的氧气,使海洋形成缺氧环境,从而对海洋微生物的生长发育带来危害。

(3)进入海水中的甲烷量如果特别大,还可能造成海水汽化和海啸,甚至会产生海水动荡和气流负压卷吸作用,严重危害海面作业甚至海域航空作业。

(4)开采过程中天然气水合物的分解还会产生大量的水,释放岩层孔隙空间,使天然气水合物赋存区地层的固结性变差,引发地质灾变。海洋天然气水合物的分解则可能导致海底滑塌事件。研究发现,因海底天然气水合物分解而导致陆坡区稳定性降低是海底滑塌事件产生的重要原因。

(5)钻井过程中如果引起天然气水合物大量分解,还可能导致钻井变形,加大海上钻井平台的风险。

(6)如何在天然气水合物开采中对天然气水合物分解所产生的水进行处理,也是一个应该引起重视的问题。

复习思考题

1. 简述天然气水合物的特点。
2. 简述天然气水合物形成的条件。
3. 简述天然气水合物的防治方法。
4. 简述天然气水合物的开采方法。
5. 简述开采天然气水合物的环境影响。

任务实施

任务一　绘制并讲解乙二醇系统工艺流程图

一、学习目标

绘制并讲解乙二醇系统工艺流程图。

二、准备工作

(1)工具、材料准备:A4 纸、尺子、铅笔;

(2)人员准备:按照要求穿戴劳动保护用品。

三、操作步骤

1. 准备工作

劳动防护用品准备齐全,穿戴整齐,工具、用具、材料准备齐全。

2. 基础知识

乙二醇系统工艺流程及设备,如图3-44所示。

3. 标注图名

在图最上方填写所需绘图标准名称。

4. 绘制结构示意图

绘制结构示意图。

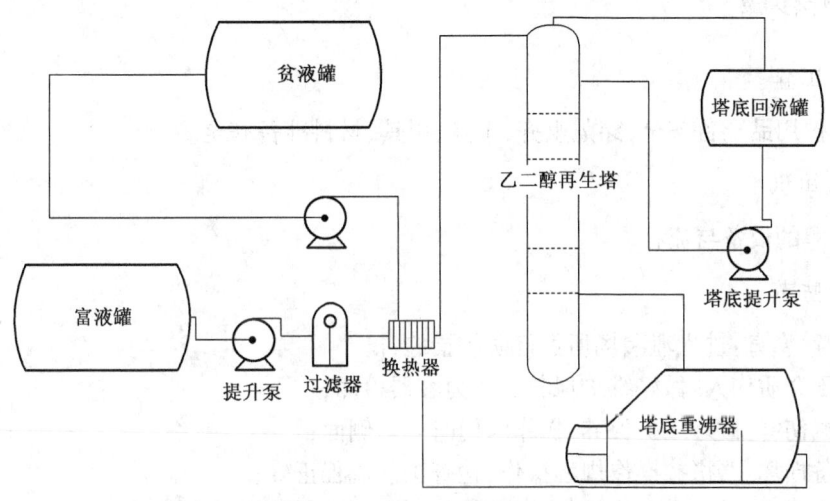

图3-44 乙二醇系统工艺流程图

5. 工艺说明

乙二醇富液罐来液经提升泵提升,经过滤器组过滤其杂质,再经乙二醇贫富液换热器,换热后进入乙二醇再生塔顶,塔内稳定后的乙二醇进入重沸器蒸煮(温度120℃左右),蒸发水分,流入贫富液换热器换热后再经空冷器冷却,通过提升泵提升至贫液罐,贫液罐浓度在75%~85%之间。再生塔顶端有精提馏流程,收集乙二醇再生塔顶部的蒸汽经空冷器冷却后流入塔底回流罐,经提升泵提升至再生塔顶端再次提馏。

6. 清理场地

收拾工具,清理现场。

7. 安全文明生产

安全文明操作,在规定时间内完成。

四、技术要求

(1)在规定时间30min内完成,到时停止操作;

(2)图幅布局合理、对称、美观线条粗细一致,图纸整洁、清晰。

任务二　注乙二醇操作

一、学习目标

注乙二醇操作方法。

二、准备工作

(1)设备准备:乙二醇注入系统;
(2)工具、材料准备:50mm 螺丝刀、100mm 螺丝刀、内六方扳手、排污桶、防爆对讲机;
(3)人员准备:按照要求穿戴劳动保护用品。

三、操作步骤

1. 准备工作

劳动防护用品准备齐全,穿戴整齐,工具、用具、材料准备齐全。

2. 基础知识

注乙二醇的设备与流程。

3. 风险防范

(1)中毒、窒息:进入泄漏场所做好防护措施;
(2)高压介质伤人:做好维护保养及压力容器检测;
(3)机械伤害:做好维护保养,操作阀门时人站侧面;
(4)设备损坏:严格按操作规程操作,检查工艺流程正确;
(5)环境污染:做好设备维护保养,防止油气泄漏造成环境污染。

4. 乙二醇注入前检查

(1)检查设备齐全完好,乙二醇注入系统各连接处螺栓是否紧固,阀门、法兰无渗漏;
(2)检查各仪器、仪表投用并在效验范围内,液位计上下游控制阀打开;
(3)检查各安全阀投用并在效验范围内,放空阀、排污阀关闭;
(4)检查注醇泵润滑油、液压油油仓液位在规定范围 1/2~2/3 处;
(5)检查贫、富液罐液位不得低于容器 50%;
(6)检查注醇泵供电线路完好,并在控制柜上选择对应的注醇泵送电;
(7)检查注醇泵调量表刻度归零。

5. 导通流程

(1)选择对应装置注醇泵,打开注醇泵进、出口阀门;
(2)打开二级注醇点注醇总阀。

6. 启动注醇泵注醇

(1)打开注醇泵出口压力表放空阀,排气见液后关闭;

(2)打开注入点汇管压力表放空阀,排气见液后关闭;
(3)调节二级注醇点注醇雾化器针形阀,控制好注醇压力高于系统压力1~2MPa;
(4)根据生产气量,调节调量表到相应注入量,锁紧定位螺栓。

7. 清理场地

收拾材料、工用具,清理现场,按要求填写报表。

8. 安全文明生产

安全文明操作,在规定时间内完成。

四、技术要求

(1)在规定时间30min内完成,到时停止操作;
(2)注意先导通流程后启泵,注意泵的选择。

任务三　注甲醇操作

一、学习目标

注甲醇操作方法。

二、准备工作

(1)设备准备:甲醇注入系统;
(2)工具、材料准备:300mmF扳手、排污桶、防爆对讲机;
(3)人员准备:按照要求穿戴劳动保护用品。

三、操作步骤

1. 准备工作

劳动防护用品准备齐全,穿戴整齐,工具、用具、材料准备齐全。

2. 基础知识

注甲醇的设备与流程。

3. 风险防范

(1)中毒、窒息:进入泄漏场所做好防护措施;
(2)高压介质伤人:操作前仔细检查,发现"跑、冒、滴、漏、渗"等问题及时上报并处理;
(3)泄漏:操作前检查甲醇管线各连接部位是否紧固,无跑冒滴漏现象,做好个人防护;
(4)环境污染:做好设备维护保养,防止油气泄漏造成环境污染。

4. 操作前检查

(1)检查设备齐全完好,注入系统各连接处螺栓是否拧紧,放空阀、排污阀关闭;
(2)检查液位计、压力表、甲醇泵调量表、注入点流量计应完好、准确;
(3)检查安全阀、液位计控制阀、压力表阀处于开启状态。

5.启泵

(1)打开计量泵进、出口及管路上阀门,关闭注醇阀;

(2)按启动按钮启泵,根据工艺要求,调节调量表。

6.切流程

(1)打开泵出口压力表放空阀,排尽泵腔及泵出口段管线内气体后关闭;

(2)待压力高于管道压力3MPa左右,打开注醇阀。

7.巡检

检查泵运转是否正常,各部位连接处有无渗漏,记录参数。

8.清理场地

收拾材料、工用具,清理现场,按要求填写报表。

9.安全文明生产

安全文明操作,在规定时间内完成。

四、技术要求

(1)在规定时间20min内完成,到时停止操作;

(2)气泵后要按注醇要求调节注醇量。

任务四　投运乙二醇再生单元

一、学习目标

投运乙二醇再生单元操作方法。

二、准备工作

(1)设备准备:乙二醇再生系统;

(2)工具、材料准备:300mmF扳手、防爆对讲机;

(3)人员准备:按照要求穿戴劳动保护用品。

三、操作步骤

1.准备工作

劳动防护用品准备齐全,穿戴整齐,工具、用具、材料准备齐全。

2.基础知识

乙二醇再生系统的设备与流程。

3.风险防范

(1)中毒:佩戴防护用具,如发生乙二醇喷溅及时用清水清洗;

(2)超压、憋压:启泵前检查好安全阀的投用,检查确认流程正确;

(3)泄漏:操作前检查甲醇管线各连接部位是否紧固,无跑冒滴漏现象,做好个人防护;
(4)环境污染:仔细巡检,如发现"跑、冒、滴、漏、渗"等情况及时汇报处理。

4. 投运前检查并记录

(1)检查确认乙二醇再生设备齐全完好无渗漏,放空阀、排污阀关闭,仪器、仪表投用,并运行正常;
(2)检查乙二醇重沸器导热油管线进口温度在规定范围内(温度在180~250℃);
(3)检查乙二醇富液罐液位在30%~80%之间时,记录乙二醇贫液罐、富液罐的液位。

5. 导通乙二醇再生单元流程

按顺序导通乙二醇再生流程,依次打开再生泵进出口阀、乙二醇富液前过滤器、活性炭过滤器,后过滤器进出口阀,打开贫、富液换热器富液进出口阀,打开乙二醇再生塔进乙二醇重沸器进口阀,打开乙二醇重沸器出口阀,打开乙二醇重沸器贫、富液贫液进出口阀,打开乙二醇贫液冷却器进出口阀,打开回收泵进出口阀,打开乙二醇贫液罐入口阀门。

6. 启动乙二醇再生泵

按操作规程启泵并检查,检查乙二醇再生泵供电正常,调量表归零。启动乙二醇再生泵,调节调量表,控制再生量,观察泵压在规定范围内,出液正常。

7. 投用乙二醇重沸器

当乙二醇重沸器前舱液位达到1/2~3/2时,全开乙二醇重沸器导热油进口阀门,手动控制导热油出口阀旁通阀,控制重沸器升温速度,待重沸器温度上升至90℃,改用重沸器出口气动阀自动控制。控制温度为110~120℃运行。

8. 启动乙二醇回收泵

按操作规程启泵并检查,检查乙二醇回收泵供电正常,调量表归零。当乙二醇重沸器后舱液位达到1/2时,启动乙二醇回收泵,调节调量表,控制回收量,观察泵压在规定范围内,出液正常。控制回收泵流量,使重沸器后舱液保持在1/3~2/3之间。

9. 清理场地

收拾材料、工用具,清理现场,按要求填写报表。

10. 安全文明生产

安全文明操作,在规定时间内完成。

四、技术要求

(1)在规定时间20min内完成,到时停止操作;
(2)先检查重沸器前舱液位再投用重沸器。

任务五 天然气水合物的预防与解堵

一、学习目标

天然气水合物的预防与解堵方法。

二、准备工作

(1) 材料准备:天然气水合物的预防与解堵措施材料;
(2) 人员准备:按照要求穿戴劳动保护用品。

三、操作步骤

1. 准备工作

劳动防护用品准备齐全,穿戴整齐,材料准备齐全。

2. 基础知识

天然气水合物的预防与解堵方法。

3. 清楚水合物的概念

天然气水合物是在一定的压力与温度条件下,天然气中的水与烃类组分形成的晶状复合物,外观形似松散的冰或致密的雪。

4. 水合物生成的主要条件

(1) 必须有水:天然气必须处于水汽的饱和或过饱和状态,并有游离水存在;
(2) 足够高的压力:水蒸气的分压等于或超过在水合物体系中与天然气的温度所对应的水的饱和蒸气压;
(3) 足够低的温度:天然气的温度必须等于或低于其在给定压力下的水合物形成温度。

5. 次要辅助条件

(1) 高流速、气流扰动或压力脉动;
(2) 出现小的水合物晶种;
(3) 含有硫化氢或二氧化碳;
(4) 压力的波动、气流速度、有搅动、弯头、孔板、阀门、管线内壁粗糙度。

6. 地面工艺水合物预防方法

(1) 脱水:对天然气进行脱水,减少天然气中的水汽含量。
(2) 加热:①把天然气温度提高到水合物形成的平衡温度以上就能防止水合物的形成或使已形成的水合物分解(适合于节流调压装置前);②应确保天然气集输温度高于水合物形成温度3℃以上。
(3) 加入抑制剂:①打破水蒸气的分压平衡,其作用原理是利用吸水性以降低天然气中水蒸气的浓度,从而降低水合物形成的温度;②目前广泛应用甲醇、乙二醇和氯化钙水溶液作为水合物抑制剂。
(4) 放空降压法:①停止向生成水合物堵塞的输气管线供气,并在水合物塞两端由管线向大气放空降压,使水合物塞处于分解压力以下;②从水合物堵塞两边关闭管线阀门,并把封闭在冰塞和阀门之间的天然气向大气放空。

7. 气井井筒中水合物预防方法

(1) 合理调节气井的产量:改变井筒中压力和温度分布,使井筒中压力和温度处于水合物生成条件之外。

(2)向井底注入抑制剂:由井口套管阀门处通过套管环空连续向井底注入水合物抑制剂,降低井筒气流水合物形成温度和压力条件。

8. 预测水合物的生成

(1)利用图版法查图并计算:①天然气水合物生成的压力—温度曲线,来确定天然气形成水合物的最低压力和最高温度;②天然气节流中的压降与温度关系曲线,来确定在一定节流压差下的温度降。

(2)应用计算机软件模拟计算:建立数学模型,用实际条件下的实验数据进行验证和修正,编制出适用于一定范围的天然气水合物形成条件的预测软件。

9. 解堵措施

(1)油管堵塞:①用泵车向油管中打入经过加热的活性水,使水合物融化;②关井一段时间,待油压恢复后,从井口放喷,排出污物。

(2)高压管线堵塞:①向管线中加注抑制剂,如甲醇、乙二醇;②降压放空解堵,通过阀门控制瞬间放空;③加热解堵,通过热水、蒸汽、提高加热炉温度,天然气温度上升至水合物形成的平衡温度之上,使已形成的水合物受热分解。

10. 清理场地

收拾材料,清理现场。

11. 安全文明生产

安全文明操作,在规定时间内完成。

四、技术要求

(1)在规定时间 10min 内完成,到时停止操作;
(2)清楚预测水合物生成的方法。

任务六　节流阀冻堵应急处置

一、学习目标

节流阀冻堵应急处置方法。

二、准备工作

(1)设备准备:处理站;
(2)工具、材料准备:铜质 F 扳手、防爆对讲机;
(3)人员准备:按照要求穿戴劳动保护用品。

三、操作步骤

1. 准备工作

劳动防护用品准备齐全,穿戴整齐,工具、用具、材料准备齐全。

2. 基础知识

天然气水合物冻堵应急处置方法。

3. 风险防范

(1)中毒：按操作规程操作，及按要求做好检测、检修、维护、保养等工作，避免有毒有害物质泄漏；进入有毒有害场所作业，按要求采取防护措施；对有毒物操作时，按要求做好防护（如对甲醇作业时戴防护手套、护目镜、口罩）。

(2)超压憋压：正确切换流程，流程检查，一人操作一人确认。

(3)物体打击：人站侧面操作，做好检修、维护、保养等工作，确保设备完好。

4. 发现

(1)中控岗发现节流阀前压力升高，节流阀后压力不变，温度下降，压差增大。气气换热器壳程出口温度下降，进口温度不变。判断为节流阀冻堵。

(2)向当班班长及现场负责人汇报情况。

5. 处置

(1)升温解冻：①缓慢全开气气换热器低温气旁通后，关闭低温气进、出口，观察参数变化，及时调整；②外加加热装置解冻。

(2)注剂解冻：检查调整注醇浓度，增加注醇量，必要时注甲醇解冻。

(3)自然解冻：现场确认节流阀开度，打开手动节流阀前后控制阀，缓慢打开手动节流阀，观察调整节流前压力，关闭冻堵节流阀前后控制阀。

6. 恢复生产

节流阀解冻后，中控岗监控好各点参数，恢复正常生产状态。

7. 清理场地

收拾材料、工用具，清理现场。

8. 安全文明生产

安全文明操作，在规定时间内完成。

四、技术要求

(1)在规定时间 30min 内完成，到时停止操作；

(2)发现冻堵，首先向当班班长及现场负责人汇报情况，再进行处理。

任务七　采气管线冻堵应急处置

一、学习目标

采气管线冻堵应急处置方法。

二、准备工作

(1)设备准备：处理站、采气树；

(2)工具、材料准备:铜质F扳手、四合一气体检测仪、防爆对讲机;
(3)人员准备:按照要求穿戴劳动保护用品。

三、操作步骤

1. 准备工作

劳动防护用品准备齐全,穿戴整齐,工具、用具、材料准备齐全。

2. 基础知识

天然气水合物冻堵应急处置方法。

3. 风险防范

(1)中毒:按操作规程操作,及按要求做好检测、检修、维护、保养等工作,避免有毒有害物质泄漏;进入有毒有害场所作业,按要求采取防护措施;对有毒物操作时,按要求做好防护,如对甲醇作业时戴防护手套、护目镜、口罩。
(2)超压憋压:正确切换流程,流程检查,一人操作一人确认。
(3)物体打击:人站侧面操作,做好检修、维护、保养等工作,确保设备完好。

4. 冻堵故障判断

中控岗或外巡人员发现单井采气管线压力异常升高、产量下降,初步判断为采气管线冻堵。

5. 汇报关井

(1)中控岗向班长及属地主管汇报,由属地主管向作业区应急领导小组、厂生产运行科、质量安全环保科汇报;
(2)由中控岗关闭冻堵井井口紧急切断阀、进集气站电动阀;
(3)班长组织人员至单井现场,根据相关操作规程完成关井操作;
(4)关闭该井进集气站阀门。

6. 冻堵故障处置

(1)现场负责人带领应急人员及应急物资到达现场后查看冻堵情况,确定解冻措施;
(2)随时向厂生产运行科值班室汇报现场解冻进展;
(3)应急人员根据判断的冻堵位置选择合理放空点,使用手动放空对冻堵井采气管线放空泄压;
(4)放空无法解决冻堵时采取蒸汽车、注甲醇解冻。

7. 恢复生产

冻堵排除后,向厂生产运行科值班室汇报。按《气井开井》操作,开井恢复正常生产。

8. 清理场地

收拾材料、工用具,清理现场。

9. 安全文明生产

安全文明操作,在规定时间内完成。

四、技术要求

(1) 在规定时间 30min 内完成,到时停止操作;
(2) 会通过参数变化判断出采气管线冻堵位置和情况。

任务八　处理站主工艺流程发生局部冻堵事故应急处置

一、学习目标

处理站主工艺流程发生局部冻堵事故应急处置。

二、准备工作

(1) 设备准备:处理站、蒸汽车;
(2) 工具、材料准备:桶泵、胶皮管、漏斗、电工工具、甲醇、热水、电热带、保温棉;
(3) 人员准备:按照要求穿戴劳动保护用品。

三、操作步骤

1. 准备工作

劳动防护用品准备齐全,穿戴整齐,工具、用具、材料准备齐全。

2. 基础知识

天然气水合物冻堵应急处置方法。

3. 风险防范

(1) 中毒:按操作规程操作,及按要求做好检测、检修、维护、保养等工作,避免有毒有害物质泄漏;
(2) 烫伤:做好个人劳保穿戴防止蒸汽烫伤;
(3) 物体打击:开关阀门不得站在阀门正面;
(4) 设备损坏:蒸汽解冻采取先两头后中间原则,根据参数变化及时、正确调整阀门开度。

4. 汇报工作

发生事故,应立即向班长或值班干部报告,说明事故准确部位和简要情况。

5. 组织安排

班长或值班干部接到报警时应立即组织操作人员对事故有关流程进行紧急处理。

6. 冻堵处理

(1) 当站内主工艺流程发生局部冻堵事故时,应正确判断冻堵位置,并立即开启事故段旁通并将事故部位与其他系统切开,将事故处理完毕后恢复生产;
(2) 无旁通流程时,在系统超压之前采取措施将事故处理完毕。如系统超压之前仍不能将事故处理完毕则通知关井,将事故段放空,事故处理完毕后恢复生产。

7. 停产处理

当处理站发生事故停产时,应注意部分容器(如低温分离器)内液体会由于温度变化发生气化,造成容器超压,应注意及时使用放空阀进行放空。

8. 安全事项

(1)管线解冻应遵循自上而下,先两头,后中间,放空处优先的解冻堵原则;
(2)解冻操作时应由专人负责,做到统一指挥,分工合作,严禁交叉作业。

9. 恢复生产

处理完毕进行验漏,合格后,导入正常生产流程,恢复生产。

10. 清理场地

收拾材料、工用具,清理现场。

11. 安全文明生产

安全文明操作,在规定时间内完成。

四、技术要求

(1)在规定时间 30min 内完成,到时停止操作;
(2)管线解冻应遵循自上而下,先两头,后中间,放空处优先的解冻堵原则。

任务九 单井注采管线发生冻堵

一、学习目标

单井注采管线发生冻堵的处理方法。

二、准备工作

(1)设备准备:单井注采系统;
(2)工具、材料准备:铜质 F 扳手、四合一气体检测仪、防爆对讲机;
(3)人员准备:按照要求穿戴劳动保护用品。

三、操作步骤

1. 准备工作

劳动防护用品准备齐全,穿戴整齐,工具、用具、材料准备齐全。

2. 基础知识

天然气水合物冻堵应急处置方法。

3. 风险防范

(1)中毒:按操作规程操作,及按要求做好检测、检修、维护、保养等工作,避免有毒有害物质泄漏；

(2)进入有毒有害场所作业,按要求采取防护措施,对有毒物操作时,按要求做好防护,如对甲醇作业时戴防护手套、护目镜、口罩；

(3)超压憋压:正确切换流程,流程检查,一人操作一人确认；

(4)物体打击:人站侧面操作,做好检修、维护、保养等工作,确保设备完好。

4. 汇报工作

发生事故,应立即向值班长及生产调度报告,说明事故准确部位和简要情况,如须报火警应加以说明,由调度向消防队报警。

5. 对事故有关流程进行紧急处理

(1)主控岗发现该井集配站靶式流量计流量减小或无流量,井口压力升高,初步判断为单井采气管线发生冻堵,向站长或值班长汇报；

(2)值班长启动应急处置预案,值班长指挥主控岗实施远程关井,并关闭集配站该井流量调节阀,单井外巡岗关闭该单井进集配站阀门和井口阀门；

(3)采取降压放空或注甲醇措施实施解堵。

6. 恢复生产

导入正常生产流程,恢复生产。

7. 清理场地

收拾材料、工用具,清理现场。

8. 安全文明生产

安全文明操作,在规定时间内完成。

四、技术要求

(1)在规定时间20min内完成,到时停止操作；
(2)处理前,先进行事故原因判断。

任务十　启停隔膜式柱塞泵

一、学习目标

启停隔膜式柱塞泵操作方法。

二、准备工作

(1)设备准备:隔膜式柱塞泵；

(2)工具、材料准备:27~29mm防爆扳手、30~32mm防爆扳手、300mm防爆活动扳手、375mm防爆活动扳手、250mm防爆螺丝刀、防爆对讲机、防护手套、护目镜、接油桶、润滑油、清洗液、液压油；

(3)人员准备:按照要求穿戴劳动保护用品。

三、操作步骤

1. 准备工作

劳动防护用品准备齐全,穿戴整齐,工具、用具、材料准备齐全。

2. 基础知识

隔膜式柱塞泵的工作原理及特点。

3. 风险防范

(1)触电:人站侧面断电、送电,定期检查线路、接地等电气设施完好;

(2)机械伤害:设备运转时,严禁进入运动部件范围之内,避免衣服、长发、手套等卷入;

(3)设备损坏:启动前盘车,防止异常损坏设备,维修或改造电路后,进行试运转,检查电动机转向正确,按要求正确导通流程,避免憋压;

(4)中毒和窒息:对有毒物操作时,按要求做好防护,如对甲醇作业时戴防护手套、护目镜、口罩;

(5)压力介质伤人:按操作规程操作,及按要求做好检测、检修、维护、保养等工作,避免压力介质刺出;

(6)环境污染:做好压力容器(管道)检测,避免腐蚀泄漏,接好排污桶后打开放空、泄压阀门,防止液体、污物落地。

4. 启泵前检查

(1)检查供电线路完好;

(2)检查阀门、管线、法兰完好无泄漏;

(3)检查各连接处螺栓应拧紧,无松动;

(4)检查相关仪表、调节阀完好,处于投用状态;

(5)检查齿轮箱润滑油液位在1/2~2/3之间;

(6)检查柱塞箱液位在低位线以上;

(7)检查泵流量应设置到零位(调节手柄);

(8)点动,检查电动机转向应正确,泵无异音;

(9)打开泵出口至注醇器的流程,检查回流阀关闭;

(10)全开隔膜柱塞泵的进口阀,确认入口管线是否畅通;

(11)关闭隔膜柱塞泵的出口阀。

5. 启泵

(1)合上电源,按"启泵"按钮启泵;

(2)将隔膜柱塞泵的调量表设置为5%,观察隔膜柱塞泵的出口压力(不正常升压时,打开放空连续见液后,关放空);

(3)当隔膜柱塞泵压大于天然气压力时,缓慢打开隔膜柱塞泵出口阀;

(4)根据工艺要求,把调量表指针转到指定的刻度。旋转调量表时,不得过快过猛,流量从小至大进行调节,同时调节注醇阀开度,将注醇压力控制在规定值;

(5)用锁定螺钉锁住调节手柄;

(6)泵运转时,检查泵无异响、无异常振动;

(7)检查进出口单向阀动作正常;

(8)检查各管线无漏点。

6. 停泵

按"停泵"按钮停泵,然后断开隔膜柱塞泵电源开关关闭隔膜柱塞泵进、出口闸阀。

7. 清理场地

收拾材料、工用具,清理现场,填写工作记录。

8. 安全文明生产

安全文明操作,在规定时间内完成。

四、技术要求

(1)在规定时间20min内完成,到时停止操作;
(2)启泵时,将调量表指针转到指定的刻度。

任务十一 维护保养柱塞泵

一、学习目标

维护保养柱塞泵操作方法。

二、准备工作

(1)设备准备:柱塞泵;

(2)工具、材料准备:300mm活动扳手、375mm活动扳手、250mm螺丝刀、8~32mm梅花扳手、万用表、对讲机、润滑油、清洗液;

(3)人员准备:按照要求穿戴劳动保护用品。

三、操作步骤

1. 准备工作

劳动防护用品准备齐全,穿戴整齐,工具、用具、材料准备齐全。

2. 基础知识

柱塞泵的工作原理及特点。

3. 风险防范

(1)触电:人站侧面断电、送电,定期检查线路、接地等电气设施完好;

(2)机械伤害:断电挂牌(或断电后有人监护),防止误启泵,启泵前装好护盖(罩),防止人员接触转动部位;

(3)环境污染:铺设毛毡,使用排污桶,避免油污落地。

4. 日常检查

(1)检查各螺栓有无松动,检查机组柱塞、密封填料压盖平行,漏失量15~30滴/min;

(2)检查仪表是否完好、灵活,压力表连接处有无渗漏;

(3)检查机油液位应保持在1/2~2/3处;

(4)检查泵运行参数在规定范围内,振动、声音无异常。

5. 一级保养

一级保养每700~800h进行一次。

(1)切换流程:

①按下停机按钮,停止电动机运行,断开电源开关;

②关闭进、出口阀,打开放空阀,排空管线,确认压力落零。

(2)检查:

①检查机油品质;

②检查柱塞磨损情况,工作面应无磨损、无凹槽等缺陷,必要时更换;

③检查电动机接线是否连接完好,无松动、氧化、无烧伤痕迹;

④检查联轴器连接紧固,检查各连接处无跑、冒、滴、漏。

(3)更换密封填料

①卸下密封填料压盖,取出旧密封填料,清理填料函内污物;

②选用规格、性能合适的密封填料,量出长度,用剪刀、电工刀切好密封填料,交接面呈30°~45°斜角,抹上润滑脂备用;

③向填料涵内加入新填料,密封填料切口位置相互错开90°~120°逐圈用压盖下压,将加入密封填料压均匀、压紧(压盖压入填料函深度约为5~10mm)。

(4)清洗过滤器滤芯:

①卸下法兰盖上的螺栓、螺母,卸下法兰盖;

②取出密封垫片,清理法兰及法兰盖上的密封面;

③拔出滤芯,检查过滤器内有无杂物,检查滤芯有无破损,如破损更换滤芯,清洗过滤器滤芯、内腔;

④装入滤芯、密封垫片、法兰盖,对称紧固压盖螺母;

⑤关闭放空阀,缓慢打开进口阀门,验漏。

(5)检查单向阀:

①卸下进、出口法兰螺栓、螺母,取出单向阀,检查阀球光洁,无伤痕、无点蚀,阀座无变形、无损伤,必要时更换;

②清理法兰面、阀座、阀笼内污物,装入单向阀,对角紧固进出口法兰螺栓;

③关闭放空阀,缓慢打开进、出口阀门,验漏。

6. 二级保养

二级保养每3000~3300h进行一次。

(1)更换:

①清洗油室,新泵在加油前应将泵内防腐油脂或污垢用煤油洗净;

②打开机油放油口,将机油放净。

(2)检查电动机:

检查电动机轴承,转动灵活,加注润滑脂,清洁电动机内部。

(3)检查动力部分:

①检查N形轴有无磨损、有无明显摆动;

②检查十字头、十字头销有无损坏。

(4)试运行:

①保养完成,关闭放空阀,缓慢打开进、出口阀门,验漏;

②合闸后,按下启动按钮,按日常检查柱塞泵运行情况。

7. 清理场地

收拾材料、工用具,清理现场,填写工作记录。

8. 安全文明生产

安全文明操作,在规定时间内完成。

四、技术要求

(1)在规定时间20min内完成,到时停止操作。
(2)注意一级保养与二级保养的时间及内容。

任务十二 阿贝折射仪测试乙二醇溶液浓度操作

一、学习目标

阿贝折射仪测试乙二醇溶液浓度操作方法。

二、准备工作

(1)设备准备:阿贝折射仪;
(2)工具、材料准备:铜制F扳手、护目镜、100mL量杯、滴管、无水酒精、乙醚、待测试的乙二醇溶液、脱脂棉花;
(3)人员准备:按照要求穿戴劳动保护用品。

三、操作步骤

1. 准备工作

劳动防护用品准备齐全,穿戴整齐,工具、用具、材料准备齐全。

2. 基础知识

阿贝折射仪的原理及使用说明。

3. 风险防范

(1)触电:小心操作防止接触带电部位;
(2)中毒:佩戴防护口罩,防止将液溅入口腔内;
(3)灼伤:防止将液溅入眼睛里。

4. 检查

检查阿贝折射仪的合格证是否在有效期。

5. 测试

(1) 用滴管前检查是否有余液,打开电源开关,将被测液体用干净滴管滴在折射棱镜表面;
(2) 将棱镜合上,要求液层均匀,充满视场,无气泡;
(3) 将机械密封的静环密封面向外顺轴滑入静环座内,使机封圈防转销卡入凹槽内;
(4) 调整照射光源;
(5) 调节目镜视度,使十字线成像清晰;
(6) 旋转手轮,使分界线不带任何彩色;
(7) 微调手轮,使分界线位于十字线中心;
(8) 按 READ 键读值记录。

6. 清理场地

收拾材料、工用具,清理现场,在正确的报表上填写取样地点、取样时间、化验室时间、化验浓度。

7. 安全文明生产

安全文明操作,在规定时间内完成。

四、技术要求

(1) 在规定时间 20min 内完成,到时停止操作;
(2) 注意将被测液体用干净滴管滴在折射棱镜表面上;
(3) 注意静环方向的正反。

项目九　气井排水采气操作

随着开采时间的增加和开发程度的加深,气田和气井都面临一个较严峻的问题,就是产水不断增加,它严重地威胁气井生产的稳定,使产气量急剧下降,严重时气井被水淹停产,大大降低气田和气井采收率。因此,排水采气成了水驱气田生产中常见的采气工艺。

知识目标

(1) 掌握气井产水的原因及危害;
(2) 掌握排水采气的类型;
(3) 掌握各类排水采气的原理、工艺、特点。

能力目标

(1) 能正确选用排水采气工艺;
(2) 能正确进行排水采气操作。

 **任务资源**

排水采气工艺技术试验研究始于1978年。多年来经历了各种排水采气方法的试验、改进和发展的艰难历程,并逐步形成了以优选管柱、泡沫排水、气举、机抽、电潜泵、射流泵、水力活塞泵等为主的配套工艺技术。其中经历的最大难题是,几乎所有的排水采气装置都要经受井内流体复杂性和严重腐蚀性的考验。因此,用于产水气井的排水采气工艺方法的装置并非是采油举升法的单纯"移植",而是根据气藏(井)的实际情况,做了大量适应性改进和配套完善工作。

一、气井产水原因及危害

(一)气井产水原因

在碳酸盐岩裂缝性气藏中,根据开发资料证实,较多的气藏有边、底水存在,气井产水多半是边水、底水及少部分外来水。因此,气井产水主要有以下几点原因:

(1)气井工艺制度不合理。气井产量过大,使边、底水突进形成"水舌"或"水锥"。特别是裂缝发育的高渗透区,底水沿裂缝上升更容易形成"水锥"。

(2)气井钻在离边水很近的区域;或有底水的气藏气井开采层段打开过深,接近气水接触面。

(3)气水接触面已推进到气井井底,不可避免地要产地层水。

(二)气井产水的危害

(1)气藏出水后,在气藏产生分割,形成死气区,加之部分气井过早水淹,使最终采收率降低。一般纯气驱气藏最终采收率可达90%以上,水驱气藏采收率仅为40%~50%,气藏因气水两相流动使一次采收率低于40%。

(2)气井产水后,降低了气相渗透率,气层受到伤害,产气量迅速下降,递减期提前。

(3)气井产水后,由于在产层和自喷管柱内形成气水两相流动,压力损失增大,能量损失也增大,从而导致单井产量迅速递减,气井自喷能力减弱,逐渐变为间歇井,最终因井底严重积液而水淹停产。

(4)气井产水将降低天然气质量,增加脱水设备和费用,增加了天然气生产成本。

针对有水气藏的排水采气工艺技术可分为一次开采的"三稳定"带水采气制度(气水产量稳定、井口流压稳定、气水比稳定)和二次开采的排水采气工艺技术。

所谓一次开采的"三稳定"带水采气制度,就是针对有水气井不同的生产类型和特点,优选使气水两相管流举升效率最好的井口角式节流阀开度,在合理的工作制度下把流入井筒的水全部带出地面,从而使气井的气水产量、井口流压和气水比保持相对稳定的生产制度。

所谓有水气藏的二次开采,是指开发的中、后期,根据不同类型的气水井特点,采用相适应的人工或机械助喷工艺,排除井筒积液,降低井底回压,增大井下压差,提高气井带水能力和自喷能力,确保设备、气水井的正常采气。

二、各类排水采气工艺简介

目前排水采气工艺主要有下述几种方法:优选管柱排水采气、泡沫排水采气、气举排水采气、活塞气举排水采气、游梁抽油机排水采气、电动潜油泵排水采气、射流泵排水采气。上述七种排水采气工艺适应范围分别为：

(1)优选管柱排水采气:适用于有一定自喷能力的小产水量气井。最大排水量 $100m^3/d$，目前最大井深2500m;可用于含硫气井;设计简单、管理方便、经济投入较低。

(2)泡沫排水采气:适用于弱喷及间喷产水井的排水。最大排水量 $120m^3/d$，最大井深3500m;可用于低含硫气井;设计、施工和管理简便;经济成本较低。

(3)气举排水采气:适用于水淹井复产、大产水量井助喷及气藏强排水。最大排水量 $400m^3/d$，最大举升高度3500m;可用于中、低含硫气井;装置设计、安装较简单,易于管理,经济投入较低。

(4)活塞气举排水采气:适用于小产水量间歇自喷井的排水。最大排水量 $50m^3/d$，最大举升高度2800m;装置设计、安装和管理简便;耐硫化氧腐蚀性较好;经济投入较低。对斜井或弯曲井受限。

(5)游梁抽油机排水采气:适用于水淹井复产、间喷井及低压产水气井排水。最大排水量 $70m^3/d$，目前最大泵深2500m;设计、安装和管理较方便;经济成本较低。对高含硫或结垢严重的气井受限。

(6)电潜泵排水采气:适用于水淹井复产或气藏强排水。最大排水量可达 $500m^3/d$，目前最大泵深2700m;参数可调性好;设计、安装及维修方便。经济投入较高,对高含硫气井受限。

(7)射流泵排水采气:适用于水淹井复产。最大排水量 $300m^3/d$，目前最大泵深2800m;对出砂的产水井适宜;设计较复杂;安装、管理较方便;经济成本较高。

(一)优选管柱排水采气工艺

优选管柱是产水气藏开发中后期,气井已不能自喷带水生产,转入了间歇生产,对这样的气井及时调整管柱,改换成较小直径管柱的一种自喷排水采气工艺。优选管柱是一种自喷工艺,该工艺施工简单到只需要更换一次油管,而不需要人为地提供任何能量。

1. 工艺原理

在设计自喷管柱时,为了确保连续排液,需要一个简便、准确地确定气体带水的最小流量与最低流速的方法。1969年,美国著名学者R·G·特纳等人设计的根据井口压力直接求解最低流量、最低流速诺模图,在世界上得到了广泛运用。本节在特纳的研究的基础上,针对产水气田的实际,从两个相反的影响条件出发来考虑自喷管柱的设计:因为随着气流沿着自喷管柱举升高度的增加,其速度亦增加,为确保连续排出流入井筒的全部地层水,在井底自喷管柱管鞋处的气流流速必须达到连续排液的临界流速。显然,如果这个速度能满足连续排液的条件,那么,在举升的整个过程中,气流的连续排液都将能得到保证;当气流沿着自喷管柱流出时,必须建立合理的最大可能压力降,以保证井口有足够的压能将天然气输进集气管网和用户。

因而,优选合理管柱有两个方面:对流速高、排液能力较好、产气量大的气井,可相应增大管径生产,以达到减少阻力损失,提高井口压力,增加产气量的目的;对于中后期的气井,因井底压力和产气量均较低,排水能力差,则应更换较小管径油管,即采用小油管生产,以提高气流带水能力,排除井底积液,使气井正常生产、延长气井的自喷采气期。

由优选管柱排液理论知,气井连续排液的临界流量、临界流速、对比流量、对比流速可分别由下式确定:

$$q_{kp} = 0.648(\gamma_g ZT)^{-\frac{1}{2}}\left(10553 - 34158\frac{\gamma_g p_{wf}}{ZT}\right)^{-\frac{1}{4}} p_{wf}^{\frac{1}{2}} d_g^2$$

$$u_{kp} = 0.03313\left(10553 - 34158\frac{\gamma_g p_{wf}}{ZT}\right)^{-\frac{1}{4}}\left(\frac{\gamma_g p_{wf}}{ZT}\right)^{-\frac{1}{2}}$$

$$u_r = \frac{u}{u_{kp}}$$

$$q_r = \frac{q_{sc}}{q_{kp}}$$

当气井的实际参数达不到临界流动参数时,应重新选择能确保连续排液的合理油管直径,其值由下式确定:

$$d_i = 1.2433(\gamma_g ZT)^{\frac{1}{4}}\left(10553 - 34158\frac{\gamma_g p_{wf}}{ZT}\right)^{-\frac{1}{8}} p_{wf}^{-\frac{1}{4}} q_{sc}^{\frac{1}{2}}$$

式中　q_{sc}——气体在标准状况下的体积流量,$10^3 m^3/d$;

q_{kp}——气井连续排液,在标准状态下必须建立的临界流量,$10^3 m^3/d$;

q_r——气井的无量纲对比流量;

u_{kp}——气井连续排液,在油管鞋处的临界气流速度,m/s;

u——气井在标准状态下的气流速度,m/s;

u_r——油管鞋处气流的无量纲对比流速;

p_{wf}——油管鞋处的井底绝对压力,MPa;

T,Z——油管鞋处的井底状态下气体的绝对温度(K)和气体的偏差系数;

γ_g——天然气的相对密度;

d_i——设计的油管内径,cm。

2. 油管最大下入深度计算

对于优选管柱的工艺井,油管柱应尽量根据油管的钢级和井深尺寸选相应的单一直径管柱,而不宜选复合直径管柱,以利于气井带液自喷生产。一般油管的抗挤和抗内压强度较大,故等直径单一管柱油管最大下入深度可按抗拉强度进行计算:

$$h_1 = \frac{p_{rl}}{m q_1}$$

式中　h_1——油管最大可下深度,m;

p_{rl}——最小抗拉强度,N;

m——安全系数;

q_1——油管单位长度的重量,N/m。

通常,安全系数取 $m = 1.3 \sim 1.5$,但对于高压含硫深井则宜取 $m = 1.6 \sim 1.8$。对于封隔器管柱,油管受活塞效应、螺旋弯曲效应、膨胀效应和温度效应等作用计算油管强度时,安全系数应取上限。

3. 选井条件

精选施工井是优选小油管排水采气工艺获得成功的重要因素之一。应用时的原则是:气井的水气比 $WGR \leqslant 40 m^3/10^4 m^3$;气流的对比参数 $v_r(q_r) < 1$;井底有积液,气井产出气水须就地分离,并有相应的低压输气系统与水的出路;井深适宜,符合下入油管的强度校核要求;产层

的压力系数小于1,以确保用清水就能压井。实践证明,优选管柱是在有水气井开采中、后期,重新调整自喷管柱、充分利用气藏自身能量的一种具有显著增产效益的排水采气工艺技术。

为了提高优选管柱排水采气工艺的成功率和增产成效,在实际应用中须注意如下几个问题:

(1)优选管柱排水采气工艺的关键在于确定气井的产量使之满足于气井连续排液的临界流动条件。产水气井在气水产量较大的开采早期,两相流动的压力摩阻损失是主要矛盾,宜优选较大尺寸油管生产。油管鞋处的气流对比参数 $v_r \geq 1$,是采用大尺寸油管生产的必要条件;在气井产能较低、产水量较小的开采中后期,气水两相流动的滑脱损失是主要矛盾,宜优选一合适的小尺寸油管生产,以确保气流通过自喷管柱时,有足够大的举液能力,把地层流入井筒的地层水能全部排出井口。

(2)精选施工井是优选小尺寸油管柱排水采气工艺获得成功的重要因素之一。应用时的选井原则是:气井的水气比 $WGR < 40 m^3/10^4 m^3$;气流的对比参数 $v_r(q_r) < 1$;气井产出气水须就地分离并有相应的低压输气系统与水的出路。

(3)在拟定设计方案时,油管下入深度须进行强度校核。

(4)含硫化氢的气井须选用API标准规定的抗硫油管。

(5)优选管柱工艺与泡排、气举等工艺组合应用,可增强工艺的排水增产效果并延长工艺的推广应用期。

(二)泡沫排水采气工艺

泡沫排水采气是针对产水气田开发而研究的一项助采工艺,它具有设备简单、施工容易、见效快、成本低等优点,在出水气井中得到广泛使用。

1. 泡沫排水机理

所谓泡沫排水采气,就是向井底注入某种能够遇水产生泡沫的表面活性剂,当井底积水与化学药剂接触后,极大降低了水的表面张力,借助于天然气流的搅动,把水分散并生成大量低密度的含水泡沫,从而改变了井筒内气水流态,这样在地层能量不变的情况下,提高了采气井的带水能力,把地层水举升到地面。同时,加入起泡剂还可提高气泡流态的鼓泡高度,减少气体滑脱损失。

水的表面张力随表面活性剂浓度增加而迅速降低,表面张力随浓度下降的速度体现了起泡剂的效率。当起泡剂注入浓度大于临界胶束浓度时,表面张力随浓度变化不大。泡沫排水采气的机理包括泡沫效应、分散效应、减阻效应和洗涤效应等。下面主要介绍泡沫效应和分散效应:

(1)泡沫效应。起泡剂注入后,液柱将变为泡沫柱,形成稳定的充气泡沫(泡沫是由充气泡、泡膜和液沟构成,液沟一般由三个相邻的气泡构成),鼓泡高度增加,水的滑脱减少,使流动更平稳和均匀,从而降低井底回压。泡沫产生意味着气水两相结合得更加紧密,具有乳状液性质。泡沫的物性参数与起泡剂的性质和浓度有关。泡沫效应主要在气泡流和段塞流等低流速下出现。

实验研究表明,在段塞流时,加入一定浓度的表面活性剂如泡棒、酸棒或滑棒等,可促使气相和液相互相混合,减弱振荡效应。且浓度越大,混合越好,振荡越弱,能量损失也降低。

(2)分散效应。分散效应一般在环雾流的高流速状态出现。由于表面张力降低,水滴在相同动能条件下更易分散为质点,质点越小越易被气流带走,而且形成的平滑液膜减少了对气流的阻力。分散效应能促使流态转变,降低携液临界流速。例如,处于段塞流的气井,一旦加入起泡剂,表面张力下降使水相分散,段塞流将转变到环雾流。

2. 起泡剂

1) 起泡剂的性能

泡沫排水所用起泡剂是表面活性剂。因此,除具有表面活性剂的一般性能之外,还要求具有以下特殊性能:

(1)起泡能力强。在井底矿化水中,只要加入微量起泡剂(100~500mg/L),就能在天然气流的搅动下,形成大量含水泡沫,使气、液两相空间分布发生显著变化,水柱变成泡沫,密度下降几十倍。因此,原来无力携水的气流,现可将低密度的含水泡沫带到地面,从而实现排水采气的目的。

(2)泡沫携液量大。起泡剂遇到水后,立即在每个气泡的气水界面定向排列。当气泡周围吸附的起泡剂分子达到一定浓度时,气泡壁就形成一层牢固的膜。泡沫的水膜越厚,单位体积泡沫含水量越大,表示泡沫的携水能力越大。

(3)泡沫的稳定性适中。通常,采用泡沫排水,从井底到井口行程2km以上,如果泡沫的稳定性差,有可能中途破裂而使水分落失,达不到将水携带到地面的目的。但是,如果泡沫的稳定性过强则泡沫进入分离器后又会带来消泡及气水分离的困难。

(4)在含凝析油和高矿化水中有较强的起泡能力。凝析油和高矿化水都具有一定的消泡能力。因此,起泡剂应具有一定的抗油性能和抗高矿化度性能,以保证一定的起泡能力和泡沫携液量。此外,气水井的复杂性,要求下井的起泡剂满足不同井况对起泡剂的特殊要求。

2) 起泡剂的类型

在气井泡沫排水采气中所采用的起泡剂有离子型(主要为阴离子型)、非离子型、两性表面活性剂和高分子聚合物表面活性剂等。以下主要介绍三种常用的起泡剂:

(1)8001起泡剂。主剂为一种植物果实无患子(又名油换子)。无患子是一种天然的大分子物质,分子构十分复杂。无患子为非离子型表面活性剂,在淡水或矿化水中均有良好的起泡性,且携水能力强。这些性能正好满足气井泡沫排水的要求。但是无患子不能与吡啶类缓蚀剂配伍、易受温度的影响(温度升高时起泡能力下降)。因此,以此为主剂的8001起泡剂不能用于注吡啶类缓蚀剂的含硫气井和井底温度高于90℃的气井。

(2)8002起泡剂。由空泡剂和添加剂(泡沫促进剂、分散剂和热稳定剂等)组成。空泡剂主要组分为缩多氨基酸,是由动物蛋白水解而得,属于两性表面活性剂。这类物质虽然降低表面张力的能力有限,但是以它们为主剂的起泡剂所形成的泡沫稳定性好,携水能力强。空泡剂的性能容易受溶液pH值的影响,并有老化现象,亦易受温度的影响。

(3)CT5-2起泡剂。在同时含矿化水和凝析油的气井中,由于凝析油本身是一种消泡剂,使起泡剂的起泡能力变差,对于这类井应使用多组分的复合性起泡剂。CT5-2就是一种离子型和非离子型表面活性剂的混合物。由于协同效应,混合型表面活性剂的泡沫性能要比单独一种表面活性剂好数倍。CT5-2起泡剂的水溶性好、使用浓度低、起泡能力强、携液量大,能在90℃的井内使用。

3) 起泡剂的适用条件

气井流体性质不同,采用的起泡剂也不同:

(1)气井。对于一般气水井,主要采用阴离子型起泡剂,如磺酸盐、硫酸酯盐等。它们含有阴离子型亲水基(如$-SO_3Na$、$-OSO_3Na$),亲水能力强,溶解性好,降低表面张力的能力也强,单独使用起泡剂就能获得较好的排液效果。对于矿化度较高的气水井,离子型起泡剂在矿化水中会生成不溶解的沉淀。因此,对于水中矿化度较高的井,多采用非离子型起泡剂。这类表面活性剂不仅有优良的表面活性,而且吸附损失小,并且由于亲水亲油键之间有耐类官能团,起泡能力更大。

(2)含凝析油的气水井。在同时含矿化水和凝析油的气井中,由于凝析油本身是一种消泡剂,使起泡剂的起泡能力变差。对于这类井,应采用多组分的复合起泡剂。表面活性剂的某些性能具有协同效应,即在同时使用两种或两种以上适当的、类型不同的表面活性剂时,可以得到比单独使用一种表面活性剂更好的效果,所以常将几种起泡剂同时配入一个体系中使用。此外,对这类气井也可采用两性或聚合物表面活性剂作起泡剂。

(3)含硫化氢的气水井。在含硫化氢的气水井中进行泡沫排液,为抑制硫化氢对气井设备的腐蚀,需加注缓蚀剂。这就要求缓蚀剂与起泡剂相互之间能配伍,使起泡剂的性能不受影响,缓烛剂的效果也不会有所降低。当气井同时含凝析油和硫化氢时,针对含凝析油应采用高效或多组分复合物起泡剂,同时还需加注缓蚀剂。例如,威远气田曾用 CT5-2 起泡剂和 CT2-11 缓蚀剂配伍用于含硫气井,现场腐蚀挂片测试,腐蚀速率小于 0.05mm/a。这说明,只要起泡剂和缓蚀剂调配适当,泡沫排水完全可以用于含硫气井。

4)起泡剂的选择

起泡剂可根据以下几个方面做出选择:

(1)井温。例如,无患子和空泡剂的起泡性能易受温度的影响,温度升高时起泡能力下降。无患子不宜用于井底温度高于90℃的气井;空泡剂在70℃时几乎丧失起泡能力。

(2)凝析油、H_2S、CO_2 含量。起泡剂 CT_{5-2} 和缓蚀剂 CT_{2-11} 可用于这类气井。

(3)水矿化度。矿化度增高,水的表面张力增加,泡沫排水效果降低。

(4)亲憎平衡值(HLB)。在排水采气中,一般要求亲憎平衡值范围为 9~15,其值越大,水溶性越高。

(5)表面张力。表面张力会影响润湿、起泡、乳化和分散。所选起泡剂能使表面张力下降越低越好,这样才能改善垂管气液两相流动中的流态。

(6)临界胶束浓度(cmc)。胶束是指两亲性分子在水或非水溶液中趋向于聚集(缔合或相变)。所有性质在临界胶束浓度以上都存在转折。起泡剂的临界胶束浓度一般应大于 $6.0×10^{-5}$,临界胶束浓度越大其带水能力越好,起泡性能越高。

(7)稳定性。泡沫的稳定时间长,易将地层水从井底带至地面,但稳定时间过长又会给地面的分离、集输、计量等带来困难。根据现场使用情况,认为泡沫的稳定时间一般为 1~2h,泡沫高度为泡沫始高的 2/3 为好。

5)起泡剂的注入量

根据起泡剂注入浓度和气井产水量,直接计算起泡剂注入量。同时,还要考虑起泡剂的类型、气井带水生产平稳状况、温度和不溶物等物性参数,但主要应以气井带水稳定连续为宜。

6)起泡剂注入方式

起泡剂注入方式有泵注法、平衡罐注法、泡排车注法和投注法。

(1)泵注法,该方法是将起泡剂溶液过滤后,从井口套管或油管泵入井内。泵注法适用于有人看守或距井站较近而又需要连续注入起泡剂的气井,气水比一般大于 $160m^3/m^3$,也可用于间隙注入起泡剂的气井。

(2)平衡罐注法,该方法是将起泡剂溶液过滤后,倒入平衡罐内,在压差的作用下,将平衡罐内的起泡剂从井口套管或油管注入井内。平衡罐注法主要用于无动力电源或需间隙式注入起泡剂的气井,气井的气水比一般大于 $330m^3/m^3$。

(3)泡排车注法,该方法与泵注法相同,只是注入起泡剂的动力不是来自高压电源,而是由汽车供给动力。泡排车注法主要用于边远又无人看守或间隙注入起泡剂的气井,气水比一般大于 $200m^3/m^3$。

(4)投注法,是将棒状固体起泡剂从井口油管投入井内,在重力的作用下落入井底。投注法主要用于间隙生产或间隙加注起泡剂,以及无人看守的边远小产量气井,气水比一般大于 $330m^3/m^3$,产水量小于 $80m^3/d$,液体在井筒内的流速不宜过高。

3. 消泡剂

泡沫排水中,许多场合使用了高效起泡剂,其泡沫再生能力很强,它们的水溶液经气流带至地面管线、分离设备时,反复不断地受到搅动,或多或少有泡沫在分离器里聚积。特别是起泡剂用量过剩或泡沫过于稳定时,这种现象尤为严重,将使大量泡沫被带到集输管线,引起阻塞,导致输压升高。消泡是为了使泡排井能连续稳定生产,避免起泡剂加注过量,防止起泡剂第二次起泡,使产出流体易于分离、计量和输送,防止井口压力升高。因此,针对特定的起泡剂筛选相应的消泡剂势在必行。

消泡剂通常间歇注入,可采用泵注法或平衡罐注法,注入位置选在分离器前两级针形阀之间。这样能提高消泡能力,使气水通过分离器的分离效果更好。

消泡剂用量,按配方推荐浓度确定,不同类型的消泡剂使用的浓度不同。消泡剂注入量须根据起泡剂的用量、气井产水量、井温等参数来确定,同时还应根据分离后液体中泡沫的多少酌情加减消泡剂用量,以分离器出水中不积泡为原则。

(三)气举排水采气工艺

气举排水采气是利用高压气井的能量或天然气压缩机为气举动力,借助于井下气举阀的作用,向产水气井的井筒内注入高压天然气,补充地层能量,排除井底积液,恢复气井的生产能力的一种人工举升工艺。从广义上可将气举工艺划分为连续气举工艺与柱塞间歇气举工艺,而连续气举又可进一步划分为开式气举、半闭式气举与闭式气举,也是现场最常用的气举方法。这里着重介绍连续气举工艺与柱塞间歇气举工艺。

1. 连续气举

所谓连续气举,是将产层高压气或地面增压天然气连续地注入气举管内,给来自产层的井液充气,使气、液混相,以降低管柱内液柱的密度,提高举升能力,当井底压力降至足以形成生产压差时,就造成类似于自喷排液的势头,在井内液柱被卸载后,可达到所希望稳定生产的工作制度。连续气举具有注入气和地层产出气的膨胀能量可充分利用、注气量和产液量相对稳定、排液量较大的显著特点,其主要装置包括压缩机和气举阀。

1)压缩机

气举的能源来源于高压气井或压缩机,现场广为采用的有引进的 DPC - 140 与国产

ZTY265H 型天然气压缩机。国产 ZTY265H 型压缩机主要工况参数为：吸气压力 0.5～1.5MPa；排气压力 12～15MPa；排量 $3\times10^4 m^3/d$；额定功率 265kW。

2）气举阀

现场广为采用的有引进的 J-40 型气举阀与国产 QJF-1、QJF-2 型气举阀、SF-Ⅱ以及 YC01-250A 型气举阀。SF-Ⅱ与 YC01-250A 型气举阀系非平衡式波纹管气举阀，主要技术指标为：耐压 32MPa；外形尺寸 $\phi25mm\times425mm$；连接螺纹 ZG12.7mm；耐温 150℃；波纹管最大承受压差 25MPa；波纹管有效截面积 199.9mm^2。

气举阀主要有两个用途：一是卸去井筒液体载荷，让气体能从油管柱的最佳部位注入；二是控制卸载和正常举升的注气量。因此，气举阀与其他人工举升方式一样，能够建立所需的井底流压和达到预期的排液量。气举阀的种类很多，国内气田普遍使用的是非平衡式波纹套管压力操作阀，现场称套压阀。现以 QJF-1 型气举阀为例进行说明。QJF-1 型气举阀结构如图 3-45 所示，主要由阀体部分（包括储气室、波纹管、滑套和阀等）及阀嘴部分（包括阀嘴、密封圈和钢球等）两部分组成。凡有高压气源的地方都可以使用。

气举阀排水采气的原理是利用从套管注入的高压气，逐级启动安装在油管柱上的若干个气举阀，逐段降低油管柱的液面，从而使水淹气井恢复生产。如图 3-46 所示，设 A-A 是气井水淹后的静液面位置，当从套管注入高压气时，气压促使套管液面下降而油管液面上升。当套管液面降低到第一个气举阀的入口 B-B 时，气举阀被高压气的压力打开，高压气经阀进入油管，在高压天然气的作用下，B-B 界面以上的液体被举升到地面。同时，由于高压气大量进入油管，套管压力降低，当套管中压力降到气举阀的关闭压力时，第一个气举阀关闭。接着，高压气又迫使套管液面下降，油管液面上升，当油管液面降低到第二个气举阀的入口 C-C 时，第二个气举阀被高压气打开，又把 C-C 界面以上的液体举升到地面，如此连续不断地降低油管内的液面，使静液柱对地层的回压不断下降，直到气井恢复生产。

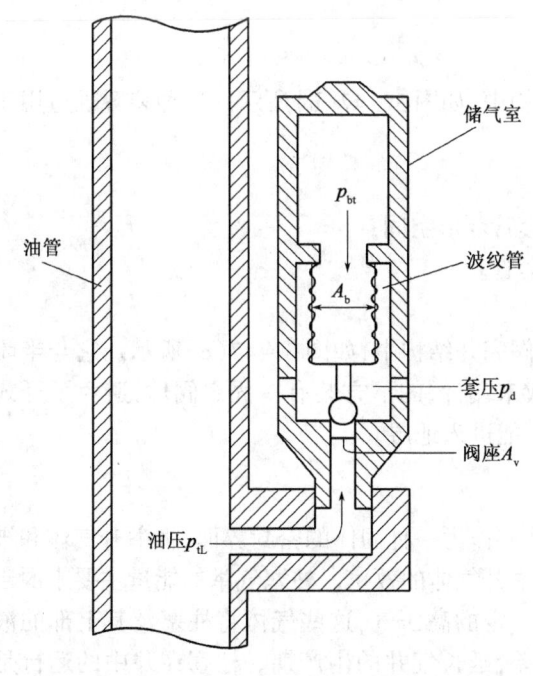

图 3-45　QJF-1 型气举阀结构

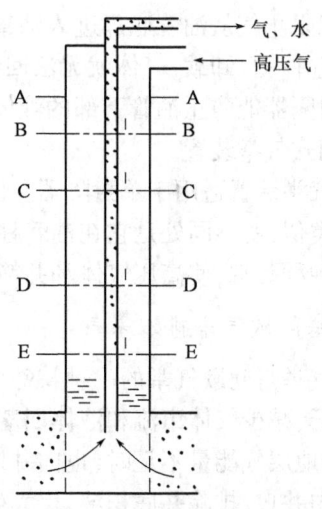

图 3-46　气举阀排水采气的基本原理

3) 气举装置

我国四川、辽河、中原等油气田都普遍采用连续气举的方式来排除井底积液。连续气举装置主要有开式气举装置、半闭式气举装置和闭式气举装置三种,如图3-47所示。

(1) 开式气举装置。

开式气举装置适用于无封隔器完井,如图3-47(a)所示,这种装置存在以下缺点:

①气体可能从油管底部进入油管,因而需要很高的启动压力。

②地面注气系统的压力波动会引起油、套管环形空间液面升降,使注气点以下的气举阀经受流体的严重冲蚀,甚至损坏。

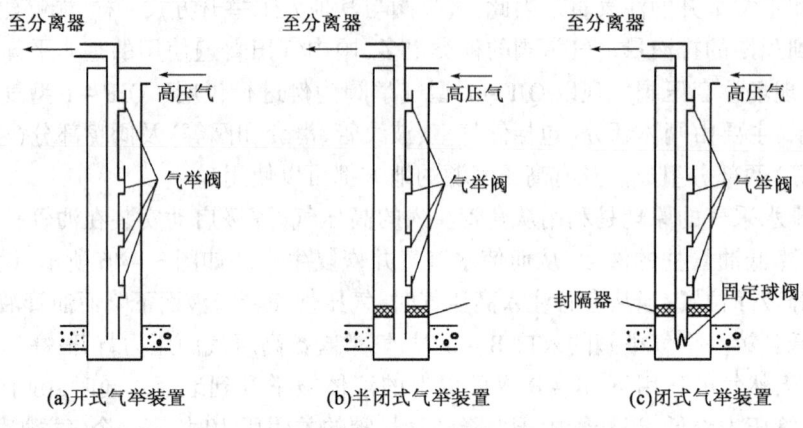

图3-47 连续气举装置

③每次关井时,都必须卸载,并等待稳定。因为液面在关井期间会上升又须将油、套管环形空间的液体排掉,其结果将再次冲蚀下面的气举阀。

开式气举装置因上述缺点,除采用套管生产的裸眼井、严重砂堵的井及井身质量有缺陷的井外一般不采用。

(2) 半闭式气举装置。

半闭式气举装置适用于单封隔器完井结构中,如图3-47(b)所示。这种装置既适用于连续气举也适用于间歇气举,其优点如下:

(1) 能阻止气从油管底部进入油管;

(2) 气井一旦卸载,气体就无法回到油、套管环形空间;

(3) 封隔器能防止油管下部的液体进入套管。

(3) 闭式气举装置。

闭式气举装置适用于单封隔器及固定球阀完井结构中,如图3-47(c)所示。它与半闭式气举装置类似,所不同处是它在油管柱底端或末端,阀的下方装有一固定阀球,避免了开式气举装置的种种弊端,使高压气体和井筒液体不能进入地层。

2. 柱塞间歇气举排水采气

柱塞气举是间歇气举的一种特殊形式,柱塞作为一种固体的密封界面,将举升气体和被举升液体分开,减少气体窜流和液体回落,提高举升气体的效率。柱塞气举的能量主要来源于地层气,但当地层气能量不足时,也向井内注入一定的高压气,这些气体将柱塞及其上部的液体从井底推向井口,排除井底积液,增大生产压差,延长气井的生产期。柱塞在井中的运行是周而复始的上下运行,柱塞下落时必须关井,因此,气井的生产是间歇式的。柱塞气举可充分利用地层能量,尤其适合于高气液比气井排液。对常规连续气举或间歇气举效率不高的井,采用柱塞气举可以提高生产效率,避免气体的无效消耗。柱塞气举还可用于易结蜡、结垢油气井,沿油管上下来回运动的柱塞可以干扰、破坏油管壁上的结蜡、结垢过程,这样就省去了清蜡、除垢的工序,节约了生产时间和生产费用。柱塞气举的安装、生产和管理费用都较低。

柱塞气举排水是在油管内放入一个带阀的金属长柱塞,作为气液之间的机械界面(起封隔作用,以防止气体上蹿和液体下落),由地层和套管积蓄的天然气推动柱塞从井底上行,把柱塞之上的水排到地面。此种排水方法,由于利用柱塞阻挡了水的下沉,比起没有柱塞的气举极大提高了举升效果。柱塞排水采气按井的类型(产量大小、产凝析油还是产水)和输气压力的高低,有多种安装形式,但最基本的是高压高产井和低压气井两种形式。柱塞间歇气举排水采气工艺及结构如图3-48所示,包括井下工具和井口装置两种部分。

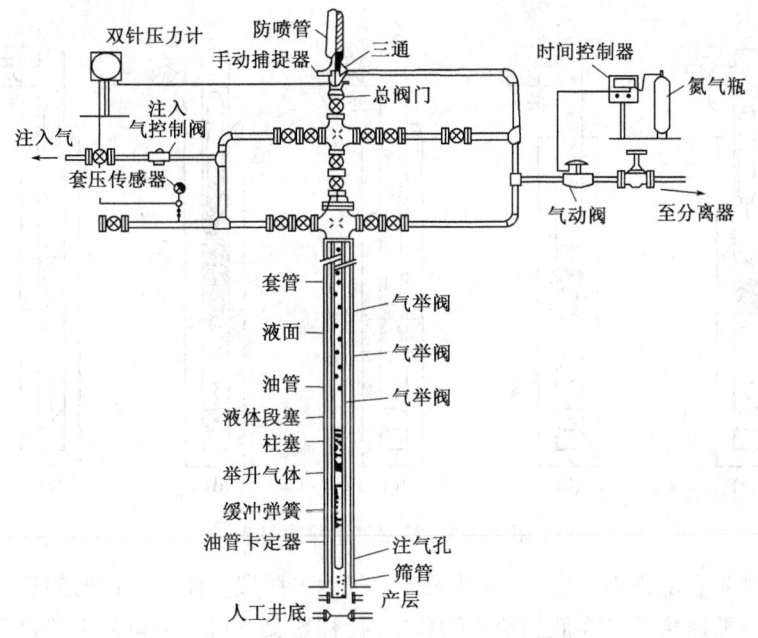

图3-48 柱塞间歇气举排水采气工艺及结构

柱塞间歇气举排水采气的主要部件及作用如下:
(1)油管卡定器,一般用卡瓦固定在油管鞋附近,用来阻挡柱塞继续下行。
(2)缓冲弹簧,安装在油管栓之上,对柱塞起缓冲减震作用。油管栓和缓冲弹簧用钢丝工具安装和捞出。
(3)封隔器:封闭油、套管之间的环形空间。
(4)柱塞:一个带密封环的圆柱开柱塞,外径略小于油管内径,柱塞周围开有长槽或带旁通阀,便于柱塞下行。内部上、下装有遇撞击可开启或关闭的阀。
(5)高扭矩时间控制器:定流量差压或定时开关电动阀,控制柱塞排水时间。
(6)防喷管:阻止柱塞继续上行,起防喷减振作用。
(7)捕捉器:柱塞上行到井口,捕捉柱塞。
(8)自动释放装置:释放柱塞,再次下行。

柱塞气举是将柱塞作为气液两相之间的机械界面,依靠气井原有的气体压力和柱塞的重力作用,以一种循环的方式使柱塞在油管一定范围内上下移动从而减小液体回落,消除了气体穿透液体段塞的可能,提高气举的效率。柱塞气举排水工作过程如图3-49所示。当差压指针又降低到预定的差压时,井内液柱积聚到一定程度,渐渐形成液塞段,油管内的液面升高,气量下降,地面控制系统关闭油管生产阀,柱塞在重力作用下下行,如图3-49(a)所示。经过一定的时间,在重力的作用下,柱塞穿过油管气液界面落至安装在油管卡定器上的缓冲弹簧,油管里的液面上升,如图3-49(b)所示。当柱塞撞击缓冲弹簧时,地面控制系统打开油管生产阀,油压下降,油管内液面继续上升,油套环空液面下降,天然气进入油管并推动柱塞和柱塞上部的液体上行,如图3-49(c)所示。油套环空套压迫使柱塞和柱塞上部的液体继续上行,直到将液体排出井口,如图3-49(d)所示。此时就完成了一个工作循环周期。当柱塞上部的液体排出井口后,地面控制系统再次关闭油管生产阀,活塞在重力的作用下,再次下落,如图3-49(e)所示。此后开始重复上述工作过程,实现继续排水。

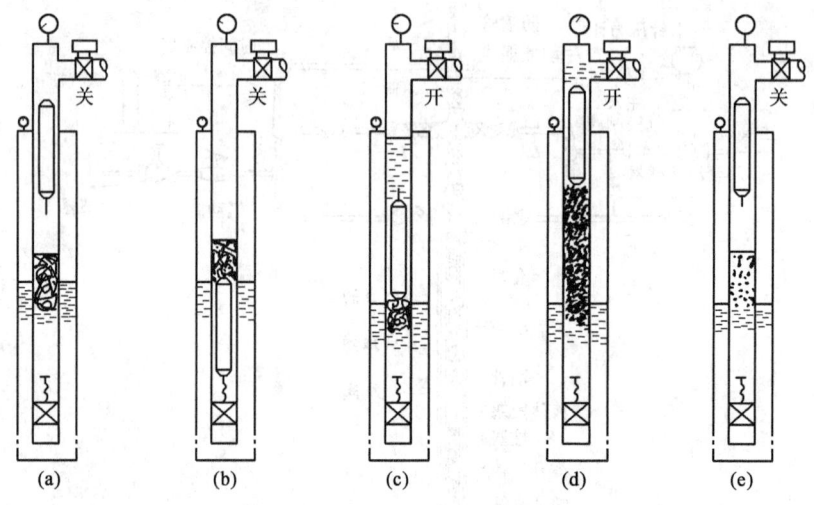

图3-49 柱塞气举排水过程

当井下积液被全部排出井口后,就进入天然气生产阶段。生产一段时间后,积液又渐渐上升,产量降低,当差压指针又降低到预定的差压时,柱塞又下行……重复上述过程,气井便以采气—排液—采气—排液……的间歇方式持续生产。

井下管柱类型与柱塞气举井的井况有关,主要有以下几种类型:

(1)无封隔器的开式管柱,用于普通柱塞气举;举升气体以本井为主,也可以适当从地面注入补充气,辅助柱塞举升。

(2)带封隔器的闭式或半闭式管柱,用于带柱塞的间歇气举;适用于井底压力非常低,进入油套管地层气较少,需外部补充气源的气井。

(3)带封隔器的半闭式管柱,举升时气体直接来源于地层;适用于气液比非常高的气井。

井下管柱上一般还要求安装气举阀。大多数井的气举阀是用于卸载排液的,设计时应保证单点注气;另一种是用于提高举升效率的,设计时应保证多点注气。井下管柱上的气举阀不能同时达到这两个目的,设计时应当仔细考虑。

低压气井柱塞间歇气举排水采气。井下不下封隔器(因压力低,要利用套管积聚的压力排液),井口安装一台回压调节器,其他装置与高压高产井相同。柱塞排水由时间控制阀控制,输气由回压调节器控制。因为气井压力低,不安装回压调节器,井的产量就不能记录。安装了回压调节器,可以控制井在一定压力下生产,记录气井产量时,不受输气管网压力变化的影响。

柱塞气举排水采气的应用条件：

(1)气井有足够的气量来举升柱塞排水。经验数据是举升1m水到2100m高,需要有60m/min的天然气气量。

(2)气井产气量在$1.5 \times 10^4 m/d$,可用高压高产排水装置；如压力低于1.77MPa,宜用低压排水装置。油管内径应一致,并用标准内径规通过。

(四)机抽排水采气工艺

机抽排水采气工艺为游梁抽油机排水采气工艺的简称。国内机抽排水采气工艺从20世纪80年代开始研究,针对气井机抽排水和有杆泵采油的区别,对油田的抽油装置进行了必要的改进：选用耐磨、密封性能好的材料改进了光杆密封器；采用整体泵筒、软密封柱塞减少泵漏失,提高泵效；采用高效气液分离器减少了气体干扰；采用玻璃钢抽油杆和钢杆混合杆柱减少驴头负荷,以加深泵挂深度及节能；完善了机抽排水气井的防硫井口装置,引进、应用了防硫油管、K级防硫抽油杆,加上研制的抽油杆旋转接头,极大减少了排水气井抽油杆的断落和脱扣、倒扣事故；同时又在机抽排水采气工艺优化设计、延长检泵周期和不同于油井的防砂管柱的应用方面有了新进展,改进了机抽配套工艺技术,使之适应于含硫、低压气井。

游梁抽油机排水采气适用于气井中、后期低压间歇井、水淹气井的排水采气,其主要优点是：能连续稳定生产,可以用天然气作燃料；机抽排水采气的装备简单,设计方法成熟,成本低,操作方便,易于管理,不受高采出程度的限制,可枯竭性采气。

1. 工艺原理

游梁抽油机排水采气是一种借助于机械能排水的生产工艺,其方法是将有杆深井泵下入井筒动液面以下适当深度,泵筒中的柱塞在抽油机带动下作上下往复运动而抽汲排水,达到排水采气目的。进入泵筒内的地层水从油管排出,而天然气则从油套环形空间产出。为适应气水井排水采气的要求,井内设备采用有利于防腐和提高泵效的软密封深井泵、脱接器、井下气水分离器、旋转接头等机抽排水采气配套装置,提高了机抽排水采气的技术水平。

2. 抽油机排水采气装置的组成

抽油机排水采气装置由抽油机、抽油杆、深井泵、泵下附件和井口装置等五部分组成,如图3-50所示。

(1)抽油机,是机抽装置的地面部分。它是由电动机或气体发动机驱动的提升设备,以上、下往复运动的形式,把动力通过抽油杆传给井下深井泵。

(2)抽油杆,是实心的特种钢制长杆,每根长8m左右,直径有19mm、22mm、25mm等规格,两端由螺纹连接。抽油杆上连抽油机,下连深井泵,作用是把地面动力传递给井下的深井泵。

(3)深井泵,是由缸套、柱塞、进油阀和出油阀等部件组成。柱塞在缸套中作上、下往复运动,通过进油阀和出油阀的开启或关闭,把水抽入泵内并排出到地面。

(4)泵下附件,包括筛管、井下气水分离器,起除砂和分离水中气体的作用,使泵正常工作。

(5)井口装置,包括密封盒、出油阀门、出水阀门和出气阀门等控制设备。

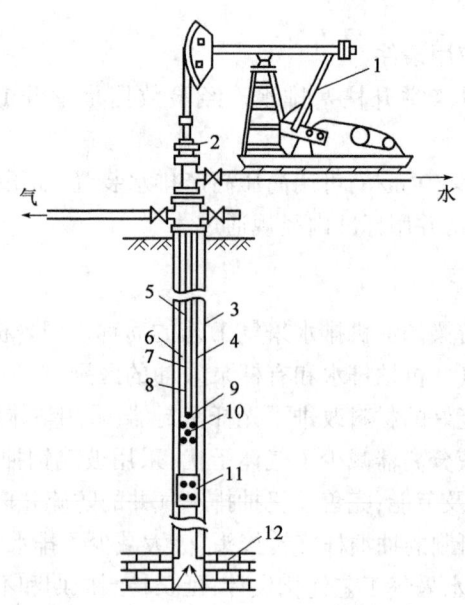

图 3-50 抽油机排水采气工艺及结构
1—抽油机;2—密封盒;3—套管;4—油管;5—抽油杆;6—阀罩;7—上游动阀;8—柱塞;9—下游动阀;10—固定阀;11—井下气水分离器;12—气层

3. 工艺流程

气井排水采气的工艺流程包括油管内排水的流程和油管环形空间采气的流程。它与采油的不同点在于油田是油管采油,气井是油管排水,油套管环形空间采气。

油管排水的流程是:产层水由井下分离器经过分离将气排到油套管环空,将水排到软密封深井泵。地面抽油机连接抽油杆和柱塞。由于抽油机抽吸使水通过油管、油管头、高压三通、油管出口管线到地面排液计量池。

气井采气的流程是:从井下分离器和地层排出的气水混合物经过油套管环空、大四通、高压输气管线进入地面气水分离器。如果压力不够,必须加压将分离后的气输送到干线和用户,分离出的水进入排污池。

4. 抽油机排水采气应注意的问题

(1)气井停产前有一定压力的产气量,产水量一般在 30~50 m³/d,气井水淹后静液面足够高,抽油机的负荷能力能下到静液面以下 300~500 m。

(2)下泵深度要保证抽水时造成一定的生产压差,能诱导气流入井。

(3)泵下部管串长度要适当,过长则流动阻力大,过短则气易串入泵内。

(4)气井的井斜小于 3°,井斜大,抽油杆磨损严重,使用寿命短。

(5)应选用抗地层盐水、抗硫化氢腐蚀的油管、抽油杆、深井泵。

(五)电动潜油泵排水采气工艺

电动潜油(水)离心泵,简称电潜泵,具有排水量大、自动控制、管理简便、增产效果显著等优点,在国外已得到广泛使用,在国内油田(如大庆油田、胜利油田、华北油田等)也已成为排水采油的主要手段,气田上也开始用于排水采气。应用电潜泵排水采气与应用电潜泵采油不同,一般要求选择耐高温、高压,抗盐水腐蚀,电力电缆气蚀性能好,气水分离器分离效率高的变频控制器控制的电潜泵机组才能获得好的效果。对含 H_2S、CO 的气井,对井下装置的抗蚀要求高。电潜泵机组排水采气工艺及结构如图 3-51 所示。

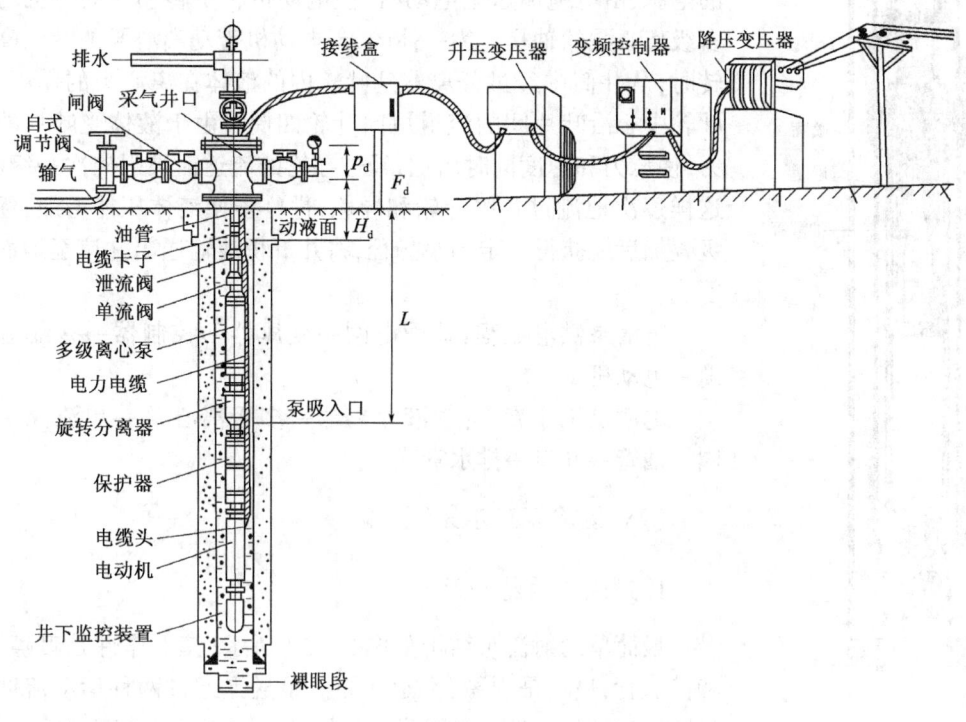

图 3-51 电潜泵排水采气工艺及结构

1. 电潜泵机组的组成

电潜泵机组由井下、地面和电力传送三部分组成。井下部分主要有多级离心泵、气液分离器、潜油(水)电动机、保护器和井下监控装置;地面部分主要有变压器、变频控制器、接线盒及井口装置;电力传送部分是电缆。井下电动机、保护器、分离器、多级离心泵用法兰连接,其中轴用花键套连接。

(1)多级离心泵,由多级叶轮和导轮组成,分数节串联,相邻两节泵的泵壳用法兰连接,轴用花键套连接。

(2)气液分离器,主要有沉降式和旋转式两种。接在泵的入口下面,作用是使气体和液体分离。

(3)潜油(水)电动机,细长形悬挂式,定子和转子亦分数节,每节定子都固定在电动机壳上,转子靠定位卡簧固定在轴上。电动机内充满专用润滑油。

(4)保护器,用来补偿电动机内润滑油的损失,平衡电动机内外压力,防止井液进入电动机,并承受泵的轴向载荷。

(5)变压器,与普通电力变压器原理相同,将电网电压(6kV)转变为潜油(水)电动机所需电压及照明和控制等系统电压。

(6)变频控制器,用于自动控制电潜泵的启动、停机及电动机和电缆系统的自动保护。

(7)井下电缆,有圆形和扁形两种,作用是将地面电能输送给井下电动机,要求抗腐蚀性能和耐温耐压性能好,并有较高的机械强度。

2.电潜泵工作原理

当控制器开关推到开(合闸)的位置后,地面电网输来经过变压的电源,由电缆传送至电动机,使电动机转子转动。电动机的轴与多级离心泵的轴是连为一体的,当电动机带动离心泵的叶轮高速旋转时,从井筒中经过分离器到叶轮内的液体在离心力的作用下,从叶轮中心沿叶片间的流道甩向叶轮四周。由于液体受叶片的作用力,使压力和速度同时增加,经过导轮的流道而被引向次一级叶轮。这样逐次地流过各级叶轮和导轮,进一步使液体压能增加,逐个泵级叠加后就获得一定的泵扬程,将井下积液输送出井口至地面输水管线。

电潜泵供电流程:地面电网→变压器→控制器→接线盒→电缆→电动机。

电潜泵工作流程:气液分离器→多级离心泵→单流阀→泄流阀→油管→井口→排水管线。

(六)射流泵排水采气工艺

1.射流泵的结构及原理

最简单的射流泵结构如图3-52所示,其工作件是喷嘴、喉道和扩散管,喷嘴是引擎,喉道是泵。泵送是通过两种运动流体的能量转换达到的。地面泵提供的高压动力流体通过喷嘴把其位能(压力)转换成高速流束的动能。喷射流体将其周围的井液从汇集室吸入喉道而充分混合。喉道是一入口很平滑的直圆柱孔眼,其直径大

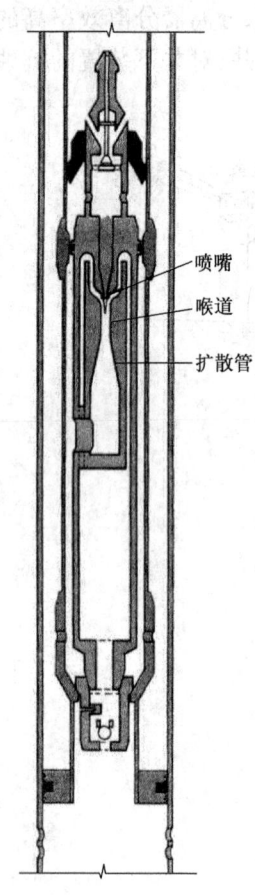

图3-52 射流泵结构

于喷嘴直径,这样才能使动力液周围的井液进入喉道。在喉道中混合时,动力液把动量转给产液而增大产液的能量。在喉道的末端,两种完全混合的流体仍能具有很高的流速(动能),此时它们进入一扩散管,通过流速降低而把部分动能转换成压能,流体获得的这一压力足以把泵从井下返出到地面。

2.射流泵装备

1)井下系统

井下装置用来连接地面设备和井下生产设备,它为动力液和产出流体流入流出井下泵提供必要的通路。流体通路和需用设备的布置由所用井下装置的类型来决定。射流泵井下装置一般分为固定型井下装置和自由型井下装置两类。

(1)固定型井下装置,其井下泵固定安装在油管串下部,检泵时必须起下油管。这种井下装置有插入式和套管式两类。

(2)自由型井下装置,其井下泵可以从油管内泵入或泵出,检泵时不必起、下油管,现在一般都使用这种自由泵型。这种井下装置又有平行双管式和套管式(标准套管式和气体排出式)两类。四川气田使用的是标准套管式。

2)地面系统

射流泵地面系统的作用是分离产出流体作为动力液;除去动力液中的游离气和固体;加入化学剂处理动力液;在足够的压力下循环动力液,操作井下射流泵。射流泵地面系统中有中心站系统和独立井场动力站系统两类。中心站系统用于海上平台或井比较密集的地区,而对于那些边远地区或井距较大的井,最好采用独立井场动力站系统。

独立井场动力站系统由地面动力装置和地面净化装置组成,设备主要包括多缸泵、电动机或天然气发动机、动力液罐、气液分离器、旋风分离器。根据地面设备的大小,地面动力装置和地面净化装置可以整体撬装,也可分开撬装。

3. 水力射流泵使用注意事项

(1)做好优化设计,选择合理的喷嘴和喉道组合,防止气蚀,提高泵效。

(2)对于结垢或有腐蚀的井,应向动力液中加入防垢剂、防腐剂,使井下射流泵和地面动力泵能长期有效正常地工作。

(3)停机时,井下泵不能长久停留于井内,以免发生堵塞等意外情况。

三、排水采气工艺对比及选择

对给定的一口产水气井,选择何种排水采气方法,需要进行不同排水采气方式技术经济指标论证。排水采气方法对井的开采条件有一定要求,如果不注意地质、开采及环境因素的敏感性,就会降低排水采气装置的效率,甚至失败。因此,除了井的动态参数外,其他开采条件,如产出流体性质、出砂、结垢等也是考虑的重要因素。而最终考虑因素是经济投入。必须进行综合、对比分析,最后确定采用何种排水采气工艺。排水采气工艺技术的特点、适应性及效果见表3-14。

表3-14 排水采气工艺技术的特点、适应性及效果

序号	工艺类别	工艺原理	技术特点	适应条件
1	优选管柱排水	通过优选油管管径来提高气流带水能力,排出井底积液	关键技术确定临界流量与临界流速的设计方法已获成功:建立和研制了求解气井井筒连续排液合理管柱、天然气偏差系数、多相垂直管流数学模型、软件和诺模图,从而优化了设计和生产方式	如0.3mm、SM-80S油管,安全系数取1.4条件下,最大井深不超过4800m,最大排液量不超过100m³/d;适用于有一定自喷能力的小产水量气井
2	泡沫排水	从井口加入起泡剂,使井下液体变为轻质泡沫,在气流搅动下带出地面	关键技术起泡剂的研制已获成功: (1) 非含硫气井,8001~8003配方; (2) 含硫气井,84-S配方; (3) 产凝析油井,8001(b)配方; (4) 气水井快速排液,PB泡棒; (5) 泡排一酸液解堵,SB酸棒; (6) 起泡减堵,JY滑棒	井深不超过3500m,井底温度不高于120℃,产液量不超过100m³/d;适用于弱喷及间喷产水井

续表

序号	工艺类别	工艺原理	技术特点	适应条件
3	气举排水 连续气举	通过气举阀，从地面将高压天然气注入停喷井中，利用气体的能量举升井筒中液体，使井恢复生产能力	关键技术气举设备和优化设计已获成功： (1) 偏心筒、投捞式气举阀、技捞工具； (2) 气举阀的研制实现国产化； (3) 气举调试车的应用； (4) 连续气举优化设计软件，采用计算机优化设计施工	举升高度不超过3500m，最大排液不超过400m³/d；适合于水淹井复产，大产水量气井助喷及气藏强排水
	气举排水 间歇（柱塞）气举	将柱塞作为气液之间的机械界面，依靠气井原有的气体压力，使活塞在油管内上、下移动，将井内液体带出	关键技术柱塞气举装置和优化设计已获成功： (1) 井口控制装置，可全自动化也可半自动化； (2) 柱塞气举装置已全部国产化和系列化； (3) 柱塞气举优化设计软件	举升高度不超过2050m，最大排量不超过50m³/d，液态腔含量不大于30%，矿化度不大于50000mg/m³，H_2S含量超23g/m³，CO_2含量不超过86g/m³；适合于小产水量间歇自喷井的排水
4	机抽排水	由抽油机带动油管内抽油杆下的柱塞不停作往复运动，通过安装在柱塞和泵筒内阀的开与关，从而将井筒内液体从油管排出地面	关键技术加深泵挂，延长检泵周期已获成功： (1) 研制相应井口装置，提高其工作压力； (2) 采用整体泵筒和高效井下气水分离器，减少泵漏失和气体干扰，提高泵效； (3) 玻璃钢抽油杆成功应用； (4) 对出砂井采用防砂管柱； (5) 机抽排水采气工艺优化设计软件	泵挂不超过2400m，最大排量不大于70m³/d，CO_2含量小于115g/m³，H_2S含量小于28g/m³，地层温度不超过120℃；适用于水淹井复产、间喷井及低压小产水量气井排水
5	电潜泵排水	采用随油管一起下入井底的多级离心泵装置，将水淹气井中的积液从油管中迅速排出	关键在于成套机组选型要与储层和流体性能相匹配，为此： (1) 选用质量好、耐温等级适合、抗腐蚀强的变频机组代替定频机组； (2) 电缆的改进：选用耐温等级高、隔极式电缆或铅封电缆； (3) 选用高效气体处理器； (4) 对选井、设计、选机组、施工、生产管理进行系统完善、配套	最大泵挂深度不超过3500m，最大排液量不超过800m³/d，适用于水淹井复产或气藏强排水
6	射流泵排水	地面泵提供的高压动力液体通过喷嘴，使井液吸入喉道，经混合进入扩散管，通过流速降低获得压力将井液排出地面	引进射流泵装置，结合排水采气特点，对井下射流泵组和井口捕捉器等进行改进，试制出国产射流泵地面系统	井底流压不低于6.0MPa，井下温度不超过120℃，最大泵挂深度不超过3000m，最大排液量不超过300m³/d，气中H_2S含量不大于100g/m³，水的矿化度不大于50000mg/m³，适用于水淹井复产

复习思考题

1. 气井在什么时候要用到排水采气工艺？
2. 简述排水采气工艺的类型。
3. 简述各排水采气工艺的基本原理、特点。
4. 根据现场的气井生产状况，应当如何选择排水采气工艺？

任务实施

任务一 绘制并讲解排水采气工艺流程图

一、学习目标

绘制并讲解排水采气工艺流程图。

二、准备工作

(1) 工具、材料准备：A4纸、尺子、铅笔；
(2) 人员准备：按照要求穿戴劳动保护用品。

三、操作步骤

1. 准备工作

劳动防护用品准备齐全，穿戴整齐，工具、用具、材料准备齐全。

2. 基础知识

各排水采气工艺流程及设备。

3. 标注图名

在图最上方填写所需绘图标准名称。

4. 绘制流程图

分别绘制气举、泡沫、柱塞、电潜泵、机抽排水采气工艺流程图。

5. 工艺说明

根据绘制流程图分别讲解气举、泡沫、柱塞、电潜泵、机抽排水采气工艺流程。

6. 清理场地

收拾工具，清理现场。

7. 安全文明生产

安全文明操作，在规定时间内完成。

四、技术要求

(1) 在规定时间20min内完成，到时停止操作；

(2)图幅布局合理、对称、美观线条粗细一致,图纸整洁、清晰。

任务二 水淹停喷井气举操作

一、学习目标

熟悉水淹停喷井的生产流程,掌握水淹停喷井的气举操作方法。

二、准备工作

(1)设备准备:气举排水采气井口;

(2)工具、材料准备:套管操作阀1套、300mm活动扳手、250mm活动扳手、200mm活动扳手、1200mm管钳、900mm管钳、600mm管钳、梅花套圈(筒)扳手、250mm平口螺丝刀、75mm平口螺丝刀、十字螺丝刀、黄油;

(3)人员准备:按照要求穿戴劳动保护用品。

三、操作步骤

1. 准备工作

劳动防护用品准备齐全,穿戴整齐,工具、用具、材料准备齐全。

2. 基础知识

气举排水采气井口装置及流程。

3. 风险防范

(1)中毒窒息:远离放空口、法兰连接处、容器人孔法兰;
(2)磕碰伤:保持井场平整无杂物,及时清除冰雪,防止滑倒摔伤;
(3)压力介质伤人:操作时人站侧面,防止压力介质刺伤;
(4)物体打击:开关阀门人站侧面,防止零部件脱出伤人。

4. 具体操作过程

(1)气举阀下入水淹井内;
(2)打开气举管线控制阀;
(3)打开返出生产管线控制阀;
(4)启动增压机向套管注气;
(5)待井下气阀开启后,开油管放空阀排液至储罐(池);
(6)与单位(用户)联系生产时间;
(7)打开油管生产阀门;
(8)关闭油管放空阀,输气生产;
(9)缓慢打开分离器排污阀排水;
(10)启动流量表进行计量(按开表操作规定执行);
(11)详细做好相应的记录。

5. 清理场地

收拾工具,清理现场,填写资料。

6. 安全文明生产

安全文明操作,在规定时间内完成。

四、技术要求

(1)启动增压机向井内注气,油压逐步上升至 1~2MPa 时,便可开油管放空阀排水,并观察放空管口的排水量,由大变小,见有气体喷势增大并连续不断时,便可转入输气生产。

(2)打开油管排液控制阀时,做到缓慢操作,专人负责,防止喷势猛烈而造成环境污染。

任务三　气举井停举关井操作

一、学习目标

熟悉气举井生产流程,掌握气举井停举关井操作方法。

二、准备工作

(1)设备准备:气举排水采气井口;

(2)工具、材料准备:套管操作阀 1 套、300mm 活动扳手、250mm 活动扳手、200mm 活动扳手、1200mm 管钳、900mm 管钳、600mm 管钳、梅花套圈(筒)扳手、250mm 平口螺丝刀、75mm 平口螺丝刀、十字螺丝刀、黄油;

(3)人员准备:按照要求穿戴劳动保护用品。

三、操作步骤

1. 准备工作

劳动防护用品准备齐全,穿戴整齐,工具、用具、材料准备齐全。

2. 基础知识

气举排水采气井口装置及流程。

3. 风险防范

(1)中毒窒息:远离放空口、法兰连接处、容器人孔法兰;

(2)磕碰伤:保持井场平整无杂物,及时清除冰雪,防止滑倒摔伤;

(3)压力介质伤人:操作时人站侧面,防止压力介质刺伤;

(4)物体打击:开关阀门人站侧面,防止零部件脱出伤人。

4. 具体操作过程

(1)与单位(用户)联系关井时间;

(2)关闭气举气源井(或增压机组);

(3)关闭被注气井生产阀门;
(4)停气举管线上的流量表;
(5)气举管线压力降至常压;
(6)停被举气井流量表。

5. 清理场地

收拾工具,清理现场,填写资料。

6. 安全文明生产

安全文明操作,在规定时间内完成。

四、技术要求

(1)生产时气水比较大的气举井,可以在停举的同时关井或先关井后停举,总之保持被举气井的油管有较高压力,对下一次气举有利,否则井下液柱上升再次气举时有一定困难。

(2)对于短时间关井停举的气井,可以不泄气举管线的压力。

任务四 间歇生产井气举操作

一、学习目标

熟悉间歇生产井的生产规律,熟练进行间隙生产井气举操作。

二、准备工作

(1)设备准备:间歇气举排水采气井口;

(2)工具、材料准备:套管操作阀1套、300mm活动扳手、250mm活动扳手、200mm活动扳手、1200mm管钳、900mm管钳、600mm管钳、特制专用套圈固定扳手、250mm平口螺丝刀、75mm平口螺丝刀、十字螺丝刀、长毛钢丝刷、生料带、黄油;

(3)人员准备:按照要求穿戴劳动保护用品。

三、操作步骤

1. 准备工作

劳动防护用品准备齐全,穿戴整齐,工具、用具、材料准备齐全。

2. 基础知识

间歇气举排水采气井口装置及流程。

3. 风险防范

(1)中毒窒息:远离放空口、法兰连接处、容器人孔法兰;
(2)磕碰伤:保持井场平整无杂物,及时清除冰雪,防止滑倒摔伤;
(3)压力介质伤人:操作时人站侧面,防止压力介质刺伤;
(4)物体打击:开关阀门人站侧面,防止零部件脱出伤人。

4. 具体操作过程

(1)关闭被举井的流量表；

(2)缓慢打开气源井输气(或启动增压机组,启动增压机应按相关操作规程执行)；

(3)缓慢打开被举井套管阀门；

(4)开被举气井总阀门、生产阀门、节流阀；

(5)观察油管和套管压力变化；

(6)开气举管线上的流量表；

(7)分离器排水；

(8)启动被举气井流量表；

(9)详细填写记录。

5. 清理场地

收拾工具,清理现场,填写资料。

6. 安全文明生产

安全文明操作,在规定时间内完成。

四、技术要求

(1)要求气源井的压力(或增压机组的出口压力)要高于被举气井压力的1.5~2倍。一般都是采用就地较高压力的气井进行气举作业,如果无条件可采用增压机组气举采气。

(2)打开气源井(或增压机组出口)输气时,待气举管线压力上升到高于被举气井压力后,才能打开井口套管阀门,使高压气灌入套管。

(3)被举气井压力上升到规定压力时,才能打开总阀门、生产阀门。用井口节流阀进行压力控制和气量的调节,同时观察油、套管压力变化,听井口节流阀处的流体流动声,进一步判断井内出水情况。

(4)随着井底水的排出,气井本身可能开始产气,根据产量的增加,逐步关小或关闭气举量(是否产气,可从两计量表相减判断)。

(5)流量表的启动是在气举和排水产气比较稳定后才能打开,否则容易损坏流量表。

(6)每次气举必须认真填写记录、报表,必要时还可绘出气举排水曲线,以便分析研究,关好气井。

(7)停止气举关井时,应先关气源井(或增压机组),后关被举气井,利用管线余压将分离器内的液体排尽,然后关出气口管线总阀,停流量表。

任务五　泵注发泡剂操作

一、学习目标

了解发泡剂的作用、种类,正确加注发泡剂。

二、准备工作

(1)设备准备:间歇气举排水采气井口；

(2) 工具、材料准备：套管操作阀 1 套、300mm 活动扳手、250mm 活动扳手、200mm 活动扳手、1200mm 管钳、900mm 管钳、600mm 管钳、特制专用套圈固定扳手、250mm、75mm 平口螺丝刀、十字螺丝刀、长毛钢丝刷、生料带、8001 型或 8002 型发泡剂、黄油、柴油。

(3) 人员准备：按照要求穿戴劳动保护用品。

三、操作步骤

1. 准备工作

劳动防护用品准备齐全，穿戴整齐，工具、用具、材料准备齐全。

2. 基础知识

泡沫排水采气井口装置及流程。

3. 风险防范

(1) 中毒窒息：远离放空口、法兰连接处、容器人孔法兰；

(2) 磕碰伤：保持井场平整无杂物，及时清除冰雪，防止滑倒摔伤；

(3) 压力介质伤人：操作时人站侧面，防止压力介质刺伤；

(4) 物体打击：开关阀门人站侧面，防止零部件脱出伤人。

4. 具体操作过程

(1) 安装机泵至井口套管的高压注入管线；

(2) 检查注入系统上各阀门和压力表等，要求完好、正常；

(3) 检查机泵及进出口阀门、压力表等，要求完好、正常，其润滑油符合要求；

(4) 按比例和需要量配制发泡剂并倒入与泵配套的容器内；

(5) 启动机泵（按机泵操作规程执行）；

(6) 全开通路各阀门；

(7) 观察压力，并确保其在正常范围内；

(8) 发泡剂注完，关闭储罐上的出口阀；

(9) 停泵（按机泵操作规程执行）；

(10) 关闭井口套管阀门和其他有关阀门；

(11) 拆除高压管线和机泵；

(12) 将机泵用棉纱擦净后再用篷布罩上。

5. 清理场地

收拾工具，清理现场，填写资料。

6. 安全文明生产

安全文明操作，在规定时间内完成。

四、技术要求

药剂配兑的比例和浓度，以实验室提供的气井分析数据为依据，结合井口的实际情况先做试验，通过逐步调整后得到。

项目十　气井生产流程操作

任务一　气井开井操作

一、学习目标

气井开井操作方法。

二、准备工作

(1)设备准备:采气井口及流程;
(2)工具、材料准备:500mm 铜质 F 扳手、验漏工具、防爆对讲机、气体检测仪;
(3)人员准备:按照要求穿戴劳动保护用品。

三、操作步骤

1. 准备工作

劳动防护用品准备齐全,穿戴整齐,工具、用具、材料准备齐全。

2. 基础知识

采气集气流程及设备。

3. 风险防范

(1)磕碰伤:保持井场平整无杂物,及时清除冰雪,防止滑倒摔伤;
(2)压力介质伤人:操作时人站侧面,防止压力介质刺伤;
(3)物体打击:开关阀门人站侧面,防止零部件脱出伤人。

4. 开井前联系

记录并执行有关开井的调度指令;与相关单位取得联系,说明开井井号、时间、气量,并做好记录。

5. 开井前检查

(1)记录井号、开井时间、开井前油压、套压、开井人;
(2)检查仪器仪表、设备流程齐全完好,手动投用井口紧急切断阀;
(3)关闭相关放空阀门、排污阀;
(4)检查并开启安全阀、仪器仪表的控制阀门。

6. 切换流程

(1)全开计量分离器液位计上、下流阀门,做好计量准备工作;
(2)缓慢打开计量分离器气相出口阀门,对容器进行充压,待压力稳定后,缓慢打开计量分离器气相进口阀门;
(3)待压力平稳后进行初次验漏。

7. 开井

(1)检查无渗漏后与中控室取得联系做好开井准备；

(2)"从内到外"缓慢打开采气树生产阀门；

(3)缓慢打开井口生产节流阀,缓慢打开该井进站阀门；

(4)注意观察各点参数,并与处理站中控室联系,按要求控制好参数、产量并进行二次验漏；

(5)参数控制平稳后井口紧急切断阀投用为自动控制状态；

(6)生产正常后记录井口油压、套压、井温、开井时间。

8. 清理场地

收拾材料、工用具,清理现场,填写报表。

9. 安全文明生产

安全文明操作,在规定时间内完成。

四、技术要求

(1)在规定时间 30min 内完成,到时停止操作；

(2)注意开关阀门的顺序,禁止正对阀门操作。

任务二　气井关井操作

一、学习目标

气井关井操作方法。

二、准备工作

(1)设备准备:采气井口及流程；

(2)工具、材料准备:500mm 铜质 F 扳手、验漏工具、防爆对讲机、气体检测仪；

(3)人员准备:按照要求穿戴劳动保护用品。

三、操作步骤

1. 准备工作

劳动防护用品准备齐全,穿戴整齐,工具、用具、材料准备齐全。

2. 基础知识

采气集气流程及设备。

3. 风险防范

(1)磕碰伤:保持井场平整无杂物,及时清除冰雪,防止滑倒摔伤；

(2)压力介质伤人:操作时人站侧面,防止压力介质刺伤；

(3)物体打击:开关阀门人站侧面,防止零部件脱出伤人。

4. 开井前联系

记录并执行有关开井的调度指令;与相关单位取得联系,说明开井井号、时间、气量,并做好记录。

5. 关井前准备

(1)记录并执行有关关井的调度指令并与相关单位取得联系;

(2)记录关井井号、关井时间、关井原因、关井前井口油、套压力等有关资料;

(3)与中控室联系注意观察与调整处理站各项参数。

6. 关井

(1)紧急切断阀由自动改为手动打开状态;

(2)关闭井口生产节流阀,关采气树生产阀门,挂"严禁开启"警示牌;

(3)冬季关井超过12h,需把气井至处理站管线压力放至1MPa以下;

(4)关该井进站阀门;

(5)记录关井后的油、套压力,并确认关井流程正确。

7. 清理场地

收拾材料、工用具,清理现场,填写报表。

8. 安全文明生产

安全文明操作,在规定时间内完成。

四、技术要求

(1)在规定时间30min内完成,到时停止操作;

(2)注意开关阀门的顺序,禁止正对阀门操作。

任务三 天然气常规放空操作

一、学习目标

天然气常规放空操作方法。

二、准备工作

(1)设备准备:采气井口、处理站;

(2)工具、材料准备:300mmF扳手、对讲机、点火器;

(3)人员准备:按照要求穿戴劳动保护用品。

三、操作步骤

1. 准备工作

劳动防护用品准备齐全,穿戴整齐,工具、用具、材料准备齐全。

2. 基础知识

采气集气流程及设备。

3. 风险防范

(1)灼烫：按操作规程操作，及按要求做好检测、检修、维护、保养等工作，避免高温介质刺漏，挂警示标志，避免触碰高温部位；

(2)压力介质伤人：操作时人站侧面，防止压力介质刺伤；

(3)火灾、爆炸：按操作规程操作，及按要求做好检测、检修、维护、保养等工作，避免泄漏，严禁携带火种进入易燃易爆场所，控制好流速，做好静电释放。

4. 放空前准备

与相关单位部门联系，说明放空原因和时间，并做好记录。在紧急情况下，可先放空，后联系。

5. 井场放空

(1)关闭采气树节流阀、生产阀门；

(2)关闭需放空采气管线进站阀门；

(3)点燃放空口火种，缓慢打开手动放空节流阀，控制好放空速度；

(4)放空完毕，关闭放空阀门。

6. 站区放空

(1)所有来气井关井停产，关闭来气井进站阀门；

(2)停止注醇，停止热煤炉，全开热煤炉大循环阀门；

(3)关闭节流区节流阀及前端控制阀；

(4)排空高压区容器内液相后，关闭液相控制阀；

(5)缓慢打开节流前手动放空阀，进行高压区放空，控制好放空速度；

(6)关外输区外输总阀，同时打开节流区节流阀后手动放空阀，控制好放空速度；

(7)放空完毕，关闭放空节流阀。

7. 清理场地

收拾材料、工用具，清理现场，按要求填写报表。

8. 安全文明生产

安全文明操作，在规定时间内完成。

四、技术要求

(1)在规定时间 20min 内完成，到时停止操作；

(2)注意先点火后开气，防止闪爆。

任务四　气井排液操作

一、学习目标

气井排液操作方法。

二、准备工作

(1) 设备准备:采气井口工艺设备、计量分离器;
(2) 工具、材料准备:火种、警戒线、500mm 铜质 F 扳手、风向标、防爆照明工具、防爆对讲机、四合一检测仪;
(3) 人员准备:按照要求穿戴劳动保护用品。

三、操作步骤

1. 准备工作

劳动防护用品准备齐全,穿戴整齐,工具、用具、材料准备齐全。

2. 基础知识

外排与内排流程。

3. 风险防范

(1) 磕碰伤:持井场平整无杂物,及时清除冰雪,防止滑倒摔伤;
(2) 压力介质伤人:操作时人站侧面,防止压力介质伤人;
(3) 物体打击:开关阀门人站侧面,防止零部件脱出伤人;
(4) 超压憋压:流程检查,严密观察和控制系统压力,一人操作一人确认;
(5) 气液互窜:严密观察、控制分离器压力和液位;
(6) 假液位:按时巡检,加强远传和就地显示数值比对,定期清洗液位计;
(7) 烧伤:放喷前确认放喷管线出口无人员,点火前必须检查放喷池的放空管线无气体泄漏,并进行可燃气体检测。

4. 外排操作

1) 外排前检查、准备工作

(1) 接到排液指令后,做好记录(井号、原因、时间、油套压、温度、指令人);
(2) 检查设备、仪表齐全完好、流程正确、无渗漏;
(3) 放空阀、排污阀处于关闭状态;
(4) 安全阀、液位计、压力表的控制阀处于开启状态;
(5) 清理周围现场,无可燃物、易燃物,安装风向标,拉警戒线。

2) 切换流程

(1) 关闭采气树井口生产节流阀、生产阀门;
(2) 处理站人员根据生产需要调节各点参数。

3) 点火外排

(1) 人站上风处,点燃外排放喷管线口火种;
(2) 确认放喷外排管线口 30m 内无人、无可燃物,依次缓慢打开采气树外排阀门;
(3) 根据外排方案的参数控制要求,缓慢打开采气树外排节流阀;
(4) 按外排方案要求控制好外排过程中的各点参数,记录外排流量、液量、套压、油压、温度、时间等参数。

4)外排结束

(1)达到外排方案要求后,关闭采气树外排节流阀;
(2)关闭采气树外排阀门,熄灭外排放喷管线口火种;
(3)需关井复压,挂好关井指示牌;
(4)无需关井复压,按气井开井操作规程进行开井生产。

5. 内排操作

1)内排前检查、准备工作

(1)接到排液指令后,记录内排的井号、时间、油压、套压、温度、指令人;
(2)检查设备、仪表齐全完好、流程正确,无渗漏;
(3)放空阀、排污阀处于关闭状态;
(4)安全阀、液位计、压力表的控制阀处于开启状态;
(5)各级节流前、流量计前有专人看压力、温度、天然气流量、液体排量。

2)切换流程

(1)确定排液井号,缓开计量管汇上该井对应阀门,缓慢关闭该井生产汇管阀门,同时观察进站压力;
(2)观察计量分离器压力及液位变化情况。

3)内排操作

(1)将采气树生产节流阀(或集气站水套炉二级节流阀)缓慢开大;
(2)观察计量分离器压力、产量及液位变化情况;
(3)各级节流压力、温度按排液方案要求及时调整;
(4)按排液方案要求调整气量在规定范围之内。

4)内排结束

达到排液方案要求后,调节各级节流阀,将参数控制在规定范围内。

6. 清理场地

收拾材料、工用具,清理现场,按要求填写报表。

7. 安全文明生产

安全文明操作,在规定时间内完成。

四、技术要求

(1)在规定时间60min内完成,到时停止操作;
(2)倒流程时,注意阀门的开关顺序;
(3)放喷外排管线口要求30m内无人、无可燃物。

任务五 集气管线破裂应急处置

一、学习目标

集气管线破裂应急处置方法。

二、准备工作

(1)工具、材料准备：警戒带、四合一检测仪、正压式呼吸器、防爆管钳、耐油橡胶隔离球、氮气、电焊机、超声波探伤仪、铁锹、与集气管线等径的钢管、与集气管线等径的圆弧板、石棉布、二氧化碳灭火器；

(2)人员准备：按照要求穿戴劳动保护用品。

三、操作步骤

1. 准备工作

劳动防护用品准备齐全，穿戴整齐，工具、用具、材料准备齐全。

2. 基础知识

集气管线破裂应急处置程序。

3. 风险防范

(1)中毒和窒息：按操作规程操作，及按要求做好检测、检修、维护、保养等工作，避免有毒有害物质泄漏，对有毒物操作时，按要求做好防护(如对甲醇作业时佩戴防护手套、护目镜、口罩)；

(2)压力介质伤人：侧身操作高压介质阀门，按操作规程操作，及按要求做好检测、检修、维护、保养等工作，避免压力介质刺出；

(3)火灾、爆炸：按操作规程操作，及按要求做好检测、检修、维护、保养等工作，避免泄漏，严禁携带火种进入易燃易爆场所。

4. 上报

通知属地主管、厂生产运行科值班室。

5. 站区放空

(1)关闭需要更换管段两端的天然气输气站阀门；

(2)排放更换管段区间的天然气，排放时天然气应点火燃烧，并注意集气管线内应有少量余气，当放空管处于较高位置，在天然气火焰高约1m，压力200~800Pa时关闭放空阀，若处于较低位置，在火焰熄灭时应关闭放空阀。

6. 应急处置

(1)在更换管段两端约5m处切割隔离球孔(一般管径为500mm以上时，孔径为ϕ150~200mm；管径为250~400mm时，孔径为ϕ100~150mm)；

(2)当隔离球孔割开并冷却之后，迅速将隔离球塞入管内(为防止隔离球破裂后天然气爆炸炸伤人，可向隔离球孔再置入一个隔离球，在两球之间的集气管线预先割出一个小孔，注意将两球间天然气引出烧掉，并用湿润石棉布压紧)；

(3)用氮气置换两隔离球之间管段内的天然气；

(4)检查操作坑内无天然气后(用测爆仪检查)，确认无余气后，切割和更换管段；

(5)当集气管线更换完毕之后，放掉隔离球内气体，取出隔离球，然后在隔离球孔上焊接一块与集气管线等径的圆弧板，并加焊一层外加强圈；

(6)焊接中为防止天然气爆炸,应先将处于地形低处的隔离球取出,并用石棉布盖住孔口,然后取出高处的隔离球,也用石棉布盖住孔口,有条件时最好注入惰性气体后再进行焊接。

7. 探伤试压

(1)对全部焊口进行超声波探伤检查,然后通气试压,无渗漏为合格;

(2)对更换后的管段进行防腐保温处理。

8. 恢复输气

恢复流程,恢复正常输气。

9. 清理场地

收拾材料、工用具,清理现场,按要求填写报表。

10. 安全文明生产

安全文明操作,在规定时间内完成。

四、技术要求

(1)在规定时间 20min 内完成,到时停止操作;

(2)注意切割和更换管段操作前,检查坑内有无天然气,防止闪爆。

任务六 采气工艺常见故障判断及处理

一、学习目标

采气工艺常见故障判断及处理。

二、准备工作

(1)材料准备:采气工艺常见故障判断及处理材料;

(2)人员准备:按照要求穿戴劳动保护用品。

三、操作步骤

1. 准备工作

劳动防护用品准备齐全,穿戴整齐,材料准备齐全。

2. 基础知识

采气工艺常见故障判断及处理。

3. 检查工作

仔细审查所提供的题目。

4. 故障原因分析判断

正确分析故障原因、判断故障。

5. 故障处理

提出故障处理方法和建议。

6. 清理场地

收拾工具,清理现场,填报资料。

7. 安全文明生产

安全文明操作,在规定时间内完成。

四、技术要求

(1)在规定时间 30min 内完成,到时停止操作;
(2)处理措施按 HSE 作业文件规定正确处理事故。

五、故障判断与处理

1. 故障一:×号井井口生产节流阀发生冻堵

(1)故障:油压上升,套压不变,井口温度下降,井口压力下降,一级节流前后、二级节流前压力下降,节流后压力不变(注意流量)。

(2)应急处理措施:无。

(3)分析参数异常的原因及故障处理方法。

原因分析:井口生产节流阀发生冻堵,憋压导致油压上升,井口压力降低,生产节流阀前后压差增大,导致井口温度下降。

处理方法:投用加热设备对生产节流阀进行解冻。

2. 故障二:单井至一级节流前管线、阀门发生冻堵

(1)故障:油压上升,套压不变,井口温度不变,井口压力上升,一级节流前后、二级节流前压力下降,节流后压力不变(注意流量)。

(2)应急处理措施:无。

(3)分析参数异常的原因及故障处理方法。

原因分析:单井至一级节流前管线、阀门发生冻堵,导致油压、井口压力上升,节流前压力降低,压差增大。

处理方法:查找冻堵部位,投用加热设备对冻堵部位进行解冻。

3. 故障三:单井紧急切断阀或进集气站紧急切断阀误动作

(1)故障:油压快速上升至与套压相同,井口温度不变,井口压力与油压相同,一级节流前后、二级节流前压力下降,节流后压力不变,如正在计量则瞬时流量为0(注意流量)。

(2)应急处理措施:无。

(3)分析参数异常的原因及故障处理方法。

原因分析:单井紧急切断阀或进集气站紧急切断阀误动作。

处理方法:查找误动作紧急切断阀,手动打开投用。

4. 故障四:一级节流阀冻堵

(1)故障:一级节流前所有压力慢慢升高,一级节流后压力下降,二级节流前压力下降,节

流后压力不变(注意流量)。

(2)应急处理措施:调整一级节流阀开度。

(3)分析参数异常的原因及故障处理方法。

原因分析:一级节流阀冻堵。

处理方法:提高炉温,采取加热措施对一级节流阀进行解冻。

5.故障五:二级节流阀冻堵

(1)故障:二级节流前所有压力慢慢升高(先升一级节流后即二级节流前压力,等与一级节流前压力一致时,整体升高;注意流量)。

(2)应急处理措施:调整二级节流阀开度。

(3)分析参数异常的原因及故障处理方法。

原因分析:二级节流阀冻堵。

处理方法:提高炉温,采取加热措施对二级节流阀进行解冻。

情境四　天然气处理操作

　　天然气净化工艺已经历了近70年的发展历程。在为数众多的净化工艺之中,脱硫是核心,其次是脱水。尽管对某些气田采出的天然气而言,必须先脱除部分氨气,但此类工艺应用甚少。为达到气质标准的要求,有时二氧化碳也是应部分脱除的组分,但一般均与脱硫过程结合考虑。鉴于此,这里讨论的天然气净化工艺主要是以下四类:(1)天然气脱硫,通过气—液吸收、气—固吸附和化学转化等途径除去天然气中的含硫化合物。(2)硫磺回收,对吸收、吸附等再生型脱硫工艺脱除出来的硫化氢与有机硫化合物进行后续处理。目前工业上普遍采用的是各种形式的克劳斯工艺。(3)尾气处理,是20世纪70年代后为保护环境而发展起来的净化工艺,其目的是对克劳斯装置的尾气作进一步处理,使大气污染物二氧化硫达到规定的排放要求。(4)天然气脱水,脱除天然气中的水分,使之达到气质标准规定的露点。

　　净化是保证给用户提供合格气的重要一环,也是轻烃回收的预处理过程。天然气净化的气质标准是国家制定的商品天然气的气质要求,气质指标直接涉及工艺技术的设计和发展。要求越高,工艺技术越复杂。净化的目的是将天然气中的水、H_2S及CO_2等成分的含量降到工业和民用商品气所要求的指标,并符合环境法规的要求。我国天然气净化装置及工艺的发展开始主要集中在四川。四川气田很多含H_2S,且多为水驱气藏,天然气净化工艺和技术要求高。四川天然气净化技术和工艺以自研与引进相结合发展,目前重要工艺指标已接近或达到了国外同类先进水平。

项目一　天然气脱硫操作

　　气体脱硫是一种很古老的工艺,现在国内外已报道过的脱硫方法不下百种。这些方法大致可分为干法和湿法两大类。前者主要是用以各种形式的氧化铁为活性组分的固体脱硫剂,通过化学转化脱除天然气中的含硫化合物,属非再生型的脱硫工艺;后者属再生型脱硫,按溶液的吸收和再生方法不同又可分为化学溶剂吸收法、物理溶剂吸收法和氧化还原法三种类型。此分类不甚严格,如由环丁砜和二异丙醇胺水溶液作脱硫剂的砜胺法,以及由聚乙二醇二甲醚和二异丙醇胺混合物为脱硫剂的塞勒克梭-A(Selexol-A)法,均兼具物理吸收和化学吸收两者的特色,这里将其称为物理化学混合溶剂吸收法。近年来,物理分离方法发展甚快,对于特殊类型的天然气这是一个值得注意的发展动向。

知识目标

(1)天然气脱硫的必要性;
(2)天然气脱硫的方法;
(3)各脱硫方法的原理及特征。

能力目标

(1)能根据现场工业需求合理选择脱硫工艺;

(2)能绘制脱硫流程图；
(3)能进行各类脱硫装置的脱硫操作。

任务资源

一、脱硫工艺方法

(一)化学溶剂吸收法

化学溶剂吸收法是以可逆的化学反应为基础，以碱性溶剂为吸收剂的脱硫方法，溶剂与原料气中的酸气组分(主要是 H_2S 和 CO_2)反应而生成某种化合物；吸收了酸气的富液在升高温度、降低压力的条件下，使该化合物又分解而放出酸气组分。此类方法中最具代表性的是醇胺法，也是天然气脱硫使用最普遍的方法。以醇胺法处理含酸气组分的天然气，再后继以克劳斯法装置从再生酸气中回收元素硫，是目前天然气净化工业上最基本的技术路线。所有醇胺法工艺都采用基本类似的工艺流程和设备。因此，该工艺的发展过程实质上是各种醇胺溶剂及与之复配的溶剂和添加剂的选择、改进过程。

1. 基本原理

化学溶剂吸收法主要包括醇胺法与碱性盐法两大类，后者工业上常用的有改良热钾碱法(如 Catacarb 法和 Benfield 法)以及氨基酸盐法(如 Alkacid 法)，主要在合成氨工业中应用于脱碳(附带脱除微量硫化氢)，几乎不用于天然气脱硫，故本书只介绍醇胺法。醇胺类化合物中至少含有一个羟基和一个氨基。羟基的作用是降低化合物的蒸气压，并增加其在水中的溶解度；而氨基则为水溶液提供必要的碱度，促进其对酸组分的吸收。按连接在氮原子上的"活泼"氢原子数，醇胺可分为伯醇胺(如一乙醇胺 MEA)、仲醇胺(如二乙醇 DEA 和二异丙醇胺 DI-PA)以及叔醇胺(如甲基二乙醇胺 MDEA)三类。醇胺与 H_2S 和 CO_2 的主要反应均为可逆反应。

2. 工艺流程与设备

典型的醇胺法工艺流程如图 4-1 所示，对不同的醇溶剂其工艺流程基本相同。从图 4-1 中可见，所涉及的设备主要是吸收塔、汽提塔、换热和分离设备。

原料气通过分离器除去游离的液体及夹带的固体杂质后进入吸收塔，气体在塔内自下而上地和醇胺溶液逆流接触而脱除酸气组分，出吸收塔的净化气经分离器而出装置。吸收塔底排出的富液经贫富液换热器与贫液换热而升温，然后进入汽提塔上部。在高压下操作的装置通常富液先经过闪蒸罐，尽可能闪蒸出溶解于脱硫溶液中的烃类后再汽提再生，以避免损失原料气和影响再生质量。汽提塔底部排出的贫液经换热器冷却后，返回吸收塔上部。

汽提出的酸性气体和水蒸气经冷凝、冷却，冷凝水作为回流液返回汽提塔，分离出的酸性气体则送往下游的硫黄回收装置(或送往火炬)。

(1)吸收塔：填料塔和板式塔皆可应用，通常塔径超过 1m 的都用后者。板式塔中泡罩塔和浮阀塔是常用的塔型。泡罩吸收塔的空塔气速和塔径可先按布朗—桑德尔(Brown-Sounder)公式计算出允许的单位面积最大空塔气体质量流速 g_m，然后按 g_m 计算塔径。泡罩塔降流管的流速取 0.08~0.1m/s。在相同的操作条件下，浮阀塔的塔径一般比泡罩塔小约 10%~20%。吸收塔需要 4~5 块理论塔板，塔板效率为 25%~40%。工业上实际使用的塔板数在 20 块左

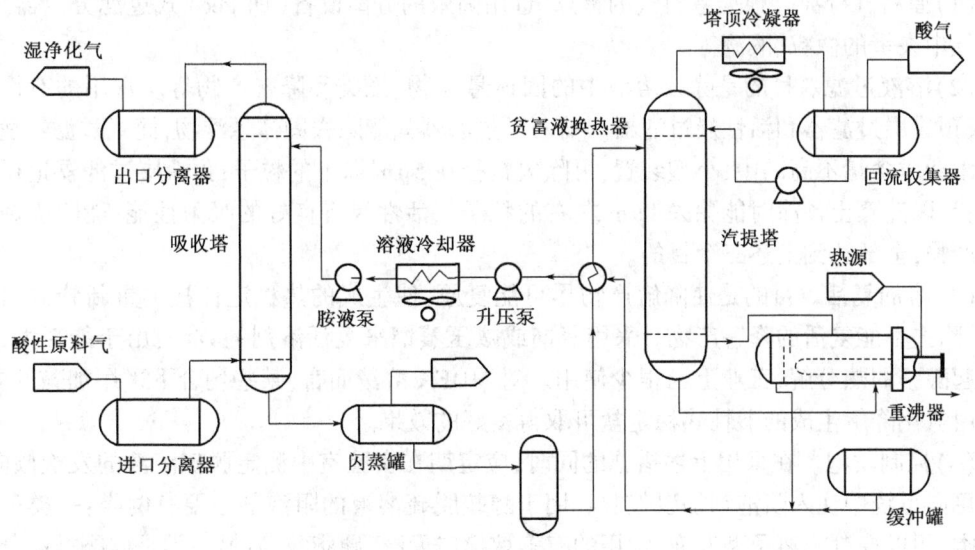

图 4-1 醇胺法脱硫工艺流程

右,最多可达 30 块以上(如需要大量脱除有机硫化合物时)。

(2)汽提塔:一般用与吸收塔相同的塔型,塔径也用类似的方法计算。汽提塔需要 3~4 块理论塔板。通常在汽提塔进料口下面有约 20 块塔板,用于汽提富液;在进料口上面还有几块水洗塔板,用于降低溶剂的蒸发损失。汽提蒸汽量取决于工艺要求的贫液质量、醇类型和塔高。蒸汽大致为 0.12~0.18t/t(溶液)。汽提塔顶排出的气体中水蒸气摩尔数与酸性气体摩尔数之比称为回流比,其值视醇胺类型而异,MEA 可达 3,而 MDEA 一般在 1 以下。为保证下游克劳斯装置的正常操作,汽提塔顶排出的再生酸气中烃类含量应不超过 2%。

(3)贫富液换热器和贫液冷却器:贫富液换热器一般用管壳式,富液走管程。为减轻设备腐蚀和减少富液中酸气组分的解吸,贫液与富液不宜最大限度地换热,应控制换热器中富液温度在 82~94℃的范围内。为减少管线和换热器的腐蚀,溶液的流速不宜太高,应控制在 0.6~1.0m/s。贫液冷却器实际上是继续完成换热器的任务,一般也用管壳式,贫液走壳程。冷却介质除水外,也可以采用空冷器或增湿空冷器。

(4)富液闪蒸罐:为使富液进汽提塔前尽可能解析出所溶解的烃类,可设置一个或几个闪蒸罐。通常采用卧式罐以保证足够的闪蒸面积,闪蒸出的烃类气体可作为燃料气用。

3. 装置的操作问题及措施

醇胺法脱硫装置的运转一般说来是比较平稳的,经常遇到的操作问题有三个,即溶剂降解、设备腐蚀和溶液发泡。这三个问题实质上是互有联系的,如降解产物会加剧腐蚀,而腐蚀产物与降解产物均会引起溶液发泡。长期的工业经验表明,醇胺法脱硫装置的操作要点可归纳为三个方面,即保持溶液清洁、防止设备腐蚀以及降低消耗指标。三者相辅相成,但其中以保持溶液清洁为最重要,清洁操作能有效地防止溶液发泡和装置腐蚀,从而为合理控制操作条件、降低消耗指标奠定基础。

1)保持溶液清洁

保持溶液清洁的要点是尽可能防止各种杂质进入脱硫溶液,并尽可能设法除去溶液中的杂质或降解产物。工业上常用的技术措施包括:

(1) 原料气分离。根据原料气的特点,选用高效的分离设备(如 Peco 式过滤分离器)除去原料气中夹带的微粒、液滴等。

(2) 溶液过滤。目的是除去溶液中的固体悬浮物、烃类和降解产物等。常用的有筒式过滤器、预涂层过滤器和活性炭过滤器。前两种过滤器只能除去固体悬浮物,筒式过滤器适用于溶液中杂质含量不高的中、小型装置,可除去粒径在 $5\mu m$ 以上的粒子;预涂层过滤器适用于大型装置,以硅藻土预涂时能除去 $1\mu m$ 左右的粒子。活性炭有良好的吸附性能,能除去烃类和降解产物,全部达到上述三个目的。

(3) 溶剂复活。目的是使降解产物尽可能复原,使生成的热稳定性盐类重新释放出游离胺,并除去不能复活的降解产物。采用蒸馏或减压蒸馏来复活溶剂的方法,由于能耗大,并可能引起醇胺的热分解,工业上已很少使用。对 MDEA 溶液而言,某些场合下采用加碱的方法,处理由氧化降解生成的酸性热稳定盐可取得良好的效果。

(4) 控制发泡。在采用上述措施的同时,应定期在实验室中测定脱硫溶液的发泡倾向,必要时可向系统中注入阻泡剂加以控制。用于醇胺脱硫溶液的阻泡剂主要有两类:一类是高分子醇类,用以控制非离子型发泡,常用的有多烷撑二元醇、硬脂醇等;另一类是硅酮类高分子化合物,用以控制离子型发泡,常用的有甲基硅油等。注阻泡剂前应先经室内实验,确定阻泡剂的类型及其用量。必须指出,使用阻泡剂只能作为一种应急措施,根本的解决途径是弄清发泡原因后加以清除。同时,阻泡剂还应与过滤等措施结合使用,避免阻泡剂在操作系统中积累而产生副作用。

2) 防止设备腐蚀

正确的设计以及过滤、复活等措施均有利于装置的防腐。与此同时,在操作上还可以采取以下防腐措施:

(1) 避免氧进入装置。溶剂储罐等应充氮保护;循环泵和溶剂补充泵入口必须维持正压;装置开工前应彻底清除系统中的氧。

(2) 正确的开工、停工操作。

(3) 合理的酸气负荷。

(4) 使用缓蚀剂。对腐蚀严重的 MEA 法装置可使用钒酸盐类型的缓蚀剂。美国联合碳化物公司开发的 Amine Guard ST 系统是专供醇胺法脱硫装置使用的缓蚀剂,使用该剂后不仅可减轻腐蚀,也可适当提高酸气负荷,降低操作成本。

3) 降低消耗指标

除上述有关措施外,从降低物料和能量消耗的角度还可以采取以下措施:

(1) 合理的再生温度和回流比。

(2) 加强闪蒸。

(3) 加强净化气的分离。

(4) 回收能量。设置富液能量回收泵是一项有效的措施,对在高压下运转的装置尤其重要。

4. 选择性吸收脱硫工艺

以 MDEA 为脱硫溶剂的选择性吸收脱硫工艺(又称选吸脱硫),自 20 世纪 70 年代开始在工业上推广应用以来,由于其显著的节能效果,并具有腐蚀较轻微、溶剂不易降解变质等一系列优点,在国内外均颇受重视,成为近年来发展最快的一种脱硫工艺,其应用包括三个方面:一是克劳斯装置原料酸气的提浓；二是在斯科特（SCOT）法尾气处理工艺上取代 DIPA；三是处理天然气、炼厂气使之达到管输或其他的应用要求。前两个方面的应用其实质相同，都是在常压下提浓酸气。第三方面的应用是在压力下选吸 H_2S，不仅要求有高的选吸效率，对净化度也有严格要求。针对各种不同的技术要求，1980 年后又开发出多种新型的选吸脱硫工艺，形成了一个完整的系列。综合起来看，其开发思路可大致归纳如下：

（1）以 MDEA 水溶液为主体，加入少量添加剂进一步提高选吸效果，即所谓的配方型脱硫溶剂。如美国联合碳化物公司开发的 HS－101、HS－102、ES－501；美国道（DOW）化学公司开发的 CS－1、CS－2、CS－3；西南油气田分公司天然气研究院开发的 CT8－5、CT8－9、CT8－11。

（2）把 MDEA 和物理溶剂相结合，以提高溶液的硫负荷和改善其脱除有机硫化合物的性能。如壳牌公司开发的萨菲诺－M，这是一种由环丁枫－MDEA－水组成的脱硫溶液。

（3）从分子设计的概念出发，合成了选吸性能比 MDEA 更好的空间位阻胺脱硫溶剂，如美国埃克森研究与工程公司开发的弗列克索勃（Flexsorb）SE 空间位阻胺脱硫溶剂。

（4）对以 MDEA 为代表的选择性吸收过程的反应机理已有较明确的认识，在此基础上形成了较完善的数学模型和相应的计算软件。

5. 配方型溶剂与混合胺

工业上需要进行脱硫脱碳的原料气类型十分复杂，常规的 MDEA 水溶液不可能解决所有的矛盾。鉴于此，1981 年美国联碳公司首先提出了配方型溶剂的概念。它的实质是以 MDEA 水溶液为基础，再在其中按不同的工艺要求加入各种添加剂，从而进一步改善 MDEA 溶剂的脱硫脱碳性能。加入的添加剂可以是消泡剂、缓蚀剂等化学品；也可以是其他的醇胺，组成所谓的混合胺溶剂；还可以是物理溶剂，如当前工业上常用由 MDEA 和环丁组成的 Sulfinol－M 溶剂。总体而言，配方型溶剂的主要技术特点可归纳如下：

（1）选择性吸收性能比 MDEA 水溶液更高。
（2）原料气中 CO_2 的脱除量可以按要求进行调节。
（3）具有比 MDEA 水溶液更好的脱除有机硫化合物的能力。
（4）腐蚀性、发泡倾向比 MDEA 水溶液更低。

（二）物理溶剂吸收法

物理溶剂吸收法是基于有机溶剂对原料气中酸性组分的物理吸收而将它们脱除，溶剂的酸气负荷正比于气相中酸气组分的分压。富液压力降低时，溶剂随即放出所吸收的酸气组分。物理溶剂吸收法一般在高压和较低的温度下进行，溶剂酸气负荷高，适宜于处理酸气分压高的天然气。此外，物理溶剂吸收法还具有溶剂不易变质、比热容小、腐蚀性小、能脱除有机硫化合物等优点。但此类方法不宜应用于重烃含量高的天然气，且多数方法由于受溶剂再生程度的限制，净化度比不上化学溶剂吸收法。

1. 基本原理

当原料气中酸性气体的含量很高，特别是其中二氧化碳的含量很高时，采用醇胺溶剂化学吸收法脱硫脱碳的再生能耗极高，在工业上很难实现。而物理溶剂吸收法在脱除酸气组分的过程中，只是后者在溶剂中的物理溶解，不存在任何化学反应。酸气组分的溶解度是和吸收压力成正比的，高压下被吸收的酸气组分，在降压闪蒸的过程中会解吸出来，溶剂也随之得到再生。由此可见,在物理溶剂法的吸收—再生循环中,基本上是不消耗热量的,只有在为保证很高的硫化氢脱除要求时,才用少量蒸气汽提溶剂中残存的微量硫化氢。

大多数物理溶剂对硫化氢的溶解度均高于二氧化碳,亦即对硫化氢有一定的选择性。此特性对处理 CO_2/H_2S 比极高的原料气有重要意义,可以在保证净化度的前提下尽可能少脱除 CO_2,而且有机溶剂一般对有机硫化合物有良好的溶解能力。

2. 溶剂选择

从20世纪60年代开始,国内外都曾对各类溶剂开展了广泛的研究,主要是依据以下原则来筛选理想的溶剂:

(1)在操作温度下具有低的蒸气压。
(2)天然气中的甲烷及重烃应极少溶解于溶剂之中。
(3)溶剂应具有低的黏度。
(4)溶剂对水的溶解度低。
(5)在正常操作条件下,溶剂应基本不发生降解。
(6)溶剂应不与原料气中的任何组分发生化学反应。
(7)溶剂应对常用金属材料无腐蚀性。
(8)溶剂应在合理的价格下容易得到。

按以上原则进行筛选后,目前已应用于工业的有四种溶剂,即弗卢尔(Flour)法使用的碳酸丙烯酯,普里索尔(Purisol)法使用的 N-甲基吡咯烷酮(NMP),埃斯塔索文(Estasolven)法使用的磷酸三丁酯(TBP)和赛勒克梭(Selexol)法使用的聚乙二醇二甲醚。

3. 工艺流程

物理溶剂吸收法都采用大致类似的流程,如图4-2所示为物理溶剂吸收法处理高 CO_2/H_2S 比原料气的流程。实际工厂是用赛勒克梭法。经脱水后的原料天然气在 7MPa 下进入吸收塔,自下而上地与塔顶导入的贫溶剂逆流接触。由于溶剂经过闪蒸与换热,进吸收塔溶剂的温度略低于常温。因为原料气中 CO 的分压很高,故在吸收塔底设置了溶剂循环泵,并采用溶剂两级导入。再生质量最好的贫溶剂由吸收塔顶导入,只经部分汽提的半贫溶剂则由吸收塔中部导入。

吸收塔底出来的富溶剂在约 2.8MPa 的压力下进行高压闪蒸,闪蒸出来的气体经压缩后循环返回吸收塔,从而使净化过程的烃损失降至最低。在 1.4MPa 压力下进行的中压闪蒸可释放出溶剂中吸收的大部分 CO_2。在此工厂中,中压闪蒸出的气体用于驱动透平机以提供泵的动力。经透平膨胀后的 CO_2 用于冷却原料气。溶剂的第三级闪蒸是在常压进行的低压闪蒸,目的是释放出大部分残留的酸性气体。经低压闪蒸的溶剂(半贫溶剂)由泵送回吸收塔中部,和酸性气体含量最高的原料气相接触。为保证溶剂对 H_2S 的脱除效率,一部分经低压闪蒸的半贫溶剂最终还需要进行热闪蒸。

4. 应用情况

总体而言,物理溶剂吸收法对 H_2S 的脱除效率不够高,只能适应含微量硫化氢的高 CO_2/H_2S 比原料气,同时再生过程颇复杂,且溶剂的价格较昂贵,因而在天然气净化上应用不多。

(1)弗卢尔溶剂法共建有10套装置,其中7套处理天然气,1套处理炼厂气,2套处理氨合成气。

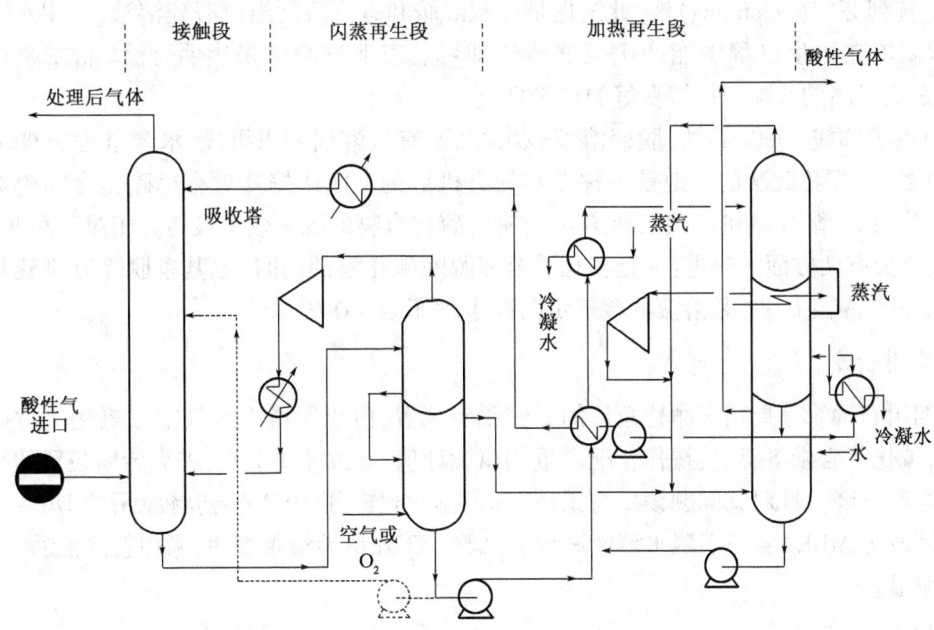

图 4-2 物理溶剂吸收法处理高 CO_2/H_2S 比原料气流程

(2) 赛勒克梭溶剂法曾报道过 3 个工业装置,全部用于处理天然气。

(3) 在冷甲醇法基础上发展起来的普里索尔溶剂法尚未见有处理天然气的报道。

(4) 文献中仅报道过 1 个以埃斯塔索文溶剂处理天然气的工业装置。

(三) 物理化学混合溶剂吸收法

环丁砜(二氧化四氢噻盼)是当前天然气脱硫上应用最广泛的有机溶剂,但它一般不单独用作物理吸收溶剂,而与二异丙醇胺(DIPA)组成混合溶剂,即所谓的砜胺法,国外则称为萨菲诺(Sulfinol)法。此法兼具物理吸收与化学吸收两者的特点,既具有高的酸气负荷,又能保证必要的净化度,且对有机硫化合物的脱除效果明显优于醇胺法。但与其他物理溶剂吸收法类似,砜胺法也不宜用于重烃含量高的原料气。

1. 基本原理

MDEA 水溶液选择性脱除硫化氢存在定的局限性,主要反映在以下三个方面:

(1) 对有机硫化合物的脱除效率低。

(2) 对二氧化碳含量很高的原料气(如注二氧化碳进行三次采油过程中采出的油田气)的净化,其选吸性能还经常不能满足要求。

(3) MDEA 水溶液有些发泡倾向,且水本身的比热容较高。

针对以上问题,1980 年后国外对选吸脱硫新工艺的开发集中在两个方向:一是由 MDEA(或其他叔醇胺)和物理溶剂组成物理化学混合溶剂,尽可能减少其中的水含量,从而进一步减少溶剂对二氧化碳的吸收;二是寻求选吸性能比 MDEA 更好的醇胺类化合物,如美国埃克森研究与工程公司开发的空间位阻胺叔丁胺基乙醇(TBE)等。

2. 工艺方法

(1) 萨菲诺 - M 法:1981 年壳牌石油公司在两套原用萨菲诺 - D 法的装置上,以 MDEA 取代 DI - PA 进行了工业试验,并取得成功。

(2)赛列芬宁(Selefining)法：此法也是由叔醇胺和有机溶剂组成脱硫溶液，其中水分含量很少，只要求在再生过程中能产生足够蒸气即可。工业试验结果表明，此法能在原料气中 CO_2/H_2S 比很高的情况下保持良好的选吸性能。

(3)奥泼梯梭(Optisol)法：脱硫溶液也由醇胺、有机溶剂和水组成，水含量为25%~30%(体积分数)。据称此法的关键是一种专利的有机溶剂。此法按其对有机硫化合物脱除效率的不同，分为A型、B型和C型三种，C型对有机硫化合物的脱除效率最高。相对于萨菲诺–D法，此法至少有两方面的改进：一是在几乎全部脱除硫化氢的同时，也基本脱除有机硫化合物而部分脱除二氧化碳；二是溶液的酸气负荷高于萨菲诺–D法。

3. 应用情况

原四川石油管理局川东净化总厂的引进脱硫装置，由于原料天然气中二氧化碳含量大幅度上升，硫化氢含量下降，使操作工况严重偏离设计值，导致能耗上升，进克劳斯装置的酸气中硫化氢浓度下降。针对此问题该厂与天然气研究院合作，于1991年初将原用的DIPA–环丁砜水溶液改为MDEA–环丁砜水溶液进行了试验。工业试验结果表明，采用新溶液后，节能效果十分明显。

(四)氧化还原法

氧化还原法又称为直接氧化法，是指硫化氢在液相中直接氧化为元素硫的类气体脱硫方法。从20世纪20年代就应用于工业的赛洛克斯(Thylox)法开始，此类方法已有近百年的发展历史，研究过的方法不下百种，迄今为止仍在工业上应用的也还有20余种。其有代表性的几种方法见表4–1，这些方法曾经或正应用于天然气脱硫。

表4–1 各类氧化还原法特征及应用

方法名称	溶液组成	技术特点	应用情况
铁碱法(Ferrox)	约3.5%碳酸钠和0.5%氢氧化铁溶液	为早期方法，副反应较多，净化度较差	目前已很少使用
改良ADA法(Stretford)	碳酸钠溶液中加蒽醌二磺酸盐、偏钒酸钠和酒石酸钾钠	典型的二元氧化还原体系，净化度高，能脱除部分有机硫	是目前广泛使用的方法
萘醌法(Takahax)	碳酸钠溶液中加萘醌磺酸盐	净化度很高，副产的硫粒子极细	在日本建有70多套工业装置
Lo–Cat法	以加有聚多醋的螯合铁溶液为脱硫剂	反应速率和硫容量均较高，副产硫易于沉降分离	是目前发展最大的氧化还原法，应用广泛
PDS法	碳酸钠溶液或氨水中加磺化酞菁钴	能部分脱除有机硫	是中国自行开发的方法，主要在氮肥中使用

氧化还原法目前在天然气脱硫方面应用不太多，但在焦炉气、水煤气、合成气等工业气体脱硫和尾气处理方面则有广泛应用。总体看来，此类方法的硫负荷低(一般在0.3g/L左右)，适用于原料气压力较低且产硫量不多的场合。

与醇胺法脱硫相比，氧化还原法的技术特点可大致归纳如下：

(1)净化度高，净化气中硫化氢含量一般都在 $5mg/m^3$ 以下

(2)脱硫的同时直接生成元素硫，不需要后续的克劳斯装置。

(3) 大多数方法可以选择性脱除硫化氢而基本上不脱除二氧化碳。

(4) 操作温度为常温，操作规程压力高压或常压均可。

20世纪60年代实现工业化的改良ADA法是氧化还原中最具代表性的、应用最普遍的方法。而1990年后洛卡特(Lo-Cat)法的发展比较迅速，成为目前最受重视的氧化还原法。

1. 基本原理

氧化还原反应是氧化还原法脱硫的基础，因而氧化还原电对的热力学性质对脱硫过程起关键作用。氧化还原电对的电位值主要取决于三个因素：一是电化学反应在标准状态下的平衡电位(E_0)；二是与氧化型物质和还原型物质的浓度有关；三是对有H^+参加的反应，E值还要受溶液pH值的影响。

2. 工艺流程

氧化还原法的工程流程与操作所有氧化还原法的工艺流程和操作条件都大致类似，以较典型的改良ADA法为代表，其工艺流程(包括熔硫部分)如图4-3所示。

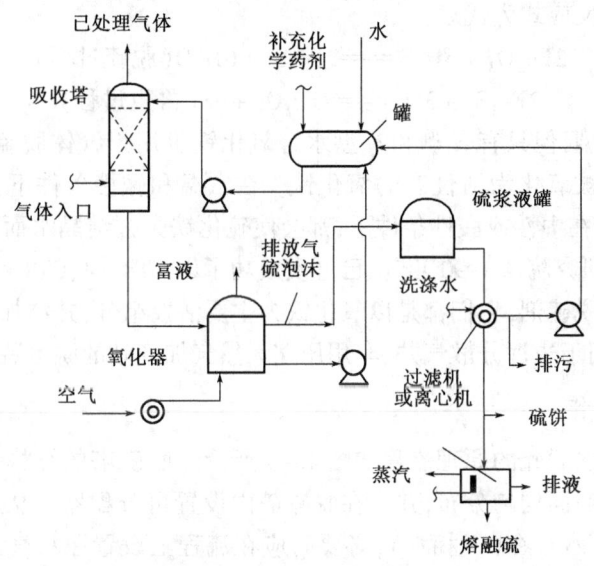

图4-3 改良ADA法工艺流程

原料天然气在吸收器(塔)中与脱硫溶液逆流接触而被脱除硫化氢。吸收器可用各种高效气、液接触设备。常用木格填料塔或喷射塔，也可以用文丘里管。吸收设备的设计必须注意防止脱硫过程中析出的硫元素堵塞填料或设备。对硫化氢含量高的原料气可先用喷射塔吸收，除去大部分硫化氢后再用填料塔进行精脱。

氧化器(再生器)一般都用卧式氧化槽，其尺寸应保证脱硫溶液在槽内有足够的停留时间使H_2S转化为硫元素(约10~20min)。设备底部应设置有效的空气分布器以提高氧的利用率(一般为15%~20%)。在氧化过程中也同时生成以硫代硫酸盐为主的副产物，脱硫溶液中硫代硫酸盐的浓度可允许达到20%左右。达到此浓度后，可将部分溶液抽出处理。

3. 氧化还原法的局限性

氧化还原法虽具有上述众多优点，但在工业应用上也存在相当大的局限性，归纳起来主要有以下四个方面：

(1)硫负荷低是致命弱点。一般氧化还原法的硫负荷在 0.3g/L 左右,故溶液的循环量大,常压装置的电耗就占生产成本的 70% 以上,压力下运转的装置则更为可观。

(2)脱硫过程中的副反应较多,故与克劳斯法工艺相比,硫黄的回收率较低,回收的硫黄纯度也较差,且产出的硫黄需要进一步处理。

(3)目前氧化还原法溶液使用的氧载体、络合剂等大多数价格较贵。

(4)近年来在改良 ADA 法、Lo–Cat 法等脱硫溶液中均发现了细菌污染问题,其结果是使氧化器内泡沫剧增,碱耗量大幅度上升,元素硫的浮选效果变差。

(五)氧化铁固体脱硫剂法

1. 基本原理

对硫化氢含量低、碳硫比高、产量不大而压力较高的气井所产的天然气,无论传统的醇胺法或氧化还原法都难以经济地加以处理。为适应此类天然气的脱硫,国外在 20 世纪 50 年代把古老的常温氧化铁法加以改进,并成功地应用于天然气脱硫,此即所谓的海绵铁法,其基本化学过程以下列两个反应式为代表:

$$2Fe_2O_3 + 6H_2S \Longrightarrow 2Fe_2S_3 + 6H_2O(脱硫过程)$$
$$2Fe_2S_3 + 3O_2 \Longrightarrow 2Fe_2O_3 + 6S(再生过程)$$

氧化铁有多种类型,但只有 α 型和 γ 型水合氧化铁可用于气体脱硫,因为它们生成的硫化铁易于再生而重新被氧化为活性态的氧化铁。在常温和碱性条件下上述反应进行得最理想。温度高于 50℃ 或在中性或酸性条件下,都会使硫化铁失去结晶水而变得难以再生。西南油气田分公司天然气研究院从 1990 年起,已开发成功了以 CT8–4、CT8–4B、CT8–6、CT8–6B 等为代表的系列固体脱硫剂,它们都是以氧化铁为主要活性组分,并添加有多种助剂的常温脱硫剂,现已成功地应用于边远分散气井、车用压缩天然气加气站的脱硫装置上。

2. 工艺流程与操作

典型固体氧化铁法脱硫的原理流程如图 4–4 所示。脱硫塔的结构设计必须保证天然气流通过脱硫剂段时沿截面均匀分布,并应在脱硫塔内设置再分配器。从上述化学反应式可以看出,脱硫过程中需有水存在(气相水),必要时应在流程上设置原料气的水饱和器。在操作过程中固体脱硫剂会有粉化现象发生,故应注意净化气的过滤与分离。虽然固体脱硫剂是可以(部分)再生的,但最终都要更换。更换脱硫剂时必须十分小心。因为固体脱硫剂与空气直接接触会剧烈升温,并可能导致自燃,故卸料前整个床层应先淋湿。

3. 应用情况

为了解决川渝地区边远分散气井所产天然气的气质达标问题,西南油气田分公司委托天然气研究院进行了全面的规划。目前在川南气矿、川西南气矿、重庆气矿等地已有约 20 套固体氧化铁法脱硫装置投入运转,脱硫剂全部采用天然气研究院研制的 CT8–4B 和 CT8–6。已投产装置的运转结果表明,该法具有装置投资低、工艺简单、能耗很小、操作弹性大、基本无"三废"排放等一系列优点,是解决边远分散气井脱硫的有效手段。

(六)物理分离方法

上述各类湿法脱硫工艺绝大多数立足于不同类型的化学反应,少数物理溶剂吸收法则受溶剂价格、重经溶解和净化度不够高等因素制约而在工业上应用不甚广泛。因此,从未来发展

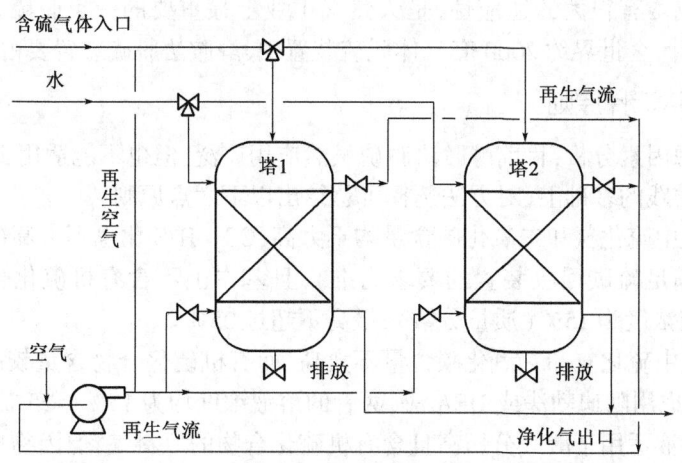

图 4-4 典型固体氧化铁法脱硫的原理流程

看,对若干特殊类型的天然气,如高含 H_2S、高含 CO_2、高含 N_2 以及高 CO_2/H_2S 比的天然气,很有必要开发新型的分离过程来进一步改善装置投资、操作成本、环境保护等方面的指标。归纳起来现有以下四个方面的矛盾尚有待解决:

(1)当天然气中的酸气含量很高时(如超过 20%),现有各种方法的装置投资与操作成本均偏高,同时设备的腐蚀和溶剂的降解会带来一系列操作上的困难。

(2)天然气中的 CO_2/H_2S 比例很高时(如超过 20)现有的各种脱硫工艺均难以在保证净化度的前提下获得良好的选择性脱硫效果。

(3)在天然气处理量或天然气中酸气含量有可能发生大幅度波动的情况下,现有的各种脱硫(或脱碳)工艺均难以适应。

(4)由于各种溶剂总是会造成一定程度的环境污染,故溶剂吸收类型的酸气脱除工艺和传统的甘醇法脱水工艺均将面临日益严格的环保要求。

鉴于上述一系列矛盾,20 世纪 80 年代以来,物理分离过程应用于天然气净化的势头方兴未艾,尤其是在其他工业中应用颇多的膜分离、低温分馏和变压吸附(PSA)三大技术,在天然气净化工业中的应用发展甚快。前两种技术已实现了工业应用,PSA 技术的应用也有重大突破,这必将对天然气净化工艺的发展产生深远影响。

二、脱硫工艺方法的选择

(一)主要考虑因素

综上所述,建设天然气脱硫装置时将面临从为数众多的方法中进行选择,其主要的考虑因素要大致归纳为以下三个方面:

(1)外部工艺因素,如原料气的组成、压力、温度,净化气要求的净化度、压力、温度,以及由此而要求的技术条件(如再生蒸气压力、贫液入塔温度等)。这些因素基本上不取决于脱硫方法本身。

(2)脱硫方法的内在因素,如消耗指标、"三废"产生情况、要求的设备型式等,以及它们与上述外部因素的关系。

(3)经济因素,主要是装置投资与操作成本,也包括原材料的供应情况。尽管脱硫方法众多,但对于较大型的装置而言醇胺法经常是优先考虑的,这类方法技术成熟,溶剂来源方便,对上述三方面的影响均有很大的适应性,是天然气工业上最重要的一类脱硫方法。据20世纪90年代中期的统计,全世界约2000套气体脱硫装置中,醇胺法脱硫装置要占55%以上。

(二)工艺方法选择原则

根据上述考虑因素分析,目前醇胺法脱硫虽然应用广泛,但也不能适用于所有类型的原料气。在长期工业实践的基础上,对方法选择可总结出以下六点原则:

(1)在原料气中硫化氢和二氧化碳含量均不太高,CO_2/H_2S比也不太高(以保证再生酸气中硫化氢含量能满足硫磺回收装置的要求为准),且基本上不含有机硫化合物时,优先考虑MEA法,一般溶液浓度为15%(质量分数),最高不超过25%。

(2)当原料气中硫化氢和二氧化碳含量不太高,而有机硫化合物含量较高,同时又含一定量的重烃时,可考虑用阿迪勃法或DEA法,两者的溶液浓度均为15%~25%(质量分数)。

(3)砜胺法溶液适用于酸气分压高且含有机硫化合物的原料气,但因物理溶剂对(戊烷以上组分)有溶解作用,故原料气中重烃含量不能高。溶液中环丁砜浓度约50%(质量分数),水含量不低于10%,其余为DIPA。

(4)MDEA法的特点是其良好的选吸性能,主要应用于选择性脱硫以大量降低再生过程的能耗。同时,该溶剂的腐蚀性低于其他醇胺,且化学稳定性较高。

(5)氧化还原法脱硫适用于原料气压力与硫化氢含量均不太高,而CO_2/H_2S比高,处理量不很大的场合。

(6)氧化铁固体脱硫剂法适用于边远分散气井所产天然气,以及类似条件的原料气的脱硫。

复习思考题

1. 简述天然气脱硫的必要性。
2. 简述天然气脱硫的方法。
3. 简述各脱硫方法的原理及特征。

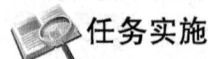
任务实施

任务一 绘制并讲解脱硫工艺流程图

一、学习目标

绘制并讲解脱硫工艺流程图。

二、准备工作

(1)工具、材料准备:A4纸、尺子、铅笔;
(2)人员准备:按照要求穿戴劳动保护用品。

三、操作步骤

1.准备工作

劳动防护用品准备齐全,穿戴整齐,工具、用具、材料准备齐全。

2. 基础知识

脱硫流程及设备,如图4-5所示。

3. 标注图名

在图最上方填写所需绘图标准名称。

4. 绘制流程图

绘制醇胺法脱硫流程图,也可以选择绘制其他脱硫工艺。

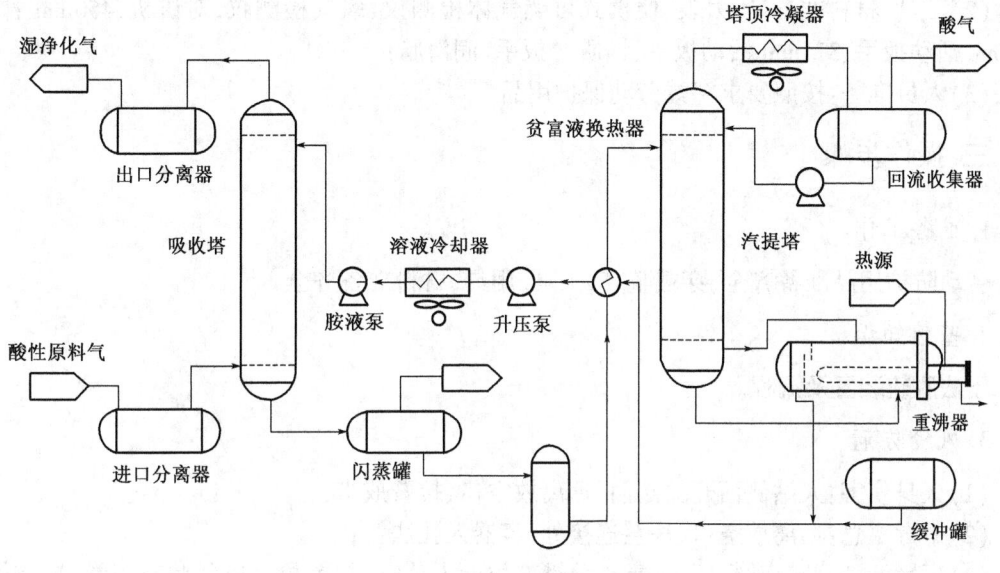

图4-5 脱硫工艺流程图

5. 工艺说明

原料气通过分离器除去游离的液体及夹带的固体杂质后进入吸收塔,气体在塔内自下而上地和醇胺溶液逆流接触而脱除酸气组分,出吸收塔的净化气经分离器而出装置。吸收塔底排出的富液经贫富液换热器与贫液换热而升温,然后进入汽提塔上部。在高压下操作的装置通常富液先经过闪蒸罐,尽可能闪蒸出溶解于脱硫溶液中的烃类后再汽提再生,以避免损失原料气和影响再生质量。汽提塔底部排出的贫液经换热器冷却后,返回吸收塔上部。

6. 清理场地

收拾工具,清理现场。

7. 安全文明生产

安全文明操作,在规定时间内完成。

四、技术要求

(1)在规定时间20min内完成,到时停止操作;
(2)图幅布局合理、对称、美观线条粗细一致,图纸整洁、清晰。

任务二　脱硫装置运行操作

一、学习目标

熟悉干法脱硫装置工艺流程,会进行脱硫装置运行操作。

二、准备工作

(1)设备准备:干法脱硫装置;

(2)工具、材料准备:压力表、便携式可燃气体检测仪、氧气检测仪、对讲机、450mm 管钳、300mm 活动扳手、375mm 活动扳手、铜质 F 扳手、润滑脂;

(3)人员准备:按照要求穿戴劳动保护用品。

三、操作步骤

1. 准备工作

劳动防护用品准备齐全,穿戴整齐,工具、用具、材料准备齐全。

2. 基础知识

干法脱硫装置及流程。

3. 风险防范

(1)人身伤害:人站侧面开关阀门,远离放空口、拉警戒带;

(2)中毒窒息:远离放空口、法兰连接处、容器人孔法兰;

(3)环境污染:及时观察压力,重点关键部位专人值守,提前检查管线状态正常,提前做好地面油泥防落地工作,设立临时存放点,及时统一拉运处理。

4. 投入生产

打开上下游进出气阀则脱硫装置投入正常生产。

5. 排污

运行中,每周排污一次。

6. 清理场地

收拾工具,清理现场,填写资料。

7. 安全文明生产

安全文明操作,在规定时间内完成。

四、技术要求

(1)在无检测条件下,为确保气质,再生周期暂定30d;

(2)运行中脱硫塔操作压力严格控制在 0.6~1.0MPa 内(具体视脱硫塔的工作压力而定);

(3)排污时严禁空塔排污。

任务三　脱硫装置再生操作

一、学习目标

熟悉干法脱硫装置工艺流程,会进行脱硫剂再生操作。

二、准备工作

(1)设备准备:干法脱硫装置;
(2)工具、材料准备:压力表、便携式可燃气体检测仪、氧气检测仪、对讲机、450mm 管钳、300mm 活动扳手、375mm 活动扳手、铜质 F 扳手、润滑脂;
(3)人员准备:按照要求穿戴劳动保护用品。

三、操作步骤

1. 准备工作

劳动防护用品准备齐全,穿戴整齐,工具、用具、材料准备齐全。

2. 基础知识

干法脱硫装置及流程。

3. 风险防范

(1)人身伤害:人站侧面开关阀门,远离放空口、拉警戒带;
(2)中毒窒息:远离放空口、法兰连接处、容器人孔法兰;
(3)环境污染:及时观察压力,重点关键部位专人值守,提前检查管线状态正常,提前做好地面油泥防落地工作,设立临时存放点,及时统一拉运处理。

4. 具体操作过程

(1)先对备用塔进行空气置换。
(2)启用备用脱硫塔。
(3)对需再生的脱硫塔进行排污。
(4)关闭需再生的脱硫塔进出气阀门。
(5)打开放空阀,待完全泄压后关闭放空阀,在确定脱硫塔进出口无内漏(即塔内压力不上升后),方可进行再生。
(6)全开塔顶空气转换阀,缓慢打开塔中下部空气进气阀,让空气自下而上流入塔内进行反应。
(7)置换时应注意温度变化,塔温一般控制在 50℃左右,不能超过 65℃,以防塔内硫自燃。如塔温过高,则关小或完全关闭空气进气阀。
(8)当塔内温度与大气温度一致时,关闭空气进出气阀,停止再生。此时再生塔转换为备用塔。
(9)为防止误操作,要求再生结束后,应立即置换塔内空气后再关闭各阀门,作为备用塔。

5. 清理场地

收拾工具,清理现场,填写资料。

6. 安全文明生产

安全文明操作,在规定时间内完成。

四、技术要求

(1)排污时严禁空塔排污;

(2)再生时严格控制塔温不超过65℃;

(3)再生时间为70h;

(4)再生时,脱硫剂正常发热时间为48h以上,如低于12h或不发热,则脱硫剂视为失效。

项目二 硫磺回收操作

现场从天然气中脱除出来的硫化氢需进行进一步的回收处理,将其制成单质硫,以满足工业、生活中的其他需求。其中,现场最常采用的是克劳斯(Claus)法。从1883年英国化学家克劳斯提出原始的克劳斯法制硫工艺至今已有100多年的历史。1938年德国法本公司对此工艺进行了重大改革,也就是今天的改良克劳斯法工艺。

 知识目标

(1)硫磺回收工艺的基本原理;
(2)克劳斯法的工艺类型;
(3)常用的硫磺回收工艺流程;
(4)硫磺回收工艺中的主要设备。

能力目标

(1)能根据现场工业需求选择合理的硫磺回收工艺;
(2)能绘制硫磺回收工艺流程图;
(3)能进行各类硫磺回收工艺操作。

任务资源

一、基本原理

原始的克劳斯法是将硫化氢和空气混合物导入一个装有催化剂的容器,催化剂床层预先用某种方式预热到所需的温度。反应开始后,用控制反应物流量的方法保持固定的床层温度。显然,此工艺只能在催化剂空速很低的条件下进行,而且反应热无法回收利用。

1938年德国法本公司对此工艺进行了重大改革,其关键点是把硫化氢的氧化分为两个阶段来完成(图4-6)。第一阶段称为热反应阶段,有1/3体积的硫化氢在反应炉内被氧化为二氧化硫,同时放出大量反应热;第二阶段称为催化反应分阶段,在此阶段中剩余的2/3体积硫

化氢在催化剂上与生成的二氧化硫继续反应而生成元素硫。从图4-7可以看出,由于在反应炉后设置了废热锅炉,炉内反应所释放的热量约有80%可以回收,而且催化转化反应器的温度也可以借控制进口过程气的温度加以调节,基本排除了反应器温度控制困难的问题,从而极大提高了装置的处理容量,奠定了现代硫磺回收工艺的基础。本书讨论的就是这种经改良的克劳斯法硫磺回收工艺。

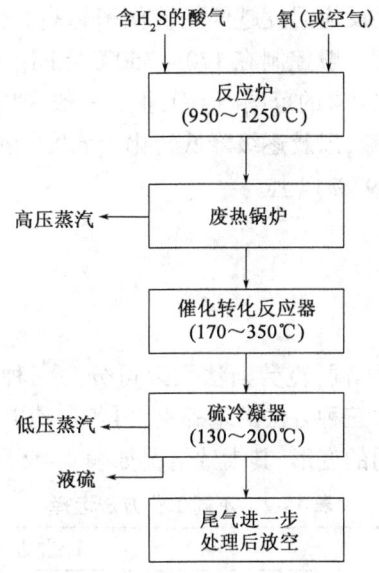

图4-6 硫化氢的氧化过程

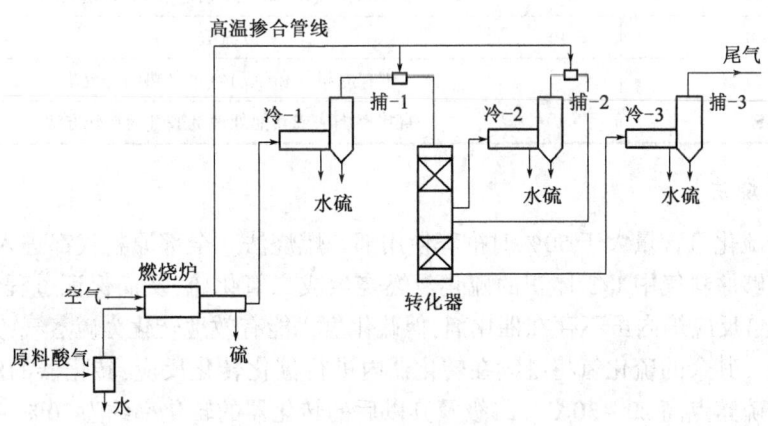

图4-7 改良的克劳斯法硫磺回收工艺

二、克劳斯反应

(一)反应炉内的高温热反应

酸性气体首先在无催化剂存在的条件下,于反应炉内与空气进行燃烧反应。燃烧反应的温度与酸性气体中的硫化氢含量有关,通常都在920℃以上。炉内反应速度甚快,一般在1s以内即可完成全部反应,理论转化率可达60%~75%。由于酸性气体中除H_2S外还存在CO_2、N_2和水蒸气等组分,炉内实际上发生的反应比较复杂,但主要反应是以下两个:

$$H_2S + \frac{3}{2}O_2 \Longrightarrow SO_2 + H_2O + 519.2kJ$$

$$2H_2S + SO_2 \Longrightarrow 3S + 2H_2O + 93kJ$$

(二)转化器内的低温催化反应

低温催化反应是指在转化器内的催化剂床层上按上述第二个反应式进行的硫化氢和二氧化硫之间的反应。从理论上讲,反应温度越低则转化率越高。但实际上由于受元素硫露点温度的影响,催化转化反应的温度一般控制在170~350℃之间。使用一个转化器(一级转化),硫的回收率只能局限在75%~90%的范围内。工业上一般采用增加转化器数目,并在两级转化器之间设置硫冷凝器分离液硫,以及逐级降低转化器温度等措施,促使此反应的平衡尽可能向右移动而使硫回收率提高至97%以上。

三、工艺方法与流程

(一)工艺方法

根据原料气中硫化氢含量不同,克劳斯法大致可分为三种不同的工艺方法,即部分燃烧法、分流法和直接燃烧法。在这三种方法的基础上,再各自辅以不同的技术措施,如预热、补充燃料气等,又可派生出各种不同的变形,其大致情况如表4-2所示。

表4-2 不同工艺方法选择

原料气中 H_2S 含量(%)	工艺方法
50~100	部分燃烧法
40~50	带有原料气和(或)空气预热的部分燃烧法
25~40	分流法
15~25	带有原料气和(或)空气预热的分流法
<15	直接燃烧法或其他处理贫酸气的特殊方法

1. 部分燃烧法

原料气中硫化氢含量大于50%时推荐使用部分燃烧法。全部原料气都进入反应炉,而空气的供给量仅够原料气中1/3体积的硫化氢燃烧生成二氧化硫,从而保证过程气中 H_2S/SO_2 为2/1(摩尔比)反应炉内虽不存在催化剂,但硫化氢仍能有效地转化为硫蒸气,其转化率随温度升高而增加。其余的硫化氢将继续在转化器内进行催化转化反应,转化器的温度大致控制在比过程气的硫露点高20~30℃。二级及其以后的转化器的转化率约为20%~30%,故采用人工合成活性氧化铝催化剂的部分燃烧法装置的总转化95%以上。

2. 分流法

原料气中硫化氢含量在25%~40%的范围内推荐使用分流法。此流程是先将1/3体积的硫化氢送入反应,配以适量的空气进行完全燃烧而全部生成二氧化硫。后者与其余的2/3硫化氢混合后在转化器内进行低温催化转化反应。分流法装置一般都采用两级催化转化,硫化氢的总转化率约为89%~92%,比较适合于规模较小的硫磺回收装置(10t/d左右)。

3. 直接氧化法

就实质而言,直接氧化法是原始克劳斯法的一种形式。当原料气中的硫化氢含量为2%~

12%时推荐使用此法。它是将原料气和空气分别预热至适当的温度后,直接送入转化器内进行低温催化反应,配入的空气量仍为使1/3体积硫化氢转化为二氧化硫所需的量,随后生成的二氧化硫进一步与其余的硫化氢反应而生成元素硫。因此,直接氧化法是把上述两个反应结合在一个反应器中进行。

(二)常用工艺流程

由于原料气中硫化氢含量、过程气再热方法和要求的硫回收率不同,工业装置上应用的工艺流程也有所不同,以下介绍几种常用的流程。

1. 外掺合式部分燃烧法工艺流程(二级转化)

外掺合式部分燃烧法工艺流程的特点是从废热锅炉出口处引出一股高温过程气掺合到一级和二级转化器的入口气流中,以达到使过程气促进转化的目的。此流程的优点是设备简单,平面布置紧凑,温度调节灵活;缺点是高温掺合管制作要求高,掺合阀的腐蚀严重,对总转化率有所影响(因掺合气流中含有大量未经冷凝分离的硫蒸气)。

2. 内掺合—换热式部分燃烧法工艺流程(二级转化)

内掺合—换热式部分燃烧法工艺流程的特点是把掺合管(又称内旁通管)和废热锅炉的炉管组合在一起,掺合过程在废热锅炉的尾部进行,利用掺和管出口阀的开度不同来调节进一级转化器的过程气温度,而二级转化器的入口温度则用自热式换热器来调节。内掺合的原理与外掺合相同,故它们的优、缺点也类似,只是内掺合的形式更节省占地面积。但是,由于掺合管设置在废热锅炉内部,发生故障时检修比较困难。由于设备结构复杂,制作较困难,目前此种流程很少使用。

3. 酸气再热炉式部分燃烧法工艺流程(三级转化)

酸气再热炉式部分燃烧法工艺流程是天然气净化厂中广泛使用的工艺方法。如图4-8所示,此工艺流程的特点是设置一系列再热炉作为过程气的调温手段。再热炉以酸气为燃料,所需空气仍以进炉酸气中1/3体积的硫化氢转化为二氧化硫的计算用量为准,炉内温度则以进炉酸气量的多少来控制。

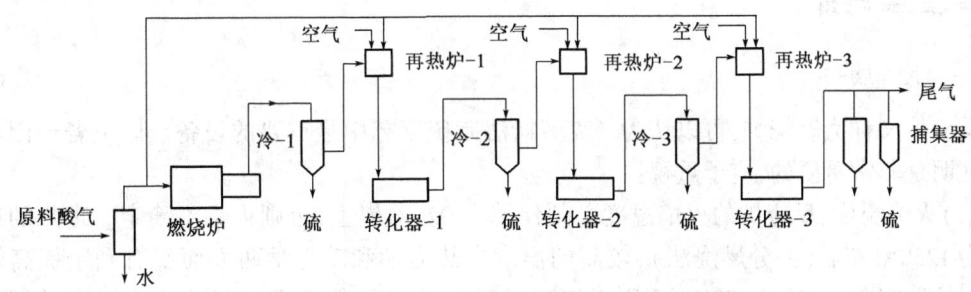

图4-8 酸气再热炉式部分燃烧法工艺流程

再热炉也有多种形式,除酸气再热炉外,还有燃料气再热炉和管式再热炉。前者是以天然气或燃料气为再热炉燃料,把燃烧后的烟气掺入过程气中以调节温度;后者是以管式炉间接加热的方式调节过程气的温度。

4. 掺合—换热式分流法工艺流程(二级转化)

掺合—换热式分流法工艺流程实际是把上面所述的掺合与换热两种再热手段分别应用于

分流法,即第一级用高温掺合,第二级用换热器。

5. 直接氧化法工艺流程

直接氧化法工艺流程的特点是不设置燃烧反应炉,原料气经预热并和空气混合后,进入转化器进行直接氧化。直接氧化法只适用于规模很小的回收装置,在天然气净化厂中一般不用。

(三)工艺流程的选择

所谓工艺流程的选择,实质上是按工艺要求和操作条件选择再热方式与转化器级数。根据长期工业实践,大致可归纳出以下认识:

(1)掺合工艺具有温度调节灵活,容易操作,设备简单,投资和操作成本均较低等优点。但高温气流中含有大量硫蒸气,对总转化率的提高不利,而且掺合管和掺合阀对材质的要求严格,制作较困难。这种再热方式适合于调节中、小型装置,而且一般只用于调节一级转化器的入口温度。

(2)换热器的特点是操作简便,不影响过程气中 H_2S 和 SO_2 的比例与总转化率,但气—气换热器的效率甚低,设备较庞大,操作弹性受到很大限制。这种再热方式适合于调节中、小型装置二级转化器的入口温度,但负荷量变化大的装置不宜采用。

(3)再热炉是应用最普遍的再热方式,尤其适合大型装置。虽然其投资与操作成本均较高,但调节灵活可靠,有利提高转化率。目前工业上使用最多的是酸气再热炉,而燃料气再热炉正在逐步推广。后者虽然消耗了燃料,且烟气对过程气有一定稀释作用,但它比前者更容易控制。至于管式炉,由于其设备复杂,投资甚高,一般只用于对转化率要求很高的小型装置。

(4)转化器级数越多则总转化率越高,但设备投资也随之而增加。然而随着转化器级数逐步增多,转化率提高就越来越少。

(5)确定转化器级数不仅要考虑经济因素,更重要的是必须满足环境保护方面的要求。20世纪70年代以后,硫磺回收装置的尾气处理技术迅速发展,而且硫磺回收和尾气处理两种工艺在发展过程中相互渗透,逐步结合起来。因此,对传统的克劳斯装置而言,转化器的级数一般都不超过两级。

四、主要设备

(一)反应炉

反应炉又称为燃烧炉,可以认为是克劳斯法制硫工艺中最重要的设备。以下若干因素经实践证明是非常重要的,应予重视:

(1)火焰温度,反应炉的火焰温度必须保持在920℃以上,否则火焰不稳定。理想的反应温度为1250℃左右(部分燃烧法),较高的温度在热力学和动力学两方面都有利于提高转化率。但炉温应避免超过1600℃,否则不仅选择耐火材料困难,而且在炉内会生成多种氮的氧化物,在后者的催化下二氧化硫又进一步氧化成三氧化硫,导致下游的催化剂很快因生成硫酸盐而失活。当然,炉温也与原料气中的硫化氢含量密切相关,当原料气中的硫化氢含量低于40%时,如不采取其他措施,就必须采用分流法才能维持稳定的火焰。

(2)花墙,在反应后部合理地设置一座(甚至两座)花墙是十分必要的。它不仅能提高并稳定炉温,也使过程气有一个稳定且充分接触的反应空间,同时使过程气流也能均匀地进入废热锅炉。

(3)炉内停留时间,这是决定反应炉体积的重要设计参数。高温克劳斯反应一般在1s以内即可完成,故目前国外大型工业装置的设计值都取1s左右。国内则由于原料气中的硫化氢含量普遍较低,为确保较高的转化率,取反应炉停留时间为 1~2.5s。

(4)火嘴,其功能是使酸气与空气有效地混合均匀,提供一个使杂质和硫化氢都能完全燃烧的稳定火焰,故对维持反应炉的正常运转有重要作用。根据原料气的压力,用于克劳斯装置的火嘴大致可分为低压涡流火嘴、强制混合火嘴和预混合火嘴三类。

(二)废热锅炉

废热锅炉的功能是从反应炉出口气体中回收热量并发生蒸汽,同时按不同工艺要求使过程气的温度降至下游设备所需要的温度,并冷凝和回收元素硫。设计克劳斯装置废热锅炉时,除应遵循一般火管式蒸汽锅炉的设计准则外,也应考虑克劳斯装置的若干特殊要求,如废热锅炉高温气流入口侧管束的管口内应加陶瓷保护套管、入口侧管板上应加耐火保护层等。

(三)转化器

转化器的功能是使过程气中的硫化氢和二氧化硫在催化剂床层上继续进行克劳斯反应而生成元素硫,同时也使过程气中的 COS、CS_2 等有机硫化合物在催化剂床层上水解为硫化氢和二氧化碳。工业上常用的转化器类似一个水平放置的圆柱体,气体进口在顶部,出口在底部。转化器内催化剂床层的厚度一般为 1~1.5m。可以每个转化器使用一个容器,但对规模在 100t/d 以下的装置,大多用纵向或径向的内隔板把一个容器分隔为一个以上的转化器。虽然大多数转化器是卧式的,但 800t/d 以上的大型装置也有采用立式的。

(四)冷凝器

冷凝器的功能是把转化器中生成的元素硫蒸气冷凝为液体而除去,同时回收热量。对大多数物质而言,这仅是一个放热的相变化过程,但对硫磺则有其特殊的复杂性。

(五)捕集器

捕集器的功能是从末级冷凝器出口气流中进一步回收液硫和硫雾沫。此设备的重要性曾长期被忽视,但某些工业装置的数据已表明,高达 2% 的产量来自捕集器。工业装置常用的捕集器有泡罩塔型、波纹板型和金属丝网型等。近年来大多数装置采用金属丝网型。

(六)尾气灼烧炉

尾气灼烧炉的功能是用燃料气燃烧产生的高温将尾气中的含硫化合物全部转化为二氧化硫。

五、影响操作的因素

(一)原料气中硫化氢含量

原料气中硫化氢含量高可以增加硫回收率和降低装置投资。应该指出,在上游脱硫装置上采用选择性脱硫工艺可以有效地降低酸气中二氧化碳含量,对改善克劳斯装置原料气的质量十分有利。

(二)原料气和过程气中的杂质组分

(1)CO_2:原料气中一般都含有 CO_2,它不仅起稀释作用,也会和 H_2S 在反应炉内反应而生

成 COS、CS_2，这两种作用都将导致硫回收率降低。

(2)烃类和其他有机化合物：它们的主要影响是提高反应炉温度的废热锅炉的热负荷，也增加了空气的需要量。在空气量供应不足时，相对摩尔质量较高的烃类（尤其是芳香烃）和醇胺类脱硫溶剂将在高温下与硫反应而生成焦油，后者会严重影响催化剂的活性。同时，过多的烃类存在也会增加反应炉内 COS 和 CS_2 的生成量，影响总转化率，故一般要求原料中烃类含量（以甲烷计）不超过 2%~4%。

(3)水蒸气：水蒸气是惰性气体，又是克劳斯反应的产物之一，它的存在能抑制反应，降低反应物的分压，从而降低总转化率。

(4)NH_3：当反应炉内空气量不足，温度也不够高时，原料气中的 NH_3 不能完全转化为 N_2 和 H_2O，大部分转变为硫氢化铵和多硫化铵，它们会堵塞冷凝器的管程，增加系统的阻力降，严重时将导致停产。

(三)风气比

风气比是指进反应炉的气体中空气和酸气的体积比。当原料气中 H_2S、烃类及其他可燃组分的含量已确定时，可按化学反应的理论需氧量计算出风气比。在克劳斯反应过程中，空气量的不足和过剩均会使转化率降低，但空气量不足对硫回收率的影响更大。通常，两级转化装置的风气比要求控制在 ±2%，三级转化装置则要求控制在 ±1%，这样才能获得高的转化率。必须指出，仅按原料气流量来调节风气比是不够的，同时也要分析原料气中的硫化氢含量，并据此对空气的流量做相应调整。

(四)H_2S/SO_2 的比例

理想的克劳斯反应要求过程气中 $H_2S/SO_2 = 2:1$，这样才能获得高的转化率。可以认为此项比例是克劳斯装置最重要的操作参数。目前很多克劳斯装置都采用紫外分光光度计连续测定尾气中的 H_2S/CO_2 比例，并根据仪器发出的信号来调节风气比。

(五)空速

空速是控制过程气与催化剂接触时间的重要操作参数。空速过高会导致一部分来不及充分接触和反应，从而使平衡转化率下降；此外，空速过高也会使床层温升太大，这也不利于提高转化率。反之，空速过低则使设备效率降低，体积过大。

六、从贫酸气中回收硫

当原料气中 H_2S 含量降到 15% 以下时，通常要用一些特殊的方法来回收硫。综观国内外的发展情况，已工业化的方法大致可分为下述四类：

(1)氧气法，其特点是用纯氧（或富氧空气）替代空气以维持炉温，装置其他部分的操作均与常规克劳斯工艺相同。

(2)燃烧法，其特点是向反应炉注入一定量的产品液硫，通过一个特殊的燃烧器燃烧而生成 SO_2，并使过程气中 H_2S/SO_2 的比值为 2。

(3)预热法，其特点是将原料酸气和空气先预热后再进入反应炉。此法的一个新发展是在废热锅炉中采用高沸点有机溶剂作为热载体来预热原料酸气和空气，优点是预热可达到的温度比一般硫回收装置废热锅炉蒸汽可达到的温度更高。

(4)直接氧化法，直接氧化法制硫磺是一种传统工艺技术，但装置简单、操作弹性大、投资较少,脱除率高、消耗低、易于控制和操作等,特别适合于处理贫酸气。

七、硫磺回收催化剂及其失活与保护

硫磺催化剂的发展大致经历了以下三个阶段:

(1)天然铝矾土催化剂阶段。20世纪30—70年代,普遍使用的硫磺催化剂是天然铝矾土。这是一种矿石,经破碎到合适的尺寸后直接置于转化器内。由于其价格低廉且具有较好的活性,故在很长时期内能满足工业装置对硫磺回收率的要求。但也存在以下缺陷:①催化剂强度差,使用过程中粉碎严重。②对过程气中的有机硫化合物几乎无转化能力。③克劳斯反应活性不及合成的活性氧化铝。

(2)活性氧化铝催化剂阶段。1970年后,随着含硫量高的原油和天然气的大量开采,硫磺回收装置数量剧增。与此同时,各国又相继规定了严格的尾气排放标准。因此,法国率先推出了牌号为CR的人工合成球形(直径5mm左右)活性氧化铝催化剂。随后,美国、加拿大、德国也相继在硫磺回收装置上推广此类催化剂,品种日益多样化。至20世纪80年代中期,发达国家的硫磺回收装置上几乎全都采用了活性氧化铝催化剂。但此类催化剂也同样存在一定的局限性,例如,①容易发生硫酸盐化而导致活性下降。②对有机硫化合物的转化活性欠佳。③相对天然铝矿土而言,床层的阻力降增大。针对上述问题,现已研制了一系列加有添加剂的活性氧化铝催化剂,用作添加剂的主要有钛、铁等金属的氧化物,它们在催化剂中的加量为1%~8%。工业上通常把天然铝矾土、高纯度的活性氧化铝和加有各种添加剂的活性氧化铝,统称为铝基硫磺回收催化剂。

(3)多种催化剂同时发展的阶段。20世纪80年代以来,针对铝基催化剂的缺陷,并结合尾气处理工艺的发展,又开发了一批新型催化剂,形成了以铝基催化剂为主、多种催化剂同时发展的局面。

总之,目前国内外以完善催化剂功能为目的,已在硫磺回收催化剂领域内形成了一个配套的系列,这对保障装置达到高的转化率起了关键作用。

(一)硫磺回收催化剂

1. 铝基催化剂

天然铝矾土是一种含氧化铝水合物的矿物,水合氧化铝的形式有α型三水铝石、β型三水铝石、一水软铝石和一水硬铝石等到多种形式。硫磺回收催化剂一般选用含α型三水铝石的铝矾土矿,使用前需在400~500℃下加热,使矿石脱水而活化。国内催化剂的研制是在引进和消化吸收国外技术的基础上进行的。近年来,为适应越来越严的环境保护要求,已研制出一系列新型催化剂,其中具代表性的有中国石油西南油气田分公司天然气究院的CT系列产品和齐鲁石化公司研究院的LS系列产品,其中包括常规Al_2O_3催化剂CT6-1、CT6-2、LS-811和LS-931;加助催化组分的活性Al_2O_3有机硫水解催化剂CT6-3、LS821和新近开发的CT6-7;抗硫酸盐化的亚露点Claus催化剂CT6-4、CT6-4B,以及TiO_2基催化剂CT6-9和LS-901;尾气加氢催化剂CT6-5、CT6-5B和LS-951;用于Superclaus硫回收工艺的选择性氧化催化剂CT6-6、LS-941和LS-961等。

2. 钛基催化剂

目前国内外市场上有两类含钛催化剂产品:一类仍以活性氧化铝为主要成分,添加一定量钛作为活性组分,如法国的 CRS-21、天然气研究院的 CT6-7 等;另一类是由氧化钛粉末、水和少量成型添加剂混合成型后经焙烧而制得,如法国的 CRS-31、天然气研究院的 CT6-9 等。经工业试验证明,此类催化剂对有机硫化合物有良好的水解性能,也基本上不存在催化剂的硫酸盐化问题。但由于其价格比一般活性氧化铝催化剂贵得多,因而目前使用尚不太普遍。

(二)催化剂的失活及其保护

对活性氧化铝硫磺回收催化剂的失活机理已进行了较为详尽的研究,现以此为代表加以阐明。与其他催化剂类似,在活性氧化铝表面(尤其是微孔结构的内表面)上分布有大量活性中心。H_2S 和 SO_2 被吸附在活性中心附近,增加了局部浓度,从而提高了反应速度。催化剂在使用过程中,由于受多种因素的影响,使反应物通向活性中心的途径被阻塞,或者活性中心损失而使转化率下降的过程称为催化剂的失活。一般而言,催化剂的内部结构变化而导致其活性在使用过程中缓慢下降且不能再生;受外部因素影响而产生的失活过程进行得很快,但多数情况下可通过再生而使活性部分或完全恢复。

(1)热老化与水热老化。经验表明,在转化器温度不超过 500℃ 时,这两种老化过程进行得很缓慢,故只要装置操作合理,催化剂的寿命都在 2a 以上。要注意的是必须避免转化器超温,否则活性氧化铝会发生相变化而逐步转化为高温氧化铝,从而使比表面积急剧下降,导致催化剂永久性失活。

(2)硫沉积。硫沉积而导致的催化剂失活一般是可逆的,可采取适当提高床层温度的办法把沉积的硫带出来,或者在停工阶段以过热蒸汽吹扫。

(3)炭沉积。炭沉积是指原料酸气中所含的烃类未能完全燃烧而生成炭或焦油状物质沉积在催化剂上。在上游脱硫装置操作不正常时,醇胺溶剂也会随酸气进入转化器,并发生炭化而沉积在催化剂上。分流法装置由于占总量 2/3 的酸气未进入反应炉,故更容易在催化剂上发生炭沉积。在催化剂上沉积少量炭一般对活性影响不大,但要注意焦油状物质的沉积,在催化剂表面上沉积 1%~2%(质量分数)焦油就有可能使催化剂完全失活。工业上曾采用提高转化器床层温度至约 500℃,并适当加大进反应炉空气量的方法来进行烧炭,但此类方法现已很少使用。因为在此过程中温度和空气量均很难控制,一旦超温就导致催化剂永久性失活。鉴于此,解决炭沉积的关键是消除其起因。

(4)磨耗和机械杂质污染。催化剂的磨耗是不可避免的,但目前国内外生产的活性氧化铝催化剂的磨耗率大多在 1% 以下,已经不是影响活性的主要因素。通常,只要操作合理机械杂质对催化剂的污染也不是影响其活性的主要因素。

(5)硫酸盐化。活性氧化铝的硫酸盐化是影响催化剂活性的最重要因素。因此,装置操作过程中必须尽可能降低过程气中的氧含量,必要时应使用除氧催化剂以防止硫酸盐化。经验表明,适当提高转化器温度和过程气中的 H_2S 含量可使已硫酸盐化的催化剂还原再生,但具体的操作条件应根据装置和催化剂的情况而定。

复习思考题

1. 简述硫磺回收工艺的基本原理。
2. 简述克劳斯法的工艺类型。
3. 简述常用的硫磺回收工艺流程。
4. 简述硫磺回收工艺中的主要设备。

5. 简述影响硫磺回收操作的因素。

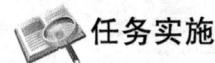任务实施

任务　绘制并讲解硫磺回收工艺流程图

一、学习目标

绘制并讲解硫磺回收工艺流程图。

二、准备工作

(1) 工具、材料准备:A4 纸、尺子、铅笔;
(2) 人员准备:按照要求穿戴劳动保护用品。

三、操作步骤

1. 准备工作

劳动防护用品准备齐全,穿戴整齐,工具、用具、材料准备齐全。

2. 基础知识

硫磺回收工艺流程及设备,如图 4-9 所示。

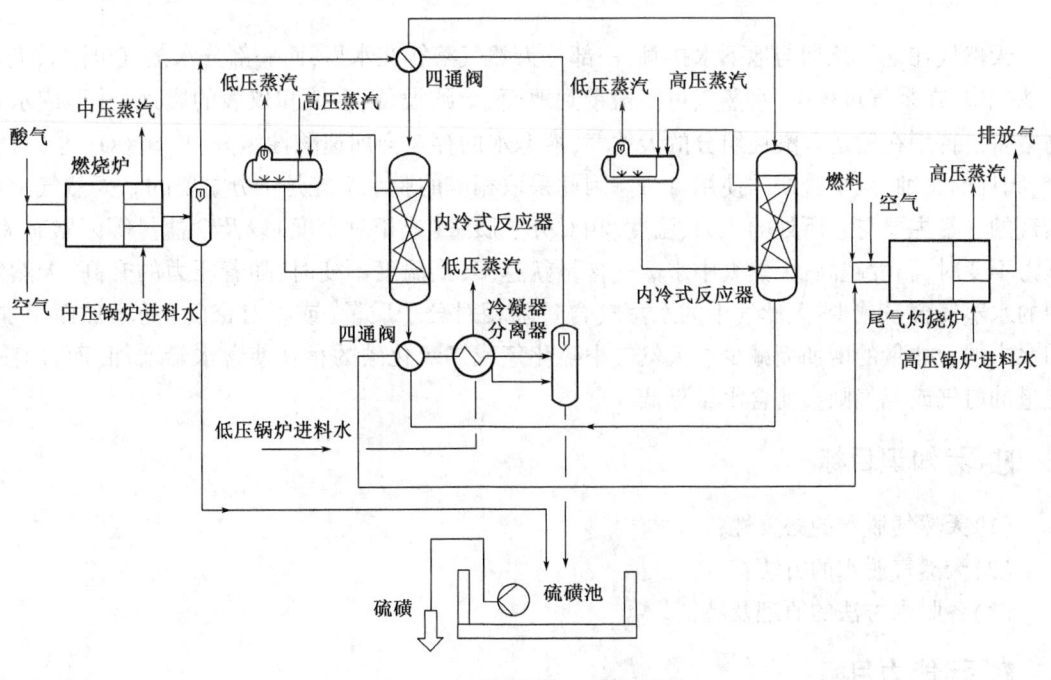

图 4-9　硫磺回收工艺流程图

3. 标注图名

在图最上方填写所需绘图标准名称。

4. 绘制流程图

绘制克劳斯硫磺回收工艺流程图,也可以选择绘制其他硫磺回收工艺。

5. 工艺说明

再生过程分为加热再生和冷却两个阶段。加热阶段是用一股经处理的尾气,由风机加压,并在加热炉中加热至约350℃,使催化剂上吸附的液硫基本脱附。再生气流经冷凝分离硫磺后循环使用。

6. 清理场地

收拾工具,清理现场。

7. 安全文明生产

安全文明操作,在规定时间内完成。

四、技术要求

(1) 在规定时间20min内完成,到时停止操作;
(2) 图幅布局合理、对称、美观线条粗细一致,图纸整洁、清晰。

项目三　天然气脱水操作

天然气在地下长期与地下水接触,一部分天然气溶解在水里;而一部分水蒸气也同时进入天然气中,在采气过程中,水蒸气可能被带到地面,导致设备、管线和仪表的腐蚀,并形成水化物堵塞。特别在输送含酸性组分的天然气,液态水的存在会加速酸性组分(H_2S、CO_2等)对管壁、阀件的腐蚀,减少管线的使用寿命。因此采取相应的脱水措施是十分重要的。天然气中水蒸气的含量主要与它所处的压力、温度、相对分子质量(或相对密度)以及含盐量等因素有关。压力不变时,温度越高,天然气中水蒸气含量就越多;当温度不变时,随着压力的升高,天然气中的水蒸气含量减少;天然气中的水蒸气含量随相对分子质量(或相对密度)的增加而增加;随水中的含盐量的增加而减少。天然气中硫化氢或二氧化碳的存在使含水量增加,而含有一定量的氮气或氢气则会使含水量降低。

知识目标

(1) 天然气脱水的必要性;
(2) 天然气脱水的方法;
(3) 各脱水方法的原理及特征。

能力目标

(1) 能根据现场工业需求合理选择脱水工艺;
(2) 能绘制脱水流程图;
(3) 能进行各类脱水装置的脱水操作。

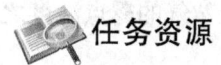 **任务资源**

一、天然气脱水概述

(一)天然气脱水的必要性

水在天然气中的溶解度随压力升高或温度降低而减小,因而对天然气进行压缩或冷却处理时要特别注意估计其中的水分含量,因为液相水的出现至少在以下三方面对处理装置及输气管线是十分有害的:

(1)冷凝水的局部积累将限制管线中天然气的流率,降低输气量,而且水的存在(不论液相或气相)使输气过程增加了不必要的动力消耗,也给处理装置(如轻烃回收装置)上的机泵和换热设备带来一系列问题。

(2)液相水与 CO_2 和(或) H_2S 相混合即生成具有腐蚀性的酸,天然气中酸性气体含量越高,腐蚀性也越强。H_2S 不仅会引起常见的电化学腐蚀,它溶于水生成的 H_2S 能促使阴极放氢加快,同时又能阻止原子氢结合为分子氢,这样就生成大量氢原子聚集在钢材表面,导致钢材氢鼓泡、氢脆及硫化物应力腐蚀、破裂。

(3)含水天然气中所含的水分子和小分子气体及其混合物可能在较高的压力及温度高于0℃的条件下,生成一种外观类似冰的固体水合物。固体水合物可能导致输气管线或其他处理设备堵塞,给天然气储运和加工造成很大困难。

(二)脱水相关概念

现场一般可用绝对湿度、相对湿度、水露点来表示天然气的含水汽量。目前各国对管输天然气中含水汽量指标要求不一,我国常用的有"绝对湿度或绝对含水汽量"及"水露点或露点"两种表示方法。

1. 天然气的绝对湿度

单位体积天然气中含有的水汽的质量,称为天然气的绝对湿度或绝对含水汽量,用 E 表示,单位为 mg/m^3。

2. 天然气的相对湿度

在一定条件下,天然气中可能含有的最大水汽量,即天然气与液态水平衡时的含水汽量,称为天然气饱和含水汽量,用 E_s 表示。

在一定的温度、压力条件下,天然气的绝对湿度 E 与在该条件下的饱和水汽含量 E_s 的比值,称为天然气的相对湿度,即 $\phi = E/E_s$。从该式可看出,相对湿度表示该气体中水蒸气含量接近饱和状态的程度。

3. 天然气的水露点

在一定压力条件下,天然气中水汽含量达饱和(E_s)时的温度称为水露点,简称露点。因此,也可用水露点表示天然气中所含水汽量的多少。一般情况下管输天然气的露点应该比输气管沿线最低环境温度低5℃。

4. 露点降

从天然气脱出的水量的多少,除用绝对含水量的变化表示外,脱水工艺中常用露点降表示。在同一压力下,被水汽饱和的天然气露点温度与经过脱水装置后天然气的露点温度之差,称为露点降。露点降是脱水装置脱水能力的主要指标。

二、天然气脱水的方法

从天然气脱出水汽以降低露点的工艺,称为天然气脱水。有一系列方法可用于天然气脱水,并使之达到管输要求。按天然气脱水的原理可分为液体吸收法、固体吸附法(干燥法)和冷凝法(低温分离法)三大类。近年来国外正在发展用膜分离技术进行天然气脱水,但目前尚在工业上应用不多,而应用最为广泛的是以各种甘醇为脱水剂的溶剂吸收法。其中长庆气田主要采取液体吸收法和冷凝法(低温分离法)。

(一)液体吸收法脱水

液体吸收法是目前天然气工业中使用较为普遍的脱水方法。液体吸收法的基本原理是利用溶剂对天然气、烃类的溶解度低,对水的溶解度高和水汽的吸收能力强的特点,使天然气中的水汽及液态水被溶解和吸收。然后再将含水溶剂与天然气分离,并且溶剂烃再生除去水分后,可返回系统中重复使用。常用的吸收剂有甘醇化合物和金属氯化物溶液两大类。

液体吸收脱水方法中,由于甘醇类化合物具有很强的吸水性,其溶液冰点较低,故广泛应用于天然气脱水装置。20世纪30年代最先用于天然气脱水的是二甘醇。以后发现三甘醇(TEG)的热稳定性更好,且易于再生,蒸气压也更低,携带损失量更小,而且对相同质量浓度的甘醇而言,TEG可以获得更大的露点降,因而20世纪50年代后TEG逐步取代二甘醇成为最主要的脱水溶剂。四甘醇和甘醇混合物也应用于天然气脱水,但用量甚少。甘醇类化合物毒性很轻微,且它们的沸点均较高,常温下基本不挥发,使用不会引起呼吸性中毒,与皮肤接触也不会引起伤害。

当要求脱水后的气体露点降低到 $-20 \sim -40℃$,通常都用三甘醇脱水(TEG溶液)。三甘醇的性质:冰点 $-7.2℃$,沸点 $285.5℃$,理论分解温度 $206.7℃$,再生温度 $190 \sim 210℃$。三甘醇溶液脱水具有较高的脱水深度、化学反应和热作用稳定、容易再生、蒸气压低、黏度小、对天然气和烃液体有较低的溶解度、发泡和乳化倾向小、价格低廉,容易得到等优点。三甘醇以它较大的露点降、技术上的可靠性和经济上的合理性而在天然气脱水中使用最普遍。三甘醇能成功地用于含硫和不含硫天然气的脱水,在以下范围内都可正常运转:露点降为 $22 \sim 78℃$;气体压力为 $0.172 \sim 17.2$ MPa;气体温度为 $4 \sim 71℃$。目前长庆气田和四川气田等普遍采用三甘醇脱水。

1. TEG脱水工艺流程

如图4-10所示,TEG脱水主要包括两大部分——脱水和再生。湿天然气经分离器后进入吸收塔底部,与塔顶注入的贫TEG溶液逆流接触而脱除水分,脱水后的天然气由塔顶排出。吸收塔底部排出的富TEG溶液经换热后进入闪蒸罐,尽可能闪蒸出其中所溶解的烃类,闪蒸气可作为燃料气。闪蒸后的富液进入再生塔,再生好的贫液经冷却后返回吸收塔。

流程包括了很多优化操作方面的考虑,如以气体—甘醇换热器调节吸收塔塔顶温度,以分流部分(或全部)富液换热的方式控制进闪蒸罐的富液温度,以干气汽提进一步提高贫液中TEG的浓度,以及设置多种过滤器等,一般工业装置不一定包括图4-10所示的所有设备,可根据具体工艺要求进行选择。

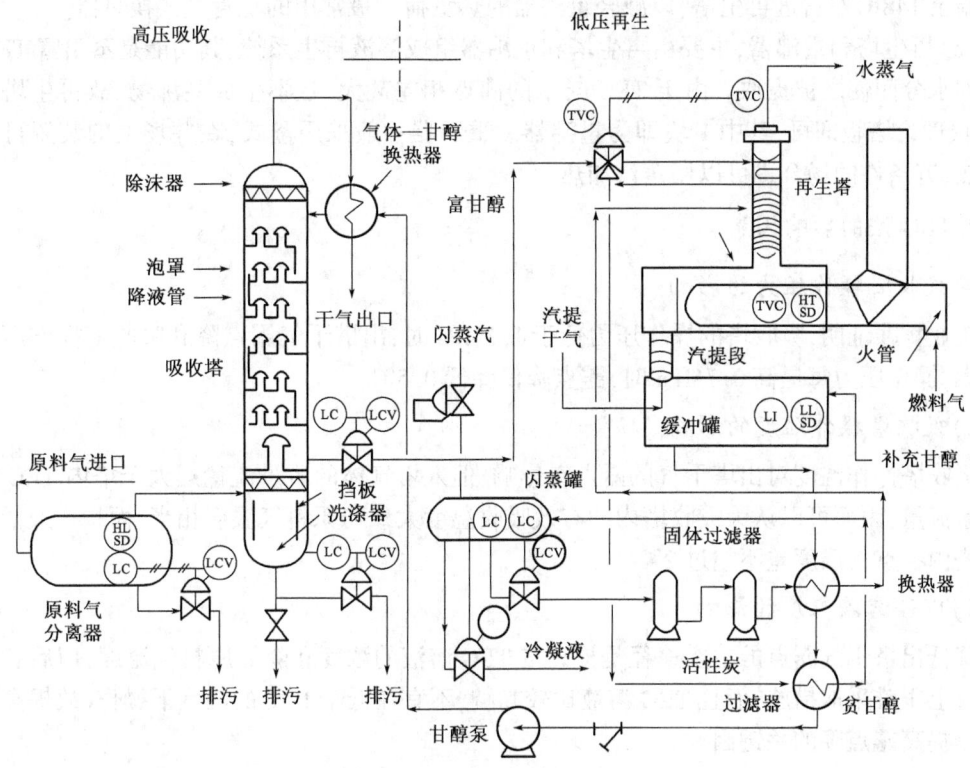

图 4-10 TEG 脱水工艺流程

2. TEG 脱水主要设备

(1) 原料气分离器,其功能是分离掉原料气中夹带的固体或液滴,如砂子、管线腐蚀产物、液烃以及井下作业使用的化学药剂等。常用卧式或立式重力分离器,内装金属网除沫器。如原料气中夹带有很多细小的固体粒子或液滴,应考虑采用过滤式分离器或水洗式能风分离器。脱水后的干气也应通过另一个分离器(图中未示出)后再进入下游设备。

(2) 吸收塔,可以采用填料塔或板式塔,塔顶应设置除沫器。在板式塔中虽然泡罩塔的效率略低于浮阀塔(大致为 25%~33%),但由于 TEG 溶液比较黏稠,而且塔内的液气比较低,故采用泡罩塔盘更为适宜。实际塔板数一般为 4~10 块。塔径小于 300mm 时应采用填料塔,常用的填料为瓷质鞍型填料和不锈钢环,后者虽价格较贵,但不会破碎,且可以达到较高的流率。

(3) 闪蒸罐,其功能是闪蒸出溶解在 TEG 溶液中的烃类,以防止溶液发泡。闪蒸罐的操作压力为 0.35~0.53MPa,溶液在罐内的停留时间为 5~20min,对于重烃含量低的贫天然气,一般停留 10min 就足够了。如果原料气中所含重烃和 TEG 溶液形成了乳状液就会导致溶液发泡,此时应使溶液升温至约 65℃,停留时间达到 20min 左右才能使之破乳而闪蒸出烃类。

(4) 过滤器,其功能是除去 TEG 溶液中的固体粒子和溶解性杂质。常用的有固体过滤器和活性炭过滤器两种。前者以纤维制品、纸张或玻璃纤维为滤料,除去 5μm 以上的粒子。活性炭过滤器则主要用于除去溶液中溶解性杂质,如高沸点的烃类、表面活性剂、压缩机润滑油以及 TEG 降解产物等。

(5) 贫—富液换热器,用来控制进闪蒸罐和过滤器的富液温度,并回收贫液的热量,使富液升温至148℃左右进再生塔,以减轻重沸器的热负荷。最常用的是管壳式换热器。

(6)再生塔和重沸器,主要由再生塔和重沸器组成溶液再生系统,其功能是蒸出富TEG溶液中的水分而使之被提浓。由于TEG与水的沸点相差甚大,且不生成共沸物,故再生塔只需2~3块理论塔板即可,其中1块即为重沸器。重沸器一般采用釜式,在井场上的装置可用火管加热,有条件的场合也可以用蒸汽加热。

3. TEG法的影响因素

1)吸收塔操作压力的影响

工业实践证明,吸收塔的操作压力低于1.7MPa时,出塔干气露点降和吸收塔操作压力关系不大,操作压力每提高0.7MPa时,露点降仅降低0.5℃。

2)吸收塔操作温度的影响

吸收塔操作温度对出塔干气的露点有影响,但入塔气体的质量流量远大于塔内TEG溶液的质量流量,因而可以认为吸收塔内的有效吸收温度大致与原料气温度相当,而且一般情况下吸收塔内各点的温度差不超过2℃。

3)TEG溶液浓度的影响

降低出塔干气露点的主要途径是提高贫TEG溶液的浓度和降低原料气温度,但后者在工业装置上很难采取措施,而且TEG溶液比较黏稠,不宜在低于10℃的温度下操作,故提高TEG浓度是提高露点降的关键因素。

4)TEG循环量、浓度、塔板数的交替影响

脱除每1kg水所需的TEG循环量大致在17~24L之间。同时,确定循环量也要考虑TEG浓度及吸收塔板数,这三者之间的关系可以归纳如下:

(1)循环量和塔板数固定时,TEG浓度越高则露点降越大,这是提高露点降最有效的途径。

(2)循环量和TEG溶液浓度固定时,塔板数越多则露点降越大,但一般工业上都不超过10块实际塔板。

(3)塔板数和TEG溶液浓度固定时,循环量越大则露点降越大,但循环量上升到一定程度后,露点降的增加值明显减少,且循环量过大会导致重沸器超负荷,动力消耗也过大,因此溶液循环量最高不应超过33L/kg(水)。

4. 提高TEG溶液浓度的途径

在常压再生的条件下,贫液中TEG浓度就取决于重沸器温度。由于TEG的热分解温度为206℃,故重沸器的操作温度一般在190℃左右,最高不超过204℃。此时,相应的贫液中TEG浓度质量分数约为98%。若要进一步提高浓度必须采取其他措施,如真空再生、惰性气汽提和共沸蒸馏。

5. 降低TEG损失量的措施

TEG的价格较贵,应尽可能降低其损失量。对正常运转的装置,每处理$100 \times 10^4 m^3$天然气的TEG消耗量大致在8~16kg之间,超过此范围就应检查TEG大量损失的原因。工业经验表明,以下措施对降低TEG损失量是有效的:

(1)选择合理的操作参数。在各种操作参数中温度对TEG损失量的影响最大。吸收塔的

温度应保持在 20~50℃,超过 50℃后 TEG 蒸发损失量过大;重沸器的温度不应超过 204℃,否则不仅蒸发损失量大,而且会导致 TEG 降解变质。

(2)改善分离效果。原料气分离器是保证装置平稳操作的重要设备,不仅必须设置,而且要设计合理。干气出塔后也应经过分离器回收夹带的 TEG 液滴,这对大型装置尤其重要。

(3)保持溶液清洁。与脱硫装置相同,保持 TEG 溶液清洁是平稳操作的重要前提。

(4)安装除沫网。在吸收塔和再生塔顶安装除沫网可以有效地降低因雾沫夹带而造成的 TEG 损失。吸收塔顶一般安装两层除沫网,其间隔至少应为 150~200mm,材质为不锈钢。

(5)加注消泡剂。当 TEG 溶液被污染而发泡时,吸收塔顶产生大量雾沫夹带,单靠除沫网和分离器难以全部回收,此时可以加消泡剂来控制。常用的消泡剂是磷酸三辛酯。

6. 含硫天然气的 TEG 法脱水

在含硫天然气田的开发过程中,为防止集输过程中管线发生腐蚀,应把含硫天然气先脱水后再集输。

(1)富 TEG 溶液的汽提。当含硫天然气与 TEG 接触时,H_2S 会溶解到 TEG 溶液中,其溶解量随分压增加而增加,随温度增加而减少。H_2S 溶解于 TEG 溶液后,不仅导致溶液 pH 值下降,也会与 TEG 反应而导致溶液变质。因此,处理含硫天然气的脱水装置,应在富 TEG 进再生塔前的位置上增设一个富液汽提塔,以不含硫的天然气或其他惰性气体汽提。

(2)装置的防腐。TEG 脱水装置本身就存在腐蚀问题,处理含硫天然气的装置受腐蚀更为严重,必须充分重视。装置防腐的要点可归纳如下:

①腐蚀严重的设备或部位采用不锈钢制作或衬里。

②采取工艺性的防护措施,其要点与脱硫装置类似,如加强分离和过滤,防止气进入系统,降低操作温度和液体流速等。

③使用中和剂或缓蚀剂。

(3)装置的撬装化。处理含硫天然气的装置一般建在井场,处理量不太大,设计的指导思想是在保证达到露点降要求的前提下,尽可能简化流程,减小设备尺寸,并尽可能不用(或少用)水、电和蒸汽,安装要求紧凑,以便实现撬装化。

(二)固体吸附法脱水

固体吸附法脱水是利用天然气与固体粒子相接触,天然气的水分子被固体内孔表面吸附着以达到分离水分的目的。脱水用的干燥剂应能满足高的吸附能力、高的选择性吸附能力、能再生和多次使用、有足够的强度、化学性质稳定、货源充足、价格便宜等要求。常用的天然气脱水的固体吸附剂有硅胶、活性氧化铝、活性铝矾土和分子筛等。其中,硅胶还可以选择性地吸附天然气中的重烃,在 38℃时回收率可达 95%,可以极大降低脱水回收重烃的成本。分子筛是目前国内外使用固体吸附剂脱水中广泛使用的脱水剂,尤其要求深度脱水(如液化天然气之前的深度脱水)时有特殊能力。

溶剂吸收法脱水具有设备投资和操作成本较低廉的优点,但脱水深度有限,露点降一般不超过 45℃,对于诸如天然气液化等需要深度脱水的工艺过程,则必须采用固体吸附法脱水。用这类方法脱水后的干气,含水量可低于 $1mL/m^3$,露点则低于 -50℃。因此,尽管固体吸附法脱水在天然气工业上的应用不及 TEG 法广泛,但当露点降要求超过 44℃时就应考虑采用此类方法。

1. 吸附机理

固体表面上原子的价若已被相邻的原子所饱和,表面分子和吸附物之间的作用力是分子间引力(即范德华力),这类吸附称为物理吸附。在物理吸附中,吸附物在固体表面上可形成单分子层,也可形成多分子层,而且吸附和解吸的速度均较快,且容易达到吸附平衡状态。

固体表面上原子的价若未完全被相邻原子所饱和而还有剩余的成键能力,则可以在吸附剂和吸附物之间有电子转移,并形成化学键。因此,化学吸附是有选择性的,且不易吸附和解吸,达到平衡的速度也较慢。

物理吸附与化学吸附并不是相互排斥的,在同一物系内可能同时发生这两种吸附,也可能先进行物理吸附,然后温度升高后再进行化学吸附。以化学吸附过程脱除天然气中的水分时,由于吸附剂不能用一般方法再生,故工业上很少采用。

气—固吸附一般有三种形式,即间歇操作、半连续操作和连续操作。第一种形式只应用于实验室或小规模工业生产;第三种形式虽然设备效率高,但设备的结构复杂,投资甚高。因此,固体吸附法天然气脱水大多采用半连续操作,即固定床吸附。

对固定床气—固吸附而言,主要有三种再生方法,即温度转换、压力转换和冲洗解吸。在天然气—固体吸附脱水工艺中,实际应用的是第一种方法和第三种方法的结合。

2. 常用固体吸附剂

目前工业上常用的固体吸附剂有硅胶、活性氧化铝、分子筛和活性炭等四种,其中除活性炭外都可以应用于天然气脱水。

吸附的一个重要参数是其湿容量,即每100g吸附剂能从气体中脱除的水汽克数。湿容量有平衡湿容量和转效点湿容量两种。前者指在给定温度下,吸附剂与一定温度的气体达到平衡时每100g吸附剂吸附的水汽克数;在静态条件测定的为静态平衡湿容量,在动态条件下测定的则为动态平衡湿容量。后者是将一定温度的气体通过吸附剂床层,当达到转效点时平均每100g吸附剂吸附的水汽克数。

3. 工艺流程与操作

采用不同吸附剂的天然气脱水装置的基本流程是相同的。脱水装置大多采用固定床吸附塔,如图4-11所示,为保证连续操作,至少需设置两个塔,即一个塔进行脱水,另一个进行再生与冷却,然后切换操作。如采用三塔流程,则一个塔脱水,一个塔再生,另一个塔冷却。如图4-11所示为典型的天然气脱水双塔流程。据此流程,再生气是由湿天然气(原料气)总管线上减压阀前引出的,再生气的压力要考虑到使经过加热器、脱水塔、冷却器和分离器后仍有足够的压力回到减压阀后的湿原料气流中。吸附操作进行到一定时间后,随之进行吸附剂再生。此时,再生气在加热内用蒸汽(也可以用燃料气直接加热)加热到一定温度后,进入塔内再生吸附剂;当床层和出口气体的温度升至预定温度后,则再生完毕。然后关闭通至加热器的蒸汽阀门,湿原料气经过旁通阀门进入吸附器,用于冷却被再生的床层。当被再生吸附剂床层的温度冷却到预定的温度时又开始吸附。

操作周期分为长周期和短周期两类。一般管输天然气脱水采用长周期操作,即在达到转效点时才进行吸附塔的再生,操作周期通常为8h,也有采用16h或24h的,主要取决于原料天然气的水汽含量。当干气的露点要求十分严格时,应采用较低的操作周期,即在吸附传质段的前边线达到吸附剂床层高度的50%~60%时就进行切换。

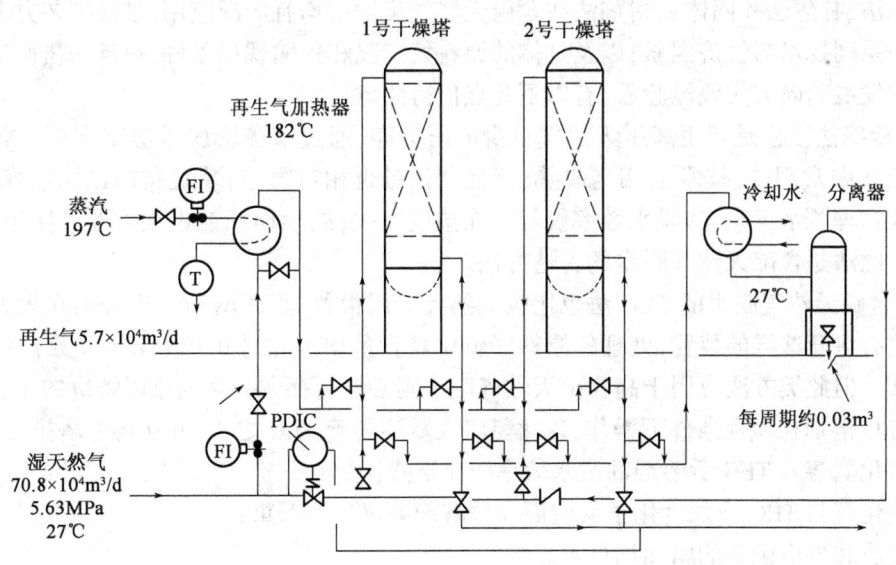

图 4-11 固体吸附法脱水流程

脱水装置的处理量增加或吸附剂使用期限延长时,吸附剂的湿容量都要下降,同时也会使转效点时间变化。因此,工业装置上应按出口干气的露点来控制吸附塔的切换时间,并在干气管线上安装露点测定仪进行调节。

一般吸附剂的再生温度为175~260℃。分子筛深度脱水时,再生温度有时高达370℃,如此高温下再生的分子筛,脱水后干气的露点可降至-100℃。通常再生时间超过4h,吸附剂床层出口温度达到175~260℃的条件下,吸附剂均能得到较完全的再生。有时,为了脱除重烃等残余吸附物,加热至一定的高温是必要的,但在不影响再生质量的前提下,应尽可能采用较低的再生温度,这样既可降低能耗,又可延长吸附剂的使用寿命。

(三)冷凝(低温分离)法脱水

将天然气冷却可使天然气中大部分水蒸气冷凝出来。原理是当压力一定时,天然气中的含水汽量与温度成正比,所以含一定量水蒸气的天然气,当温度降低时,天然气中水蒸气就会凝析出来,这就是低温分离法的原理。低温分离法一般都作为辅助脱水措施。

由于它是依靠低温冷凝分离脱水,此时天然气仍处于饱和状态,因此为防止冰堵,在低温分离的同时,还应加入某种防冻剂(如甲醇、乙二醇、二甘醇等)吸收水分,进一步降低露点。

低温分离脱水的关键是如何使天然气温度降低。目前降低天然气温度的方法有自然冷却、节流膨胀制冷、膨胀机制冷、热分离机工艺等几种。综上所述,脱水方法在现场实际中,固体吸附法应用不多,而普遍采用的是甘醇脱水法和低温分离法或它们合并在一起的方法,其效果好,处理量大,自动化程度高,而且脱水的同时也脱油。

(四)含硫天然气的脱水工艺

以上讨论的脱水工艺都是针对管输(商品)天然气的。但在含硫天然气田的开发过程中,为防止集输过程中形成天然气水合物和管线发生严重腐蚀,经常采用先将原料气脱水后再行集输的工艺方案。在含硫天然气集输中常用的脱水工艺主要有冷冻法、甘醇法和固体吸附剂法。甘醇法主要用三甘醇(TEG)作溶剂;固体吸附剂法则主要用分子筛或活性氧化铝作吸附剂。

冷冻法、甘醇法和固体吸附剂法在含硫天然气集输中均有广泛应用,最佳工艺方案的确定取决于一系列技术与经济因素,以及具体的原料气工况和集输现场条件,很难一概而论。但从国内外的发展动向与实践经验看,有以下几点值得注意:

(1)冷冻法往往是利用高压天然气自身的压力能,通过节流膨胀效应来实现。此类方法是集输工艺中常用的,技术上相当成熟,流程和设备也相对简单,装置腐蚀也比较容易控制。作为一种物理脱水工艺,其脱水效率仅与冷冻温度有关,故操作调控也很方便。鉴于此,只要条件允许此法是含硫天然气脱水的首选方法。

(2)含硫天然气脱水的TEG法也比较成熟且应用很普遍,西南油气田公司在大天池等气田上已建有多套这样的装置,处理的原料气硫化氢含量均不超过0.01(摩尔分数),装置运行基本正常。但此类方法应用于高含硫天然气脱水则必然会存在一系列难以解决的矛盾:

①TEG溶剂在碱性条件下操作,硫化氢将大量溶解于TEG之中,并从再生塔排出;
②硫化氢溶入TEG后溶剂的脱水效率明显下降;
③硫化氢与TEG会发生化学反应而导致溶剂降解变质严重;
④吸收和再生设备的腐蚀均严重。

(3)早在20世纪60年代,分子筛法就成功地应用于高含硫原料气的脱水。多年来的实践证明,在特定条件下以分子筛法干燥高含硫天然气技术上是可行的;但由于分子筛法的装置投资与操作成本均较昂贵,在经济上是否可行则应视具体条件而定。近年来已研制成功了几种新型的分子筛,可以基本排除棘手的酸性气体共吸附问题,不仅有效地降低了操作成本,也解决了环境保护上的难题。

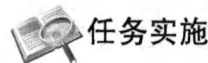复习思考题

1.简述天然气脱水的必要性。
2.简述天然气脱水的方法。
3.简述各脱水方法的原理及特征。

任务实施

任务一 绘制并讲解脱水工艺流程图

一、学习目标

绘制并讲解脱水工艺流程图。

二、准备工作

(1)工具、材料准备:A4纸、尺子、铅笔;
(2)人员准备:按照要求穿戴劳动保护用品。

三、操作步骤

1.准备工作

劳动防护用品准备齐全,穿戴整齐,工具、用具、材料准备齐全。

2. 基础知识

三甘醇脱水流程及设备,如图 4-12 所示。

3. 标注图名

在图最上方填写所需绘图标准名称。

4. 绘制流程图

绘制三甘醇脱水流程图,也可以选择绘制其他脱水工艺。

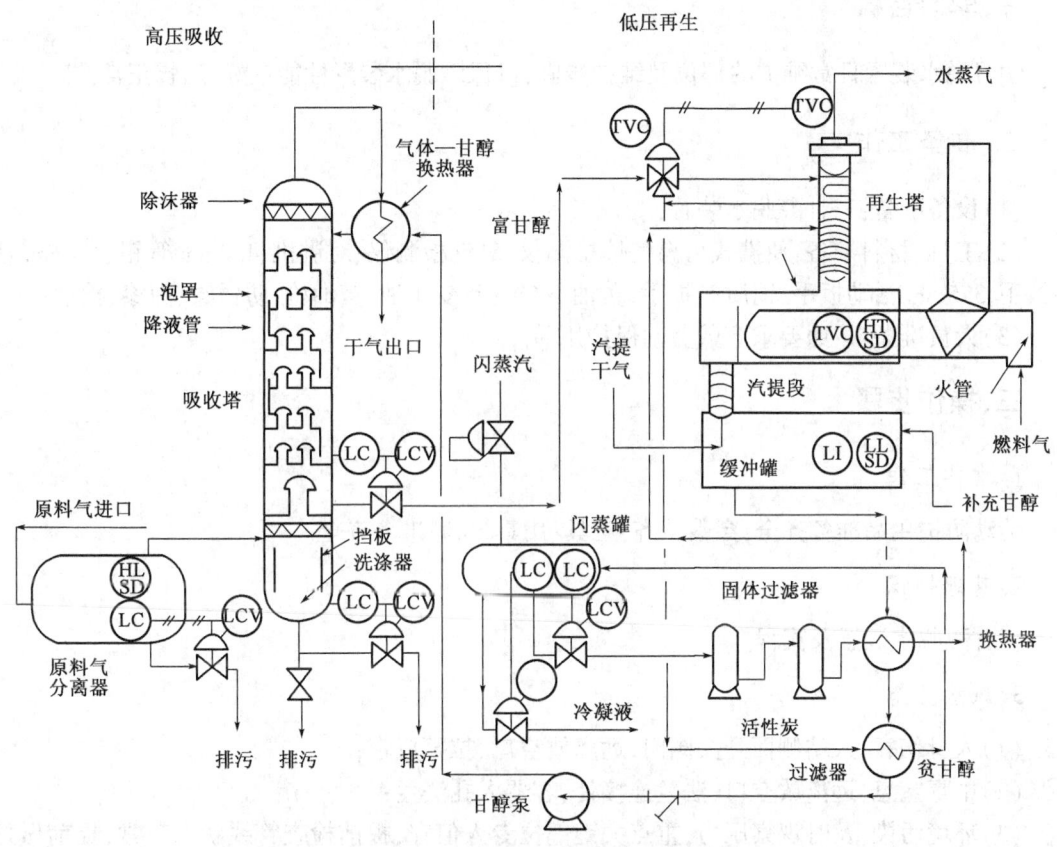

图 4-12 三甘醇脱水工艺流程图

5. 工艺说明

TEG 法脱水主要包括脱水和再生两大部分。湿天然气经分离器后进入吸收塔底部,与塔顶注入的贫 TEG 溶液逆流接触而脱除水分,脱水后的天然气由塔顶排出。吸收塔底部排出的富 TEG 溶液经换热后进入闪蒸罐,尽可能闪蒸出其中所溶解的烃类,闪蒸气可作为燃料气。闪蒸后的富液进入再生塔,再生好的贫液经冷却后返回吸收塔。

6. 清理场地

收拾工具,清理现场。

7. 安全文明生产

安全文明操作,在规定时间内完成。

四、技术要求

(1)在规定时间30min内完成,到时停止操作;
(2)图幅布局合理、对称、美观线条粗细一致,图纸整洁、清晰。

任务二　脱水装置日常维护操作

一、学习目标

学习脱水装置日常维护的部位及维护步骤,以保障脱水装置性能良好,运转正常。

二、准备工作

(1)设备准备:三甘醇脱水装置;
(2)工具、材料准备:便携式可燃气体检测仪、氧气检测仪、对讲机、450mm管钳、300mm活动扳手、375mm活动扳手、铜质F扳手、黄油、密封脂、变压油、黄油枪、防锈漆、面漆、棉纱;
(3)人员准备:按照要求穿戴劳动保护用品。

三、操作步骤

1. 准备工作

劳动防护用品准备齐全,穿戴整齐,工具、用具、材料准备齐全。

2. 基础知识

三甘醇脱水装置及流程。

3. 风险防范

(1)人身伤害:人站侧面开关阀门,远离放空口、拉警戒带;
(2)中毒窒息:远离放空口、法兰连接处、容器人孔法兰;
(3)环境污染:及时观察压力,重点关键部位专人值守,提前检查管线状态正常,提前做好地面油泥防落地工作,设立临时存放点,及时统一拉运处理。

4. 具体操作过程

(1)对所有阀门定期(一个月)加注润滑油,阀门丝杆抹变压油。
(2)防止设备管线外腐蚀,对锈蚀处除锈刷漆。
(3)按规定定期切换空压机、循环泵。
(4)对停运脱水装置的气动调节阀定期(一个月)手动开启并上下活动,检查其性能。
(5)对停运脱水装置易发生腐蚀的调节阀、流量计、自控仪表等可于用塑料薄膜包扎、防止日晒雨淋。
(6)检查停运脱水装置二次仪表各种连接部位是否拧紧。
(7)检查现场仪表指示与自动控制系统显示是否一致。
(8)及时处理自动控制系统报警。

5. 清理场地

收拾工具,清理现场,填写资料。

6. 安全文明生产

安全文明操作,在规定时间内完成。

四、技术要求

(1)工艺阀门的日常维护详见各类工艺设备的操作维护规程。
(2)自动控制系统、机泵等方面的日常维护详见自动控制系统、机泵的操作维护规范。

任务三　脱水装置开车操作

一、学习目标

学习并掌握脱水装置开车操作及其技术要求,以保证脱水装置正常投入运行。

二、准备工作

(1)设备准备:三甘醇脱水装置;
(2)工具、材料准备:便携式可燃气体检测仪、氧气检测仪、对讲机、450mm 管钳、300mm 活动扳手、375mm 活动扳手、铜质 F 扳手、黄油、密封脂、变压油、黄油枪、防锈漆、面漆、棉纱;
(3)人员准备:按照要求穿戴劳动保护用品。

三、操作步骤

1. 准备工作

劳动防护用品准备齐全,穿戴整齐,工具、用具、材料准备齐全。

2. 基础知识

三甘醇脱水装置及流程。

3. 风险防范

(1)人身伤害:人站侧面开关阀门、远离放空口、拉警戒带;
(2)中毒窒息:远离放空口、法兰连接处、容器人孔法兰;
(3)环境污染:及时观察压力,重点关键部位专人值守,提前检查管线状态正常,提前做好地面油泥防落地工作,设立临时存放点,及时统一拉运处理。

4. 具体操作过程

(1)动力供应到位。
(2)空压机持续提供符合要求的仪表风。
(3)单机调试已完成。
(4)设定脱水装置运行时各项工艺参数的高低限值。
(5)所有过滤元件装填完毕,脱硫塔能正常工作,并提供合格的燃料气。如果是滤网式过滤器,脱水装置初次投产时,应用较大目数的滤网。

(6)重沸器、缓冲罐已加满三甘醇,三甘醇应有一定备用量。

(7)所有阀门、仪表、接头齐全,阀门开闭位置符合要求;仪表引液、引压阀开启。

(8)检查防毒面具、灭火器材齐全完好。

(9)循环冷却水是否畅通。

(10)除吸收塔三甘醇液位控制阀外,倒顺三甘醇流程、天然气流程。

(11)现场仪表调检准确,且与控制室内自动控制系统显示一致。

5. 三甘醇冷循环

(1)当三甘醇循环泵为能量回收泵时,吸收塔先建压再建液位,吸收塔建压至操作压力时启泵循环。当三甘醇循环泵为电泵时,吸收塔先建液位再建压,吸收塔达到正常液位时,建压至操作压力,将吸收塔三甘醇出口液位调节阀投入自动控制状态。

(2)闪蒸罐建液位达到设定值时,建压 0.35~0.42 MPa,将闪蒸罐液位调节阀及压力调节阀投入自动控制状态,确保其输出值与显示屏示值一致。

(3)打开机械过滤器、活性炭过滤器进出口阀,如三甘醇温度较低,活性炭过滤器走旁通。

(4)检查缓冲罐液位是否正常,液位过低及时补充。

(5)调节控制回路,确保各个点的输出值与自动控制系统显示一致。

6. 三甘醇的热循环

(1)逐级调节好燃料气各级操作压力。

(2)灼烧炉点火,调节一、二次风门,确保火焰燃烧正常。

(3)重沸器点火,调节一、二次风门,确保燃烧火焰正常。

(4)重沸器温度在 200~204℃,且三甘醇浓度大于 98% 时,完成热循环。

7. 脱水装置进气和生产调节

(1)缓慢打开脱水装置进气阀,严格控制进气速度,压力上升速度在 0.2~0.3 MPa/min。

(2)当吸收塔压力达到正常操作压力后,在控制室手动缓慢打开脱水装置背压调节阀,以 4%/min 左右的速度打开,控制其开度,并注意观察吸收塔塔压的变化情况,适当调整吸收塔背压调节阀的开启速度,直到吸收塔压力稳定在设定值很小范围内波动(±0.1 MPa),将吸收塔背压投入自动控制。

(3)调整流程为正常生产流程,并将所有自控回路投入自控,检查所有的参数设定是否正常。

(4)根据分析化验结果,调整有关运行参数,并做好原始资料录取。

8. 清理场地

收拾工具,清理现场,填写资料。

9. 安全文明生产

安全文明操作,在规定时间内完成。

四、技术要求

(1)开车前,设定好各放空阀的动作压力值。

（2）开车时，所有调节阀先投入手动状态，在达到设定值时，投入自动状态。

（3）热循环时，控制重沸器温升在35℃/h左右，160℃以上温度应在25℃/h以下，严禁加热过快。

（4）经过水洗后的装置，装置内部有少量积水，三甘醇会因此稀释。所以在开车热循环过程中，重沸器温度在90℃、120℃、150℃左右应保持恒温，并化验三甘醇浓度，在其浓度大于98%后才能继续升温。

（5）热循环中，重沸器温度不允许超过204℃。

（6）严格控制吸收塔进气速度，压力上速度控制在0.2~0.3MPa/min。

（7）脱水装置开车后未稳定运行时，必须加密现场巡回检查次数，确保所有操作参数在正常范围内波动。

（8）吸收塔进气前，应确保三甘醇贫液浓度大于99%，富液浓度大于98%。

任务四　脱水装置停车操作

一、学习目标

学习脱水装置停车操作及其技术要求，以保证脱水装置安全平稳地停车。

二、准备工作

（1）设备准备：三甘醇脱水装置；

（2）工具、材料准备：便携式可燃气体检测仪、氧气检测仪、对讲机、450mm管钳、300mm活动扳手、375mm活动扳手、铜质F扳手、黄油、密封脂、变压油、黄油枪、防锈漆、面漆、棉纱；

（3）人员准备：按照要求穿戴劳动保护用品。

三、操作步骤

1. 准备工作

劳动防护用品准备齐全，穿戴整齐，工具、用具、材料准备齐全。

2. 基础知识

三甘醇脱水装置及流程。

3. 风险防范

（1）人身伤害：人站侧面开关阀门，远离放空口、拉警戒带。

（2）中毒窒息：远离放空口、法兰连接处、容器人孔法兰。

（3）环境污染：及时观察压力，重点关键部位专人值守，提前检查管线状态正常，提前做好地面油泥防落地工作，设立临时存放点，及时统一拉运处理。

（4）操作前首先与有关单位取得联系，确定上游采气井站的关井时间。其次做好三甘醇回收准备工作。脱水装置定期检修时正常停车操作。

4. 具体操作过程

（1）在确认采气井站关井，且管网压力平衡后，切断重沸器燃料气气源，三甘醇继续循环，待重沸器内三甘醇温度降至65℃左右,停止三甘醇循环。

(2)切断脱水装置上、下游干气进出气阀门。将重沸器、缓冲罐内所有三甘醇回收至三甘醇储罐。

(3)将吸收塔、闪蒸罐、机械过滤器、活性炭过滤器内的三甘醇回收至三甘醇储罐。三甘醇回收完毕后,将所有设备的三甘醇回收阀门关闭。

(4)过滤分离器、吸收塔、闪蒸罐分别进行排污。排污完毕,从吸收塔放空系统将脱水装置余气泄放掉。

(5)将机械过滤器、活性炭过滤器及滤芯进行清洗或更换,清洗重沸器和缓冲罐。

(6)切断灼烧炉燃料气源,停运空压机,做好脱水装置停运的详细记录。

5. 脱水装置短期正常停车操作

(1)待管网压力平衡后,缓慢关闭天然气进出站阀门。

(2)停车小于48h,将重沸器再生温度设定至120℃,继续热循环。

(3)停车大于48h,继续热循环,当富液浓度大于98%时,关闭重沸器燃料气。

(4)继续冷循环,当缓冲罐甘醇温度降至65℃时,停循环泵,同时关闭吸收塔、闪蒸罐三甘醇出口阀。

(5)保持吸收塔、闪蒸罐、重沸器、缓冲罐各压力、液位在正常范围,做好开车准备。

6. 脱水装置紧急停车操作

(1)当出现电源中断、仪表风、三甘醇循环泵故障、火灾等突发性事故时,应立即进行紧急停车(按紧急停车按钮)。

(2)脱水站进出气阀切断后,甘醇循环系统按短期正常停车步骤进行。

(3)与调度室尽快取得联系,通知关闭脱水装置上游采气井站。

(4)立即分析事故原因,采取相应措施,排出故障尽快恢复生产。

7. 清理场地

收拾工具,清理现场,填写资料。

8. 安全文明生产

安全文明操作,在规定时间内完成。

四、技术要求

1. 脱水装置定期检修时的正常停车操作

(1)先关脱水装置上游采气井站,再进行脱水装置停车。

(2)停止进气后,注意观察吸收塔、闪蒸罐液位,防止液位超高。

(3)停车时,甘醇温度必须降到65℃以下,才能停止循环泵。

(4)应尽量将脱水装置内的甘醇回收干净。

2. 脱水装置短期正常停车操作

(1)先关脱水装置上游单井,再进行脱水装置停车。

(2)停止进气后,注意观察吸收塔、闪蒸罐液位,防止液位超高。

(3)如果出站阀有调压作用,应在单井关井后,缓慢手动打开此阀平衡压力,切忌突然以较大开度打开此阀。

3. 脱水装置紧急停车操作

（1）停止进气后，注意观察吸收塔、闪蒸罐液位，防止液位超高。

（2）注意观察进站管线压力，如压力超高，立即放空泄压。

任务五　投运分子筛脱水装置

一、学习目标

投运分子筛脱水装置的操作方法。

二、准备工作

（1）设备准备：分子筛脱水装置；

（2）工具、材料准备：350mmF 扳手、四合一检测仪、防爆对讲机、测温枪；

（3）人员准备：按照要求穿戴劳动保护用品。

三、操作步骤

1. 准备工作

劳动防护用品准备齐全，穿戴整齐，工具、用具、材料准备齐全。

2. 基础知识

分子筛脱水装置的结构、特点和流程。

3. 风险防范

（1）触电：送、断电做好防护措施，并防止接触带电部位；

（2）烫伤：操作时正确穿戴劳保用品，做好管线隔热保温，严格按操作规程进行操作；

（3）泄漏：操作前检查设备、仪表、管路及法兰附件齐全完好，各法兰连接正常，流程导通；

（4）高处坠落：上平台必须扶扶手，在平台上操作做好防护措施，防止坠落；

（5）管线憋压：做好操作前的流程检查，观察和控制系统压力，一人操作一人确认。

4. 分子筛投用前的检查

（1）检查供配电系统、控制系统完好；

（2）检查液位、压力、差压、温度仪表完好，处于投运状态；

（3）检查确认工艺流程正确，阀门、管路、法兰完好无渗漏；

（4）所有的切断阀均由 ESD 控制，设置为正常阀位状态；

（5）安全阀前后控制阀打开并打铅封，放空阀及排污阀关闭；

（6）检查程控阀工作正常，按照时序表开关，阀门无卡阻；

（7）检查仪表风阀门打开，仪表风压力 0.6～0.8MPa；

（8）检查所有高点排气阀、低点排液阀、取样阀关闭；

（9）检查所有调节阀、紧急放空阀前后手阀打开，旁路手阀和截止阀关闭。

5. 系统建压

(1) 根据阀门开闭检查表确认所有阀门处于开车状态;

(2) 将分子筛控制投入自动,A 塔吸附,B 塔冷吹、再生;

(3) 接到供气通知后,做好投用准备,记录投用时间;

(4) 确认 A 塔分子筛原料气进出口阀,B 塔分子筛再生干气进出口阀;

(5) 倒通再生气循环流程;

(6) 升压至操作压力的 30%,保压 5~10min,检查无泄漏继续升压至 60%,检查无泄漏缓慢升压至操作压力 1.5~1.8MPa。

6. 建立再生气循环

(1) 启动再生压缩机再生;

(2) 打开再生气压缩机入口阀、出口阀,启动再生气压缩机,通过流量调节阀调节再生气流量至设计值;

(3) 观察并记录再生气压缩机压力、温度流量控制等参数;

(4) 启动再生气空冷器;

(5) 开启再生气换热器导热油进口阀、出口阀,引入导热油,系统建立再生气热循环;

(6) 系统压力升至操作压力,ESD 系统远程开启分子筛脱水装置至外输总管切断阀;

(7) 手动远程控制干气去外输管线压力调节阀,调节分子筛单元压力为设定值;

(8) 通过再生气压缩机出旁路控制阀调节再生气流量在规定值;

(9) 分子筛系统运行稳定,取样分析水露点达到(-70℃)标准并且平稳运行 72h 后,投用中冷装置;

(10) 打开深冷装置原料气进气阀压力平衡阀引气充压,压力平衡后开启进深冷装置手动球阀,关闭干气去外输阀;

(11) 系统运行平稳后,将系统内的自控仪表和调节阀及切断阀投入自动,做好装置运行记录。

7. 运行检查

(1) 检查设备液位及各点温度、压力、流量、差压参数正常;

(2) 检查机动设备(空冷器、压缩机)运行应正常;

(3) 检查设备系统容器、管线、法兰、阀门、仪表无泄漏;

(4) 按照操作记录要求,详细、准确做好巡检记录。

8. 清理场地

收拾工具,清理现场,做好原始记录。

9. 安全文明生产

安全文明操作,在规定时间内完成。

四、技术要求

(1) 在规定时间 40min 内完成,到时停止操作;

(2) 首次投入使用按 A 塔吸附,B 塔冷吹,C 塔热吹程序控制。

任务六　天然气水露点不合格分析与处理

一、学习目标

天然气水露点不合格分析与处理。

二、准备工作

(1)设备准备：中控电脑、DCS系统、注甲醇系统、液氮车；

(2)工具、材料准备：甲醇、液氮、铜质F扳手、8~32mm开口扳手、300mm活动扳手、375mm活动扳手；

(3)人员准备：按照要求穿戴劳动保护用品。

三、操作步骤

1. 准备工作

劳动防护用品准备齐全，穿戴整齐，工具、用具、材料准备齐全。

2. 基础知识

天然气水露点不合格的分析及处理方法。

3. 风险防范

(1)人身伤害：直接接触低温部位现场操作，需加强防护；在解冻、放空、泄压、容器打开前，确认压力；人站侧面开关阀门。

(2)机械伤害：运转设备必须在确认已完全停止转动才能操作；检查装好护盖（罩），与转动设备保持安全距离。

(3)超压憋压：正确切换流程，流程检查，一人操作一人确认。

(4)着火爆炸：做好管线焊接处、法兰连接处、容器人孔法兰逐级升压、验漏。

(5)环境污染：提前做好地面油泥防落地工作。

4. 现象判定

(1)分子筛脱水后的气体进入深冷装置；

(2)现场管线上设置有在线水露点监测仪，当水露点分析仪显示-70℃，分析仪在DCS系统上提示高报；

(3)当分子筛水露点继续升高，密切关注深冷装置多股流换热器各流道的差压，防止出现冻堵情况；

(4)若水露点持续上升，多股流换热器（冷箱）差压持续增大，则表明深冷装置出现冻堵。

5. 将不合格干气转外输

(1)若冻堵情况短时间无法解决，则根据实际情况，选择性跨过深冷装置，直接从分子筛装置后端节流进外输管网；

(2)导通分子筛产品气去外输管线流程：缓慢开启去外输手动球阀，中控远程打开外输关断阀，产品气经外输调压阀调压至3.6~4.0MPa去外输单元；

(3)切断干气去深冷装置管线流程;缓慢关闭深冷装置进气球阀。

6. 水露点不合格原因分析

(1)再生气温度偏低,导致分子筛再生不彻底;
(2)再生气流量太小,导致分子筛再生不彻底;
(3)原料气温度或流量超过设计值;
(4)原料气分离效果不好,导致带大量液进分子筛塔;
(5)吸附剂失效。

7. 水露点不合格解决处理

(1)再生气温度偏低处理方法:
①调节再生气调节阀的开度,减小再生气流量,再生气流量范围为$(16 \sim 30) \times 10^4 m^3/d$;
②调节再生气加热器导热油控制阀的开度,增大导热油流量,使热吹结束后分子筛床层温度在240℃以上。
(2)再生气流量太小处理方法:
调节再生气调节阀的开度,增大再生气流量,再生气流量不得高于$30 \times 10^4 m^3/d$。
(3)原料气温度或流量超过设计值处理方法:
控制原料气进站温度或进站气量。
(4)原料气分离效果不好,导致带大量液进分子筛塔处理方法:
①检查进口分离器液位计和液位调节阀是否正常;
②判断原料气分离器高效分离内件是否正常。
(5)吸附剂失效处理方法:
①从分子筛塔取样口取样,检查分子筛吸附剂吸水情况;
②更换吸附剂,为提高其使用寿命,应充分分析导致吸附剂失效原因,如原料气含蜡、含润滑油、分子筛粉化等。

8. 水露点严重不合格

(1)水露点严重不合格时,产品气达不到外输条件,应关停分子筛脱水装置问题排查,调整操作条件来解决问题;
(2)若存在设备机械故障,则按停产步骤,排空气体,进行设备检修维护;
(3)及时汇报值班干部,按指令要求停止向分子筛装置供气,准备投浅冷装置;
(4)切断装置来气,关闭分子筛装置原料气进口阀门;
(5)切断产品气管线,关闭产品气去外输关断阀门、外输调节阀和外输阀门;
(6)装置停产保压,再次排查水露点不合格的原因,若需要检修设备则将装置内气体排空,进入检修程序。

9. 恢复生产

(1)检修完成后,按生产工艺要求分子筛脱水装置重新进气,控制再生气量;
(2)在线水露点监测仪,当水露点分析仪显示达到-70℃以下,根据《深冷凝液回收装置操作投运方案》,恢复正常生产。

10. 清理场地

收拾工具,清理现场,做好原始记录。

11. 安全文明生产

安全文明操作,在规定时间内完成。

四、技术要求

(1)在规定时间 40min 内完成,到时停止操作;
(2)分子筛床层温度在 240℃以上。

项目四 天然气凝液回收操作

除含水、含酸性组分外,对商品天然气的燃烧热值和烃露点有一定要求。气体加工包括从天然气内回收较重的、高热值组分,把气体燃烧热值控制在商品气要求的范围内;从气体中回收重组分,也就是天然气凝液(轻烃或轻油,NGL),即回收天然气中乙烷以上的组分,所以天然气凝液中含有乙烷、丙烷、丁烷及更重烃类。从天然气中回收凝液的过程称为天然气凝液回收或天然气液回收(NGL 回收),我国习惯上称为轻烃回收。

知识目标

(1)凝液回收的目的;
(2)凝液回收的工艺方法;
(3)各工艺方法的实施原理。

能力目标

(1)绘制凝液回收的工艺流程图;
(2)能进行凝液回收工艺操作。

任务资源

一、天然气凝液回收概述

(一)天然气凝液回收的目的

从气体内回收凝液的目的有三种:满足管输要求;满足天然气燃烧热值要求;在某些条件下,需最大限度地追求凝液的回收量,使天然气成为贫气。

(1)满足管输要求 开采的气体内含中间和重组分越多,气体的临界凝析温度越高。这种气体在管输过程中,随压力和温度条件的变化将产生凝液,使管内产生两相流动,降低输量,增大压降,在管线终端还需设置价格昂贵的液塞捕集器分离气液、均衡捕集器气液出口的压力和流量,使下游设备能正常运行。为使输气管道内不产生两相流动,气体进入干线输气管前,一般需脱除较重组分,使气体在管输压力下的烃露点低于最低管输温度。为安全起见,有些国家和输气公司要求气体的临界凝析温度低于最低管输温度。这样,需从含 C_{2+} 较多的天然气(称富气)内回收轻烃,以满足管输要求。

(2)满足商品气的质量要求

各国或气体销售合同对商品天然气的热值都有规定,热值一般应控制在 35.4~37.3MJ/m³ 范围内,热值也不是越高越好,最大不高于 41MJ/m³,可用烃露点控制气体内重组分含量和热值。C_1 热值为 37.7MJ/m³,C_2 约为 66.0MJ/m³,仅 C_1 一般就能满足天然气最低热值的要求。对较富的气体,特别是油田伴生气和凝析气,一般都需要回收轻油,否则热值将超过规定范围。

在天然气内还存在非燃组分 N_2、CO_2,使气体热值降低。若非燃组分在气体内的含量较高,则必须在气体内留下部分热值较高的中间组分(如 C_2、C_3),以满足天然气最低热值的要求。当 N_2 含量很高时,还需脱氮才能生产出符合要求的商品天然气。商品天然气对热值的要求是国家或销售合同规定的强制性指标,不管天然气凝液回收的经济效益如何,都应进行这项工作。

(3)追求最大经济效益开采凝析气藏时,有时为追求气藏有最大的 NGL 采收率,采出气体在脱出轻烃后,贫气(含 C_{2+} 极少的气体)再注入地层,保持气藏压力在气体露点压力以上。一旦气藏压力降至气液两相区,气藏内产生的 NGL 体积很小,无法开采至地面,降低了凝析气藏的采收率,最终影响气藏的效益。

(二)天然气类型对天然气液回收的影响

天然气类型主要决定了可以冷凝回收的烃类的组成和数量。

(1)气藏气,主要由甲烷组成,乙烷及更重烃类含量很少。只有当轻烃成为产品时其价值比在商品气中高时,才考虑进行天然气凝液回收。

(2)伴生气,通常轻烃多,为了满足商品气或管输气对烃露点和热值的要求,同时也为了获得一定数量的液烃产品,必须进行天然气凝液回收。

(3)凝析气,轻烃含量多,应进行回收。

二、天然气凝液回收方法

天然气凝液的回收方法基本上分为吸附法、油吸收法和冷凝分离法三种。

(一)吸附法

吸附法系利用固体吸附剂(如活性炭)对各种烃类的吸附容量不同,从而使天然气中一些组分得以分离的方法。缺点是需要几个吸附塔切换操作,产品的局限性大,加之能耗较大,成本较高,因而目前应用较少。

(二)油吸收法

油吸收法系利用不同烃类在吸收油中溶解度不同,从而使天然气中各个组分得以分离的方法。吸收油一般采用石脑油、煤油或柴油,是五六十年代广为使用的一种天然气液回收方法。但是,由于油吸收法投资和操作费用较高,70 年代以后已逐渐被更加经济且先进的冷凝分离法所取代。

(三)冷凝分离法

冷凝分离法是利用在一定压力下天然气中各组分的挥发度不同,将天然气冷却至烃露点温度以下,得到一部分富含较重烃类的天然气凝液。这是现场目前常用的方法,此法的特点是需要向气体提供足够的冷量使其降温。按照提供冷量的制冷系统不同,冷凝分离法可分为冷剂制冷法、直接膨胀制冷法和联合制冷法三种。

现今从天然气内回收凝液几乎全部采用冷凝法,因而这里对冷凝法的各种流程进行详细介绍。

1. 浅冷法

浅冷法主要用于控制天然气烃露点,防止输送管线内产生气液两相;或以回收天然气内的 C_{3+} 为目的,降低天然气热值,增加油气田利润。浅冷流程内的管线和设备不需用特殊钢材,凝析油单位体积或质量的生产成本较低,因而在我国油气田获得广泛使用。在烃露点控制中应注意:在较低压力下,天然气有可能发生反向凝析。气体内最重组分的分子量越大,气体临界凝析温度越高,越易发生反向凝析。天然气的露点线不取决于重组分的总量,而主要取决于气体内最重组分的特性。为防止输气管线内出现气液两相,气体的烃露点控制应留有一定安全余量,或用临界凝析温度作为对气体露点温度的要求。

凝液回收率指回收装置单位时间内凝液的摩尔量与原料气摩尔量之比,用来描述回收装置从天然气内脱出凝液的能力。有时也常说某烷烃的回收率,如丙烷回收率即指得到的液体丙烷摩尔数与原料气内丙烷摩尔数之比。显然,气体温度越低,得到的凝液越多,凝液回收率越高。凝液回收率与气体组成、压力和制冷温度都有关系。

1) 节流低温分离流程

井口压力高、气流有富余压力可利用时,常用节流膨胀制冷,使天然气获得冷量,分出液态水和凝析烃,控制气体的水露点和烃露点,使之符合管输要求并降低天然气热值。典型的节流低温分离流程如图 4-13 所示。

2) 冷剂制冷流程

冷剂制冷流程有各种设计,现讨论四种从原料气内分出 NGL 的常见流程,如图 4-14 所示。图中,四种冷剂制冷典型流程的主要区别为换热方式和塔顶气排出方式不同,或掺入原料气或掺入残余气。稳定塔为分馏或提馏塔,塔顶产品为 C_1 和 C_2,塔底产品为 C_{3+}。

流程(a)中,原料气与低温分离器来的气、液进行二级换热降温,使冷剂蒸发器的负荷降低。分离器分出的液体为原料气提供冷量后进入稳定塔顶部,由于塔顶温度较高,塔顶气内仍含有一定量应回收的凝液组分,需经再压缩后进入原料气。残余气的露点由低温分离器的温度控制。

流程(b)中,分离器分出的液相直接进入稳定塔顶部,因而塔顶温度低于流程(a),并有塔顶液相内回流,塔顶气内凝液组分较少,故利用塔顶气的冷量使制冷剂降温、再压缩后掺入残余气。稳定塔顶的温度总高于分离器温度,因而塔顶气掺入残余气后会使残余气露点升高。为保证残余气露点,流程(b)的分离器温度应低于流程(a)。

流程(c)用分馏塔使凝液稳定,塔顶有外回流,组分分割效果好,因而凝液回收率高,塔顶气的露点低,可直接掺入残余气,但建设和操作成本相应提高,这种流程适用于气体处理量较大的加工厂。

流程(d)是将分离器液相增压后进入稳定塔,塔压高于原料气压力,塔顶气无须压缩可直接掺入原料气内。

在以上四种流程中,(b)(c)是将塔顶气掺入残余气内;而流程(a)(d)则掺入原料气内,即塔顶气始终在流程内循环,而输出的残余气仅由低温分离器提供。塔顶气在流程内循环,会增加再压缩机或泵、制冷设备和塔的负荷,增大稳定塔尺寸并增加分离 NGL 和不凝气所需的热耗。因而流程(b)(c)适用于塔顶气量较大场合,如原料气较富,在分离器内凝液多,夹带的

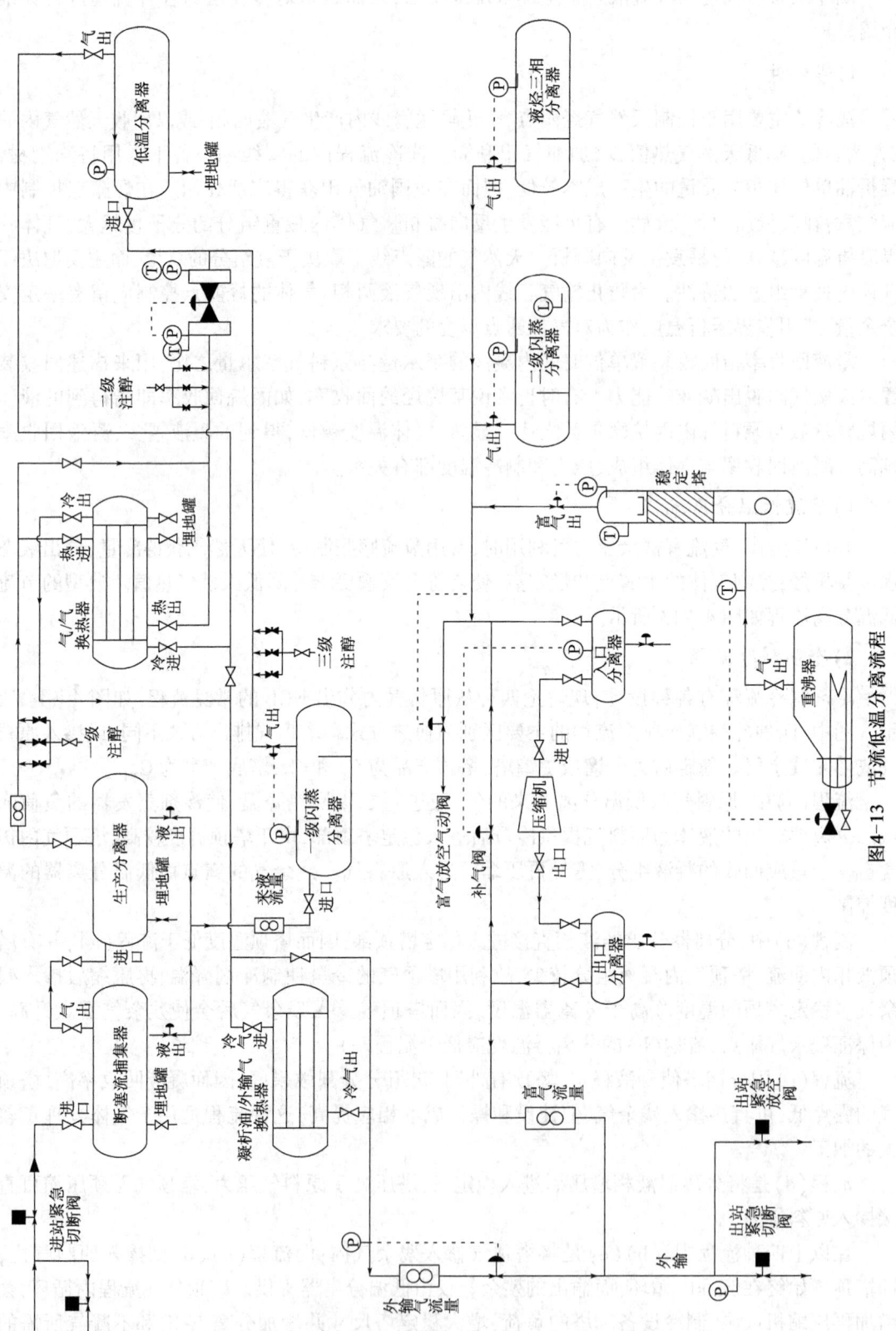

图 4-13 节流低温分离流程

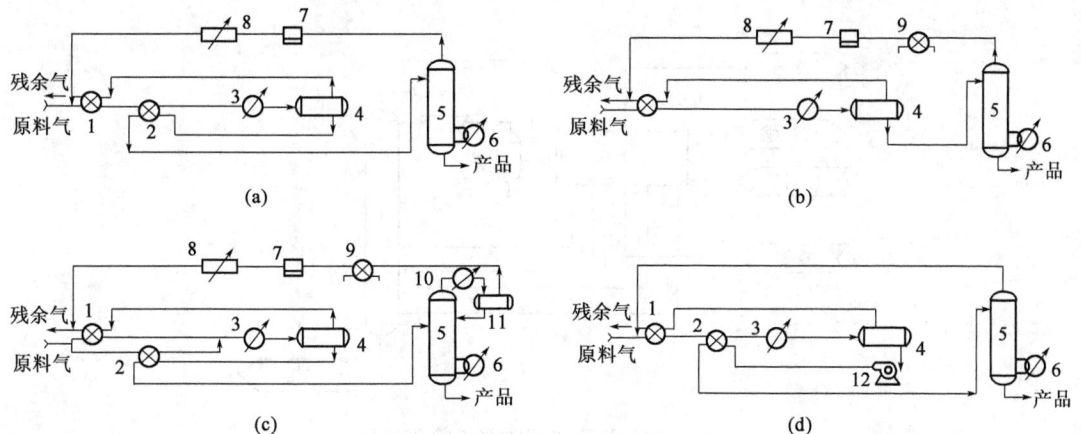

图 4-14 冷剂制冷流程
1—气/气换热器；2—气/液换热器；3—冷剂蒸发器；4—低温分离器；5—稳定塔或分塔；6—重沸器；
7—再压缩机；8—冷却器；9—气/制冷剂换热器；10—塔顶冷凝器；11—回流罐；12—进料泵

塔顶气组分多；只回收 C_{3+}，C_1 和 C_2 作为塔顶气；分离器压力较高、温度较低、凝液量多的情况。相反，若分离压力低(低于 4.0MPa)，原料气较贫(低于 0.4L/m³)，也需要回收 C 时，可采用流程(a)；若分离压力低于 2.7~3.0MPa，可采用流程(d)。

在浅冷法中，常用的制冷剂为氨和丙烷，两者的常压沸点分别为 -33.3℃ 和 -42.1℃。为避免空气进入制冷系统，常在正压下运行，故天然气不可能获得低于冷剂常压沸点的低温。

2. 中冷和深冷法

浅冷法只能使天然气内 C_3 的回收率达到中等至较大比例。欲进一步提高 C_3 收率并回收 C_2，必须进一步降低天然气温度，即采用中冷或深冷法。

由制冷方法可知，节流膨胀制冷、冷剂制冷和透平膨胀机制冷均可达到中冷和深冷温度。在天然气凝液回收领域内透平膨胀机的使用占有主导地位，但在流程中经常综合利用上述三种制冷方法，利用各自的强势满足各类油气田回收凝液的不同要求。

常规用透平膨胀机回收天然气凝液的简化流程如图 4-15 所示。与一般分馏塔相比，图示脱甲烷塔较为特殊，没有外部塔顶冷凝器和回流，膨胀机出口的低温液体起塔顶内回流作用。由于脱甲烷塔的塔顶和塔底温度均低于环境温度，可从塔底附近的塔侧引出液体为原料气提供冷量，返回的气液混合物同时为塔底提供热量并产生塔底气相回流，如图中液流 b 所示。塔还设有侧线加热器，也用原料气为塔提供热量，如流体 a 所示。液流 a、b 两股流体的温度和能量等级不同，这种在塔侧对塔内物流进行加热或冷却的分馏塔称为非常规或复杂分塔。塔底产品的纯度由塔底温度控制，对塔顶产品的纯度要求不高。

常规流程的乙烷收率一般低于 80%。提高乙烷收率的障碍有：(1)低温分离器的高压、低温工况已接近气体临界点区域，使操作不易稳定；(2)气体内存在 CO_2 时，在膨胀机出口和脱甲烷塔顶部几层塔板上容易产生干冰(固态 CO_2)，堵塞流道。要进一步提高乙烷收率，必须降低脱甲烷塔顶部温度，同时还应避免出现影响正常操作的上述两个问题。为此对流程做了各种改进，并常以流程改进的方法命名流程。正升压流程指气体先经制动压缩机增压，后经膨胀机膨胀。若气体先经膨胀机膨胀，后经制动压缩机增压，这种布置方式称逆升压流程。

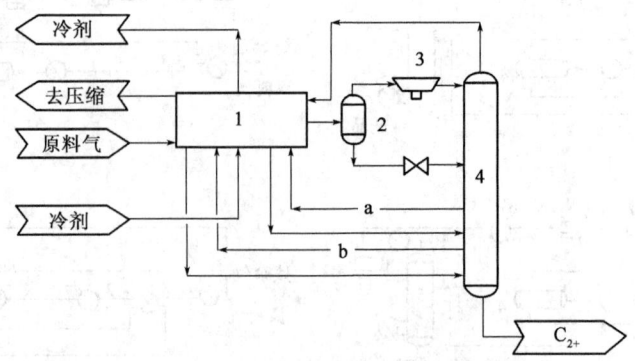

图 4-15 膨胀机回收凝液简化流程
1—冷箱;2—低温分离器;3—膨胀机;4—脱甲烷塔

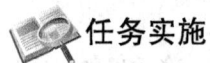复习思考题

1. 简述凝液回收的目的。
2. 简述凝液回收的工艺方法及原理。

任务实施

任务一 绘制并讲解凝析油处理单元工艺流程

一、学习目标

清楚凝析油处理单元工艺流程。

二、准备工作

(1)工具、材料准备:A4 纸、尺子、铅笔;
(2)人员准备:按照要求穿戴劳动保护用品。

三、操作步骤

1. 准备工作

劳动防护用品准备齐全,穿戴整齐,工具、用具、材料准备齐全。

2. 基础知识

凝析油处理单元工艺设备及流程,如图 4-16 所示。

3. 标注图名

在图最上方填写所需绘图标准名称。

4. 绘制工艺流程示意图

绘制工艺流程示意图。

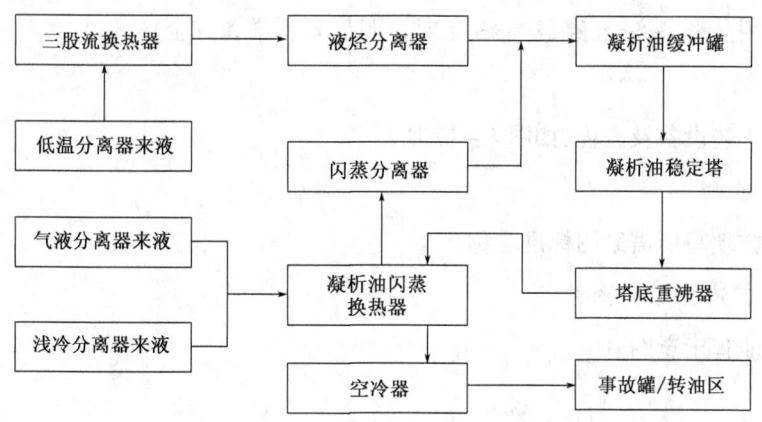

图4-16 凝析油处理单元工艺流程框图

5. 工艺说明

低温分离器分离出的低温液经三股流换热器管程到达液烃分离器。气液分离器来液和浅冷分离器来液汇合后经凝析油闪蒸换热器壳程到达闪蒸分离器,之后与液烃分离器来液汇合到达凝析油缓冲罐,再进入凝析油稳定塔脱水脱除不稳定的烃后至塔底重沸器,在经过凝析油闪蒸换热器管程到空冷器换热以后进入事故罐或转油区。

6. 清理场地

收拾工具,清理现场。

7. 安全文明生产

安全文明操作,在规定时间内完成。

四、技术要求

(1)在规定时间30min内完成,到时停止操作;
(2)图幅布局合理、对称、美观线条粗细一致,图纸整洁、清晰。

任务二 绘制并讲解轻烃装车工艺流程图

一、学习目标

清楚轻烃装车工艺流程。

二、准备工作

(1)工具、材料准备:A4纸、尺子、铅笔;
(2)人员准备:按照要求穿戴劳动保护用品。

三、操作步骤

1. 准备工作

劳动防护用品准备齐全,穿戴整齐,工具、用具、材料准备齐全。

2. 基础知识

轻烃装车工艺设备及流程,如图4-17所示。

3. 标注图名

在图最上方填写所需绘图标准名称。

4. 绘制工艺流程示意图

绘制工艺流程示意图。

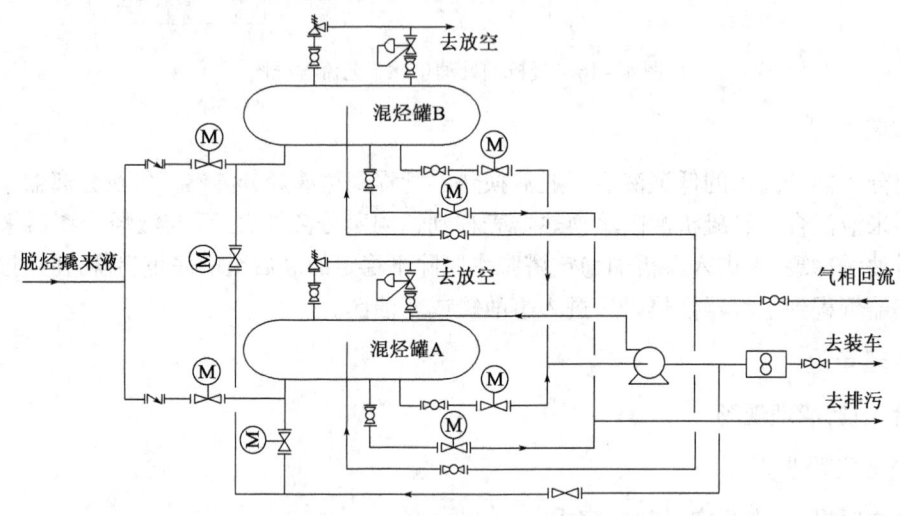

图4-17 轻烃装车工艺流程图

5. 工艺说明

脱烃撬来液经过单流阀及电动阀进入混烃罐中,混烃罐的压力是靠顶部泄放阀控制压力,液位达到装车条件后,将混烃泵的进口流程导通进行对泵排气及将槽车的气相回流和装车阀门打开,槽车装满后停装车泵,关闭气相回流和装车阀门。如发生特殊情况,可以将有问题的罐液位导入没有问题的罐内。

6. 清理场地

收拾工具,清理现场。

7. 安全文明生产

安全文明操作,在规定时间内完成。

四、技术要求

(1)在规定时间 30min 内完成,到时停止操作;
(2)图幅布局合理、对称、美观线条粗细一致,图纸整洁、清晰。

任务三　启停导热油循环系统

一、学习目标

启停导热油循环系统的操作方法。

二、准备工作

(1)设备准备:导热油循环系统;
(2)工具、材料准备:300mm铜质F扳手、防爆对讲机;
(3)人员准备:按照要求穿戴劳动保护用品。

三、操作步骤

1. 准备工作

劳动防护用品准备齐全,穿戴整齐,工具、用具、材料准备齐全。

2. 基础知识

导热油循环系统的装置及流程。

3. 风险防范

(1)触电:送、断电做好防护措施,并防止接触带电部位;
(2)烫伤:操作时正确穿戴劳保用品,做好管线隔热保温,严格按操作规程进行操作;
(3)容器爆炸:确保监控仪表完好,规范操作,避免高压窜低压;
(4)机械伤害:设备运转时,严禁进入运动部件范围之内,避免衣服、长发、手套等卷入;
物体打击:人站侧面操作,做好检修、维护、保养等工作,确保设备完好。

4. 检查

(1)检查压力表存液弯管前端的针形阀或截止阀处于全开状态,压力表应准确完好;
(2)检查控制箱各接点无异常,导热油最高使用温度与热载体炉供热条件一致;
(3)检查炉体、回收罐、回收泵、管道系统的排污阀、放油阀应关闭;
(4)检查通风道路畅通;
(5)投用自动保护装置;
(6)将合格的热传导油注入炉内,同时将管道和炉上的排气阀逐一打开排出空气,直至油流出时关闭,当膨胀罐上出现油面时,停止注油。随后导通循环油泵流程,启动循环油泵进行冷油循环;
(7)冷油循环中,打开膨胀罐上的排气阀以排出系统中的气体,并检查油泵是否运行平稳;
(8)冷油在系统中运行6~8h后拆卸过滤器一次,彻底清扫,直到过滤器清洁为止。

5. 系统建压

(1)根据阀门开闭检查表确认所有阀门处于开车状态;
(2)将分子筛控制投入自动,A塔吸附,B塔冷吹、再生;

(3)接到供气通知后,做好投用准备,记录投用时间;
(4)确认 A 塔分子筛原料气进出口阀,B 塔分子筛再生干气进出口阀;
(5)导通再生气循环流程;
(6)升压至操作压力的 30%,保压 5~10min,检查无泄漏继续升压至 60%,检查无泄漏缓慢升压至操作压力 1.5~1.8MPa。

6. 点炉

(1)启动燃烧器,升温期间打开膨胀罐和系统放空排气阀排出导热油加热后产生的水蒸气。
(2)导热油升温过程中要严格控制速度,热传导油升温在 40~90℃ 区间,温度上升速度 10℃/h。90~105℃ 温度区间时,温度上升速度为 5℃/h;105~210℃ 温度区间时,温度上升速度为 20℃/h;210~230℃ 温度区间时,温度上升速度为 10℃/h;230~280℃ 温度区间时,温度上升速度为 40~50℃/h。
(3)升温结束后由控制箱对燃烧过程进行自动调节。

7. 停炉

(1)停止燃烧器,关闭燃气阀,停止加热;
(2)待导热油温度降至 80℃ 左右时停止导热油循环泵;
(3)关闭导热油泵进出口阀,关闭热煤炉进出口阀,关闭自动保护装置,悬挂警示牌;
(4)检修停炉,关闭燃烧器,待导热油温度降至 80℃ 左右时关闭导热油循环泵。

8. 清理场地

收拾工具,清理现场,做好原始记录。

9. 安全文明生产

安全文明操作,在规定时间内完成。

四、技术要求

(1)在规定时间 20min 内完成,到时停止操作;
(2)导热油升温过程中要严格控制速度,清楚升温控制区间。

任务四　导热油系统运行巡检

一、学习目标

导热油系统运行巡检方法。

二、准备工作

(1)设备准备:导热油循环系统;
(2)工具、材料准备:四合一防爆检测仪、防爆对讲机;
(3)人员准备:按照要求穿戴劳动保护用品。

三、操作步骤

1. 准备工作

劳动防护用品准备齐全,穿戴整齐,工具、用具、材料准备齐全。

2. 基础知识

导热油系统流程及规程。

3. 风险防范

(1)触电:送、断电做好防护措施,并防止接触带电部位;
(2)烫伤:操作时正确穿戴劳保用品,做好管线隔热保温,严格按操作规程进行操作;
(3)高处坠落:检查梯子、扶手牢固可靠,抓牢扶梯上下楼梯;
(4)机械伤害:设备运转时,严禁进入运动部件范围之内。

4. 检查设备

(1)检查流程正确,各仪表工作正常;
(2)检查导热油炉控制面板,显示正常无报警。

5. 录取参数

(1)按照要求(2h)对本岗位各点检查一次;
(2)录取导热油炉、循环泵、导热油换热器进、出口压力、温度,以及燃料气压力。

6. 设备运行检查

(1)检查各设备的紧固螺栓,紧固无松动;
(2)检查阀门、管路、法兰连接处无跑、冒、滴、漏;
(3)检查氮封、氮灭系统运行正常,无泄漏;
(4)检查导热油炉燃烧、排烟、振动、声音无异常;
(5)检查循环泵振动、声音无异常,无渗漏。

7. 导热油罐检查

检查导热油储罐液位1/3、膨胀罐液位1/3~1/2之间,并做好记录。

8. 清理场地

收拾工具,清理现场,做好原始记录。

9. 安全文明生产

安全文明操作,在规定时间内完成。

四、技术要求

(1)在规定时间15min内完成,到时停止操作;
(2)检查包括连接处无跑、冒、滴、漏,导热油炉燃烧、排烟、振动、声音无异常。

任务五 投运凝析油稳定塔

一、学习目标

投运凝析油稳定塔及操作方法。

二、准备工作

(1)设备准备:凝析油单元;
(2)工具、材料准备:四合一防爆检测仪、防爆对讲机;
(3)人员准备:按照要求穿戴劳动保护用品。

三、操作步骤

1. 准备工作

劳动防护用品准备齐全,穿戴整齐,工具、用具、材料准备齐全。

2. 基础知识

凝析油单元设备及流程。

3. 风险防范

(1)跌落:上下扶梯时手扶护栏,必要时佩戴安全带;
(2)烫伤:操作时正确穿戴劳保用品,做好管线隔热保温,严格按操作规程进行操作;
(3)超压、憋压:检查确认流程导通后再进气,控制好气相出口压力规定的参数范围内。

4. 检查工作

(1)检查设备齐全完好无渗漏,放空阀、排污阀关闭,安全阀投用,检查仪表自控系统完好并投用;
(2)检查导热油热源温度在 180~220℃。

5. 投用操作

导通凝析油缓冲罐至凝析油稳定塔流程,同时打开稳定塔气相出口自动阀前后控制阀门,设定压力在 0.3~0.45MPa。打开塔底重沸器气相出口阀门,打开进口阀进液。

6. 投用正常后手动切换自动控制

待重沸器液位上升 1/3~1/2 时,打开重沸器导热油旁通,待重沸器温度上升至 100℃ 左右时,投用气动阀自动控制,控制温度在 100~110℃ 运行,待重沸器液位至 300mm 时,打开液相出口气动阀前后控制阀并投入自动控制。

7. 投用后的检查

检查确认流程正常,确认现场数据,压力、温度、液位和数据远传一致,无跑、冒、滴、漏现象。

8. 清理场地

收拾工具,清理现场,做好原始记录。

9. 安全文明生产

安全文明操作,在规定时间内完成。

四、技术要求

(1)在规定时间 15min 内完成,到时停止操作;
(2)检查导热油热源温度在 180~220℃。

任务六　饱和蒸汽压检测操作

一、学习目标

饱和蒸气压检测方法。

二、准备工作

(1)设备准备:饱和蒸气压测试仪;
(2)工具、材料准备:200mm 防爆活动扳手、250mm 防爆活动扳手、250mL 专用取样铜瓶;
(3)人员准备:按照要求穿戴劳动保护用品。

三、操作步骤

1. 准备工作

劳动防护用品准备齐全,穿戴整齐,工具、用具、材料准备齐全。

2. 基础知识

饱和蒸气压检测方法。

3. 风险防范

(1)触电:操作前检查接电线路,验电,确保电气设施正常;
(2)环境污染:缓慢开启取样阀,避免泄漏。

4. 取样

(1)确定取样点,打开取样阀,把管中的积液排放后关闭;
(2)打开取样口阀门,用样品将容器置换一次,取样后将容器口密封好。

5. 分析样品

(1)测量前将样品放入冷却室中,将样品温度控制在 0~1℃。
(2)向仪器水槽内加入纯净水直到刻度线,接通饱和蒸气压测定仪的电源,打开马达开关。
(3)启动电加热,调整高速电位计,将其温度设定为 37.8℃。
(4)取下测定器的燃烧室,将取样铜瓶中的样品倒入燃烧室中,然后将燃烧室接到测定器上。
(5)将测定器放入恒温水槽中,打开马达开关,5min 后读取压力表的读数。

(6)停止马达开关,取出测定器,倒转剧烈地摇荡,再放入恒温水浴中,等2min后,读取压力表读数。

(7)重复"将测定器放入恒温水浴中5min后,读取压力表的读数;取出测定器,倒转剧烈地摇荡,再放入恒温水浴中,等2min后,读取压力表读数"操作步骤,直至压力表读数稳定为止。

(8)拆开空气室和燃烧室,将装在空气室、燃烧室中的试样倒入指定废液桶内。

6. 清理场地

收拾工具,清理现场,做好原始记录。

7. 安全文明生产

安全文明操作,在规定时间内完成。

四、技术要求

(1)在规定时间20min内完成,到时停止操作;
(2)启动电加热,调整高速电位计,将其温度设定为37.8℃。

任务七 处理站工艺参数控制操作

一、学习目标

处理站工艺参数控制方法。

二、准备工作

(1)设备准备:天然气处理装置;
(2)工具、材料准备:F扳手、防爆对讲机、四合一检测仪;
(3)人员准备:按照要求穿戴劳动保护用品。

三、操作步骤

1. 准备工作

劳动防护用品准备齐全,穿戴整齐,工具、用具、材料准备齐全。

2. 基础知识

处理站工艺参数分析。

3. 风险防范

(1)滑跌:上下装置平台要扶梯;
(2)机械伤害:开关阀门要站侧面;
(3)设备损坏:操作前,确认工艺流程导通。

4. 投产前进行参数控制的检查准备

(1)知道参数控制依据,熟知主要控制参数控制要求;

(2)检查安全阀、压力表、液位计、温度计、流量计等相关安全附件处于投用状态,排污阀、放空阀关闭(上锁挂签),排气、排冷凝水等关闭;

(3)检查投产前各静点参数(包括各机泵的润滑油液位、液压油液位、冷却水液位、防冻液液位、脱水溶剂液位、热媒介质液位、燃油液位、水浴炉液位、消防水液位等)符合规定要求;

(4)检查并确认仪表自动化系统联点校验完毕,供电、通信、消防系统正常;

(5)按参数控制要求进行单体设施(包括空氮站、热煤炉、注醇等)试运行,正常;

(6)在操作站依据参数控制依据设定好各自动控制点的参数值,并设定为手动关闭状态;

(7)检查确认 ESD 系统阀门均处于手动控制状态,阀门开启状态符合投产要求。

5. 投产过程中的参数控制

(1)投运仪表风系统,按参数控制要求控制好各点参数;

(2)投运置氮系统,按参数控制要求控制好各点参数;

(3)投运热煤炉系统,按参数控制要求控制好各点参数;

(4)投运注醇系统或其他辅助系统,按参数控制要求控制好各点参数;

(5)主体工艺投运参数控制,导通流程对装置进行充压;

(6)对自动联锁控制点,前期手动控制,待各参数平稳后,改为自动联锁控制;

(7)自力式参数控制点按参数控制要求调节好各点参数;

(8)手动参数控制点直接按参数控制要求进行手动控制;

(9)待处理站整个装置运行正常后,将 ESD 系统投入自动联锁状态。

6. 运行中的参数控制

(1)按要求做好参数监控,有规律性需要进行参数调整控制的点(如分子筛再生温度、手动参数控制点等),按要求及时进行参数调整控制;

(2)当参数控制要求发生变化时(如调产),及时根据最新要求进行控制。

7. 清理场地

收拾工具,清理现场,装置各项参数运行平稳后,按规定时间进行数据录取。

8. 安全文明生产

安全文明操作,在规定时间内完成。

四、技术要求

(1)在规定时间 20min 内完成,到时停止操作;

(2)对自动联锁控制点,前期手动控制,待各参数平稳后,改为自动联锁控制。

任务八 常压罐车装车

一、学习目标

常压罐车装车操作方法。

二、准备工作

(1)设备准备:装车装置;

(2)工具、材料准备:F扳手、防爆对讲机、四合一检测仪;
(3)人员准备:按照要求穿戴劳动保护用品。

三、操作步骤

1. 准备工作

劳动防护用品准备齐全,穿戴整齐,工具、用具、材料准备齐全。

2. 基础知识

常压罐车装车装置设备及流程。

3. 风险防范

(1)中毒和窒息:对有毒物操作时,按要求做好防护(如对甲醇作业时戴防护手套、护目镜、口罩);
(2)跌落:上罐时双手抓紧梯子;
(3)火灾、爆炸:严禁携带火种进入易燃易爆场所;
(4)环境污染:接好排污桶后打开放空、泄压阀门,防止液体、污物落地。

4. 检查工作

(1)检查装油手续,做好登记,除司机外,其他人员不得进入装油点;
(2)检查"易燃易爆化学危险品消防安全准运证""易燃易爆化学危险品消防安全准驾证",证件齐全、有效方可装油;
(3)检查油罐车应配各类消防设施和器械必须齐全完好;
(4)检查罐车罐体完好,无渗、滴、漏;
(5)检查装油司机和装油工作人员应穿防静电工服、工鞋,严禁穿化纤服装和有铁掌的工鞋进入装油点;
(6)不得携带火柴、打火机及其他易燃易爆物品进入装油场所;
(7)装油工负责将装车前的安全检查情况、拉油单位、司机姓名、车型、车号填写到《拉油工作记录本》上;
(8)检查屏蔽电泵、装油流程及流程上阀门应正常。

5. 具体操作过程

(1)连接地线。罐车驶入装油台停车、熄火、连接好地线。
(2)切换流程:
①把装油鹤管自罐口伸入离罐底小于20cm处,打开装油阀门后装油工用对讲机通知泵房可以启泵;
②泵房接到启泵通知后打开屏蔽泵吸入侧至储油罐所有阀门;
③打开回流管路阀门,打开屏蔽泵排出侧控制阀后至装油台所有阀门。
(3)启泵,接通电源。
(4)装油:
①缓慢打开排出侧控制阀,同时逐渐关闭回流管路阀门,流速小于1.3m/s;
②待罐车装至安全液位时,装油工通知泵房打开旁通回罐管路阀,关屏蔽泵装车管路

阀门。

(5)停泵,切断电源。

(6)装油完毕,关闭旁通回罐阀,待装油鹤管油流完毕,提出装油鹤管,关闭装油阀门。

(7)离去,15min 后取下接地线,装油车驶离装油台。

6. 清理场地

收拾工具,清理现场。

7. 安全文明生产

安全文明操作,在规定时间内完成。

四、技术要求

(1)在规定时间 20min 内完成,到时停止操作;

(2)严禁空载运转,断流运转不得持续超过 30s,不得逆向持续运转,严禁憋泵操作;

(3)在雷鸣电闪、气温超过 35℃时停止装车。进出装油台时,车辆时速不得超过 20km/h。

任务九 处理站主工艺流程发生局部泄漏事故应急处置

一、学习目标

处理站主工艺流程发生局部泄漏事故应急处置。

二、准备工作

(1)设备准备:处理站主工艺装置;

(2)工具、材料准备:正压式空气呼吸器、防爆工具、四合一检测仪、接液桶。

三、操作步骤

1. 准备工作

劳动防护用品准备齐全,穿戴整齐,工具、用具、材料准备齐全。

2. 基础知识

处理站主工艺设备及流程。

3. 风险防范

(1)中毒和窒息:对有毒物操作时,按要求做好防护(如对甲醇作业时戴防护手套、护目镜、口罩);

(2)烫伤:做好个人劳保穿戴防止蒸汽烫伤;

(3)物体打击:开关阀门不得站在阀门正面;

(4)设备损坏:蒸汽解冻采取先两头后中间原则,根据参数变化及时、正确调整阀门开度。

4. 汇报工作

发生事故,应立即向班长或值班干部报告,说明事故准确部位和简要情况。

5. 组织安排

班长或值班干部接到报警时应立即组织操作人员对事故有关流程进行紧急处理。

6. 冻堵处理

(1)当站内主工艺流程发生局部冻堵事故时,应正确判断冻堵位置,并立即开启事故段旁通并将事故部位与其他系统切开,将事故处理完毕后恢复生产。

(2)无旁通流程时,在系统超压之前采取措施将事故处理完毕。如系统超压之前仍不能将事故处理完毕则通知关井,将事故段放空,事故处理完毕后恢复生产。

7. 停产处理

当处理站发生事故停产时,应注意部分容器(如低温分离器)内液体会由于温度变化发生气化,造成容器超压,应注意及时使用放空阀进行放空。

8. 安全事项

(1)管线解冻应遵循自上而下,先两头,后中间,放空处优先的解冻堵原则;
(2)解冻操作时应由专人负责,做到统一指挥,分工合作,严禁交叉作业。

9. 恢复生产

处理完毕进行验漏,合格后,导入正常生产流程,恢复生产。

10. 清理场地

收拾工具,清理现场,填报记录。

11. 安全文明生产

安全文明操作,在规定时间内完成。

四、技术要求

(1)在规定时间 30min 内完成,到时停止操作;
(2)管线解冻应遵循自上而下,先两头,后中间,放空处优先的解冻堵原则;
(3)解冻操作时应由专人负责,做到统一指挥,分工合作,严禁交叉作业。

任务十　处理站外输管线发生失压(泄漏)事故应急处置

一、学习目标

处理站外输管线发生失压(泄漏)事故应急处置。

二、准备工作

(1)设备准备:处理站外输工艺装置;
(2)材料准备:防爆 F 扳手、对讲机、四合一检测仪;
(3)人员准备:按照要求穿戴劳动保护用品。

三、操作步骤

1. 准备工作

劳动防护用品准备齐全,穿戴整齐,工具、用具、材料准备齐全。

2. 基础知识

处理站外输设备及流程。

3. 风险防范

(1)中毒和窒息:对有毒物操作时,按要求做好防护,现场操作时,佩戴正压式空气呼吸器;

(2)烧伤:使用防爆工具,做好人体静电释放;

(3)物体打击:开关阀门不得站在阀门正面;

(4)设备损坏:蒸汽解冻采取先两头后中间原则,根据参数变化及时、正确调整阀门开度。

4. 汇报工作

发生事故,应立即向班长或值班干部报告,说明事故准确部位和简要情况。

5. 对事故有关流程进行紧急处理

(1)班长或值班干部接到报警时应立即组织操作人员分工明确对事故有关流程进行紧急处理;

(2)当处理站外输管线发生失压(泄漏)事故时,立即通知关井,同时关闭进、出站紧急切断阀,通过紧急放空阀将处理站放空,此外可以人工打开外输汇管上手动放空阀,帮助外输管线放空;

(3)通知油气储运公司检查事故原因、排除事故。

6. 恢复生产

事故排除后,改回正常生产流程,恢复生产。

7. 清理场地

收拾工具,清理现场,填报记录。

8. 安全文明生产

安全文明操作,在规定时间内完成。

四、技术要求

(1)在规定时间15min内完成,到时停止操作;

(2)恢复生产流程后,要检查生产参数正常。

任务十一　天然气处理工艺常见故障判断及处理

一、学习目标

天然气处理工艺常见故障判断及处理。

二、准备工作

(1)设备准备:天然气处理工艺装置;
(2)材料准备:事故分析材料;
(3)人员准备:按照要求穿戴劳动保护用品。

三、操作步骤

1. 准备工作

劳动防护用品准备齐全,穿戴整齐,工具、用具、材料准备齐全。

2. 基础知识

天然气处理工艺设备及流程。

3. 审题

仔细审查所提供的题目;

4. 分析判断

正确分析故障原因、判断故障。

5. 提出方法建议

提出故障处理方法和建议。

6. 清理场地

收拾工具,清理现场,填报资料。

7. 安全文明生产

安全文明操作,在规定时间内完成。

四、技术要求

(1)在规定时间30min内完成,到时停止操作;
(2)针对故障的原因提出故障具体处理方法。

五、故障判断与处理

1. 故障一:气气换热器壳程冻堵

(1)故障现象说明:气气换热器壳程前所有设备(生产分离器、断塞流)管线压力升高、气气换热器壳程进口压力升高,出口压力不变,壳程进出口压差增加,超过标准要求的0.1MPa,壳程出口温度上升,节流阀后所有压力不变,节流后温度上升,换热器管程温度下降或上升。

(2)应急处理措施:打开壳程旁通或切换备用设备。

(3)分析故障发生的原因及故障处理方法。

原因分析:气气换热器壳程冻堵,导致换热效果不好,壳程出口温度过高,虽然节流后的压差正常,但节流后温度不达标。

处理方法:①无法解冻时切换备用气气换热器。②打开并调节管程旁通,利用减少管程冷气进入量解冻壳程。③检查并调整注醇浓度,增加注醇量。

2. 故障二:节流阀故障(冻、堵)

(1)故障现象说明:节流阀前所有设备(高压汇管、气气换热器壳程、生产分离器、断塞流)管线压力升高、壳程进口温度不变,出口温度下降,节流阀后所有设备压力不变,温度下降。出口瞬时流量降低。

(2)应急处理措施:现场确认节流阀开度,打开备用节流阀,调整节流前压力。

(3)分析故障发生的原因及故障处理方法。

原因分析:节流阀发生冻、堵故障,憋压导致节流前压力升高,节流后压力不变,节流阀前后压差增大,节流后温度降低,气气换热器管、壳程温度下降。

处理方法:①投用备用节流阀,调节节流压差在规定值。②对冻堵节流阀进行解冻。③打开并调节管程旁通,减少冷气进入量。④检查并调整注醇浓度,增加注醇量。

3. 故障三:低温分离器进口冻堵

(1)故障现象说明:中压汇管前所有设备(高压汇管、气气换热器壳程、生产分离器、断塞流)管线压力正常,中压汇管压力上升、温度上升,低温分离器、气气换热器管程、凝析油外输气换热器压力正常,气气换热器管、壳程温度缓慢上升。

(2)应急处理措施:手动调节节流阀开度控制节流后压力,若节流前压力上升过快,紧急情况下切换装置或关井。

(3)分析故障发生的原因及故障处理方法。

原因分析:低温分离器进口冻堵,导致中压汇管压力上升,节流压差减小,节流后温度上升。

处理方法:①查找冻堵点进行解冻或切换备用低温分离器。②无法解冻按作业区应急预案处理切换装置。③检查并调整注醇浓度,增加注醇量。

4. 故障四:气气换热器壳程窜管程

(1)故障现象说明:断塞流、生产分离器、气气换热器壳程进出口、高压汇管压力正常,气气换热器管程进出口压力上升,壳程温度上升,并存在压差大的可能,节流后所有设备(中压汇管、低温分离器、凝析油外输气换热器压力上升),外输压力上升,外输流量增加。所有温度上升。

(2)应急处理措施:切换备用气气换热器。

(3)分析故障发生的原因及故障处理方法。

原因分析:气气换热器壳程窜管程,导致管程压力上升,管程发生冻堵,节流后压力增加节流压差减小,节流后温度上升,严重时外输气动调节阀开度增加,外输流量增加,外输压力升高。

处理方法:①切换备用气气换热器。②查找漏点,对故障气气换热器检修。

5. 故障五:气气换热器管程冻堵

(1)故障现象说明:断塞流、生产分离器、气气换热器壳程进出口、高压汇管压力正常,中压汇管、低温分离器、气气换热器管程进口压力上升,气气换热器管程出口压力不变,管程进出口压差超过0.05MPa的标准要求,凝析油外输气换热器压力不变。所有温度上升。

(2)应急处理措施:调节气气换热器管程旁通。

(3)分析故障发生的原因及故障处理方法。

原因分析:气气换热器管程冻堵,导致节流后压力上升压差减小,节流后温度上升。

处理方法:①检查并调整注醇浓度,增加注醇量。②打开换热器管程旁通阀,关闭进出口闸阀,采用常温气进换热器,低温气走旁通逐步解冻。③短时间无法解冻切换备用气气换热器。④如低温分离效果不好切换备用低温分离器。

6. 故障六:节流阀不动作

(1)故障现象说明:节流阀前所有设备(高压汇管、气气换热器壳程、生产分离器、断塞流)管线压力波动,节流阀后所有设备压力不变,温度波动。

(2)应急处理措施:现场确认节流阀开度,打开手动节流阀,调整节流前压力。

(3)分析故障发生的原因及故障处理方法。

原因分析:节流阀不动作,无法调节节流前压力,导致节流前压力无法控制忽高忽低,节流阀前后压差波动,节流后温度波动。

处理方法:①核对气动节流调节阀开度,检查仪表风压力。②投用备用节流阀,调节节流前压力在规定值。③对故障气动节流阀进行维修。④远传数据异常造成阀位开度异常,对仪表进行维修或者更换。

7. 故障七:液位计故障(一)

液位长时间不变(液位>设定液位),气窜入液或油出口管线或油窜入富液出口管线。

(1)故障现象说明:断塞流、生产分离器、低温分离器、液烃三相分离器、一二级闪蒸分离器、重沸器、压缩机出口分离器(400~600mm 正常)、压缩机入口分离器(50~100mm 正常)液位不正常。

(2)应急处理措施:手动关闭液(油或水)出口气动阀,观察液位上涨情况。

(3)分析故障发生的原因及故障处理方法。

原因分析:仪表故障、液位计故障,造成假液位,导致液(油或水)出口气动阀长时间开启后,气窜入油出口管线(或油窜入富液出口管线)。

处理方法:①现场核对液位。②根据现场实际液位,手动调节气动阀控制液位在规定值。③远传数据异常造成,对仪表进行维修或者更换。④清洗检查液位计。

8. 故障八:液位计故障(二)

液位长时间不变(液位<设定液位),油窜入气出口管线。

(1)故障现象说明:断塞流、生产分离器、低温分离器、液烃三相分离器、一二级闪蒸分离器、重沸器、压缩机出口分离器(400~600mm 正常)、压缩机入口分离器(50~100mm 正常)液位不正常。

(2)应急处理措施:手动打开液(油或水)出口气动阀,观察液位下降情况。

(3)分析故障发生的原因及故障处理方法。

原因分析:仪表故障、液位计故障,造成假液位,导致液(油或水)出口气动阀长时间关闭后,油窜入气出口管线。

处理方法:①现场核对液位。②根据现场实际液位,手动调节气动阀控制液位在规定值。③远传数据异常造成,对仪表进行维修或者更换。④清洗检查液位计。

9. 故障九:压力容器气出口气动调节阀故障(没打开)

(1)故障现象说明:断塞流、生产分离器(节流气动阀)、低温分离器(外输气动阀)、液烃三相分离器、一二级闪蒸分离器、原油稳定塔压力波动(过高或过低),排除前端设备液、油管线窜气外。

(2)应急处理措施:现场确认气出口气动调节阀开度,打开气动阀旁通控制阀,调整容器压力。

(3)分析故障发生的原因及故障处理方法。

原因分析:气动阀不动作,无法调节容器内压力,导致容器压力无法控制忽高忽低。

处理方法:①核对气出口气动调节阀开度,检查仪表风压力。②远传数据异常造成阀位开度异常,对仪表进行维修或者更换。③手动调节气出口气动阀旁通阀控制压力在规定值。④对气动阀进行维修。

10. 故障十:压力容器液出口气动调节阀故障(没关上)

(1)故障现象说明:断塞流、生产分离器、低温分离器、液烃三相分离器、一二级闪蒸分离器、重沸器液位不能保持正常液位(油位、水位),到低液位后仍然下降。

(2)应急处理措施:现场确认液出口气动阀开度,当液位过低时关闭液出口气动阀前控制阀停止排液。

(3)分析故障发生的原因及故障处理方法。

原因分析:气动阀不动作,当达到低限液位时无法按规定关闭,导致液位(油位、水位)过低。

处理方法:①核对现场液出口气动调节阀开度,检查仪表风压力。②远传数据异常造成阀位开度异常,对仪表进行维修或者更换。③手动调节液出口气动阀旁通阀控制液位在规定值。④对液出口气动阀进行维修。

11. 故障十一:压力容器液出口阀气动阀故障、液出口管线阀门堵塞(没打开)

(1)故障现象说明:断塞流、生产分离器、低温分离器、液烃三相分离器、一二级闪蒸分离器、重沸器液位不能保持正常液位,到高液位后仍然上升。

(2)应急处理措施:现场确认液出口气动阀开度,当液位过高时打开液出口气动阀旁通控制阀,快速排液。

(3)分析故障发生的原因及故障处理方法。

原因分析:①气动阀不动作,无法按规定进行排液,导致液位(油位、水位)过高。②液出口管线阀门堵塞。

处理方法:①核对现场液出口气动调节阀开度,检查仪表风压力。②远传数据异常造成阀位开度异常,对仪表进行维修或者更换。③手动调节液出口气动阀旁通阀控制液位在规定值。④对液出口气动阀进行维修。⑤查找堵塞部位进行解堵,无法解堵时需切换备用设备。

12. 故障十二:注醇压力高

(1)故障现象说明:一、二级注醇点压力增高,注醇泵压力增高。

(2)应急处理措施:现场核对注醇压力,调节(开大)注醇阀,如压力继续升高停止注醇。

(3)分析故障发生的原因及故障处理方法。

原因分析:①仪表故障、远传数据异常。②注醇口堵塞。③注醇阀针断。

处理方法:①仪表故障,更换维修仪表。②开大其余注醇阀开度。③堵塞严重时调整增加其他注醇点(一级或二级)注醇量。④停产时清理注醇口维修注醇阀。

13. 故障十三:一、二级注醇压力低,大部分情况下注醇泵压力降低。

(1)故障现象说明:注醇压力降低。

(2)应急处理措施:现场核对压力,如发现泄漏点,停止注醇。

(3)分析故障发生的原因及故障处理方法。

原因分析:①仪表故障、远传数据异常。②气锁。③注醇泵机械故障。④过滤器堵。⑤泄漏。

处理方法:①仪表故障,更换维修仪表。②放空排气解除气锁。③对注醇泵进行维修,解除故障。④清理检查过滤器。⑤排查管线及法兰连接处无泄漏及泵密封填料漏失量。

14. 故障十四:重沸器油出口管线堵或油出口气动阀故障

(1)故障现象说明:重沸器液位上涨超过600mm,严重时稳定塔液位超过1000mm,压缩机入口分离器液位快速上升。但观察液烃三相分离器及二级闪蒸分离器液位正常。

(2)应急处理措施:①打开重沸器液出口气动阀旁通压液。②关闭埋地罐进口,打开稳定塔排污阀,打开凝析油储罐排污阀,将稳定塔凝析油压入凝析油储罐。

(3)分析故障发生的原因及故障处理方法。

原因分析:重沸器油出口管线堵或油出口气动阀故障,造成重沸器油位过高,由气出口进入稳定塔导致稳定塔液位高,严重时稳定塔气管线窜油进入压缩机入口分离器。

处理方法:①核对现场液出口气动调节阀开度,检查仪表风压力。②远传数据异常造成阀位开度异常,对仪表进行维修或者更换。③手动重沸器调节液出口气动阀旁通阀控制液位在规定值。④对液出口气动阀进行维修。⑤查找堵塞部位进行解堵,无法解堵时需切换备用设备。

15. 故障十五:液烃三相分离器射频导纳仪故障,富液罐见油

(1)故障现象说明:液烃三相分离器水位长时间无波动(水位>400mm以上并且数值不变),严重时液烃三相分离器液出口压力表放空或富液罐取样见油。

(2)应急处理措施:手动控制关闭液烃三相分离器液出口气动阀,恢复富液罐油水界面。

(3)分析故障发生的原因及故障处理方法。

原因分析:液烃三相分离器射频导纳仪故障显示假液位,导致油水界面过低,油进入富液罐。

处理方法:①现场核对液位,根据现场实际液位,手动调节气动阀控制液位在规定值。②远传数据异常造成,对仪表进行维修或者更换。③对射频导纳仪进行维修调校更换。

16. 故障十六:液烃分离器油室假液位油窜入气管线

(1)故障现象说明:××分离器液位长时间保持不变(<400,如398、399或400),严重时压缩机入口分离器排液不及时,液位快速上涨甚至超过规定值100。

(2)应急处理措施:手动打开油出口气动阀,观察液位下降情况。

(3)分析故障发生的原因及故障处理方法。

原因分析:××分离器仪表故障、液位计故障,造成假液位,导致液油出口气动阀长时间关闭后,气出口管线窜油,压缩机入口分离器排液不及时,液位高。

处理方法：①现场核对液位。②根据现场实际液位,手动调节气动阀控制液位在规定值。③远传数据异常造成,对仪表进行维修或者更换。④清洗检查液位计。

17. 故障十七：重沸器、再生塔、轻烃导热油换热器导热油进口气动阀故障

（1）故障现象说明：(重沸器、再生塔)塔底温度、轻烃导热油换热器液相出口温度,其中一个异常波动为±10℃。加热炉进出口温度正常,导热油泵进出口压力正常。

（2）应急处理措施：现场核对导热油进口气动阀开度,当温度过高时调节(关小)气动阀前控制阀;当温度过低时调节(打开)气动阀旁通控制阀。

（3）分析故障发生的原因及故障处理方法。

原因分析：导热油进口气动阀不动作,无法调节导热油流量,导致温度波动无法控制。

处理方法：①核对导热油进口气动阀开度,检查仪表风压力。②投用导热油进口气动阀旁通阀,调节温度。③对故障阀进行维修。④温度远传数据异常造成阀位开度异常,对仪表进行维修或更换。

18. 故障十八：大循环气动阀故障

（1）故障现象说明：导热油大循环压力异常波动(0.45±0.05MPa),导热油泵进出口压力小范围波动。加热炉进出口温度正常。

（2）应急处理措施：现场核对大循环气动阀开度,当大循环压力过低时关小大循环气动阀前控制阀。当压力过高时打开气动阀旁通控制阀。

（3）分析故障发生的原因及故障处理方法。

原因分析：导热油大循环气动阀不动作,无法调节导热油管网压力,导致大循环压力、导热油泵压力波动无法控制。

处理方法：①核对导热油大循环气动阀开度,检查仪表风压力。②投用大循环气动阀旁通阀,调节导热油管网压力。③对故障阀进行维修。④压力远传数据异常造成阀位开度异常,对仪表进行维修或更换。

19. 故障十九：压缩机入口分离器进口管线阀门冻堵(冬季)

（1）故障现象说明：压缩机补气阀故障、压缩机入口分离器压力降低(如果降至0.4MPa压缩机自动停机)。

（2）应急处理措施：确认(稳定塔、二级闪蒸分离器、液烃三相分离器)气出口气动调节阀、确认压缩机补气阀、富气放空气动阀开度。

（3）分析故障发生的原因及故障处理方法。

原因分析：①三股富气(稳定塔、二级闪蒸分离器、液烃三相分离器)出气量小,气动阀未开或开度小,同时压缩机补气阀未正常动作为压缩机入口分离器补压,造成分离器压力过低,压缩机停机。②压缩机入口分离器进口管线阀门冻堵,入口分离器压力过低,压缩机停机,富气放空气动阀动作,三股富气去低压火炬,低压放空火炬点火。

处理方法：①核对压缩机补气阀开度,检查仪表风压力。②投用压缩机补气阀旁通阀,调节压缩机入口分离器压力。③对故障阀进行维修。④压力远传数据异常造成阀位开度异常,对仪表进行维修或更换。⑤查找冻堵位置进行解堵。

20. 故障二十：再生系统故障

（1）故障现象说明：富液罐液位上升、贫液罐液位下降、再生泵出口压力降低或升高,再生

塔塔顶温度降低,塔底温度基本不变。

(2)应急处理措施:

①压力低:现场核对压力,放空排液控制再生泵压力,切换备用再生泵。

②压力高:现场核对再生泵压力,如压力继续升高停再生泵。

(3)分析故障发生的原因及故障处理方法。

原因分析:

①压力低:再生泵进口过滤器堵塞;再生泵发生气锁;富液罐出口管阀堵塞;再生泵机械故障。

②压力高:再生泵出口管阀堵塞;贫富液换热器管程堵塞。

处理方法:

①压力低:清理检查过滤器;放空排气解除气锁;查找堵塞部位进行解堵;对再生泵进行维修。

②压力高:查找堵塞部位进行解堵。

21. 故障二十一:一级闪蒸分离器油室假液位,气窜油管线

(1)故障现象说明:一级闪蒸分离器油室液位长时间不变(油室>400mm)、压力急速下降,凝析油闪蒸换热器壳程进出口压力同二级闪蒸分离器压力在 1.1~1.5MPa 忽高忽低波动,压缩机入口分离器压力上涨 0.6~0.7MPa。

(2)应急处理措施:手动关闭一级闪蒸分离器油室出口气动阀,观察分离器液位上涨情况及各压力变化情况(一级闪蒸分离器油室液位、凝析油闪蒸换热器壳程进出口压力、二级闪蒸分离器压力、压缩机入口分离器压力)。观察容器压力,必要时开启手动放空阀控制在规定范围内。

(3)分析故障发生的原因及故障处理方法。

原因分析:①一级闪蒸分离器油室假液位,油出口气动阀不关闭,导致油管线窜气,造成二级闪蒸分离器进气压力升高,达到安全阀启动压力(1.5MPa),安全阀启跳。②二级闪蒸分离器压力升高,气出口气动阀全开,压缩机入口分离器压力升高,当压力达到 0.7MPa,富气放空气动阀启动,低压火炬点火。

处理方法:①现场核对一级闪蒸分离器油室液位。②根据现场实际液位,手动调节气动阀控制液位在规定值。③远传数据异常造成,对仪表进行维修或者更换。④清洗检查液位计。⑤按标准要求重新校验启跳的安全阀。

22. 故障二十二:低温分离器液位计假液位,气窜油管线

(1)故障现象说明:低温分离器液位长时间不变(油室>400mm)、压力波动急速下降或上升(4.5MPa),压力低时,外输气流量低,轻烃导热油换热器液(壳)进出口压力、液烃三相分离器压力升高(1.5MPa),压缩机入口分离器压力上涨 0.6~0.7MPa,部分液位小幅度波动。

(2)应急处理措施:手动关闭低温分离器液出口气动阀,观察分离器液位上涨情况及各压力变化情况(低温分离器液位、轻烃导热油换热器壳程进出口压力、液烃三相分离器压力、压缩机入口分离器压力)。观察容器压力,必要时开启手动放空控制容器压力在规定范围内。

(3)分析故障发生的原因及故障处理方法。

原因分析:①低温分离器假液位,液出口气动阀不关闭,导致液管线窜气。造成液烃三相分离器进气,压力升高(最高 1.5MPa),当压力达到安全阀启动压力,安全阀启跳。②液烃三

相分离器压力升高,气出口气动阀全开,压缩机入口分离器压力升高,当压力达到0.7MPa,富气放空气动阀启动,低压火炬点火。

处理方法:①现场核对低温分离器液位。②根据现场实际液位,手动调节气动阀控制液位在规定值。③远传数据异常造成,对仪表进行维修或者更换。④清洗检查液位计。⑤按标准要求重新校验启跳后的安全阀。

23. 故障二十三:外输压力升高

(1)故障现象说明:外输压力升高,当外输压力升高至节流后压力4.5MPa时,节流后压力呈阶梯式由外向内(指凝析油/外输气换热器、管程、低温分离器压力)缓慢升高,节流后温度缓慢升高。

(2)应急处理措施:电话联系下级站点查找原因并汇报。

(3)分析故障发生的原因及故障处理方法。

原因分析:①外输管线冻堵。②下游用户用气量减少。③下级站点控制失误。

处理方法:①控制好系统压力,查找冻堵部分,对冻堵部位进行解冻。②了解用户用气需求量,根据要求控制产量。③注意观察各级压力、温度的变化,根据实际情况调整产量及压力。

24. 故障二十四:外输压力降低

(1)故障现象说明:外输压力降低,流量略有上升。

(2)应急处理措施:电话联系下级站点查找原因并汇报。

(3)分析故障发生的原因及故障处理方法。

原因分析:①外输管线泄漏。②下游用户的用气量增加。③下级站点控制失误。

处理方法:①切断事故段气源,对事故段进行紧急抢修。②了解用户用气需求量,根据要求控制产量。③注意观察各级压力、温度的变化,根据实际情况调整产量及压力。

25. 故障二十五:一级闪蒸分离器油位高或稳定塔油位及重沸器液位高

(1)故障现象说明:一级闪蒸分离器油位高或稳定塔油位及重沸器液位高,前端所有来液分离器液位正常,但两个分离器均处于压液状态(高于400mm以上)。

(2)应急处理措施:先较低液位后较高液位,分别手动关闭前端手动和关闭来液分离器液出口气动阀。

(3)分析故障发生的原因及故障处理方法。

原因分析:前端来液的两个分离器同时排液,导致排液量过大,造成一级闪蒸分离器或稳定塔油位及重沸器液位高。

处理方法:根据前端分离器来液情况,手动控制压液。错开压液时间,进行分别压液。

项目五 尾气处理操作

20世纪70年代以来克劳斯法工艺技术出现了很多新进展,它们都是沿着两个思路来开拓的:一是改进克劳斯法工艺本身以提高硫回收率或装置效率,包括开发新型催化剂、贫酸气制硫技术、氧基硫回收工艺等;二是开发尾气处理技术。这两个不同的思路均取得了很大成功。由于硫碳回收和尾气处理都是以最大限度回收硫为目标,因而在发展过程中必然互相影响和渗透。例如低温克劳斯反应和选择性催化氧化这两种技术,在开发时是针对尾气处理的,但工业实践表明也同样适合于硫磺回收,这里统一把它们归入尾气处理。

知识目标

(1)尾气排放的标准;
(2)尾气处理的工艺方法;
(3)各工艺方法的实施原理。

能力目标

(1)能根据现场工业需求合理选择尾气处理工艺;
(2)能绘制尾气处理流程图;
(3)能进行各类尾气处理装置操作。

任务资源

一、尾气处理概述

(一)尾气处理的目的

受反应温度下化学平衡的限制,即便使用活性好的催化剂和三级转化,克劳斯装置的硫回收率最高只能达到97%左右,尾气中尚含有 H_2S、液硫及其他有机硫化合物,燃烧后最终均以 SO_2 的形式排入大气。不仅浪费了硫资源,也造成了严重的环境污染问题。

(二)尾气排放标准

由于 H_2S 的毒性很大,通常是把尾气中的 H_2S(以及其他含硫化合物)灼烧后以 SO_2 的形式排放。中国在1996年以前,克劳斯装置的尾气排放执行1973年发布的国家标准 GB J4—1973 中对化工企业的规定。但1996年国家为了进一步加强对大气环境的保护,制定了要求十分严格的《大气污染物综合排放标准》(GB 16297—1996)。随着大气污染物综合排放标准的改进与实施,必将极大推动中国尾气处理工艺技术的进一步发展。

(三)克劳斯装置尾气处理的发展阶段

克劳斯装置尾气处理的发展大致经历了三个阶段:

(1)灼烧排放阶段。20世纪50年代是克劳斯法装置迅速发展的时期,但当时并未重视尾气处理的问题。进入60年代后才在克劳斯装置上增设尾气灼烧措施。后者的主要目的是把 H_2S 转化为 SO_2,只能适当降低尾气中的 SO_2 浓度。

(2)蓬勃发展阶段。20世纪60年代后期,美国、法国和德国等国家均对克劳斯装置的尾气处理技术开展了广泛研究。1970年第一套萨弗林法尾气处理工业装置投产,标志着尾气处理作为一种新型工艺技术正式问世。此后10余年间该工艺蓬勃发展,被研究过的方法达70种以上,已工业化的也有两种左右。处理方法虽名目繁多,但从类型看只有三类,即湿法、干法和直接灼烧法;从反应原理分类则只有克劳斯反应在低温下的延续和转化—吸收两种。克劳斯装置尾气处理方法的基本情况如图4-18所示。

(3)完善和逐步定型阶段。20世纪80年代中期以后,各类尾气处理方法在不断完善的基础上逐步定型,此阶段一直延续至今,它有以下三个特点:①结合克劳斯装置本身的特点选出

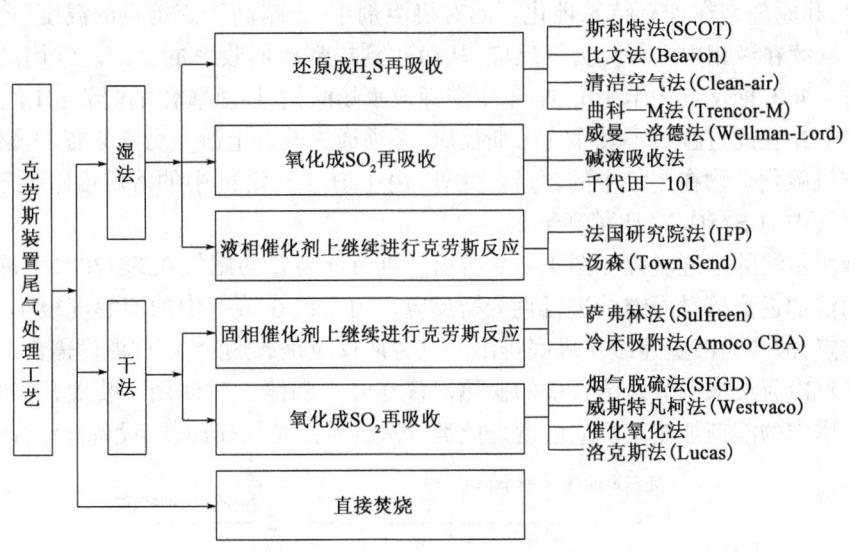

图 4-18 克劳斯装置尾气处理方法分类

了若干种较有效的尾气处理方法,如斯科特(SCOT)法、弗林法以及其他属于低温克劳斯反应类型的方法;②各种方法本身形成了更为合理的技术路线,如 1980 年后斯科特法的选择性吸收部分用甲基二乙醇胺替代二异丙醇胺作脱硫溶剂;③把硫磺回收和尾气处理结合一体的新方法引起广泛重视,如 MCRC 硫回收工艺、超级克劳斯工艺等。

二、尾气处理工艺方法

(一)尾气灼烧

为了将 H_2S 转化为 SO_2,不论克劳斯装置是否有后续的尾气处理装置,尾气均应灼烧后才能排放。就此意义而言,尾气灼烧可视为克劳斯装置的一个组成部分,但中国在工业上往往对此部分重视不够。

1. 热灼烧

热灼烧是指在有过量空气存在下,用燃料把尾气加热到一定温度后,使其中的含硫化合物全部转化为 SO_2,灼烧温度应控制在 540~600℃,低于 540℃时 H_2 和 CO 不能燃烧完全。尾气中含有 COS 或 H_2S 浓度较高时应考虑适当的停留时间。空气适当过量是灼烧完全的必要条件。在理想的操作条件下,过剩氧量的体积分数为 2% 时,H_2 能较完全地燃烧,此时燃料消耗量最低。

2. 催化灼烧

催化灼烧是指在有催化剂存在的条件下,以较低的温度使尾气中的含硫化合物转化为 SO_2。使用性能良好的催化剂时,灼烧温度一般不超过 400℃。现已开发的灼烧催化剂品种甚多,通常是在活性氧化铝上浸渍钴、钼或镍的氧化物。催化灼烧的燃料和动力消耗均明显低于热灼烧,但在较低的温度下,H_2、COS 和其他含硫化合物往往不能灼烧完全,这是影响催化灼烧发展的关键因素。

(二)在液相中进行的低温克劳斯反应

在液相中进行的低温克劳斯反应以法国石油研究院(IFP)开发的克劳斯泼尔法(Clauspol)为代表,其原理是在加有特殊催化剂的有机溶剂中,于略高于硫熔点的温度下,使尾气中 H_2S 和 SO_2 继续在液相中进行克劳斯反应,从而达到提高硫回收率的目的。常用的有机溶剂为聚乙二醇 -400,催化剂为苯甲酸钠、苯甲酸钾或水杨酸钠,用氢氧化钠调节 pH 值至碱性。

COS 和 CS_2 在此过程中不发生克劳斯反应,必须通过改善上游克劳斯装置的操作,尽可能降低这些有机硫化合物在尾气中的含量。此外,由于 H_2S 在溶剂中的溶解度略低于 SO_2。因而应保持尾气中 H_2S/SO_2 之比稍高于2。

克劳斯泼尔法的原理流程如图 4 – 19 所示。克劳斯装置的尾气在约 130℃下进入反应塔底部与塔内溶剂逆流接触而继续进行克劳斯反应。由于硫在溶剂中的溶解度很小,且塔内温度高于硫熔点,故产品液硫连续从塔底排出。克劳斯反应是放热的,塔内温度需借助在循环溶剂中注入蒸汽冷凝液来调节。流程中的换热器仅在开工和停工时使用。装置开工时,尾气入塔前应先使塔内的溶剂加热至反应温度。此类方法的特点是操作简便,设备操作弹性大。

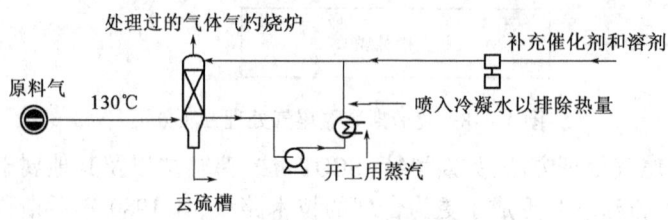

图 4 – 19 克劳斯泼尔法的原理流程

(三)在固体催化剂上进行的低温克劳斯反应

在固体催化剂上进行的低温克劳斯反应主要有冷床吸附法(CBA)和萨弗林法,均已在工业上广泛应用。两者的主要区别在再生系统,后者一般设置单独的再生系统,而前者则利用克劳斯装置一级转化器出口气流作为再生气。与克劳斯泼尔法相似,此类方法也不能转化尾气中的有机硫化合物,同时要严格控制尾气中的 H_2S/SO_2 比例。该方法的特点是设备简单,操作方便,适合大型装置使用。萨弗林法原理流程如图 4 – 20 所示。流程中的三个反应器分别处于吸附(反应)、再生和冷却三个不同的阶段,由控制仪表按设置的周期自动切换。也可以采用两个反应器的流程,视尾气量和尾气中含硫化合物的量而定。

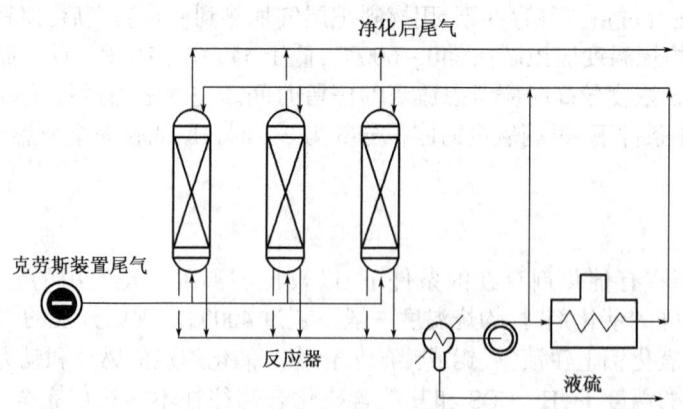

图 4 – 20 萨弗林法原理流程

尾气于约 130℃下进入吸附反应器,在催化剂作用下 H_2S 与 SO_2 反应生成元素硫,后者吸附在催化剂表面。处理后的尾气约 150℃,经灼烧后放空。

再生过程分为加热和冷却两个阶段。加热阶段用一股经处理的尾气,由风机加压,并在加热炉中升温至约350℃后进入反应器,将后者升温至约325℃,从而使催化剂上吸附的液硫脱附。再生气流经冷凝分离硫磺,并回收热量后循环使用。为防止催化剂硫酸盐化,再生过程完成后应立即吹入未经处理的尾气(约130℃)使床层冷却,经过 0.5~1h 后再改用以处理后的尾气冷却。床层温度降至170℃后停止冷却,转入下一个吸附循环。

(四)还原—吸收类方法

1. 斯科特(SCOT)法

还原部分是使尾气中的 SO_2 和元素硫在钴—铝加氢催化剂上加氢还原而生成 H_2S。反应所需的 H_2(和CO)可由界区外供给,或由天然气不完全燃烧来发生:

$$SO_2 + 3H_2 \Longrightarrow H_2S + 2H_2O$$

$$S_8 + 8H_2 \Longrightarrow 8H_2S$$

同时,尾气中的 COS、CS 等有机硫化合物则和原料气中所含的水分反应而水解为 H_2S:

$$COS + H_2O \Longrightarrow H_2S + CO_2$$

$$CS + 2H_2O \Longrightarrow 2H_2S + CO_2$$

当还原气体中含有 CO 时,还会发生以下反应:

$$SO_2 + CO \Longrightarrow COS + O_2$$

$$S_8 + 8CO \Longrightarrow 8COS$$

$$H_2S + CO \Longrightarrow COS + H_2$$

通常加氢还原后尾气中除 H_2S 以外的含硫化合物含量(摩尔分数)不超过 50×10^{-6}。CO、CO_2 在加氢催化剂上的甲烷化反应可以忽略不计,即使反应温度达到450℃,气体中 CH_4 含量(摩尔分数)也不会超过 20×10^{-6}。吸收部分采用选择性脱硫工艺。初期用二异丙醇胺溶剂,目前很多装置改用选吸效率更高的甲基二乙醇。脱除下来的酸气返回上游克劳斯装置。

斯科特(SCOT)法的原理流程如图4-21所示。克劳斯装置尾气(120~130℃)与在线燃烧炉制取的高温还原气体混合后,在约300℃下进入加氢还原反应器。加氢还原系放热反应。出反应器的气体先经废热锅炉回收热量,使气体降温至160℃后进冷却塔,在塔中直接喷水冷却。冷却后的气体中含 H_2S 约1%~3%,CO_2 不超过40%。此气体进入脱硫部分的吸收塔进行脱硫,图中未示出再生过程的有关设备。冷却塔底排出的冷凝水大部分循环使用,抽出一小部分送到酸水汽提塔进行处理。

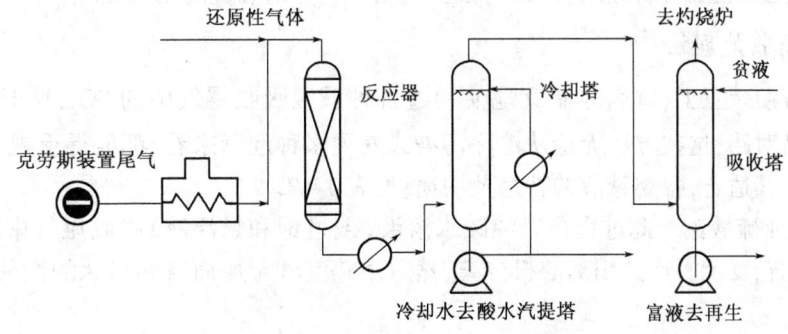

图4-21 斯科特(SCOT)法原理流程

加氢还原催化剂,国外主要有德国生产的 M8-10,荷兰生产的 Fine124-3p 和 Shell534 等几种牌号,它们在装置上的应用都很成功,寿命可达 5a 左右。国内曾采用过 3641 加氢催化剂。1988 年西南油气田分公司天然气研究院研制成功的 CT6-5 加氢催化剂现已在工业上广泛应用,其性能与 Shell534 相当。

2. 比文法

比文法的还原部分与斯科特法完全相同。加氢还原后的尾气冷却至常温后,送入蒽醌法脱硫装置直接回收硫磺。由于蒽醌法脱硫的效率很高,脱硫后尾气中的总硫量不超过 100×10^{-6}(摩尔分数)。比文法装置的总硫回收率略高于斯科特法,但操作比后者复杂,适用环境保护要求严格。

3. 清洁空气法

清洁空气法系美国普里查得(Pritchard)公司的专利,其处理过程可分为三步:第一步是 SO_2 转化为硫,也有少量 H_2S 同时转化;第二步是用蒽醌法脱除 H_2S,使尾气中 H_2S 含量降至 10mL/m 以下;第三步的作用是除去尾气中的 COS 和 CS_2,当尾气中有机硫化合物含量不多时,这部分可以不开工。清洁空气法的基本过程与比文法相似,处理效率也和比文法大致相当。20 世纪 70 年代曾在美国等国家的天然气净化厂使用过,近年来很少有报道。

(五)氧化—吸收类方法

氧化—吸收类方法的特点是先将尾气中的含硫化合物全部氧化为 SO_2,然后用溶液(或溶剂)吸收 SO_2,最终以硫酸盐、亚硫酸盐或 SO_2 的形式去回收。属此类型的方法颇多,但大多数用于排烟脱硫或处理冶炼厂、硫酸厂的尾气,其中威尔曼—洛德法也曾用于处理克劳斯装置的尾气。此外,碱液吸收法也属此类型,它们具有资源综合利用的特色,应予重视。

1. 威尔曼—洛德法

威尔曼—洛德法以亚硫酸钠溶液吸收 SO_2 而生成亚硫酸氢钠,如尾气中含有 SO_2 或 O_2 则发生副反应。为防止副反应发生,一般在溶液中加蒽醌等作为抑制剂。

$$SO_3 + Na_2SO_3 + H_2O \Longrightarrow 2NaHSO_3$$
$$2Na_2SO_3 + SO_3 \Longrightarrow Na_2SO_3 + Na_2S_2O_5$$
$$2Na_2SO_3 + O_2 \Longrightarrow 2Na_2SO_4$$

吸收 SO_2 后的亚硫酸钠富液在蒸发器中加热至 105℃ 时发生分解而使吸收溶液再生,亚硫酸钠贫溶液可循环使用。由于此法要用价格昂贵的耐腐蚀材料,装置投资较高,且副反应复杂,故虽在其他工业上有所应用,但目前很少应用于克劳斯装置的尾气处理。

2. 碱液吸收处理法

一些克劳斯装置上,曾因地制宜地使用过各种碱液吸收尾气中的 SO_2,同时生产化工产品。只要产品对路,这些方法无论从消除污染或发展多种经营来看,都值得重视,对于小型的克劳斯装置尤其适合,各类碱液的特性及用途,见表 4-3。

(1)制焦亚硫酸钠。此过程是以纯碱水溶液(或过饱和悬浮液)吸收尾气中的 SO_2,实际发生的反应比较复杂。产品用离心机分离,然后用热空气干燥而得到粉状的产品。母液回收利用。

(2)制无水亚硫酸钠。用质量分数为 15% 的 NaOH 溶液(或废碱液)吸收尾气中的 SO_2,

在 40～60℃下吸收至 pH 值为 5～6 时,再用 NaOH 中和至 pH 值为 12,经澄清、过滤、蒸发、结晶分离和干燥即可制得产品。结晶母液可循环使用。

(3) 制硫代硫酸钠。用质量分数为 15% 的 NaOH 溶液(或废碱液)吸收尾气中 SO_2,在 0～60℃下吸收至 pH 值为 6.5～7.0,经分析后加入化学计量的硫粉,加热至沸点进行反应。静止除去少量 Na_2SO_4,然后经结晶、分离、干燥而制得产品。

(4) 制亚硫酸钙。当尾气中 SO_2 浓度较低时(约为 0.5%),可用石灰乳吸收,吸收温度可以是常温至 100℃。吸收完成后经澄清、浓缩即可分离出产品。

表 4-3 各类碱液的特性及用途

产品	焦亚硫酸钠	无水亚硫酸钠	硫代硫酸钠	亚硫酸钙
特性	不易潮解,性质较稳定	易潮解和氧化变质	易潮解和风化	
用途	医药、印染、造纸工业的还原剂和漂白剂;钻井液处理剂	照相显影剂;医药、造纸、印染工业的还原剂和漂白剂	纸浆及织物漂白后的脱氧剂;鞣革用的媒染剂	颜料和橡胶填充剂;与有机树脂一起制钙塑制品

三、发展动向

(一) MCRC 硫磺回收工艺

1. 发展概况

所谓低温克劳斯反应是指在低于硫露点的温度下进行克劳斯反应。上文介绍的萨弗林法、CBA 法均属此类型。这类方法成功地应用于尾气处理后,引起了克劳斯装置设计概念的变化——转化器的操作温度可以低于硫露点以提高转化率。在此基础上,加拿大矿物与资源公司(Mineral and Chemical Re-source Co)提出了一种把克劳斯装置和尾气处理装置结合一体的新方法——MCRC 硫磺回收工艺。此法把最后一级或两级转化器置于低温下操作,在工艺流程、技术经济等方面颇具特色,故受到普遍重视。MCRC 工艺的转化器级数有三级和四级两种。三级转化器流程的硫回收率在 99% 左右,四级转化器流程的硫回收率为 99.5% 左右。

2. 技术特点

(1) 低温克劳斯反应催化剂的再生热源为上游克劳斯反应段经分离硫并再热后的过程气,因而把硫磺回收和尾气处理有机地结合为一体。
(2) 所有切换操作全部由计算机控制,故装置操作平稳,容易管理。
(3) 全部设备皆可按常规克劳斯法装置的要求进行设计和制作,无任何特殊要求。
(4) 采用空隙率高、比表面积大的活性氧化铝作为低温克劳斯反应催化剂。反应生成的液硫吸附在催化剂微孔内壁上,催化剂硫吸附容量甚高,而床层压降则与常规克劳斯装置相当。

(二) 选择性催化氧化

1. 还原式塞列托克斯法

20 世纪 70 年代美国联合油品公司开发的塞列托克斯(Seletox)法使催化氧化制硫技术成功地实现了工业化。此工艺实际主要由尾气加氢和催化氧化制硫两个部分组成。前者的原理与设备类似于斯科特法的加氢还原部分。加氢还原后的尾气经废热锅炉回收热量后,在接触冷却塔中进一步冷却,并使其中的水分含量(体积分数)降至约 5%。冷却后的过程气经再热并与空气混合后进入装有塞列托克斯催化剂的反应器进行催化氧化制硫。含硫过程气经冷凝分离液硫后灼烧放空。

2. 循环式塞列托克斯法

循环式塞列托克斯法实际上是一种硫磺回收工艺,适用于从贫酸气中回收硫。其原理流程是利用一台循环鼓风机把冷凝器的部分排出气体送回塞列托克斯反应器,使进反应器的原料气中 H_2S 含量控制在 5% 以下,从而把反应器的温度控制在 370℃左右。

3. 超级克劳斯(Superclaus)法

超级克劳斯法在二级转化器以前的部分与常规克劳斯法相同,但在三级转化器中放置了特殊的催化氧化催化剂。超级克劳斯法的另一个特点是不再要求过程气中 H_2S/SO_2 为 2,只要求 H_2S 过剩。通常出二级转化器的过程气中 H_2S 的浓度为 0.8%~3.0%,而 SO_2 浓度极低,这部分 H_2S 在催化氧化反应器中直接氧化为硫。总硫回收率可达 99% 左右,只有极少量 H_2S 被氧化为 SO_2。它与超级克劳斯法 - 99 的区别是在催化氧化反应器前增加了一个加氢反应器,把过程气中的含硫化合物全部还原为 H_2S 后再进行催化氧化。超级克劳斯法的设备皆可用普通碳钢制作,公用消费与常规克劳斯法相当,此法既可用于新建装置,也可用于已建装置的改造,还能和氧基硫磺回收工艺(COPE 法)等新工艺结合使用。

4. 克林塞夫(Clinsulf)法

克林塞夫法是德国林德公司开发的新工艺,其关键是使用一种安装有冷却盘管的内冷式反应器取代常规的克劳斯转化器,从而大幅度提高了硫回收率。所谓的克林塞夫 - SSP 工艺是指使用两个结构完全相同的内冷式反应器的硫磺回收新工艺,并使第二个反应器在低于硫露点的温度下操作,生成的硫蒸气冷凝后被催化剂吸附,只有极少量的硫凝结在冷却盘管的表面,基本不影响换热,也不会造成床层堵塞。该工艺能使总硫回收率达到 99.8% 左右。此工艺流程不太复杂,又能满足高回收率的要求,故受到了普遍重视,是近年来硫磺回收和尾气处理工艺技术开发上取得的重要成果。

四、尾气处理工艺方法的选择与评价

世界各国近年来都在发展经济的同时,对保护环境给予了充分重视。经济与环境的协调发展,对生态环境已受到严重破坏的中国而言,更是亟待解决的重要问题。在此背景下,中国政府发布了 GB 16297—1996。后者的实施对天然气工业是一个严峻的挑战,但也给尾气处理技术的发展带来了良好的机遇。为了达到新标准规定的要求,综合国内外的发展动向,对尾气处理工艺方法可归纳出以下几点认识:

(1)以斯科特法为代表的还原—吸收类型的方法,虽然流程较复杂,投资偏高,但能有效地保证 99.8% 以上的总硫回收率。对于处理高含硫天然气的大型装置无疑是首选方法。同时,斯科特法工艺近年来也在进一步降低尾气中 H_2S 和 SO_2 的含量以及消耗指标等方面开展了大量研究,出现了超级斯科特法、低硫斯科特法、串级斯科特法等改进工艺。

(2)催化氧化类型的方法由于在实质上改变了 H_2S 转化为硫的反应机理,从而克服了克劳斯反应在平衡转化率上存在的障碍,有效地提高了总硫回收率。此类方法若再辅以加氢还原工艺也可将总硫回收提高到 99.5%,尤其适合中、小型装置使用。

(3)采用特殊设计的内冷式反应器的克林塞夫工艺是一种硫磺回收与尾气处理相结合的工艺,只要催化剂能有效地水解过程气中的有机硫化合物,使用两级反应器的克林塞去－SSP工艺能使总硫回收达到99.8%左右。此工艺也较适合于中、小型装置,不仅能用于新建装置,也可应用于已建装置的技术改造,故具有良好的发展前景。

(4)以克劳斯泼尔法为代表的在液相中进行低温克劳斯反应类型的方法,也较适合用于中、小型装置,总硫回收率可达到约99%,但再进一步提高就比较困难。此类方法设备腐蚀相对较严重且容易堵塞,溶剂损失量也较大,因而在国内应用不多。今后要执行更严格的环境保护标准,此类方法的应用机会将更少了。

(5)以 MCRC 法为代表的在固定床反应中进行低温克劳斯反应类型的方法,设备投资和操作成本低于斯科特法,操作方便,容易管理,对于不同规模的装置有很强的适应性,总硫回收率可达到约99%,因而在能满足尾气排放要求的前提下应予优先考虑。

复习思考题

1. 简述尾气处理的目的及排放标准。
2. 简述尾气处理的工艺方法。
3. 简述各工艺方法的实施原理及工艺。

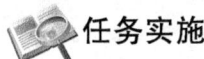
任务实施

任务　绘制并讲解尾气处理工艺流程图

一、学习目标

绘制并讲解尾气处理工艺流程图。

二、准备工作

(1)工具、材料准备:A4 纸、尺子、铅笔;
(2)人员准备:按照要求穿戴劳动保护用品。

三、操作步骤

1. 准备工作

劳动防护用品准备齐全,穿戴整齐,工具、用具、材料准备齐全。

2. 基础知识

尾气处理工艺流程及设备,如图 4－22 所示。

3. 标注图名

在图最上方填写所需绘图标准名称。

4. 绘制流程图

绘制 SCOT 尾气处理工艺流程图,也可以选择绘制其他尾气处理工艺。

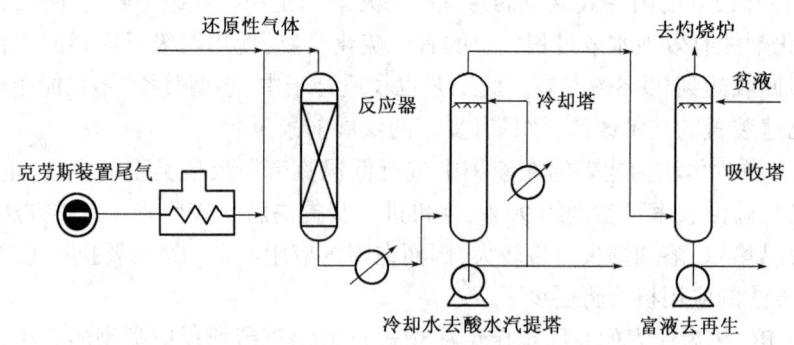

图 4-22 尾气处理工艺流程图

5. SCOT 工艺说明

克劳斯装置尾气(120~130℃)与在线燃烧炉制取的高温还原气体混合后,在约 300℃ 下进入加氢还原反应器。加氢还原系放热反应。出反应器的气体先经废热锅炉回收热量,使气体降温至 160℃ 后进冷却塔,在塔中直接喷水冷却。冷却后的气体中含 H_2S 约 1%~3%,CO_2 不超过 40%,此气体进入脱硫部分的吸收塔进行脱硫。冷却塔底排出的冷凝水大部分循环使用,抽出一小部分送到酸水汽提塔进行处理。

6. 清理场地

收拾工具,清理现场。

7. 安全文明生产

安全文明操作,在规定时间内完成。

四、技术要求

(1)在规定时间 20min 内完成,到时停止操作;
(2)图幅布局合理、对称、美观线条粗细一致,图纸整洁、清晰。

项目六 DCS 与 ESD 系统操作

集散控制系统是以微处理器为基础,采用控制功能分散、显示操作集中、兼顾分而自治和综合协调的设计原则的新一代仪表控制系统。集散控制系统简称 DCS,也可直译为"分散控制系统"或"分布式计算机控制系统"。它采用控制分散、操作和管理集中的基本设计思想,采用多层分级、合作自治的结构形式,主要特征是它的集中管理和分散控制。目前 DCS 在电力、冶金、石化等各行各业都获得了极其广泛的应用。ESD 系统是处于静态的,它独立于 DCS 集散控制系统,且安全级别高于 DCS。

☞ 知识目标

(1)掌握 DCS 系统的组成、功能、组态;
(2)掌握 ESD 系统的组成、功能。

能力目标

(1) 能正确操作 DCS 系统；
(2) 能正确操作 ESD 系统。

任务资源

一、DCS 系统

DCS 系统通常采用分级递阶结构，每一级由若干子系统组成，每一个子系统实现若干特定的有限目标，形成金字塔结构。可靠性是 DCS 发展的生命，要保证 DCS 的高可靠性主要有三种措施：一是广泛应用高可靠性的硬件设备和生产工艺；二是广泛采用冗余技术；三是在软件设计上广泛实现系统的容错技术、故障自诊断和自动处理技术等。当今大多数集散控制系统的 MTBF 可达几万甚至几十万小时。

DCS 在控制上的最大特点是依靠各种控制、运算模块的灵活组态，可实现多样化的控制策略以满足不同情况下的需要，使得在单元组合仪表实现起来相当烦琐与复杂的命题变得简单。随着企业提出的高柔性、高效益要求，以经典控制理论为基础的控制方案已经不能适应，以多变量预测控制为代表的先进控制策略的提出和成功应用之后，先进过程控制受到了过程工业界的普遍关注。

(一) DCS 系统概述

近年来，在 DCS 关联领域有许多新进展，主要表现在以下四个方面：

(1) 系统功能向开放式方向发展。传统 DCS 的结构是封闭式的，不同制造商的 DCS 之间难以兼容。而开放式的 DCS 将可以赋予用户更大的系统集成自主权，用户可根据实际需要选择不同厂商的设备连同软件资源连入控制系统，达到最佳的系统集成。这里不仅包括 DCS 与 DCS 的集成，更包括 DCS 与 PLC、FCS 及各种控制设备和软件资源的广义集成。

(2) 仪表技术向数字化、智能化、网络化方向发展。工业控制设备的智能化、网络化发展，可以促使过程控制的功能进一步分散下移，实现真正意义上的"全数字""全分散"控制。另外，由于这些智能仪表具有的精度高、重复性好、可靠性高，并具备双向通信和自诊断功能等特点，致使系统的安装、使用和维护工作更为方便。

(3) 工控软件正向先进控制方向发展。广泛应用各种先进控制与优化技术是挖掘并提升 DCS 综合性能最有效、最直接，也是最具价值的发展方向，主要包括先进控制、过程优化、信息集成、系统集成等软件的开发和产业化应用。在未来，工业控制软件也将继续向标准化、网络化、智能化和开放性发展方向。

(4) 系统架构向 FCS 方向发展。单纯从技术而言，现阶段现场总线集成于 DCS 可以有三种方式：①现场总线于 DCS 系统 I/O 总线上的集成——通过一个现场总线接口卡挂在 DCS 的 I/O 总线上，使得在 DCS 控制器所看到的现场总线来的信息就如同来自一个传统的 DCS 设备卡一样。如 Fisher-Rosemount 公司推出的 DeltaV 系统采用的就是这种集成方案。②现场总线于 DCS 系统网络层的集成——在 DCS 更高一层网络上集成现场总线系统，这种集成方式不需要对 DCS 控制站进行改动，对原有系统影响较小。如 Smar 公司的 302 系列现场总线产品可以实现在 DCS 系统网络层集成其现场总线功能。③现场总线通过网关与 DCS 系统并行集成——现场总线和 DCS 还可以通过网关桥接实现并行集成。如 SUPCON 的现场总线系统,利用 HART 协议网桥连接系统操作站和现场仪表,从而实现现场总线设备管理系统操作站与 HART 协议现场仪表之间的通信功能。

一直以来 DCS 的重点在于控制,它以"分散"作为关键字。但现代发展更着重于全系统信息综合管理,今后"综合"又将成为其关键字,向实现控制体系、运行体系、计划体系、管理体系的综合自动化方向发展,实施从最底层的实时控制、优化控制上升到生产调度、经营管理,以至最高层的战略决策,形成一个具有柔性、高度自动化的管控一体化系统。

(二)DCS 系统的组成

1. 硬件体系结构

考察 DCS 的层次结构,DCS 级和控制管理级是组成 DCS 的两个最基本的环节。

过程控制级具体实现了信号的输入、变换、运算和输出等分散控制功能。在不同的 DCS 中,过程控制级的控制装置各不相同,如过程控制单元、现场控制站、过程接口单元等,但它们的结构形式大致相同,可以统称为现场控制单元 FCU。过程管理级由工程师站、操作员站、管理计算机等组成,完成对过程控制级的集中监视和管理,通常称为操作站。DCS 的硬件和软件,都是按模块化结构设计的,所以 DCS 的开发实际上就是将系统提供的各种基本模块按实际需要组合成为一个系统,这个过程称为系统的组态。

1)现场控制单元

现场控制单元一般远离控制中心,安装在靠近现场的地方,其高度模块化结构可以根据过程监测和控制的需要配置成由几个监控点到数百个监控点的规模不等的过程控制单元。

现场控制单元的结构是由许多功能分散的插板(或称卡件)按照一定的逻辑或物理顺序安装在插板箱中,各现场控制单元及其与控制管理级之间采用总线连接,以实现信息交互。

现场控制单元的硬件配置需要完成以下内容:

(1)插件的配置。根据系统的要求和控制规模配置主机插件(CPU 插件)、电源插件、I/O 插件、通信插件等硬件设备。

(2)硬件冗余配置。对关键设备进行冗余配置是提高 DCS 可靠性的一个重要手段,DCS 通常可以对主机插件、电源插件、通信插件和网络、关键 I/O 插件都可以实现冗余配置。

(3)硬件安装。不同的 DCS,对于各种插件在插件箱中的安装,会在逻辑顺序或物理顺序上有相应的规定。另外,现场控制单元通常分为基本型和扩展型两种,所谓基本型就是各种插件安装在一个插件箱中,但更多的时候是需要可扩展的结构形式,即一个现场控制单元还包括若干数字输入/输出扩展单元,相互间采用总线连成一体。

就本质而言,现场控制单元的结构形式和配置要求与模块化 PLC 的硬件配置是一致的。

2)操作站

操作站用来显示并记录来自各控制单元的过程数据,是人与生产过程信息交互的操作接口。典型的操作站包括主机系统、显示设备、键盘输入设备、信息存储设备和打印输出设备等,主要实现强大的显示功能(如模拟参数显示、系统状态显示、多种画面显示等)、报警功能、操作功能、报表打印功能、组态和编程功能,等等。

另外,DCS 操作站还分为操作员站和工程师站。从系统功能上看,前者主要实现一般的生产操作和监控任务,具有数据采集和处理、监控画面显示、故障诊断及报警等功能。后者除了具有操作员站的一般功能以外,还应具备系统的组态、控制目标的修改等功能。从硬件设备上看,多数系统的工程师站和操作员站合在一起,仅用一个工程师键盘加以区分。

2. 软件系统

DCS 的软件体系通常可以为用户提供相当丰富的功能软件模块和功能软件包,控制工程师利用 DCS 提供的组态软件,将各种功能软件进行适当的"组装连接"(即组态),生成满足控制系统要求的各种应用软件。

现场控制单元的软件主要由以实时数据库为中心的数据巡检、控制算法、控制输出和网络通信等软件模块组成。

实时数据库起到了中心环节的作用,在这里进行数据共享,各执行代码都与它交换数据,用来存储现场采集的数据、控制输出以及某些计算的中间结果和控制算法结构等方面的信息。数据巡检模块用以实现现场数据、故障信号的采集,并实现必要的数字滤波、单位变换、补偿运算等辅助功能。DCS 的控制功能通过组态生成,不同的系统,需要的控制算法模块各不相同,通常会涉及以下一些模块:算术运算模块、逻辑运算模块、PID 控制模块、变形 PID 模块、手自动切换模块、非线性处理模块、执行器控制模块,等等。控制输出模块主要实现控制信号以故障处理的输出。

DCS 中的操作站用以完成系统的开发、生成、测试和运行等任务,这就需要相应的系统软件支持,这些软件包括操作系统、编程语言及各种工具软件等。一套完善的 DCS,在操作站上运行的应用软件应能实现如下功能:实时数据库、网络管理、历史数据库管理、图形管理、历史数据趋势管理、数据库详细显示与修改、记录报表生成与打印、人机接口控制、控制回路调节、参数列表、串行通信和各种组态等。

(三)DCS 系统组态

DCS 的开发过程主要是采用系统组态软件依据控制系统的实际需要生成各类应用软件的过程。组态软件功能包括基本配置组态和应用软件组态。基本配置组态是给系统一个配置信息,如系统的各种站的个数、它们的索引标志、每个控制站的最大点数、最短执行周期和内存容量等。应用软件的组态则包括比较丰富的内容,主要包括以下五个方面。

1. 控制回路的组态

控制回路的组态在本质上就是利用系统提供的各种基本的功能模块,来构成各种各样的实际控制系统。目前各种不同的 DCS 提供的组态方法各不相同,归纳起来有指定运算模块连接方式、判定表方式、步骤记录方式等。

指定运算模块连接方式是通过调用各种独立的标准运算模块,用线条连接成多种多样的控制回路,最终自动生成控制软件,这是一种信息流和控制功能都很直观的组态方法。判定表方式是一种纯粹的填表形式,只要按照组态表格的要求,逐项填入内容或回答问题即可,这种方式很利于用户的组态操作。步骤记录方式是一种基于语言指令的编写方式,编程自由度大,各种复杂功能都可通过一些技巧实现,但组态效率较低。另外,由于这种组态方法不够直观,往往对组态工程师在技术水平和组态经验有较高的要求。

2. 实时数据库生成

实时数据库是 DCS 最基本的信息资源,这些实时数据由实时数据库存储和管理。在 DCS 中,建立和修改实时数据库记录的方法有多种,常用的方法是用通用数据库工具软件生成数据库文件,系统直接利用这种数据格式进行管理或采用某种方法将生成的数据文件转换为 DCS 所要求的格式。

3. 工业流程画面的生成

DCS 是一种综合控制系统,它必须具有丰富的控制系统和检测系统画面显示功能。显然,不同的控制系统,需要显示的画面是不一样的。总体来说,结合总貌、分组、控制回路、流程图、报警等画面,以字符、棒图、曲线等适当的形式表示出各种测控参数、系统状态,是 DCS 组态的一项基本要求。此外,根据需要还可显示各类变量目录画面、操作指导画面、故障诊断画面、工程师维护画面和系统组态画面。

4. 历史数据库的生成

所有 DCS 都支持历史数据存储和趋势显示功能,历史数据库通常由用户在不需要编程的条件下,通过屏幕编辑编译技术生成一个数据文件,该文件定义了各历史数据记录的结构和范围。历史数据库中数据一般按组划分,每组内数据类型、采样时间一样。在生成时对各数据点的有关信息进行定义。

5. 报表的生成

DCS 的操作员站的报表打印功能也是通过组态软件中的报表生成部分进行组态,不同的 DCS 在报表打印功能方面存在较大的差异。一般来说,DCS 支持以下两类报表打印功能:一是周期性报表打印,二是触发性报表打印,用户根据需要和喜好生成不同的报表形式。

二、ESD 系统

(一)ESD 系统概述

ESD 紧急停车系统按照安全独立原则要求,独立于 DCS 集散控制系统,其安全级别高于 DCS。在正常情况下,ESD 系统是处于静态的,不需要人为干预。作为安全保护系统,凌驾于生产过程控制之上,实时在线监测装置的安全性。只有当生产装置出现紧急情况时,不需要经过 DCS 系统,而直接由 ESD 发出保护联锁信号,对现场设备进行安全保护,避免危险扩散造成巨大损失。

据有关资料,当人在危险时刻的判断和操作往往是滞后的、不可靠的,当操作人员面临生命危险时,要在 60s 内做出反应,错误决策的概率高达 99.9%。因此设置独立于控制系统的安全联锁是十分必要的,这是做好安全生产的重要准则。该动则动,不该动则不动,这是 ESD 系统的一个显著特点。ESD 控制系统 CPU 的扫描周期一般在几十毫秒,根据控制系统所扫描的控制点的数量,一般在 50ms 左右,所以 ESD 的响应时间是极为迅速的,现在国内比较流行的主流 ESD 系统为美国 TRICONEX(由中国自动化集团康吉森自动化代理)。

为何要独立设置 ESD 系统呢?当然一般安全联锁保护功能也可由 DCS 来实现。但是对于较大规模的紧急停车系统应按照安全独立原则与 DCS 分开设置,这样做主要有以下几方面原因:

(1)降低控制功能和安全功能同时失效的概率,当维护 DCS 部分故障时也不会危及安全保护系统。

(2)对于大型装置或旋转机械设备而言,紧急停车系统响应速度越快越好。这有利于保护设备,避免事故扩大;并有利于分辨事故原因记录。而 DCS 处理大量过程监测信息,因此其响应速度难以做得很快。

(3) DCS 系统是过程控制系统,是动态的,需要人工频繁地干预,这有可能引起人为误动作;而 ESD 是临界控制系统,是静态的,不需要人为干预,这样设置 ESD 可以避免人为误动作。

(二) ESD 系统的结构

ESD 的基本组成大致可以分为三部分:传感单元、逻辑运算单元、最终执行单元,如图 4-23 所示。

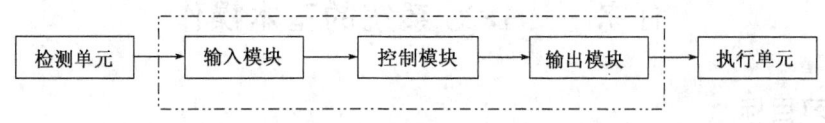

图 4-23　ESD 系统简图

检测单元采用多台仪表或系统,将控制功能与安全联锁功能隔离,即检测单元分开独立配置的原则,做到 ESD 仪表系统与过程控制系统的实体分离。

执行单元是 ESD 仪表系统中危险性最高的设备。由于 ESD 仪表系统在正常工况时是静态的,如果 ESD 控制系统输出不便,则执行单元一直保持在原有的状态,很难确认执行单元是否有危险故障,所以执行单元仪表的安全度等级的选择十分重要。

逻辑运算单元包括输入模块、控制模块、诊断回路、输出模块四部分,依据逻辑运算单元自动进行周期性故障诊断,基于自诊断测试的 ESD 仪表系统,系统具有特殊的硬件设计,借助于安全性诊断测试技术保证安全性。

(三) ESD 系统的功能

(1) 保证生产的正常运转。能够保证设备在正常情况下不受该系统的影响,在设备发生故障时能够直接越过过程操作系统对设备进行直接控制。

(2) 事故安全联锁。在发生事故时防止误操作,另外在按照工艺的要求,后续的设备停运后,防止之前的设备运行导致发生安全事故。

(3) 安全联锁报警。报警分为低限报警、低低限报警、高限报警和高高限报警,一般情况下低限或高限报警不会触发一些强制的联锁动作,只是提醒操作员注意。而低低限或者高高限的话一般就会触发一些强制的联锁动作来防止一些危险事故的发生,报警级别属于最高的。一般情况下高高限和低低限设置的都比较极端可以避免设备的误报而影响生产。

(4) 联锁动作和投运显示。防止运行中的设备超出设定范围和动作按设定顺序完成。在设备投入运行时能够进行显示。

(5) 安全联锁预报警功能。在将要进行安全联锁动作时能够实现进行预警。

(6) 安全联锁延时。在进行安全联锁动作时能够进行延时操作,给操作员反应时间。

(7) 第一事故原因的区别。在发生事故后能够对引起 ESD 系统动作的事故原因进行区别。

(8) 安全联锁系统的投入和切换。在事故解除后能够对系统状态进行切换,让设备投入运营,并且系统能够重新投入使用。

(9) 分级安全联锁。能够分级进行安全联锁动作从而保证运营成本的降低,将事故最小化。

(10) 手动紧急停车。允许操作人员进行手动操作,对设备进行紧急停止操作。

复习思考题

1. 简述 DCS 系统的组成、功能、组态。
2. 简述 ESD 系统的组成、功能。

任务实施

任务一　DCS 系统的基本操作

一、学习目标

DCS 系统的基本操作。

二、准备工作

(1) 设备准备：DCS 系统、控制电脑；
(2) 人员准备：按照要求穿戴劳动保护用品。

三、操作步骤

1. 准备工作

劳动防护用品准备齐全，穿戴整齐，工具、用具、材料准备齐全。

2. 基础知识

DCS 系统的使用方法。

3. 风险防范

触电：严禁接触带电部位，装置做好接地防护，电缆、开关等完好无损。

4. 生产监控操作

(1) 会调用压力、温度、液位三种参数；清楚每个参数工位号的含义，以及高低报警值、PV(显示值)、SV(设定值)、MV(阀开度)的含义；可控参数中会手动、自动控制。

(2) 随机调用控制界面，清楚过程报警中常见 HH(高高限报警)、HI(高限报警)、LL(低低限报警)、LO(低限报警)、IOP(输入开路)、OOP(输出开路)的含义。

(3) 随机调用 2 个趋势图界面，并会查找出时间范围内的任一具体参数值。

(4) 会调用指定的 3 个图形。

5. 清理场地

收拾工具，清理现场。

6. 安全文明生产

安全文明操作，在规定时间内完成。

四、技术要求

(1) 在规定时间 20min 内完成，到时停止操作；

(2)会调用控制界面,清楚过程报警中常见的含义。

任务二　投用 ESD 系统

一、学习目标

投用 ESD 系统。

二、准备工作

(1)设备准备:处理站、ESD 操作系统;
(2)工具、材料准备:防爆对讲机、万用表;
(3)人员准备:按照要求穿戴劳动保护用品。

三、操作步骤

1. 准备工作

劳动防护用品准备齐全,穿戴整齐,工具、用具、材料准备齐全。

2. 基础知识

ESD 系统使用说明。

3. 风险防范

(1)触电:严禁接触带电部位,装置做好接地防护,电缆、开关等完好无损;
(2)容器爆炸:确保监控仪表完好,规范操作,避免高压窜低压。

4. 投用前检查

检查 ESD 系统操作画面无报警,各类阀门显示正确,压力显示正常。

5. 投用

(1)ESD 系统联锁投用应依次从低级向高级;
(2)手动联锁投用,在 ESD 系统操作员站的操作画面上,点击"手动联锁"按钮,在弹出的操作窗口上点击"投用",此时为 ESD 系统手动联锁投用;
(3)自动联锁投用,在 ESD 系统操作员站的操作画面上,点击"自动联锁"按钮,在弹出的操作窗口上点击"投用",此时为 ESD 系统自动联锁投用。

6. 解除

(1)ESD 系统联锁解除依次从高级向低级;
(2)自动联锁解除,在 ESD 系统操作员站的操作画面上,点击"自动联锁"按钮,在弹出的操作窗口上点击"解除",此时为 ESD 系统自动联锁解除;
(3)手动联锁解除,在 ESD 系统操作员站的操作画面上,点击"手动联锁"按钮,在弹出的操作窗口上点击"解除",此时为 ESD 系统手动连锁解除。

7. 系统操作

(1)选择相应指令,双击左键,在弹出的对话框上双击"确认";

(2)现场人员确认现场设备正常动作,操作完成。

8. 硬操作台操作

(1)根据指令,选择相应的操作按钮;将钥匙右旋45°,操作权限灯亮起,按下相应按钮。
(2)现场人员确认现在设备正常动作,操作完成;选择相应的复位按钮,右旋钥匙,按下按钮。

9. 清理场地

收拾工具,清理现场,填写记录。

10. 安全文明生产

安全文明操作,在规定时间内完成。

四、技术要求

(1)在规定时间30min内完成,到时停止操作;
(2)做好投用前检查,检查ESD系统操作画面无报警,各类阀门显示正确,压力显示正常。

任务三　仪表风系统异常分析与处理

一、学习目标

仪表风系统异常分析与处理。

二、准备工作

(1)设备准备:仪表风系统;
(2)工具、材料准备:300mm活动扳手、万用表、皮带扳手;
(3)人员准备:按照要求穿戴劳动保护用品。

三、操作步骤

1. 准备工作

劳动防护用品准备齐全,穿戴整齐,工具、用具、材料准备齐全。

2. 基础知识

闸阀的结构、特点和用途。

3. 风险防范

(1)高压介质伤人:按操作规程卸压进行维修操作;
(2)触电:持有效证件人员进行电路检查;
(3)压力介质伤人:确定压力放空后再操作、放空及拆卸法兰时不正对排口及法兰缝隙;
(4)机械伤害:按维修操作规程检查、操作。

4. 仪表风系统异常情况分析

压缩机无法启机;压力超高;运行电流高,压缩机自动停机;排气温度低于正常要求排出气体含油量大;压缩机排气量低于正常要求;安全阀起跳;传感器失灵;过载;风机未运行。

5. 故障判断

(1)保险烧断,启动按钮接触不良,主电动机故障,电源缺项,风扇电动机过载;

(2)实际压力超高,传感器不准确;

(3)电压低,排气压力高,油气分离芯堵;

(4)温控阀失灵,空载时间长,排气温度传感失灵,进气阀失灵,环境温度过低;

(5)油气分离芯损坏,单向回油阀堵塞,冷却油过量;

(6)空滤堵塞,油气分离芯堵,电磁阀漏气,皮带打滑过松,进气阀未全开;

(7)使用时间长弹簧疲劳,压力控制失灵工作压力高;

(8)断线,PT100 坏;

(9)电压低,负荷过大,轴承磨损;

(10)风机损坏,接触器坏,无控制输出。

6. 故障处理

(1)电器人员检查;

(2)检查机器设定压力,检查进气控制,更换压力传感;

(3)电器人员检查电路,调整压力参数,机体拆检;

(4)清洗更换阀芯,加大负荷,检查更换传感器,增加或降低散热量;

(5)清洗单向阀,放出部分冷却油,调节出口阀门;

(6)清除杂质,调整皮带,重新整定,更换;

(7)检查传感器,检查参数,检查电压,检查轴承;

(8)检查线路,检查更换接触器。

7. 处理后验证

处理后验证问题是否解决。

8. 清理场地

收拾工具,清理现场,填写记录。

9. 安全文明生产

安全文明操作,在规定时间内完成。

四、技术要求

(1)在规定时间 30min 内完成,到时停止操作;

(2)针对不同的故障采用最合理的处理方法。

任务四　自动控制系统故障应急处置

一、学习目标

自动控制系统故障应急处置。

二、准备工作

(1)设备准备:自动控制系统;
(2)人员准备:按照要求穿戴劳动保护用品。

三、操作步骤

1. 准备工作

劳动防护用品准备齐全,穿戴整齐,工具、用具、材料准备齐全。

2. 基础知识

闸阀的结构、特点和用途。

3. 风险防范

(1)高压介质伤人:按操作规程卸压进行维修操作;
(2)触电:站在绝缘胶皮垫上送电、断电,并防止接触带电部位;
(3)机械伤害:断电挂牌(或断电后有人监护),防止误启泵;启泵前装好护盖(罩),防止人员接触转动部位。

4. DCS 系统故障应急处置

(1)故障现象一:关键位置调节阀(开关阀)失控。
故障原因:阀芯卡住或冻堵,无法动作。
处理方法:先通过旁通手动进行控制,没有旁通的情况下,通过调节阀(开关阀)前后手动阀进行控制,联系仪表人员尽快进行维修。
(2)故障现象二:独立控制设备(PLC)数据在中控室不显示。
故障原因:数据传输线缆断裂或接头脱落。
处理方法:先检查现场设备工作是否正常,若现场设备运行正常,增加巡检频次,待仪表人员进行处理。

5. FGS 系统故障应急处置

故障现象:联锁消防泵系统满足触发条件而未动作。
故障原因:设备未投用联锁控制、设备掉电、流程未导通。
处理方法:到现场进行确认是否满足触发条件,故障解除后投入自控;远程无法启动时,现场检查相关流程正确后,现场启动消防泵。

6. ESD 系统故障应急处置

(1)故障现象一:未满足触发条件,个别 ESD 阀动作。
故障原因:ESD 阀门仪表风调压阀后压力设定接近或低于要求压力。
处理方法:定期检查 ESD 阀门仪表风调压阀后压力,应高于规定的最低设定压力。
(2)故障现象二:ESD 条件触发,个别阀未动作。
故障原因:电动阀未设置在远程位置,气动阀仪表风风压不足或未打开。
处理方法:电动阀设置在远程开关位置,检查仪表风压力(不低于 0.7MPa),或打开仪表风控制阀。

7. 清理场地

收拾工具,清理现场,填写记录。

8. 安全文明生产

安全文明操作,在规定时间内完成。

四、技术要求

(1)在规定时间60min内完成,到时停止操作;

(2)针对不同故障采用最合理的处理方法。

任务五　站区停电应急操作

一、学习目标

站区停电应急操作处置方法。

二、准备工作

(1)设备准备:站区装置、设施;

(2)工具、材料准备:绝缘手套、试电笔、对讲机;

(3)人员准备:按照要求穿戴劳动保护用品。

三、操作步骤

1. 准备工作

劳动防护用品准备齐全,穿戴整齐,工具、用具、材料准备齐全。

2. 基础知识

站区停电应急处置程序。

3. 风险防范

(1)触电:站在绝缘胶皮垫上送电、断电,防止接触带电部位;

(2)设备损坏:据参数变化及时、正确调整阀门开度。

4. 停电的发现、汇报及供电前准备

(1)发现停电后及时通知班长和值班干部,同时记录停电时间;

(2)主控岗做好装置运行监控,各岗位人员到现场注意观察各点参数的变化;

(3)各岗位做好用电设备重启准备工作,注意观察各点参数的变化;

(4)班长应迅速同生产运行科取得联系,落实停电原因;

(5)如有停电后需切换的流程按照相关程序进行流程切换;

(6)安排人员到配电室准备进行电源切换,恢复装置供电。

5. 启动发电机并送电

(1)按照发电机操作规程启动发电机;

(2)符合送电条件(工艺流程及供电流程切换完毕)后,合闸送电。

6. 备用电源供电投用主要设备操作

(1)断开配电柜外供电源开关;
(2)推上备用电源开关,恢复装置供电;
(3)供电后,逐一启动重要生产设备和保温设施(具体步骤按照各设备操作规程执行);
(4)如有停电后进行切换流程的按照相关程序恢复流程;
(5)控制各点参数。

7. 外供电源来电后操作

(1)来电后,班长安排各岗位操作人员停用电设备;
(2)对更换后的管段进行防腐保温处理;
(3)断开配电柜备用电源开关;
(4)推上外供电源开关,恢复装置正常供电;
(5)按先后顺序恢复正常生产,逐一启动重要生产设备和保温设施;
(6)控制各点参数。

8. 发电机停机操作

根据操作规程进行发电机停机。

9. 自控系统 UPS 断电应急操作

(1)主控室 UPS 备用电源报警,主控岗及时通知班长并向厂运行科汇报;
(2)在中控室 ESD 操作站解除 ESD 自动联锁状态;
(3)在现场将 ESD 系统中的阀门设置为手动状态;
(4)中控人员在自控界面上,用鼠标点击将各自动调节阀,调为手动状态;
(5)运行班长应立即安排岗位人员到现场进行手动控制操作。

10. 供电恢复后操作

供电恢复后,各岗位按操作规程执行恢复自控,控制好各点参数。

11. 清理场地

收拾材料、工用具,清理现场,按要求填写报表。

12. 安全文明生产

安全文明操作,在规定时间内完成。

四、技术要求

(1)在规定时间 30min 内完成,到时停止操作;
(2)备用电源供电投用前,断开配电柜外供电源开关。

情境五 天然气外输操作

输气站是输气管道工程中各类工艺站场的总称,其主要功能是接收天然气、给管道天然气增压、分输天然气、配气、储气调峰、发送和接收清管器等。按它们在输气管道中所处的位置分为输气首站、中间站(中间站又分为压气站、气体分输站、清管站等)和输气末站三大类型及一些附属站场(如储气库、阀室、阴极保护站等)。按站场自身的功能可分为压气站、分输站、清管站、清管分输站、配气站等。天然气输气站站址选择要求包括基本工程设计规划和各站场布站两方面内容。

一、基本工程设计规划要求

(1)满足系统工艺设计的要求,所选位置总体上服从输气干线的大走向。

(2)所选站址应符合当地城镇的总体规划。与附近村镇、厂矿企业、仓库、铁路、公路、变电所及其他公用设施的安全距离必须符合 GB 50183—2015《石油天然气工程设计防火规范》中的有关规定。

(3)社会依托条件好,供电、给排水、通信、生活条件好,交通便利。

(4)所选站址(含放空区)的占地面积应使站内各建筑物之间能留有符合防火规范规定的安全间距,必要时应考虑站场的发展余地,要近、远期结合,统筹规划。

(5)选择站址应地势开阔、平缓,以利于场地排水和放空点位置选择,尽量减小平整场地的土石方工程量。

(6)选择较有利的地形及工程地质条件,应避开易发生山洪、滑坡等不良工程地质段及其他不宜建站的地方;应尽量避开湿陷性黄土分布地区,或选在湿陷量较小的地段。

(7)地下水位较低,无侵蚀性;地耐力不小于 150kPa。

二、各站场布站要求

输气管道的沿线有许多种站场设施,将这些设施合建能减少占地,降低投资,并且方便管理。因此在可能的情况下宜尽量将这些站场设施合建:

(1)输气首站一般设在净化气源附近,末站一般设在终点用户附近。

(2)分输站的选址主要考虑靠近集中用户的地理位置。

(3)清管站尽量与压气站、分输站合建。清管站的站间距选择主要考虑不应超过清管器的最大运行距离,一般清管站可按 80~130km 间距设置。

(4)压气站布局涉及末段长度、首站位置和各中间站站距三方面内容。其站间距与管道的运行压力和压比有关,根据管道设计输量,以及管道投产后数年内输量变化的预测,对不同的增压输送方案进行优化比选,根据推荐方案布站。

(5)干线阀室的间距通常以管线所处地区的重要性和发生事故时可能产生的灾害及其后果的严重程度而定,这种间距通常为 8~32km。在某些特别重要的管段两端(铁路干线,大型河流的穿跨越)也应设置截断阀室。

(6)阴极保护站的间距受最大保护距离的限制,在布站时需综合考虑这些因素,其站间距可以几十或上百千米。阴极保护站宜与输气站场合并建设。

三、输气站场的重要装置

(1) 过滤装置。功能是除去天然气中杂质、凝固物等固态杂质,以减少对设备、仪表及管道的磨损、腐蚀与堵塞,并保证计量精度。

(2) 调压装置。门站的调压装置按门站出口压力需要可分为高中压或高高压调压器,一般多采用自力式调压器,也有采用轴流式调压器。

(3) 计量装置。门站计量装置分为中压流量计量装置和次高压流量计量装置。

(4) 天然气的加臭。天然气属于易燃易爆的危险品,因此要求必须具有独特的、可以使人察觉的气味。使用中当天然气发生泄漏时,应能通过气味使人发觉。在重要场合,还应设置检漏仪器。对无臭或臭味不足的天然气应加臭,这同时也是一种管道检漏的方法。经长输管道输送的天然气,一般是在天然气首站或门站进行加臭。加臭剂的化学名称是四氢噻吩,缩写为THT。加臭剂量的标准为加臭浓度要按天然气泄漏到空气中达到1%时能被察觉,取加臭剂用量不宜小于20mg/m³。

(5) 站场紧急截断(ESD)系统。为了减少事故状态下天然气的损失并保护站场安全,各站场进出站设置紧急切断(ESD)阀,紧急切断阀由气液联动执行机构驱动,当站场或线路管道发生事故时,自动或人工发出 ESD 指令,切断站场与上、下游管道的联系。同时进出站放空管线上的电动旋塞阀自动关闭。

项目一 输气首站操作

首站是天然气管道的起点站,它接收来自矿场净化厂或其他气源的净化天然气,其主要工艺流程为天然气经分离、计量后输往下游站场,通常还有发送清管器、气体组分分析等功能。当进站压力不能满足输送要求时,首站还具有增压功能。

☞ 知识目标

(1) 输气首站的基本功能;
(2) 站场选址的基本要求;
(3) 首站与其他功能场站合建要求。

☞ 能力目标

(1) 能绘制输气首站工艺流程图;
(2) 能进行输气首站工艺装置操作。

 任务资源

一、输气首站的基本功能

首站是天然气管道的起点设施,气体通过首站进入输气干线。通常,首站具有分离、计量、清管器发送等功能。

(一)接收并向下游站场输送从净化厂来的天然气

首站接收上游净化厂来的天然气,为了保证生产安全,通常进站应设高、低压报警装置,当上游来气超压或管线事故时进站天然气应紧急截断。向下游站场输送经站内分离、计量后的净化天然气,通常出站应设低压报警装置,当下游管线事故时出站天然气应紧急截断。首站宜根据需要设置越站旁通,以免因站内故障而中断输气。

(二)分离、过滤

天然气中的固体颗粒污染物不仅会增加管道阻力,降低输气管道的气质,还影响设备、阀门和仪表的正常运转,使其磨损加速、使用寿命缩短,导致污染环境,有害于人身健康。液体污染物会随时间逐渐积累起来,形成液流,这样会降低气体流量计计量精度并可能损坏管道的下游设备。因此,通常在输气首站应设置分离装置,分离气体中携带的粉尘、杂质和上游净化装置异常情况下可能出现的液体,其分离设备多采用过滤分离器。

过滤分离器是由数根过滤元件组合在一个壳体内构成,通常由过滤段和除雾段(分离段)两段组成,能同时除去粉尘、固体杂质和液体。当含尘天然气进入过滤器后先在初分室除去固体粗颗粒和游离水。之后细小的尘污随天然气流进入过滤元件,固体尘粒在气流通过过滤元件时被截留,雾沫则被聚合成大颗粒进入除雾段,在天然气流过雾沫扑集器时液滴被分离。分离后的天然气进入下游管道,尘污则进入排污系统。

对于粒径不小于 $5\mu m$ 的粉尘和液滴,分离效率不小于 99.8%;对于粒径为 $1\sim 3\mu m$ 的粉尘和液滴,分离效率不小于 98%。过滤分离器具有多功能、处理量大、分离效率高、弹性大、更换滤芯方便等特点,主要适用于长输管线首站、分输站和城市门站,同时也适用于含固体杂质和液滴的天然气的分离。大流量站场的气体过滤分离器,可以经汇管采取并联安装的方法来满足处理量要求。在设计分离器的通过量和台数时,宜设置备用分离器。如果是热备用,应保证当一台分离器检修时余下分离器的最大处理能力仍可满足正常处理量要求。

(三)计量

应计量输入和输出干线的气体及站内的耗气,这些气量是交接业务和进行整个输气系统控制与调节的依据。气体计量装置宜设置在过滤分离器下游的进气管线、分输气和配气管线以及站场的自耗气管线上。大流量站场的计量装置,可分组并联,并设备用线路。为了减少振动和噪声,站场管道的气体流速不宜超过 $20m/s$。常用于测量天然气体积流量的流量计有差压式流量计、容积式流量计、涡轮式流量计、超声式流量计几类:

(1)差压式流量计,是依据气体流经节流件时在其前后发生的压差来测量气体流量的大小。它由节流装置、差压变送器和流量显示仪表三部分组成,是一类应用最为广泛、用量占据首位的流量计。

(2)容积式流量计,又称定排量流量计,在全部流量计中属于最准确的一类。测量元件的转动传递给计数器,可直接指示出流经流量计的流体总量,同时附加发信装置,并配以电显示仪表,可实现远距离传送瞬时流量和累计流量。常用的容积式流量计有腰轮流量计。

(3)涡轮式流量计。在全部流量计中,涡轮式流量计与容积式流量计、质量流量计为三大类重复性和准确性最佳的流量计。当被测流体通过传感器时,在流体的作用下,叶轮受力旋转,转速与管道平均流速成正比。叶轮转动改变磁电转换器的磁阻值,检测线圈中的磁通发生周期性变化,产生周期性的感应电势,即电脉冲信号,信号经放大器放大后,送至二次仪表进行显示。在石油工业中,涡轮式流量计较容积式流量计有结构紧凑、质量轻、维修简便的特点而得到推广使用,它可以容忍夹带一些杂质而不致堵塞管道,在安全性方面更胜一筹。

(4)超声式流量计,是通过检测流体流动对超声束(或超声脉冲)的作用来测量流量的仪表。20世纪80年代以来超声式流量计新品种大量涌现,成为新型流量计的主要品种之一。20世纪90年代以来气体超声流量计被气体工业界接受为高准确度(0.5级)的计量器具,它已在天然气工业贸易输送,以及气体分配、控制和检漏等各方面得到广泛应用。

(四)安全泄放

(1)输气首站应在进站截断阀之前和出站截断阀之后设置泄压放空设施。根据输气管道站场的特点,放空管应能迅速放空输气干线两截断阀室之间管段内的气体,放空管的直径通常取干线直径的1/3~1/2,而且放空阀应与放空管等径。

(2)站内的受压设备和容器应按 GB 50251—2015《输气管道工程设计规范》的规定设置安全阀。安全阀定压应等于或小于受压设备和容器的设计压力,安全阀泄放的气体可引入同级压力放空管线。

(3)站内高、低压放空管宜分别设置,并应直接与火炬或放空总管连通。

(4)不同排放压力的可燃气体放空管接入同一排放系统时,应确保不同压力的放空点能同时安全排放。

(5)放空气体应经放空竖管排入大气,放空竖管的直径应满足最大放空量要求。

(6)可燃气体放空应符合环境保护和防火要求,有害物质的浓度和排放量应符合有关污染物排放标准的规定,放空时形成的噪声应符合有关卫生标准。

(7)寒冷地区的放空管宜设防护措施,保持管线畅通。

(8)放空竖管(或火炬)宜位于站场生产区最小频率风向的上风侧,并宜布置在站场外地势较高处。

二、首站典型的工艺流程

首站不加压工艺流程如图5-1所示。

首站加压工艺流程如图5-2所示。

三、首站与其他功能场站合并建设

首站与其他功能场站合建后,清管、增压、分输等内容分别作为首站的各个功能分区,由首站实行统一管理。有可能与首站合并建设的站有:

(1)清管站。通常首站都具有清管功能,站内设有清管器发送装置。

(2)加压站。当进站压力不能满足输送要求或管道输量增加需提高起点压力时,首站还具有增压功能,此时首站需包括压气站内容。

(3)分输。当首站附近有直供用户时,可从首站分离器下游直接分输气体去用户,此时首站具有分输站功能。

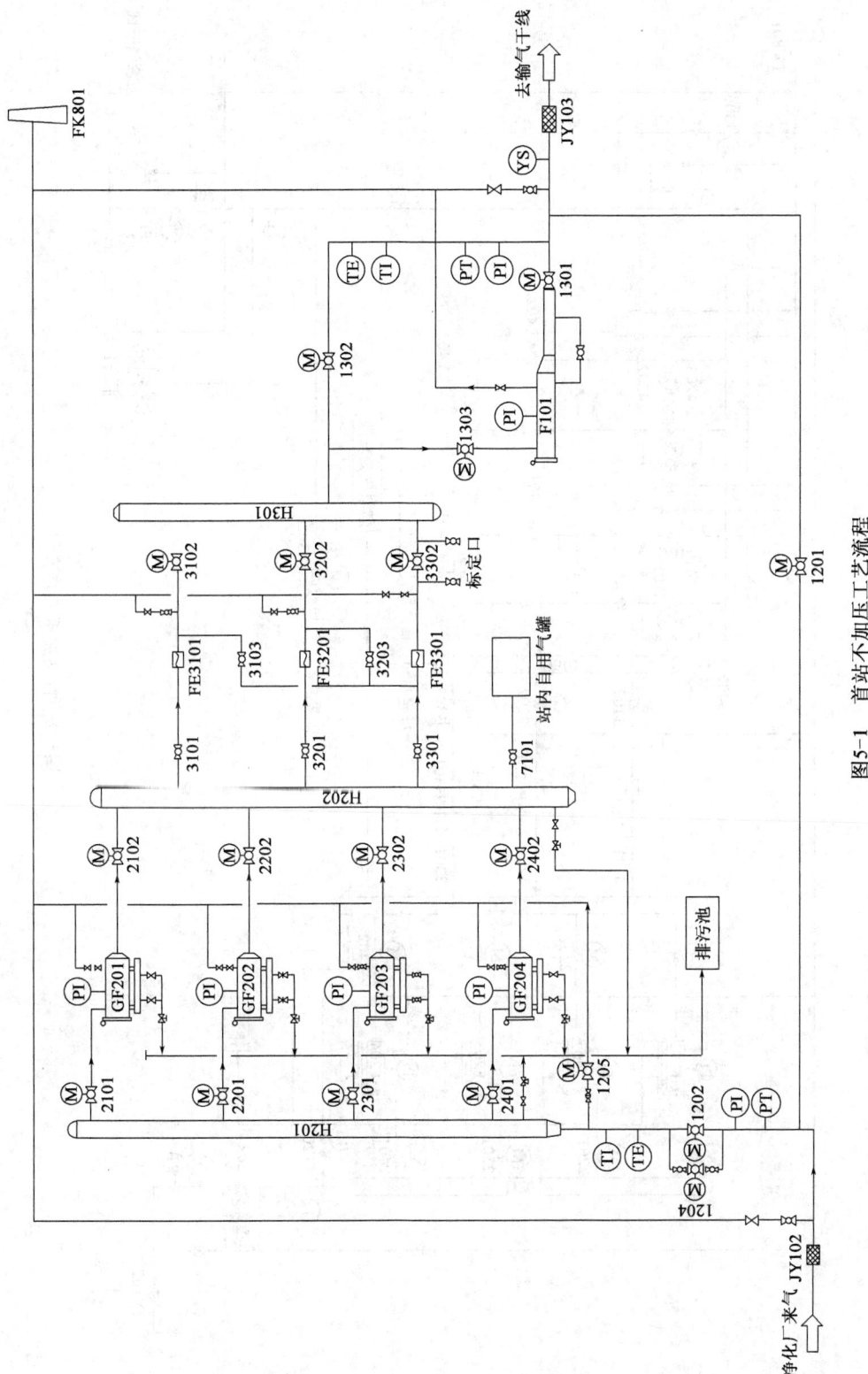

图5-1 首站不加压工艺流程

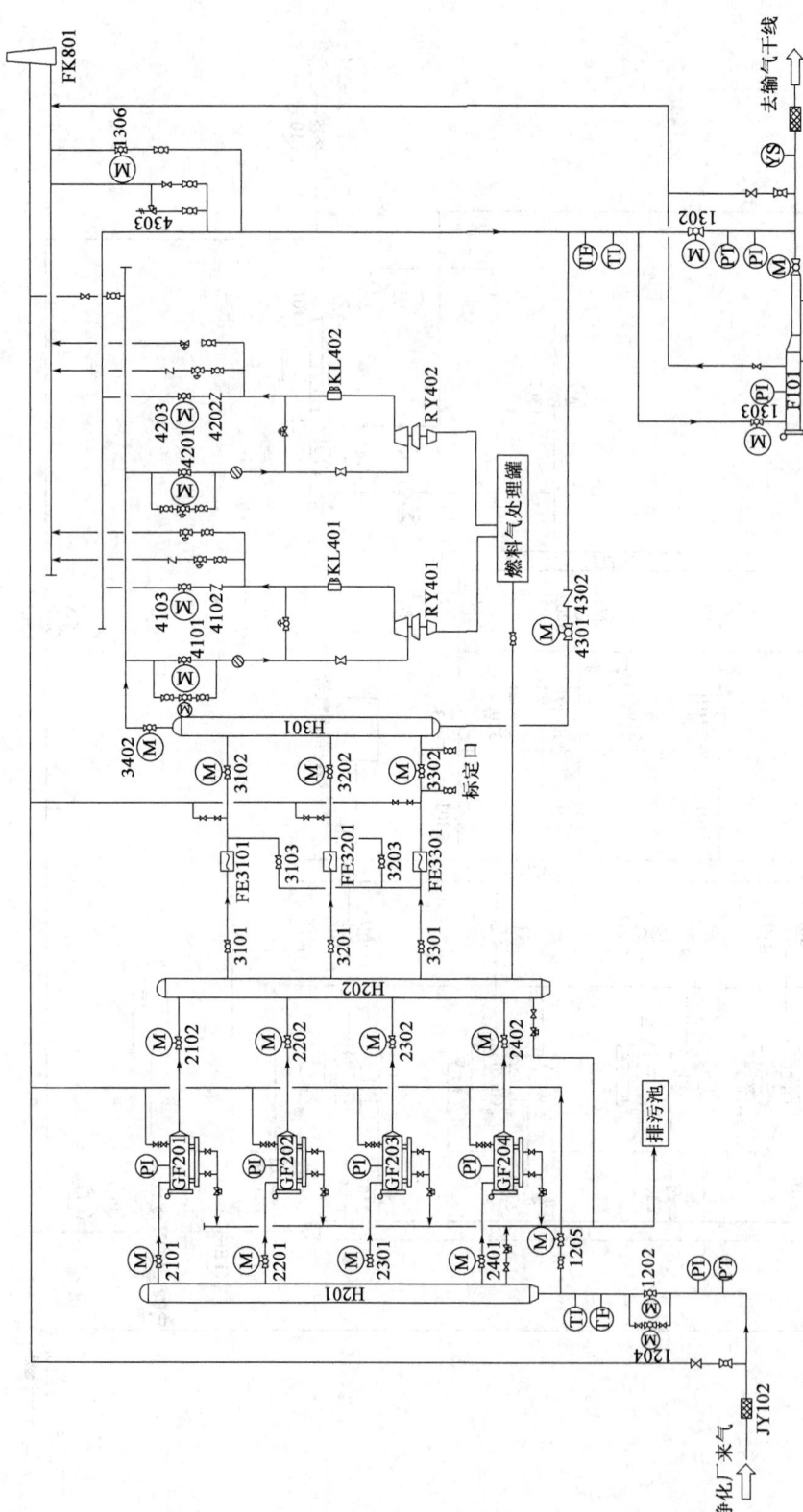

图5-2 首站加压工艺流程

复习思考题

1. 简述输气首站的基本功能。
2. 简述站场选址的基本要求。
3. 简述首站与其他功能场站合建要求。

任务实施

任务 绘制并讲解输气首站工艺流程图

一、学习目标

绘制并讲解输气首站工艺流程图。

二、准备工作

(1) 工具、材料准备:A4 纸、尺子、铅笔;
(2) 人员准备:按照要求穿戴劳动保护用品。

三、操作步骤

1. 准备工作

劳动防护用品准备齐全,穿戴整齐,工具、用具、材料准备齐全。

2. 基础知识

输气首站工艺流程及设备。

3. 标注图名

在图最上方填写所需绘图标准名称。

4. 绘制流程图

绘制本文中输气首站工艺流程图,也可根据其他输气首站工艺流程绘制。

5. 工艺说明

根据实际输气首站工艺流程说明。

6. 清理场地

收拾工具,清理现场。

7. 安全文明生产

安全文明操作,在规定时间内完成。

四、技术要求

(1) 在规定时间 30min 内完成,到时停止操作;
(2) 图幅布局合理、对称、美观线条粗细一致,图纸整洁、清晰。

项目二 分输站操作

分输站是在输气管道沿线,为分输气体至用户而设置的站场,其主要的工艺流程为天然气经分离、调压、计量后分输至用户,有时还具有清管器收发、配气等功能。当与清管站合建时,便为清管分输站。

知识目标

(1)分输站的基本功能;
(2)分输站与其他功能场站合建要求。

能力目标

(1)能绘制分输站工艺流程图;
(2)能进行分输站工艺装置操作。

任务资源

一、功能

分输站是天然气管道的中间站,气体通过分输站供给用户。通常分输站具有分离、计量、调压等功能。

(一)接收上游站场来的天然气并向下游用户供气

接收上游站场来的天然气,该部分内容同首站。向下游站场输送经站内分离、计量、调压后的天然气,出站应设高、低压报警装置,当出站超压或下游管线发生事故时紧急截断。

(二)分离、过滤

(1)分输站如果是直接供给附近用户用气,对分离后气体含尘粒径要求较小,分离装置选型可采用过滤分离器。该部分内容同首站。

(2)如果是分输气体进入支线,分输站距用户较远,分离装置选型宜采用旋风分离器或多管干式除尘器。如粉尘粒径大于 $5\mu m$,处理量不大时,可选用旋风分离器;处理量大时,可选用多管干式除尘器。

①旋风分离器。旋风分离器是利用旋转的含尘气体所产生的离心力,将粉尘从气流中分离出来的一种干式气、固分离装置。当含尘气流以 $10 \sim 25 m/s$ 的速度由进气管进入旋风除尘器时,气流将由直线运动变为圆周运动。旋转气流沿器壁自圆筒体呈螺旋向下,含尘气体在旋转过程中产生离心力,将密度大于气体的尘粒甩向器壁。尘粒一旦与器壁接触,便失去惯性力而靠入口速度的动量和向下的重力沿壁面下落,进入排灰管。旋转下降的外旋气流在达到锥体时,因圆锥形的收缩而向除尘器中心靠拢。根据"旋转矩"不变原理,其切向速度不断提高。当气流到达锥体下端某一位置时,即以同样的旋转方向从旋风除尘器中部由下反转而上,最后,净化气经排气管排出容器外。

旋风分离器特点:结构简单,无运动部件,无须特殊的附属设备,制造、安装费用较少;操作维护简便,压力损失小,运转维护费用较低;分离效率受气流速度影响,不受含尘气体的浓度、温度限制。

分离效率:对于粒径不小于 5~10μm 的粉尘和杂质,其分离效率不小于 80%~95%。旋风分离器适用于压力和流量较稳定、对分离精度要求不很高的站场。

②多管干式除尘器。多管干式除尘器是由若干个导叶式旋风子呈数圈同心圆均布排列组合在一个壳体内,有总的进气管、排气管和灰斗的分离设备。含尘气体由进气总管进入气体分布室,随后进入旋风子外管与导向叶片之间的环行空间,导向叶片使气体产生旋转并使粉尘被分离出来,粉尘经排灰口进入总灰斗,净化后的气体经旋风子排气管进入排气室,由总排气口流出。

多管干式除尘器特点:多管干式除尘器是一种高效的除尘设备,因其分离效率较旋风分离器高且稳定,操作弹性大,噪声小,承压外壳磨损小的特点而广泛应用于输气站场。适用于气量大、压力较高、含尘粒径分布较广的干天然气的分离除尘。

分离效率:对于粒径不小于 5~10μm 的粉尘和杂质,其分离效率不小于 90%~99%。

(3)如果分离的气体含尘粒径分布宽,要求分离后含尘粒径很小的情况,可考虑采用两级分离。第一级采用旋风分离器或多管干式除尘器,第二级采用过滤分离器。

(三)调压

分输去用户的天然气一般要求保持稳定的输出压力,并规定其波动范围。站内调压设计应符合用户对用气压力的要求并应满足生产运行和检修需要。调节装置目前多采用自力式压力调节阀或电动调节阀,宜设备用回路。分输站调节装置宜设在分离器及计量装置下游分输气和配气的管线上。

(四)计量

分输去用户的天然气需要计量,该部分内容同首站。

(五)安全泄放

分输站调压装置下游如果设计压力降低,则应在出站设置安全泄放阀,目前多采用先导式安全阀。先导式安全阀因其动作精度高,排放能力大,能够在超过整定压力非常小的范围内泄压排放,复位准确,密封可靠,工作稳定性好的优点而得到广泛应用。分输站安全泄放的其他内容同首站。

二、分输站典型的工艺流程

分输站工艺流程如图 5-3 所示。

三、输气站与其他功能场站合并建设的可能性及其间的关系

(一)清管站

当分输站位置与清管站间距相吻合时,分输站宜与清管站合建,站内设有清管器收、发装置。

(二)加压站

当分输站进站压力不能满足干线输送要求时,分输站还应具有增压功能,此时分输站与压气站合建。

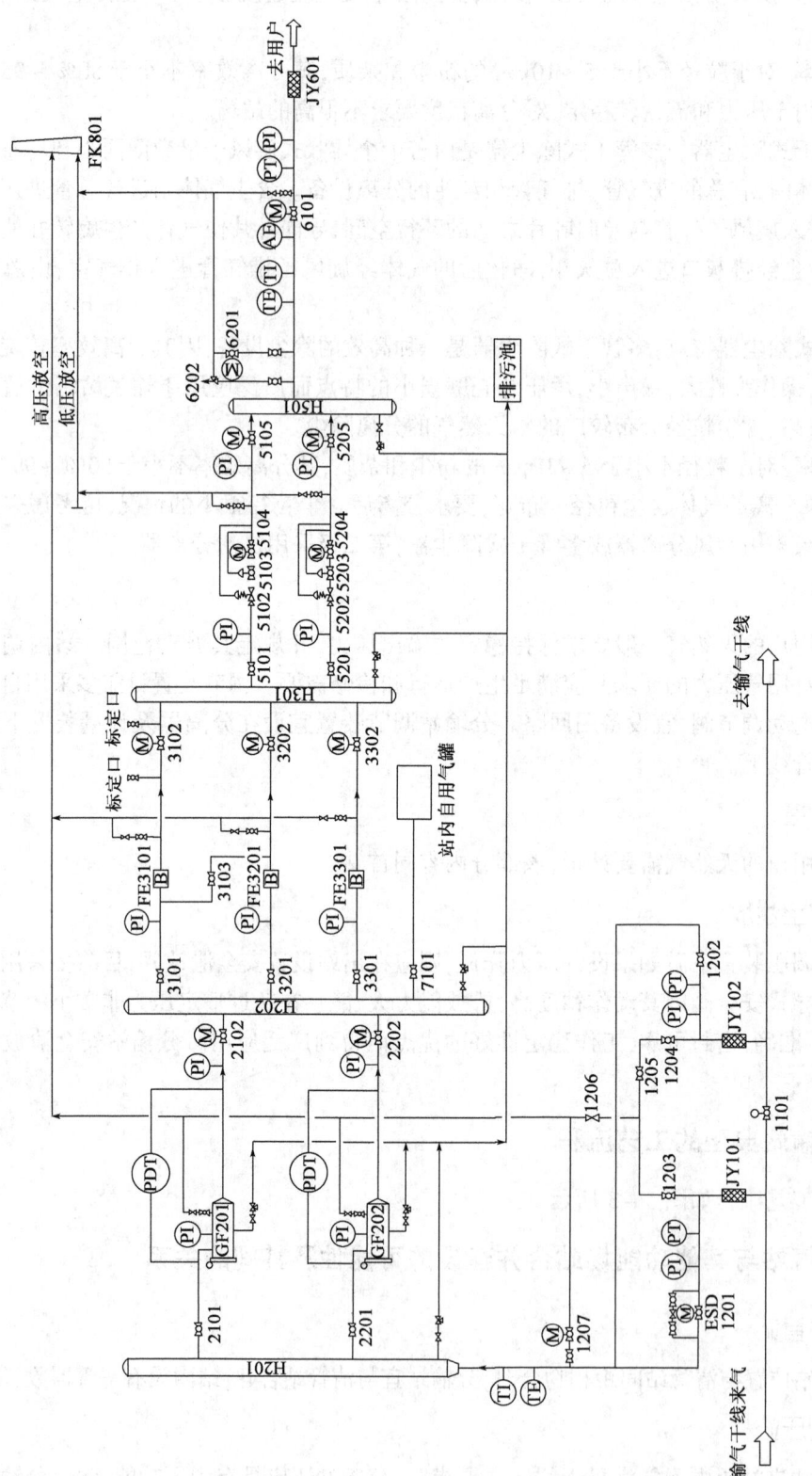

图5-3 分输站工艺流程

(三)分输站与其合并建设的其他功能场站之间的关系

分输站与其他功能场站合建后,清管、增压等内容作为分输站的各个功能分区,由分输站实行统一管理。

复习思考题

(1)简述分输站的基本功能。
(2)简述分输站与其他功能场站合建要求。

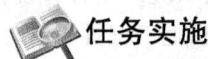**任务实施**

任务一　绘制并讲解分输站工艺流程图

一、学习目标

绘制并讲解分输站工艺流程图。

二、准备工作

(1)工具、材料准备:A4纸、尺子、铅笔;
(2)人员准备:按照要求穿戴劳动保护用品。

三、操作步骤

1. 准备工作

劳动防护用品准备齐全,穿戴整齐,工具、用具、材料准备齐全。

2. 基础知识

分输站工艺流程及设备。

3. 标注图名

在图最上方填写所需绘图标准名称。

4. 绘制流程图

绘制本文中分输站工艺流程图,也可根据其他分输站工艺流程绘制。

5. 工艺说明

根据实际输分输站工艺流程说明。

6. 清理场地

收拾工具,清理现场。

7. 安全文明生产

安全文明操作,在规定时间内完成。

四、技术要求

(1) 在规定时间 30min 内完成,到时停止操作;
(2) 图幅布局合理、对称、美观线条粗细一致,图纸整洁、清晰。

项目三　清管站操作

输气管道的输送效率和使用寿命很大程度上取决于管道内壁的清洁状况。输气管线在建造中因长距离、长时间在野外施工,管内往往进入污水、淤泥、石块、焊渣和施工工具等;在投产后,天然气从气井中带出的大量凝析油、污水、泥沙也进入管线;天然气在输送过程中,由于温度降低,在管道内会凝析出大量的水,形成积液和硫化铁产物等。以上这些杂质都会增加管线的摩擦损失,降低通过能力(效率)和使用寿命。为解决这些问题,进行管道内壁的清扫是十分必要的,因此清管工艺是管道施工和生产管理的重要工艺措施。

知识目标

(1) 掌握清管的目的;
(2) 掌握清管的设备及工艺;
(3) 掌握清管器的类型及特点。

能力目标

(1) 能正确进行通球工艺参数的选取;
(2) 能规范进行收发球操作;
(3) 能进行管线的吹扫及试压。

任务资源

为了保证金属管道的长期、安全运行,必须有计划地进行腐蚀检测,即对管体、防腐绝缘层的检测,确定管道腐蚀状况,指出可能发生泄漏的隐患。在管道发生泄漏之前就发现并主动进行整治修复。这虽然也耗费一定的资金,但比管道出现事故以后进行抢修的代价要小得多。当今工业发达国家的新建管道投产以后即对其状况进行跟踪检测,相对而言,国内还主要停留在泄漏后被迫进行的抢修,对运行管道的检测还处于初期阶段。

一、设清管站的目的

设清管站的目的可概括为以下几点:
(1) 清除管线低洼处积水,使管道内壁免遭电解质的腐蚀,降低硫化氢、二氧化碳对管道的腐蚀,避免管内积水冲刷管线而使管线减薄,从而延长管道的使用寿命。
(2) 改善管道内壁的光洁度,减少摩阻损失,增加通过量,从而提高管道的输送效率。
(3) 扫除输气管内积存的腐蚀产物,保证输送介质的纯度。
(4) 进行管内检查(投产初期,进行管道内壁涂层和内部探伤)。
(5) 定径——与清管器探测定位仪器配合,查出大于设计、施工或生产规定的管径偏差。
(6) 测径、测厚和检漏——与测量仪器构成一体或作为这些仪器的牵引工具,通过管道内

部,检测和记录管道的情况。

(7)灌注和输送试压水——往管道灌注试压水时,为避免在管道高点留下气泡,以致打压时消耗额外能量,影响试验压力的稳定,在水柱前面发送一个清管器就可以把管内空气排除干净。

(8)置换管内介质——用天然气置换管内空气、试压水或用空气置换管内天然气时,用清管器分隔两种介质,可防止形成爆炸性混合物,减少可燃气体的排放损失,提高工作效率。

(9)涂敷管道内壁缓蚀剂和环氧树脂涂层——液体缓蚀剂可用一个清管器推顶或用两个清管器夹带,在沿线运行过程中涂上管道内壁。环氧树脂的内涂施工比较复杂,其中包括管道内壁的清洗、化学处理、环氧树脂涂敷和涂敷质量的控制与检查等内容,这些工序都是利用专门的清管器实现的。

二、清管站工艺及装置

清管站应尽量与其他的输送站场相结合而建在一起。但当管道太长,无合适的站场可结合时,可根据具体情况设置中间清管站。决定清管站间距的主要因素是所用清管器的结构形式、清管皮碗材料、清管器无线电发射机的电池耗电量大小、上下游站场的间距等。站距短,清管效果较好。一般清管分离站可按 50~200km 间隔考虑设置。在地形起伏较大的管段,可适当缩短其站间距。

(一)清管站工艺

通常,在集气管线的起点设置清管器发送站,管线的终点设置清管器接收站。对于长度大于 50km 的集气干线则应根据集气工艺、气质特点、地形条件,适当考虑线路中间增设发送、接收站。在大型穿、跨越的两端,应各设置一套既可收又可发的清管装置。这样,一则可避免将前端管线所清除的污物流入穿、跨越管段;二则有利于穿、跨越管段的清管。在集气管线工程中,清管器发送站和接收站常常分别与管线的首、末站设置在一起,便于管理和维护。与站内的分离器组合,通过对相关阀门的设置与操作,达到不停气清管的目的。不停气清管不仅保证了下游不间断供气,而且对环境保护和节能都有重要的意义。

要进行清管作业的管道,其线路弯头的曲率半径可根据可能使用的清管器的长度来确定,一般大于 5 倍管径。在线路中的主、支管焊接处,支管焊接不得突出于主管内。支管与主管的直径比大于 0.3 时,应在支管侧安装挡条,以保证清管器顺利通过。清管作业周期一般应根据天然气的饱和含水量求出在工况条件下管内的析出水量,并考虑清出物的处理方法、允许的管输效率以及其他因素综合来确定。四川气田集气管道的清管周期多为 3~4 个月。

清管站一般具有清管器发送、接收、分离等功能,其工艺流程如图 5-4 所示。

(二)清管装置

1. 清管器发送筒以及端盖(盲板)

清管器发送筒如图 5-5 所示,至少应是清管器长度的 1.5 倍。

发送筒筒体的直径应比所清管线直径大一级,且筒体的中心线与管中心线呈一定倾角,即快速开关盲板端高于管线端,以便清管器推入,使其在发送前能紧贴前端的大小头。清管器的发送是利用天然气在清管器前后形成压差,将球推入管线。

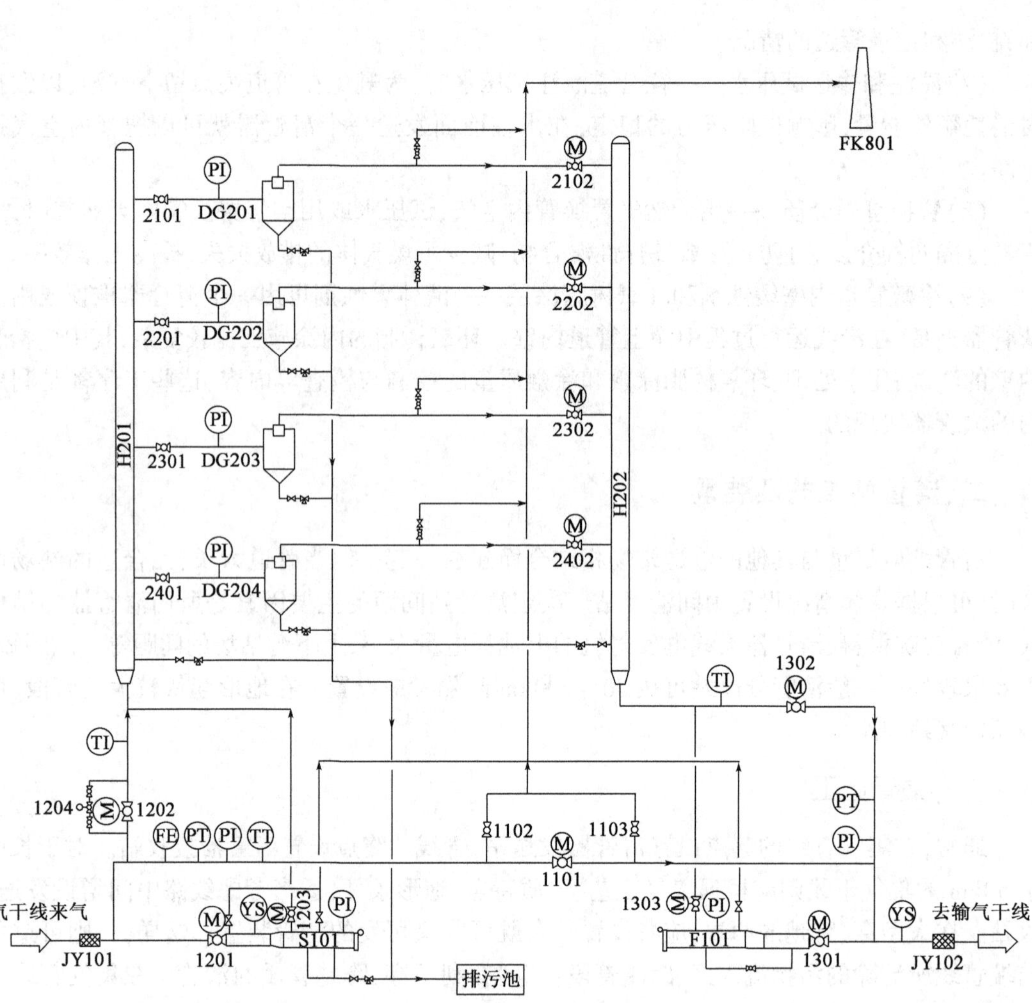

图 5-4 清管站工艺流程

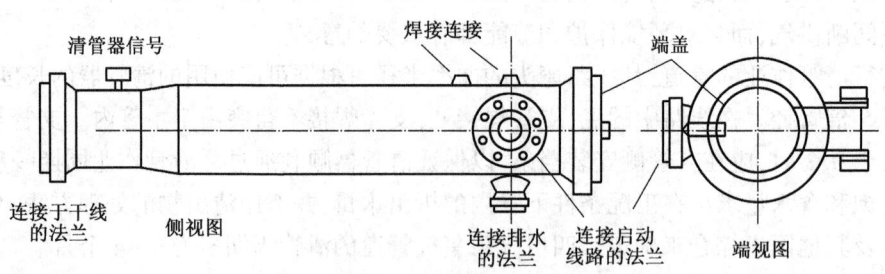

图 5-5 清管器发送筒

清管器接收筒的直径较管径大1~2级,其长度的设计应既能适应较长清管器使用,也便于两个甚至三个清管球的接收,如图5-6所示,同时要为容纳固体杂物留下一定的空间。因此,目前所用清管器接收筒的筒体长度一般为筒径的3~6倍。如果考虑今后采用清管检测仪,则收、发球筒长度应不小于2.5m。清管器发送筒必须配有连接器(通常是带法兰)相连,用于启动管道线路,而且如果需要进行排除作业,则应当安装排污阀。启动连接应当位于接近端盖的接收装置一侧,而且排水的出口应当位于筒的底端,同样也应该接近端盖。对于气体管道而言,需要安装放空管和阀门。在筒上需要有用于测量、清扫及放空作业的焊接连接,而且应当位于与端盖相近的顶端部位。应当在位于发送筒下游部位安装清管器信号装置,用来显示进入干线进行的清管作业。

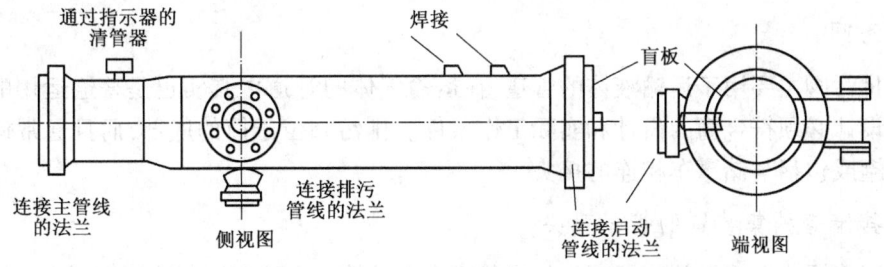

图 5-6 清管器收球筒

许多管道运营公司更倾向于使用无缝管作为清管器筒。必须使用低温材料,焊接必须是热应力已释放并适用于在较低的温度环境下工作。清管接收筒应当至少是最长清管器的 2.5 倍。应当考虑进行较长的管道清管器检查。当需要进行清管作业时,必须注意到预期的碎屑量。接收筒必须配备有法兰连接,用于旁路管道以及配有排水出口。旁路连接的位置必须接近于干线连接。排水出口的位置应接近于端盖。筒的直径应是管道直缝管直径的 1~2 倍。焊接连接主要用于测量、清扫和放空。建议使用无缝材料。需要使用低温材料和热应力已释放的焊缝,使之适用于在较低的温度环境下作业。接收筒也应该安装通过指示器的清管器,指示器应安装在渐缩管的上游位置。快速开启端盖可以方便管道作业。快速开启端盖应当配备安全压力锁定装置以防止筒在压力下作业时的管线进入。

2. 隔离阀

需要使用一阀门使清管器筒与管道干线相隔离,隔离阀应是一个双重隔断和泻放阀,这可以确保在打开端盖之前气密密封,从而有效地将清管器与管道干线进行隔离。阀门必须是全径的、直通导管型以确保清管器通过,阀门的密封面和阀体的设计必须考虑到将要进行的作业和作业时的环境温度情况。根据阀门尺寸大小不同,阀门操作器可以是手动操作也可以配备一动力电源。自动阀门作业依运行和控制需要而定,通常在管道干线阀门的一侧安装一绝缘法兰,并通过电动操作将管道干线与刮管筒和阀门隔开(阴极保护)。

3. 启动阀

启动阀用于清管器的启动。该阀门的尺寸应该是管径尺寸的 0.25~0.5 倍。根据阀门的尺寸大小,阀门可以是伞齿轮传动的也可以是垂直杆类型。通常情况,该阀门是手动操纵并使清管器缓慢进入管线。该阀门应当是双滑轮并配有放气装置,使用异径孔阀就足够了。阀门的密封面和阀体的设计必须考虑到将要进行的作业和作业时的环境温度情况。

4. 旁通阀和线路

旁通阀与启动阀相似,唯一不同的是它是在接近渐缩管或阀门端处与接收筒相连接。这一位置能使清管器通过隔离阀,在清管器进入清管器收发球筒时降低清管器之后的流量和速度。

5. 管道干线隔离阀

在任何紧急情况下,可以使用干线隔离阀来隔离管道的上游部分与管道的下游部分。

6. 放空管和阀门

放空装置只适用于气体作业,放空管及阀门的设计应适用于低温施工条件。

7. 排污阀

尽管排污阀主要用于运输液体的管道,在运输气体的管道中其实也是普遍运用的。阀门的材料及设计必须符合筒的设计和实际工作条件。排污阀位于筒的底部,而且通常使用管子连接于储罐或包括与储罐车相连的接头。

8. 连接清管捕集装置的管子弯头

连接清管器收发球筒的管子弯头的半径要求必须符合由清管器制造厂家制定的清管器横向转动的要求。对于正常的清管器及批量输送管塞作业而言,其最小半径为管道外径的3倍通常就足够了。然而,对于电子仪表的清管器,需要更长的弯曲半径。

三、清管器

清管器的种类很多,目前在国内气田上使用最多的是清管球和皮碗清管器。任何清管器都要求具有可靠的通过性能(通过弯头、三通和管道变形的能力),以及足够的机械强度和良好的清管效果。

(一)清管球

清管球是一种最简单的清除积液和分隔介质的很可靠的清管器,有实心、空心充气、空心注水三种形式。它的清管效果不如皮碗式的电子清管器。清管球由耐磨、耐油的氯丁橡胶制成。清管球的清管有效距离以50~80km为宜。用于直径为100mm管道上的球为实心球;大于100mm管道上用的球为空心球。空心球的壁厚为30~50mm,球上有一可以密封的注水孔,孔内有一单向阀。使用前需注入液体,以调节清管球的直径,使之过盈量为管道直径的5%~8%,从而保证清管效果。清管球在清管运行中会有变形和磨损,在0℃以下工作的清管球,球体内通常注入低凝固点的液体(如甘醇类),保持一定内压。清管球在管内运行时表面磨损均匀,磨损量小,只要注入口密封良好,可以多次重复使用,清管球的壁厚偏差应限制在10%以内。清管球不能定向携带检测仪器,也不能作为它们的牵引工具。未充满液体的清管球不允许使用,以免清管球在管内介质的高压下将球压扁或不能密封而漏气,造成卡球事故。

(二)皮碗清管器

皮碗清管器是在钢性骨架上串联2~4个皮碗,皮碗材料多为氯丁橡胶、丁腈橡胶和聚酯类橡胶,如图5-7所示,并用螺栓将压板、导向器等连接成一体而构成。清管器的工作原理:清管器进入管道后,其皮碗唇部与管壁紧密吻合(过盈量为4%左右),使其前后产生压差,清管器在压差的推动下,在管内向前移动,同时把污物推出管外,效果远比清管球好。

皮碗清管器主要用于各种管道投产前的清管扫线,可清除管道施工中遗留在管道内的石块、木棒等各种杂物。另外还用于天然气管线投产后的

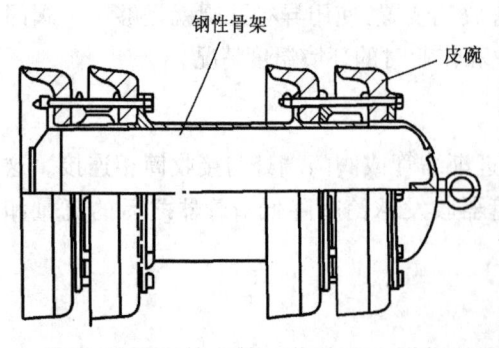

图5-7 皮碗清管器结构

清扫、水压试验前的排气、混输管线的介质隔离等。皮碗清管器较之清管球不但能清除积液和起隔离作用,而且对清除固体阻塞物也行之有效。皮碗清管器最大的特点是可用它作为基体,运载其他在管内运行的物体,以达到其他使用目的。

例如,在两节皮碗之间的筒体上,装上相互交错的不锈钢丝刷,并用一U形弹簧板固定于开有小孔的筒体上,即为带刷清管器,用于粉尘附着较多的管道清管。用锥形皮碗清管器安装测量几何形状的测杆及其他附件,即为测径清管器。清管器还可用于运载电子、漏磁、声波等检测仪器,以及探测管道壁厚及腐蚀情况等。

按照皮碗的形状可分为锥面、平面和球面三种皮碗清管器。平面皮碗的端面为平面,清除固体杂物能力强,但变形较小,磨损较快。锥面皮碗具有较大的通用性,使用较为广泛;锥面皮碗和球面皮碗能很好地适应管道变形,并能保持良好的密封。球面皮碗允许变形量最大,通过能力最好,可以通过变形量达 $30\%D$ 的管道。但它们容易越过小的物体或被较大的物体垫起而丧失密封。球面皮碗寿命较长,夹板直径小也不易直接或间接地损坏管道。

皮碗的磨损速度除取决于皮碗的材质外,还取决于管道内壁的粗糙度、腐蚀物数量、皮碗承压面积和清管器的质量等因素。在皮碗材质一定的条件下,尽量减轻清管器金属骨架的质量和必要时增加皮碗节数是提高清管器工作能力的两个途径。皮碗清管器分为定径清管器、测径清管器、隔离清管器、带刷清管器和双向清管器几种类型。

(三)泡沫塑料清管器

泡沫塑料清管器是表面涂有聚氨酯外壳的圆柱形塑料制品,是一种经济的清管工具。与刚性清管器比较,它有很好的变形能力和弹性。在压力作用下,可与管壁形成良好的密封,能够顺利通过各种弯头、阀门和管道变形位置。泡沫塑料清管器不会对管道造成损伤,尤其适应于清扫带有内壁涂层的管道,其过盈量一般约为 $2.54\mathrm{cm}$。

(四)智能清管器

智能清管器是基于将超声波、漏磁、声发射等无损探伤原理以及录像观察功能同清管结合在一起的仪器。智能清管器周向装有200多个,甚至360个探头,可在进行正常清管的同时进行在线检测,从而检测出管道内外腐蚀、机械损伤等缺陷的程度和位置。智能清管器的作用不仅仅是清管,还可用于检测管道变形和管道腐蚀情况,测量管道埋深等。智能清管器按其测量原理可分为磁通检测清管器、超声波检测清管器和自动摄像清管器等。

最常用的智能清管器采用漏磁法,它能检测出腐蚀坑、腐蚀减薄和环向裂纹,但不能检测出深而细的轴向裂纹。这种清管器既能检测液体管道,也能检测气体管道。超声波智能清管器除了检测金属损伤以外,还可进行防腐层剥离、应力腐蚀开裂(SCC)和凹痕、刻痕等机械损伤缺陷的检测,但超声波法需要在传感器和管壁之间充满液体耦合剂,这就限制了它在气体管道中的应用。弹性波仪器是能在气体管道中使用的超声波仪器,它有轮接触传感器,不需要耦合剂。

目前,美国、德国、俄罗斯等国家都普遍使用该技术,以便早期发现管径减薄等缺陷隐患,为制定管道维修计划提供依据。中国从美国、德国引进智能清管器或请国外公司来进行管道智能检测服务,成功地完成了克乌(克拉玛依—乌鲁木齐)线、陕京线、鲁宁线、四川部分输气管道等长输管道的腐蚀检测工作。但是进行管道智能检测费用过高,限制了其推广应用。

(五)其他类型清管器

(1)直型清管器主要用于管道的扫线、上水、排水及冲洗。它具有很强的清污能力、通过能力和交换性,并可以双向运行。

(2)蝶形清管器则常用于管道的置换、隔离、扫线。它具有较强的密封能力、通过能力及互换性。

在清管器的构成部件中,直型皮碗主要用于双向直型清管器中,主要分为支撑刮蜡皮碗、密封皮碗、隔离皮碗,直径大于管道的内径,靠弹性力保持清管器前后的密封。这种密封条件会很快地随磨损而丧失,所以直型板的寿命比碟型皮碗短。变径皮碗实为直型皮碗的一种形式,主要用于变径管道的清扫。碟型皮碗具有更好的密封性能,有深碟和浅碟之分,同时还可在皮碗上加钢刷增加清扫效果。钢刷应可与皮碗进行良好的互换,在管道清扫过程中,对管道的除锈、除垢具有良好的清扫效果。

四、清管的基本工艺参数

(一)推球压差

在通球清管时,必须正确估计最大推球压差,以保证通球清管的顺利进行。影响最大推球压差的因素有:清管球爬坡时推顶水柱的静压力、运行中球与管壁的摩擦力、由于球爬坡或脏物引起的卡球、停运后再启动时的惯性力等,其中球前水柱的静压力及污水与管壁的摩擦力起主要作用。在输气量大时应加上正常输气压力损失。因此,通球前应根据地形高差、污水情况和目前输气压力差(与理论计算压差相比较)以及过去的清管实践资料进行综合分析,估计通球所需要的最大推球压差。

清管最大推球压差的估算公式:

$$p = p_1^* + p_2^* + p_3^*$$

式中 p——最大压差,MPa;

p_1^*——清管器的启动压差,MPa;

p_2^*——当前收、发站之间的输气压差,MPa;

p_3^*——估算管内最大的积液高程压力(绝对压力),MPa。

通球中采用下列方法建立推球压差:

(1)当输气管线的积水不多时,一般情况下不必调整输气压力及气量,发球后的推球压差,在清管运行中随输气速度自动建立。

(2)若输气管线内的污水积存很多,估计推球压差可能较高时,为了保证有足够的推球压差,必须预先调整清管段输气压力(发球站压力)。

(3)在运行过程中,当球后压力已升到管线最高允许工作压力时,可排放球前管内天然气降压或停止向该段进气,以增大推球压差。

(二)球运行距离和速度的判断

通球清管中必须掌握球的运行情况,及时发现和处理通球中出现的各种问题,在收球时能准确地收球排污,既不过多放空浪费天然气,又要避免污水推入站内和下段管线以及用户支线。这就要求正确确定球的位置。球运行位置的确定方法如下:

(1)清管球指示器发出信号。

(2)人工监听。在没有安装清管球指示器的输气管线上或有其他要求时,可以沿线选择监听点,专人监听,了解污水和清管球的通过情况。

(3)用容积法计算球的运行距离和速度。

密封良好,没有泄流孔的清管器的运行距离为:

$$L = \frac{4Q_0 p_0 TZ}{\pi D^2 T_0 p}$$

式中　L——清管器的运行距离,m;
　　　Q_0——发球后的累计进气量(标准条件下),m³;
　　　D——输气管内径,m;
　　　p_0、T_0——标准条件下的压力、温度,K;
　　　p、T、Z——清管球后管段内天然气平均压力、温度和压缩因子。

预测清管器到达各观测监停点的时间:

$$t = 3.2704 \frac{LD^2 p}{TZQ_0}$$

清管器的运行速度、清管球的运行速度一般宜控制在3.5~5m/s,若输气流量可计算:

$$v = \frac{Q}{240000 Fp}$$

式中　F——管道内径横截面积,m²;
　　　v——清管器运行速度,km/h。

若输气流量不可计算:

$$\bar{v} = \frac{l}{t}$$

式中　t——运行距离的实际时间,s;
　　　l——运行距离,m;
　　　v——清管器平均运行速度,m/s。

五、输气管线的吹扫及试压

管线在组装焊接完毕之后,必须进行吹扫试压才能投产。若吹扫和试压均使用天然气,则吹扫在前,试压在后;若吹扫用天然气,试压用水,则试压在前,吹扫在后;若吹扫试压均用空气,则试压在前,吹扫在后。

(一)管线的吹扫

管线在施工过程中,管内总会带进泥土、石块、积水、焊渣,甚至还有施工工具。吹扫的目的就是清除这些杂物,保证正常生产。通常吹扫的方法有两种:

(1)使用清管器吹扫:常用的有清管球、清管刷、清管塞等。

(2)用天然气或空气高速度放喷吹扫:此种方法用于直径小、无清管球收发装置的管线。吹扫口应朝上,与管沟成30°左右的角度,并高出管沟沟顶,用地锚固定,并在吹扫放喷管线上安装阀门。

用天然气放喷吹扫时的吹扫程度:

(1)置换空气。要严防空气与天然气混合物发生爆炸或管内燃烧。在吹扫中,管内石头、铁块在高速下碰撞管壁可能出现火花,因此用天然气置换管内空气时,要缓慢进行,气流速度不超过5m/s,起点压力尽可能不大于0.1MPa,只有在起伏地形、管内积液较多时才允许提高压力,但也应缓慢升压,当放空管口天然气含氧量不超过2%时即合格。如果没有化验设备,按经验,当进气量为管线容积的3倍时,则认为置换合格。

(2)吹扫。吹扫管段长度以20km为宜。吹扫速度要快,逐步升速,应有足够的吹扫时间,当吹扫口气流干净,不继续喷出污水杂物时,即可结束。

吹扫结束后,管线的阀件、分离器、分水器可能有堵,此时要放掉管线余气,对所有设备进行清洗、检修。吹扫中的安全注意事项:

(1)用天然气置换空气阶段是最危险的时间,因此置换速度一定要慢。

(2)放喷管线要牢固,放空阀门操作要灵活。

(3)放喷口应设置在开阔地区,严禁对准民房、工厂和公路要道,放喷口前200m以内,左右侧100m内,后侧50m内不得有建筑物和人、畜等,并严禁烟火和断绝交通。

(4)置换空气结束后,要等天然气扩散完后才能点火放喷,一般情况下放喷天然气都应点火燃烧。如果不能点火燃烧,则必须扩大放喷警戒安全区。

(二)管线试压

管线试压分强度试压和严密性试压两个阶段。根据管线的设计要求和实际条件可以整体试压也可以分段试压,一般先进行强度试压,后进行严密性试压。

管道系统试压前应先做好下列工作:

(1)制定试压方案。

(2)试压用的压力表经过检验合格,其精度等级不得低于0.5级,表的刻度值为最大试验压力的1.5倍,且压力表不得少于2块。

(3)安装高点排空、低点放净阀门。

(4)试验前后,将不能进行试验的系统、设备、管件及仪器等用盲板隔开。

(5)选择温度不低于5℃的洁净水做试验介质。

(6)温度低于0℃进行水压试压时,应采取防冻措施。

1. 强度试压

试压介质用空气或水,也可以用天然气试压,但必须有严格的安全措施。在山区或丘陵地带不宜用水试压,因山区地形高差大,山顶与山脚之间将有一个静水柱的压力差,使试验压力难以控制,甚至出现山脚下管线的试验压力已超过试压规定压力,而山顶压力还十分低的情况,并且在试压后排水也较困难。

耐压试验用水时,应排尽管道内部的空气,然后分阶段升压,并反复检查。当升压至强度试验压力的1/3时,停压15min,再升至强度试验压力的2/3时,停压15min,再升压至强度试验压力,稳压4h,其压降不得大于1%强度试验压力为合格。

用气体作介质时,试验压力应均匀缓慢上升,每小时升压不得超过1MPa,当试验压力大于3MPa时,分三次升压,即在压力分别为30%、60%试验压力时,停止升压,并稳压半小时后,对管道进行观察,若未发现问题,便可继续升压,直至试验压力。当试验压力为2~3MPa时,分两次升压,在压力为50%试验压力时,稳压半小时后,进行观察,若未发现问题,便开始继续升压,直至试验压力。在试验压力下应稳压6h,并沿线检查,管道无断裂、无变形、无渗漏,其压降小于2%试验压力,强度试验为合格。

2. 严密性试压

在强度试压之后,方可进行严密性试验。将管道的压力降到工作压力,稳压24h,使管道内气体温度和管线周围的土壤温度相平衡,然后进行严密性试验,其延续时间不应少于24h,

经检查无渗漏且压降率不大于允许压降率,认为管道严密性试验合格。当管道的公称直径小于或等于300mm时,允许压降率为1.5%。若压降率超过上述数值,则应设法找到漏气处,并将其消除,然后进行复试直到合格为准。

以气体作介质进行管线强度试压具有一定的危险性,必须特别注意安全,具体要求如下:

(1)统一指挥、组织严密、岗位明确、试压方案切实可行,并做好沿线试压的安全宣传工作。

(2)电话畅通,联络方便。

(3)各交通要道及重要地区必须专人守卫,试压期间断绝交通行人。

(4)管线两侧各50m内的居民都要离开,火种要熄灭。

(5)要逐步缓慢升压,大口径管线每小时升压速度不超过1MPa。

(6)仪表要灵敏、准确,一般使用0.5级标准表。

(7)在线路上巡逻检查时可用测漏仪器进行细致检查。

(8)巡逻人员在没有检查命令时不要在线路上停留或行走。一般只在强度试压合格后,进行严密性试压时,才能上线检查。

复习思考题

1. 简述清管的基本工艺。
2. 清管的设备包括哪些?
3. 简述清管器的类型及特点。
4. 简述通球工艺参数的选择。
5. 简述清管器运行中的故障分析及处理。

任务实施

任务一 绘制并讲解清管站工艺流程图

一、学习目标

绘制并讲解清管站工艺流程图。

二、准备工作

(1)工具、材料准备:A4纸、尺子、铅笔;

(2)人员准备:按照要求穿戴劳动保护用品。

三、操作步骤

1. 准备工作

劳动防护用品准备齐全,穿戴整齐,工具、用具、材料准备齐全。

2. 基础知识

清管站工艺流程及设备。

3. 标注图名

在图最上方填写所需绘图标准名称。

4. 绘制流程图

绘制本文中清管站工艺流程图,也可根据其他清管站工艺流程绘制。

5. 工艺说明

根据实际输清管站工艺流程说明。

6. 清理场地

收拾工具,清理现场。

7. 安全文明生产

安全文明操作,在规定时间内完成。

四、技术要求

(1)在规定时间 30min 内完成,到时停止操作;
(2)图幅布局合理、对称、美观线条粗细一致,图纸整洁、清晰。

任务二　站场及管线吹扫

一、学习目标

站场及管线吹扫操作方法。

二、准备工作

(1)设备准备:清管器收发系统、压风机;
(2)工具、材料准备:压力表、便携式可燃气体检测仪、氧气检测仪、对讲机、450mm 管钳、1200mm 撬棍、8~32mm 专用套筒扳手、球阀专用扳手、300mm 活动扳手、375mm 活动扳手、铜质 F 扳手、手锤、润滑脂、警戒带、石棉板、白布或白漆木制靶板;
(3)人员准备:按照要求穿戴劳动保护用品。

三、操作步骤

1. 准备工作

劳动防护用品准备齐全,穿戴整齐,工具、用具、材料准备齐全。

2. 基础知识

清管器收发系统装置及流程。

3. 风险防范

(1)人身伤害:人站侧面开关阀门,远离放空口、拉警戒带,容器打开前,确认压力,吹扫过程带耳塞;

(2)中毒窒息:远离放空口、法兰连接处、容器人孔法兰;

(3)设备损坏:设备管线、容器充压按要求升压;

(4)环境污染:及时观察压力,重点关键部位专人值守,提前检查管线状态正常,提前做好地面油泥防落地工作,设立临时存放点,及时统一拉运处理。

4. 施工前准备

(1)吹扫前,工艺管道已按施工图安装完毕。

(2)禁止进入空气的设备、管道、机泵、阀门等已安装盲板进行隔离。

(3)与管道连接的临时管线、阀门等已安装完成,具备吹扫条件。

(4)吹扫供气设备气源压力为 0.5MPa,满足连续供气条件。

(5)将系统内的仪表、孔板、喷嘴、滤网、节流阀、调节阀、电磁阀、安全阀、止回阀阀芯等管道组成件暂时拆除,并以临时短管替代,待管道吹扫合格后重新复位。对以焊接形式连接的上述阀门、仪表等部件,应采取流经旁路或卸掉阀头及阀座加保护套等保护措施后再进行吹扫与清洗。

(6)将安全阀与管道连接处断开,并加装盲板或挡板。

(7)操作人员吹扫前需进行培训、熟悉吹扫方案、技术交底,并熟练掌握吹扫流程每一个环节。

(8)做好消防及安全警戒工作。放喷口前方 200m 左右以及后侧 50m 内不得有人畜,并严禁烟火和隔绝通道。

5. 吹扫过程控制

(1)按照天然气处理站工艺流程,对各系统工艺管线进行逐个吹扫。

(2)吹扫时先吹主干管,后吹各支管,最后吹放空和排污;主干管采用爆破吹扫,各支管采用放空吹扫。

(3)当高空管道采取爆破吹扫时,爆破口应采用弯头连接,向下朝地面爆破吹扫;直径大于 200mm 以上的管道,需对爆破口缩径至 150mm,进行爆破吹扫。

(4)对于无法吹扫的设备及工艺管线采取连续排放的方式进行吹扫。

(5)设专人检查连接管及设备、管线的压力变化情况。

(6)设专人监测和指挥空压机、升压泵的吹扫全过程,严禁在空压机及升压设备附近施工。

(7)吹扫时应用木槌对焊缝、弯头、三通、管底等部位进行重点敲打,但不得损伤管件。

6. 结果验证

吹扫过程中,当目测排气无烟尘时,应在排气口设置贴白布或白漆的木制靶板检验,5min 内靶板上无铁锈、尘土、水分及其他杂物为合格。

7. 清理场地

收拾工具,清理现场,对整个吹扫过程必须有详细的记录,吹扫合格后,经使用方和施工方双方签字确认。

8. 安全文明生产

安全文明操作,在规定时间内完成。

四、技术要求

(1)在规定时间 20min 内完成,到时停止操作。

(2)吹扫时先吹主干管,后吹各支管,最后吹放空和排污;主干管采用爆破吹扫,各支管采用放空吹扫。

(3)当高空管道采取爆破吹扫时,爆破口应向下朝地面爆破吹扫。

任务三 站场及管线试压

一、学习目标

站场及管线试压操作方法。

二、准备工作

(1)设备准备:清管器收发系统、压风机;

(2)工具、材料准备:压力表、便携式可燃气体检测仪、氧气检测仪、对讲机、压力表、450mm 管钳、1200mm 撬棍、8~32mm 专用套筒扳手、球阀专用扳手、300mm 活动扳手、375mm 活动扳手、铜质 F 扳手、手锤、润滑脂、警戒带、石棉板、白布或白漆木制靶板;

(3)人员准备:按照要求穿戴劳动保护用品。

三、操作步骤

1. 准备工作

劳动防护用品准备齐全,穿戴整齐,工具、用具、材料准备齐全。

2. 基础知识

清管器收发系统装置及流程。

3. 风险防范

(1)人身伤害:人站侧面开关阀门、远离放空口、拉警戒带,容器打开前,确认压力,吹扫过程带耳塞;

(2)中毒窒息:远离放空口、法兰连接处、容器人孔法兰;

(3)设备损坏:设备管线、容器充压按要求升压;

(4)环境污染:及时观察压力,重点关键部位专人值守,提前检查管线状态正常,提前做好地面油泥防落地工作,设立临时存放点,及时统一拉运处理。

4. 施工前准备

(1)检查工艺管道已按施工图安装完毕。

(2)试压用压力表已校验,并在有效期内,精度不低于 1.6 级,表的满刻度值应为被测最大压力的 1.5~2 倍,压力表不少于两块。

(3)与管道焊缝的无损检测。射线探伤或超声检测的比例、数量、质量已合格,并具有相应的无损检测报告。

(4)管道及管道组成件的焊接和焊后热处理符合规范要求,并具有相应的热处理报告。

(5)符合试压要求的液体或气体已备足。

(6)检查钢管、管件、连接件、阀门、垫片、螺栓等材料的使用是否正确,连接是否牢固,压力等级分界处两端管道材质是否符合设计要求。

(7)检查试压的管道应支撑牢固,根据不同情况采取必要的临时支撑及其固定措施。

(8)检查所用设备及试压临时管线、阀门,确认设备完好、操作灵活、保护接地牢固。

(9)设置禁区、拉警戒线并专人值守。

5. 试压分类

(1)试压一般分为强度试压和严密性试压。

(2)强度试压一般以水为试验介质。当管道的设计压力小于或等于0.6MPa时,也可采用气体为试验介质,但应采取有效的安全措施。

(3)埋地管道应在下沟回填后进行强度和严密性试压;架空管道应在管道支吊装完毕并检验合格后,进行强度和严密性试压。

6. 强度试压

以洁净水为试压介质的强度试压:

(1)强度试压充水时,应安装高点排空、低点排水阀门,并应排净空气,使水充满整个试压系统,待水温和管壁、设备壁的温度大致相同时方可升压。

(2)用水为介质做强度试压时,升压应平稳缓慢,分阶段进行($p \leqslant 1.6$MPa,1次;1.6MPa$< p \leqslant 2.5$MPa,2次;2.5MPa$< p < 10$MPa,3次),依次升至各个阶段压力时,应稳压10min;经检查无泄漏,强度试压合格。

(3)水压试验时,环境温度不宜低于5℃。当环境温度低于5℃时,应采取防冻措施。

(4)为保证系统内干净和干燥、无杂物,试压合格后,需用0.6~0.8MPa压力进行扫线,以使管内干燥无杂物。

以干燥洁净空气、氮气为试压介质的强度试压:

(1)气压试压时应装有压力泄放装置,其设定压力不得高于试压压力的1.1倍。

(2)气压试压前,应用空气进行预试压,试压压力为0.2MPa。

(3)气压试压时,应逐步缓慢增加压力,当压力升至试验压力的50%时,如未发现异状或泄漏,应继续按试压压力的10%逐级升压,每级稳压3min,直至试验压力。应在试验压力下保持10min,检验无泄漏,强度试压合格。

(4)试压中有泄漏时,不得带压修理。有泄漏时泄压后修补,缺陷修补后应重新进行试压,直至合格。

7. 严密性试压

(1)当强度试压无异常、无泄漏后才进行严密性试压。

(2)输送介质为液体的严密性试压,试压介质应采用洁净水。输送介质为气体的严密性试压,试压介质应采用空气。

(3)严密性试压,试验压力与设计压力相同。

(4)当系统压力升到强度试验压力后,保持10min,合格后再降到设计压力,进行严密性试压,稳压30min,检验无渗漏无压降为合格。

8.过程控制

(1)设专人专车检查连接管及设备、管线的压力变化情况;

(2)设专人监测和指挥空压机、升压泵的充压全过程,严禁在空压机及升压设备附近施工。

9.清理场地

收拾工具,清理现场,对整个试压过程必须有详细的记录,试压合格后,使用方和施工方双方签字确认。

10.安全文明生产

安全文明操作,在规定时间内完成。

四、技术要求

(1)在规定时间40min内完成,到时停止操作;

(2)用水为介质做强度试压时,升压应平稳缓慢,分阶段进行($p \leqslant 1.6$MPa,1 次;1.6MPa $< p \leqslant 2.5$MPa,2 次;2.5MPa $< p < 10$MPa,3 次),依次升至各个阶段压力时,应稳压10min。

任务四　清管阀操作

一、学习目标

熟悉清管阀收发球的全过程,能安全平稳进行收发球操作。

二、准备工作

(1)设备准备:清管阀;

(2)工具、材料准备:便携式可燃气体检测仪、氧气检测仪、对讲机、450mm 管钳、球阀专用扳手、300mm 活动扳手、375mm 活动扳手、铜质 F 扳手、润滑脂;

(3)人员准备:按照要求穿戴劳动保护用品。

三、操作步骤

1.准备工作

劳动防护用品准备齐全,穿戴整齐,工具、用具、材料准备齐全。

2.基础知识

清管阀的结构。

3.风险防范

(1)人身伤害:人站侧面开关阀门,远离放空口、拉警戒带;

(2)中毒窒息:远离放空口、法兰连接处、容器人孔法兰;

(3)环境污染:及时观察压力,重点关键部位专人值守,提前检查管线状态正常,提前做好地面油泥防落地工作,设立临时存放点,及时统一拉运处理。

4. 清管阀发球操作步骤

(1) 检查清管阀指示盘上指针是否处于正确流向状态;
(2) 打开旁通阀;
(3) 关闭清管阀;
(4) 打开清管阀下部的排污、放空口,排尽阀腔余气;
(5) 拔出保险销子,待无气流声时,打开阀前的盲板,装入清管球;
(6) 关闭排污、放空口,上好清管阀前的盲板,将保险销插进去;
(7) 全开清管阀;
(8) 关闭旁通阀,球在气流的推动下被发出。

5. 清管阀收球操作

(1) 判断球快到时,将旁通阀打开;
(2) 通过球过指示器或声音判断球是否到达清管阀内;
(3) 待清管球进入清管阀后,关闭清管阀;
(4) 打开清管阀下部的排污阀,排尽阀腔余气,直到无气流声为止;
(5) 拔出保险销,打开清管阀前的盲板,同时将阀后面螺栓卸下,用专用铁棒通过螺丝孔将球推出阀体;
(6) 关闭清管阀前的盲板,将保险销插入,关闭排污口;
(7) 将清管阀后部螺栓装上;
(8) 全开清管阀;
(9) 关闭旁通阀。

6. 清理场地

收拾工具,清理现场,填写资料。

7. 安全文明生产

安全文明操作,在规定时间内完成。

四、技术要求

(1) 清管阀发球技术要求:
①清管阀内余气排尽后才能打开清管阀前部盲板。
②对于低产量气井,发球时应暂时提高产量,否则气流在清管球前后无法形成一定推球压差,就不能将球发出。
(2) 清管阀收球技术要求:
①待清管阀阀腔内余气排尽后才能打开清管阀前部盲板。
②由于清管阀阀腔内有挡条,清管球到时,球速过大会撞断挡条,所以放空引球时注意调节放空阀开度以控制球速。建议 ϕ159mm 集输管线通球时球速应不超过 3.5m/s,ϕ219mm 球速应不超过 3.0m/s。
(3) 熟悉清管阀收发球的全过程,能安全平稳进行收发球操作。

任务五　清管器发送操作

一、学习目标

熟悉清管器发球的全过程,能安全平稳进行发球操作。

二、准备工作

(1)设备准备:清管器收发系统;

(2)工具、材料准备:便携式可燃气体检测仪、氧气检测仪、对讲机、压力表、450mm 管钳、1200mm 撬棍、8~32mm 专用套筒扳手、球阀专用扳手、300mm 活动扳手、375mm 活动扳手、铜质 F 扳手、手锤、润滑脂;

(3)人员准备:按照要求穿戴劳动保护用品。

三、操作步骤

1. 准备工作

劳动防护用品准备齐全,穿戴整齐,工具、用具、材料准备齐全。

2. 基础知识

清管器收发系统装置及流程。

3. 风险防范

(1)人身伤害:人站侧面开关阀门,远离放空口、拉警戒带;

(2)中毒窒息:远离放空口、法兰连接处、容器人孔法兰;

(3)环境污染:及时观察压力,重点关键部位专人值守,提前检查管线状态正常,提前做好地面油泥防落地工作,设立临时存放点,及时统一拉运处理。

4. 具体操作过程

(1)检查发球筒,打开放空阀,球筒泄压为零;

(2)卸防松楔块,开快速盲板;

(3)将清管球或清管器送入发球筒的大小头部位;

(4)关快速盲板,装防松楔块;

(5)关发球筒放空阀;

(6)开发球筒进气阀(引流阀),并观察压力表的压力上升至略高于管输压力;

(7)缓慢全开球阀;

(8)关输气管线主进气阀;

(9)推球进入输气管道;

(10)清管球或清管器过三通后,开输气管线主进气阀;

(11)关闭球阀的同时关闭球筒进气阀;

(12)打开球筒放空阀泄压,使球筒压力下降为零;

(13)卸发球筒防松楔块,开快速盲板;

(14)检查清管球或清管器是否发出;

(15)若清管球或清管器没有发出,查明原因,重复 3~15 的步骤,若已经发出,继续进行下一步操作;

(16)关快速盲板,装防松楔块。

5. 清理场地

收拾工具,清理现场,填写资料。

6. 安全文明生产

安全文明操作,在规定时间内完成。

四、清管球技术要求

(1)选定清管球后,应将球内空气排完,注满清水。球体直径过盈量必须大于管径的 3%~10%(过盈量可根据管线实际情况确定)。注水前后的重量和球的直径,应分别进行检测,以便分析判断球内有无空气存在以及球的过盈量是否符合要求。一般情况下,管径越大过盈量相应增大。

(2)发球前,应对清管球的外观进行描述(如圆度、划痕等),测量球径、重量、过盈量等,并详细记录,严禁使用不合格的清管球。

(3)开发球筒盲板前,球筒压力必须放空至零时才能卸下防松楔块,为防止万一,操作人员严禁正对盲板或在盲板支撑臂后站立。

(4)应对球筒各部位全面检查,发现问题及时整改,确认无疑后才能进行操作。

五、清管器技术要求

(1)清管器在其皮碗不超过允许变形情况下,应能够通过管道上曲率最小的弯头和最大的管道变形。

(2)保证清管器通过最大口径支管三通,前后两节皮碗的间距应有一个最短的限度。

(3)输气管道椭圆度大于 5% 的,在设计清管器时,应增大清管器皮碗的变形能力。

(4)为了通过更小曲率的弯头,清管器各节皮碗之间可用万向节连接。

(5)前后两节皮碗的间距应小于管道直径,清管器长度可按皮碗节数多少和直径大小保持在 1.1~1.5D 范围内,直径较小的清管器长度较大。

(6)清管器的主体部分直径小于输气管内径,清管器唇部直径要大于管道内径 2%~5% 的过盈量。

(7)其他要求同清管球。

皮碗清管器优点是在管道内运行时,能保持固定的方向,能携带各种检测仪器和其他装置,如探测管道的变形量、置换介质和清扫管内空间、清除管壁铁锈等。

任务六 清管器接收操作

一、学习目标

熟悉清管器收球的全过程,能安全平稳进行收球操作。

二、准备工作

(1)设备准备:清管器收发系统;

(2)工具、材料准备:便携式可燃气体检测仪、氧气检测仪、对讲机、压力表、450mm 管钳、1200mm 撬棍、8~32mm 专用套筒扳手、球阀专用扳手、300mm 活动扳手、375mm 活动扳手、铜质 F 扳手、手锤、润滑脂;

(3)人员准备:按照要求穿戴劳动保护用品。

三、操作步骤

1. 准备工作

劳动防护用品准备齐全,穿戴整齐,工具、用具、材料准备齐全。

2. 基础知识

清管器收发系统装置及流程。

3. 风险防范

(1)人身伤害:人站侧面开关阀门,远离放空口、拉警戒带;

(2)中毒窒息:远离放空口、法兰连接处、容器人孔法兰;

(3)环境污染:及时观察压力,重点关键部位专人值守,提前检查管线状态正常,提前做好地面油泥防落地工作,设立临时存放点,及时统一拉运处理。

4. 具体操作过程

(1)在收球筒的前面安装指示信号发生器一套。

(2)通过计算和分析判断,球到前半小时左右,关闭收球筒上的放空阀和排污阀。

(3)开收球筒球阀的旁通阀(引流阀),平衡筒压。

(4)全开球阀。

(5)关输气管线进气阀(生产阀)。

(6)开引球放空阀和排污阀。

(7)清管器或清管球进入收球筒内后,打开输气管线进气阀。

(8)关球阀和球阀旁通平衡阀。

(9)开球筒放空阀将球筒泄压为零后,卸防松楔块,打开快速盲板。

(10)取出清管球或清管器。

(11)清除球筒内脏物,冲洗干净后关快速盲板,装防松楔块。

(12)检查球型清管器的直径、重量,并对球外观进行描述等。

5. 清理场地

收拾工具,清理现场,填写资料。

6. 安全文明生产

安全文明操作,在规定时间内完成。

四、技术要求

（1）收球前，应对收球筒各部位全面检查，存在问题及时整改，保证各部位工作正常。

（2）指示信号发生器的安装应垂直于输气管上，将触点弹簧的松紧程度调整好，顶杆应自由降落伸入输气管内15mm，上推时能触发信号。

（3）球筒压力为零后，才允许打开快速盲板，操作人员严禁正对盲板站立或在盲板支撑臂后站立。

（4）自清管器或清管器发出之时开始，自始至终必须在统一指挥与沿途各监测点协调配合下进行。未收到清管器或清管球之前，决不能松懈观察、联系、判断和紧急情况下的处理。

（5）收到清管器或清管球后，正常生产时球筒应处于不受压状态。

（6）干气输送管道在开盲板前应向球筒注满清水，充分润湿球筒内粉尘，避免打开球筒时，粉尘自燃，造成人员伤害。

项目四　压气站操作

压气站又称天然气增压站，是输气管道的接力站，主要功能是给管道天然气增压，提高管道的输送能力。压气站的主要工艺流程为天然气经分离、增压后输往下游站场。

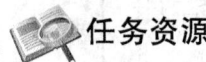知识目标

（1）增压的目的；
（2）压气站的组成；
（3）常用的增压机组及原理。

能力目标

（1）能根据现场工业需求合理选择增压机组；
（2）能绘制压气站工艺流程图；
（3）能正确处理压缩机的喘振与脉动现象。

任务资源

一、增压站概述

（一）增压的目的

输气管道增压的目的可分为以下四类：

（1）提高输气管道的起点输送压力；
（2）弥补管内流体流动中的阻力损失；
（3）对储气库注气增压和对采出气增压；
（4）满足天然气用户对供气压力的特殊要求（在某些分输点向用户提供比输气管道输气压力更高的供气压力）。

(二)压气站类型

压气站的主要功能是给管输天然气增压,提高管道的输送能力,满足用户压力要求。按压气站在输气管道中的位置可分为首站、中间站和储气库。

1. 首站

首站位于输气管道的起点。当气田净化厂来的天然气压力低于输送管线的输气压力时,应在输气管道起点设置压气站,以提高输气管道的起始输送压力,进而满足输气量要求。

2. 中间站

由于在气体输送过程中会产生沿程阻力损失和局部阻力损失,使得输气压力逐渐降低,为了达到所需的输气量要求,必须在输气管道中间位置设置一个或多个中间压气站,来弥补管内流体流动中的阻力损失。中间压气站位置根据管道水力系统分析计算确定,一般每隔 100 ~ 250km 设一座。此外,为了满足天然气用户对供气压力的特殊要求,也需要在某些分输点设置增压站,以向用户提供比输气管线压力更高的供气压力。

3. 储气库

储气库一般位于干线输气管道末端。压气站与地下储气库直接相连,在用气低峰时将管道天然气注入储气库,在高峰时抽取储气库天然气送往城市输气管网。与储气库相连的压气站的压比大都较高。

(三)压气站的组成

压气站包括干线进站(含清管系统)区、过滤分离区、压缩机组区、空冷器区、压缩空气区、排污区、放空区、辅助区和综合值班室。辅助区包括消防、变配电室等设施。典型的输气干线中间压气站站场布置如图 5-8 所示。

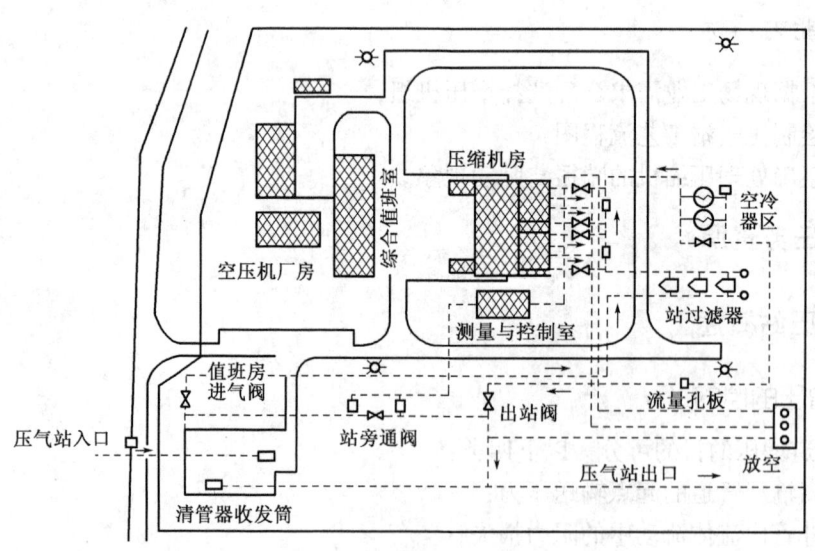

图 5-8 压气站站场布置图

二、常用增压机组

长输管道压缩机主要采用离心式和往复式压缩机。往复式压缩机最适宜于低排量、高压比的工况,而离心式压缩机正好相反,适宜于大排量、低压比的工况。

(一)离心式压缩机组

1. 压缩机结构和工作原理

离心式压缩机为速度型机组,气体轴向进入。由于叶轮的旋转,气体被离心力高速甩出叶轮,然后进入流通面积逐渐扩大的扩压器中,将动能转化为压力能。离心式压缩机壳体有垂直剖分型和水平剖分型两种基本型式。垂直剖分型用于高压,水平剖分型用于低压和中压。现长输管线压缩机多用垂直剖分型。

离心式压缩机设计最大体积流量为 $20 \times 10^4 m^3/h$。压缩机进气压力 4.15~4.16MPa,排气压力 6.4MPa,进气温度小于 15℃,排气温度不大于 50℃,电动机功率 3600kW,转速范围为 0~3600r/min。该压缩机由一个带有 3 级叶轮的转子和与其配合的固定元件所组成,主要构件有:

(1)叶轮,是离心式压缩机中唯一的做功部件。由于叶轮对气体做功,增加了气体的能量,使得气体流出叶轮时的压力和速度都有明显增加。

(2)扩压器,是离心式压缩机中的转能装置。气体从叶轮流出的速度很大,为了将速度能有效地转变为压力能,便在叶轮出口后设置流通截面逐渐扩大的扩压器。

(3)弯道,位于扩压器后的气流通道,其作用是将扩压后的气体由离心方向改为向心方向,以便引入下一级叶轮继续进行压缩。

(4)回流器,它的作用是为了使气流以一定方向均匀地进入下一级叶轮入口。在回流器中一般都装有导向叶片。

(5)吸气室,其作用是将进气管中的气体均匀地导入叶轮。

(6)蜗壳,其主要作用是将从扩压器(或直接从叶轮)出来的气体收集起来,并引出机器。在蜗壳收集气体的过程中,由于蜗壳外径及通流截面逐渐扩大,因此也起着降速扩压的作用。

除了上述组件外,为了减少气体向外泄漏在机壳两端还安装有轴封装置;为减少内部泄漏,在隔板内孔和叶轮轮盖进口外圆面上还分别装有迷宫密封装置;为了平衡轴向力,在机器的一端装有平衡盘等。在离心压缩机中,习惯将叶轮与轴的组合称为转子,而将扩压器、弯道、回流器、吸气室和蜗壳等称为固定元件或定子。

气体由吸室吸入,通过叶轮对气体做功后,使气体的压力、速度、温度都得到提高,然后再进入扩压器,将气体的速度能转变为压力能。当通过一个叶轮对气体做功、扩压后不能满足输送要求时,就必须把气体引入下一级继续进行压缩。为此,在扩压器后设置了弯道、回流器,使气体由离心方向变为向心方向,均匀地进入下一级叶轮进口。至此,气体流过了第一级,再继续进入第二级、第三级压缩后,最后由排出管输出。气体在离心式压缩机中是沿着与压缩机轴线垂直的半径方向流动的。目前在中国输气管道上所用的离心式压缩机大多为国外机组,国外生产离心式压缩机的主要厂家有德莱—赛兰(Dresser-Rand)、罗尔斯—罗伊斯(Rolls-Royce)、索拉(Solar)、通用电气新比隆(GE-Nuovo Pignone)公司、德国 Man 集团 ManTurbo 公司和日本的三菱重工(Mitsubishi)公司等。

2. 驱动机组

离心式压缩机可选用的驱动机有燃气轮机、电动机、汽轮机等。天然气长输管道用大功率离心式压缩机主要采用燃气轮机和变频电动机驱动。燃气轮机驱动方案需配相应的燃料气和辅助系统,燃气轮机的转动和活动部件较多,主要部件受燃烧后烟气高温及气质腐蚀的影响,日常维护工作量较大。电动机驱动方案通常为变频调速电动机+变频调速装置+离心式压缩机,并配相应的输、配、变电系统。

1) 燃气轮机

燃气轮机是由蒸汽轮机演变过来的,它的作用原理是把气体的内能转化成机械能,只不过蒸汽轮机的工质——蒸汽由外界供给,而燃气轮机的工质——燃烧后的气体是由燃气轮机本身的燃烧室所产生。

燃气轮机是目前输气管道中使用最为广泛的原动机,由于它能把气体内能直接转化为使机器旋转的机械能,所以具有比其他类型的热机更简单的结构,更小的质量和体积。燃气轮机只需少量冷却水和冷却润滑油,故适合缺少水源的地区使用。燃气轮机转速高,可与离心式压缩机直接连接,取消变速齿轮箱,使其结构简化且易于实现自动控制。燃气轮机的缺点是热效率低,小型机的ISO热效率一般在30%以下,大型机的ISO热效率可达35%~38%。

燃气轮机的主要组成部分有空气过滤器、空气压缩机、燃烧室、高压涡轮和低压涡轮。高压涡轮带动轴流式空压机,低压涡轮带动离心式压缩机。

燃气轮机按结构型式可分为双轴式和单轴式。双轴式的天然气离心压缩机和低压涡轮连成一轴,另一轴连接高压涡轮和轴流式空压机,高低压涡轮之间没有机械连接。双轴的好处是可实现轴流风机和离心压缩机的单独调节,当离心式压缩机的工况发生变化时,轴流风机不受影响,可以保证燃烧室的空气供给量,并且能实现全压启动和停车,加载过程较平稳,可提高压缩机的抗喘振性能,因此在输气管道中普遍采用双轴式机组。单轴式燃气轮机和离心式压缩机转轴机械地连在一起,由于轴流式风机的可调范围比离心式压缩机窄得多,因此使得整个机组的调节幅度变窄了,但这种机组相对双轴机结构简单,安装费用和造价也较低,适合在工况变化不大的场合使用。

以双轴燃气轮机为例,这是一种有回热装置的双轴燃气轮机,空气经空气滤清器吸入轴流式压缩机,增压后的空气进入回热器预热(热介质是低压涡轮出来的废气),再进入燃烧室与燃料混燃烧,燃烧所产生的高温、高压气体先进入高压涡轮做功,再进入低压涡轮推动离心式压缩机,然后经回热器由烟道排入大气。另有燃料气系统和启动气系统,启动气有的用压缩空气,也有的直接用天然气作启动气。

燃气轮机原先都是固定型重型结构,自从出现由航空发动机改型的机组后,就分为工业型和航空改进型,由于航空改进型机组质量只有工业型的1/3~1/2,所以称为重型结构和轻型结构。近年来由于技术进步使轻型机组的质量轻、体积小、功率大等优点更为突出,且有易于安装和整体更换的方便条件,已越来越多地被输气管道所采用。燃气轮机厂家有罗尔斯—罗伊斯、西门子(Siemens)、通用电气(GE)公司、索拉(Solar)、美国普惠(Pratt & Whitney)公司、三菱重工等。

2) 电动机

电动机既可驱动往复式压缩机,也可驱动离心式压缩机。在容易获得可靠电源,且电价便宜的地方采用电动机驱动具有较多优点,如结构紧凑,投资省(总投资只相当于装备燃气轮机压缩站的1/2~2/3),可以选到任意大小的电动机,操作简单,运转平稳,寿命长(可达150000h),安装维修费用低,工作可靠性高。缺点是电动机本身调速困难,要通过一套变频调速装置来实现增速或减速,但变频调速电动机的可靠性受电网供电可靠性的控制,对电网依赖性很高,因此变频调速电动机驱动管道压缩机组必须在电源可靠且十分便宜,并可签订长期用电合同(合同期一般 10 年以上),用电具有显著经济性的情况下,才考虑采用电动机驱动压缩机。

变频调速电动机调速范围宽,由于输气量与转速成正比、压力与转速二次方成正比,而轴功率与转速三次方成正比,所以调速运行时,不但可以方便地适应输气管道变工况运行,而且可以节约大量电能,从而大大降低运行成本。但 10000kW 以上的大型变频器国内目前还不能生产,主要靠国外生产厂家如西门子、通用电气公司、美国罗宾康(ROBICON)公司等。目前输气管道上也有采用定速电机 + 行星齿轮液力耦合器变速的驱动装置,通过液力耦合器变速,满足工艺输送的要求。该组合为机械变速装置,投资远小于变频驱动装置,但由于实际使用经验较少,还有待于进一步验证。

(二)往复式压缩机组

1. 压缩机结构和工作原理

往复式压缩机的压力范围十分广泛,其进气压力从真空到排气压力达 210MPa 以上超高压,其排气量范围为 $3 \sim 400 \text{m}^3/\text{min}$。往复式压缩机的汽缸有单作用和双作用两种。单作用缸只有汽缸一侧有进、排气阀,活塞经过一次循环只能压缩一次气体。双作用则是指汽缸两侧都有进、排气阀,活塞往返运动时,都可以压缩气体。活塞式压缩机也分为单级或多级压缩。在结构型式上,活塞式压缩机按汽缸中心线的相对位置分为多种型式,目前天然气增压用活塞式压缩机多为对置式压缩机和对称平衡式压缩机。

往复式压缩机主要由运动机构(曲轴、轴承、连杆、十字头、皮带轮或联轴器等)、工作机构(汽缸、活塞、气阀等)和机身主体三大部分组成。此外还有三个辅助系统,即润滑系统、冷却系统和调节系统。运动机构是一种曲柄连杆机构,把曲轴的旋转运动变为十字头的往复运动,驱动机经联轴器带动曲轴旋转,曲轴与连杆的大头相连,连杆的小头与十字头连接,而十字头则被限定在水平滑道内,只能做往复运动。旋转的曲轴使连杆做平面摆动,传到十字头则变为往复运动,十字头再通过活塞杆带动活塞在气缸内做往复运动。机身用来支承和安装整个运动机构和工作机构,又兼作润滑油箱用,曲轴用轴承支承在机身。工作机构是实现压缩机工作原理的主要部件。汽缸呈圆筒形,两端都装有若干吸气阀与排气阀,活塞在汽缸中间做往复运动。

由上可见,曲轴旋转一周,活塞左右往复一次,汽缸容积内完成一个循环。汽缸上布置有吸气阀及排气阀,这些气阀控制气流只做单向流动。吸气阀只能吸气,排气阀只能排气,二者不能同时动作。气阀的启闭是依靠缸内外压力差来实现的,但一般吸气或排气管道内的压力是维持恒定的,因此,依靠活塞的往复运动,改变了缸内容积,从而使缸内气体压力发生变化。往复式压缩机的简单工作原理:由于活塞在汽缸内的来回运动与气阀相应的开闭动作相配合,使汽缸内气体依次实现膨胀、吸气、压缩、排气四个过程,不断循环,将低压气体升压而源源输出。

目前我国输气管道压气站所用的往复式压缩机有进口机组和国产机组。国内生产往复式压缩机的主要生产厂家有江汉油田第三石油机械厂、四川新星机械厂等。

2. 驱动机组

往复式压缩机通常采用天然气发动机或电动机驱动方式。由于在天然气管道中,通常要求压缩机在一定条件下变工况运行,主要是排气量的改变。一般天然气发动机和变速电动机均可满足要求。但因连续调节转速的交流电动机不但价格昂贵而且运行经济性差,加上部分地区电源难以保证,因此通常选用天然气发动机。天然气发动机驱动往复式压缩机组分为整体式机组和分体式机组。整体式机组具有可靠性好、效率高等优点,但其体积庞大、造价高,国外该功率级别的往复式压缩机组已完全被分体式机组取代,国产机组目前仅有功率较小的压缩机用于油气田小型增压站。

分体式机组的发动机转速在1000r/min以上,为中速发动机,压缩机和发动机是独立的,由发动机直接驱动压缩机,发动机功率为$2\sim6MW$,其效率高,体积较整体式小,20世纪90年代以来广泛应用于管道输送、天然气净化处理。天然气发动机热效率较高,可达$37\%\sim40\%$。在一般现场,机组热效率和功率不受高程与气温的影响而降低。

天然气发动机的基本原理与汽油机相同,只是燃料改成天然气而已,它被输气管道采用的时间早于燃气轮机,其优点是热效率高($35\%\sim37\%$),最高可达40%,燃料气消耗低,可直接与往复式压缩机连接而不需变速,调节方便。缺点是机器笨重、结构复杂、安装和维修费用高,辅助设备繁杂,运行振动大,噪声大,单机功率比燃气轮机小,不好与离心式压缩机匹配,因此只宜在压比要求高的中小型压气站或储气库中用来驱动往复式压缩机。

为了提高效率和单机功率,目前国外在大型机中有把燃气发动机做成增压型的,即空气在进入发动机汽缸前进行增压,增压在涡轮增压器内进行,涡轮增压器用燃烧后的废气驱动,利用废气的压降和温降作能量。

三、增压机组的选择

(一)增压机组的选择原则

在选择增压机组时,应满足管线输送工艺要求,并满足机组安装地区的自然环境等其他要求。然后对压缩机的类型、驱动方式、机组配置进行选择和比较。压缩机组的选型包括压缩机工况参数确定和机组结构性能选择。压缩机组工况参数包括机组的进出口压力、机组通过流量、进出口温度,是根据管道水力分析计算确定的。压气站的工艺参数包括有不同年限、不同季节下的管道输送工况对压气站的要求。站场压损通常考虑为机组前$0.05\sim0.1MPa$(为过滤分离器和进口管路等的压损),机组后(机组出口至站场出口)$0.05\sim0.1MPa$。

根据机组工况参数对压缩机进行工艺计算,然后把计算结果与压缩机样本所提供的参数进行比较,以判断压缩机对各种工况的适应性,初步选定压缩机选型。计算所得的压缩机轴功率再考虑齿轮箱(如果有)传动机械效率损失后可得到驱动机的轴端功率。结合现场高程、气温等环境条件对驱动机组功率的折减因素,可得到驱动机必需的配置功率。根据驱动机组样本可选定驱动机组。通常对压比小于3.0,计算轴功率为$7\sim15MW$左右的站场可以选择往复式和离心式机组进行技术经济比较;对于单机功率$3\sim7MW$的可选择燃气发动机和燃气轮机进行比较,对于大于7MW以上的一般选择燃气轮机和电动机驱动进行比较。

1. 符合使用工况的要求

(1)压缩机的排气流量必须适应输气工艺的要求,机组不得出现喘振和阻塞现象。

(2)满足压缩机的进、排气压力和温度要求。压气站天然气出口温度均应不超过管道防腐层所允许的最高温度,否则应进行冷却。有时天然气湿度虽未超过允许值也要进行冷却,因为降低输送温度能提高输气能力,但必须对冷却天然气所增加的费用与所增加的输气能力进行比较,若经济合算才可行。

(3)压缩机的进出口压比确定。压比确定关系到压气站数量和站间距离,应对建站条件、机组性能、压气站输量和运行工艺参数进行工艺方案比较后确定。

(4)压缩机的设计工况应保持较高效率。

2. 符合机组安装地区的自然环境条件

(1)结构性能的选择,不但和压缩机本身的特点有关,常常还取决于压气站的规模、环境条件以及操作维修技术状况等因素。

(2)当地对环境保护的要求。压气站噪声和废气排放受到严格限制,需增加辅助的气体排放处理设备和降噪声设施,进而增加投资。

(3)建站条件也是在压气站设置时需要考虑的因素。在沙漠、半沙漠地区,由于自然环境恶劣,供电、供水困难,生活管理都不方便,此时就应改变原来的方案,或加大管径,或采用高压比串联流程(对离心式压缩机),或使用往复式压缩机,以增加站间距,完全避开或减少在这类地区的压气站数目。在选择站址时,除考虑交通和水电供应等条件外,还应有良好的工程地质情况和扩建改造余地,并尽量靠近城镇、工矿区等有生活依托条件的地方。

(4)机组价格和维修费用也是压气站机组选择需要考虑的因素。此外,还应考虑压气站所在地区的电力供应能力和供电价格,从而系统考虑整个压气站运行的经济性。

(二)增压机组类型选择

1. 考虑增压过程的工况和安装地区的自然环境条件

(1)离心式压缩机的优缺点。离心式压缩机属于速度型压缩机,压缩机组的流量是压比、转速的函数,压缩机组的流量、出口压力可以通过转速调节来实现。但离心式压缩机具有喘振和阻塞工况的特性,流量变化幅度较小。随着压比增加,压缩机叶轮级数增多,流量范围更窄。在设计点下,压缩机组的运行效率为80%~84%,在偏离设计工况时,效率降低较多。离心式压缩机适用于大排量、流量变化幅度较小、压比低的工况,其单台功率较大,流量变化范围为70%~120%。对输气量大、工况相对确定的管道压气站,离心式压缩机机组经济性能优异。离心式压缩机结构简单,摩擦部件和易损件少,运转可靠,使用寿命长,运转中无往复式运动,工作平稳,噪声小,无流量脉动现象。同时,它的日常维修工作量低于往复式压缩机。离心式压缩机结构紧凑、体积小、质量轻、功率大,所需台数少;辅助设施、配管等也较少,占地面积小。

(2)优先使用离心式压缩机的场合。对于气量较大,且气量波动幅度不大,压比较低的情况下宜选用离心式压缩机。当流量小时,相应的离心式压缩机的叶轮窄,加工制造困难,工作情况不稳定。特别是多级压缩的情况下,由于气体被压缩,后几级叶轮的流量更小。因此,离心式压缩机的最小流量受到限制。此外,由于离心式压缩机是先使气体得到动能,然后再把动能转化为压力能,因此比空气密度小的气体要得到同样的压缩比,必须使气体的速度更高。而这样必然导致摩擦损失的增加,因此离心压缩机压缩低相对分子质量的气体是不利的。

(3)往复式压缩机的优缺点。往复式压缩机为容积式压缩机,对流量的适应范围较宽,流量变化范围为40%~120%。往复式压缩机绝热效率较高,设计工况点下可达80%~84%。往复式压缩机适用于小流量、流量变化幅度较大、压比高的工况。对中、小气量,不确定性较多的管道压气站,往复式压缩机组较为灵活。往复式压缩机需定期更换磨损件,如活塞环等,一般在12~18个月需更换,日常维修工作量大,日常维护费用高。运行中有往复运动,由于动力不平衡性和气流的脉动作用,设备基础和配管等需采取防振动措施,噪声较大。因往复式机组热效率高,在相同输量和压比下,往复式机组燃气耗量小于离心式机组。往复式压缩机结构复杂、体积大、功率小,所需台数多,辅助设施、配管多,占地面积稍大。

(4)优先使用往复式压缩机的场合。在高压和超高压压缩时,一般采用往复式压缩机。往复式压缩机的压比通常是3∶1～4∶1,在理论上往复式压缩机压比可以无限制,但太高的压比会使热效率和机械效率下降,较高的排气温度,会导致温度应力增加。往复式压缩机综合绝热效率为0.75～0.85。由于往复压缩机具有效率高、出口压力范围宽、流量调节方便等点,在气田内部集输和储气库上得到广泛应用,在输气管线上也有使用。

2. 考虑动力配置方式

在输气管线上主要用燃气轮机、天然气发动机以及电动机。在对压缩机组进行动力配置时应综合考虑以下几个方面:

(1)驱动机的转速应与微驱动的压缩机转速相配,这样可以省去增速或减速齿轮箱的机械效率损失,并使结构简化。活塞式压缩机由于转速低,宜选用电动机或天然气发动机驱动。离心式压缩机转速高,可采用燃气轮机驱动。

(2)长输管道压气站的驱动机应优先考虑利用天然气作燃料,从能源利用上可省去发电和输配电过程,较为有利。在电源比较充足可靠且用电经济的场合,可考虑选用电动机驱动。由于压缩机要求电动机转速可调,因此必须采用变频调速电动机。

(3)根据国内外燃压机组选型使用情况,结合工程的具体情况和需要,燃气轮机一般选用操作灵活、大修方便、效率较高的轻型工业燃机或航空改进型燃气轮机。

(4)所有压气站均选用相同机组和硬件配置,以便于通过运行人员对设备的高度熟悉程度将运行风险和运行成本降低到最低,同时保证了最少的备件库存费用和最大的技术支持灵活性。

四、压气站工艺流程

(一)对压气站工艺流程的一般要求

满足增压工艺参数,配套设施齐全,满足安全运行维修和环保要求。增压参数包括增压后的流量、压力和温度、输量、压力的可调范围。配套设施包括自控设施、安全设施、天然气过滤设施和冷却设施。压气站与周围建筑物和站内各建筑物之间应符合安全防火要求,应有消防、起重和运输车辆通行的道路及必要的检修堆放场地。

由于考虑上游处理厂可能出现的非正常情况以及在天然气输气管道施工过程和运行过程中都会有机械杂质进入输气管道内,为了保护压气站内的压缩机、计量仪器等设备的正常运行,应在天然气进压气站前设置多管旋风分离器和过滤分离器,以除去气体中的小粒径粉尘和可能携带的少量液体。一般要求进入压缩机的固体颗粒和液滴小于$5\mu m$。目前常选用多管旋风分离器首先除去大于$10\mu m$以上的颗粒,然后采用一级或两级过滤分离器来达到小于$5\mu m$的过滤精度。

经压缩后的天然气温度要升高,在升温不多时通常不用冷却,当温升超过输气管防腐绝缘层所允许的温度时,就必须在出站前进行冷却,气体冷却的另一作用是能提高管道的输送能力。目前普遍采用空气冷却器,它不但能利用气候变化节省大量能源,而且更适合于无水或缺水地区使用。

在压气站内大型机组以及各类工艺系统运行的同时,会有有害物质排放。还会产生噪声等。压气站向空气中排放的有害物质主要分两种:一是天然气,压气站内排放的天然气主要是在压缩机组启动或停运时释放的,少部分是由于站内管线、阀门封闭不严造成的各种形式的气体泄漏;二是机组运行时天然气的燃烧产物,包括氮氧化物、二氧化碳和炭黑等。压缩机组等所发出的噪声会给人类和动物造成负面影响。因此,环境保护问题无论在压气站建设,还是在其运行过程中都尤为重要。

(二)选择压气站工艺流程的一般原则

(1)在工艺流程中,除增压外,还必须考虑排空、安全泄放、越站输送、清管作业、调压计量(首站、末站或中间分输站)等功能,尤其除尘设备必须采用高效除尘器(如过滤分离器)以防止机械杂质打坏压缩机的叶片。

(2)压缩机站的工艺流程必须适应输气管道全线的生产调度要求,能根据调度指令随时调节运行参数。

(3)工艺流程应该适应压缩机组启动、停车和调节的需要,使整个过程操作简单、可靠并减小或避免对其他机组的冲击。

(4)能及时进行事故处理,当站内某机组或整个站发生故障时,能立即调整流程,实现紧急停车和启动备用机组。

(5)合理利用设备,简化流程,减少管路,简化需要操作阀门数量,降低摩阻损耗,在选择管径时流速应控制在20m/s以内,使全站压降不超过0.2MPa。

(6)压缩机站流程应适当考虑今后扩建的需要,使新机组的安装、投产不影响原系统的运行以及不改变原管路的安装。

(三)离心式压缩机组成的压气站工艺过程

离心式压缩站,无论驱动方式如何,其工艺流程都可概括为并联、串联和串并联混合型三种基本型式,其中多台离心式压缩机并联方式最为常用。如图5-9所示为离心式压缩机并联组成的压气站工艺流程。

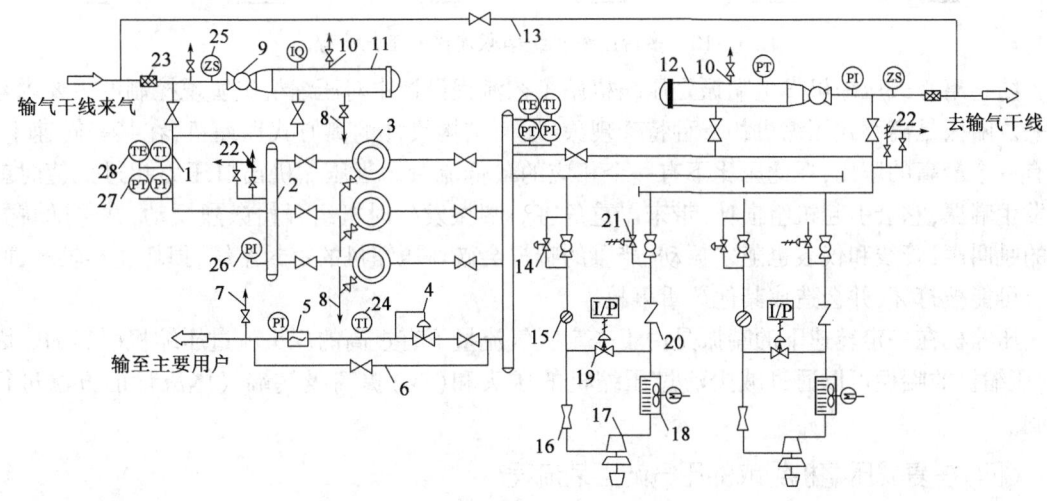

图5-9 离心式压缩机并联组成的压气站工艺过程

1—进气管;2—汇气管;3—分离器;4—压力调压阀;5—计量装置;6—用户旁通管;7—用户支线放空;8—排污管;9—球阀;10—放空管;11—清管器接收球筒;12—清管器发送球筒;13—越站旁通;14—加载阀;15—过滤器;16—机组流量计;17—压缩机;18—工艺气冷却器;19—喘振控制阀;20—单向阀;21—放空阀(电动);22—安全阀;23—绝缘接头;24—温度计;25—清管指示器;26—压力表;27—电接点压力表(远传);28—热电偶(远传)

来自输气管道的天然气由进站管线 1 进入压气站,然后天然气经过多管旋风分离器、过滤分离器后进入 3 台离心式压缩机,天然气经过压缩后入天然气冷却器,经单向阀 20,最后出站。多台压缩机并联的目的是调节输气量,可以依据季节不同,通过只运行部分压缩机组实现输气量的调节作用。

如图 5-10 所示为多台压缩机组串联连接的工艺流程图。采用这种流程既可实现 1 台、2 台、3 压缩机组的并联工作,也可实现由 2 台或 3 台串联工作的压缩机组成的机组群并联工作。

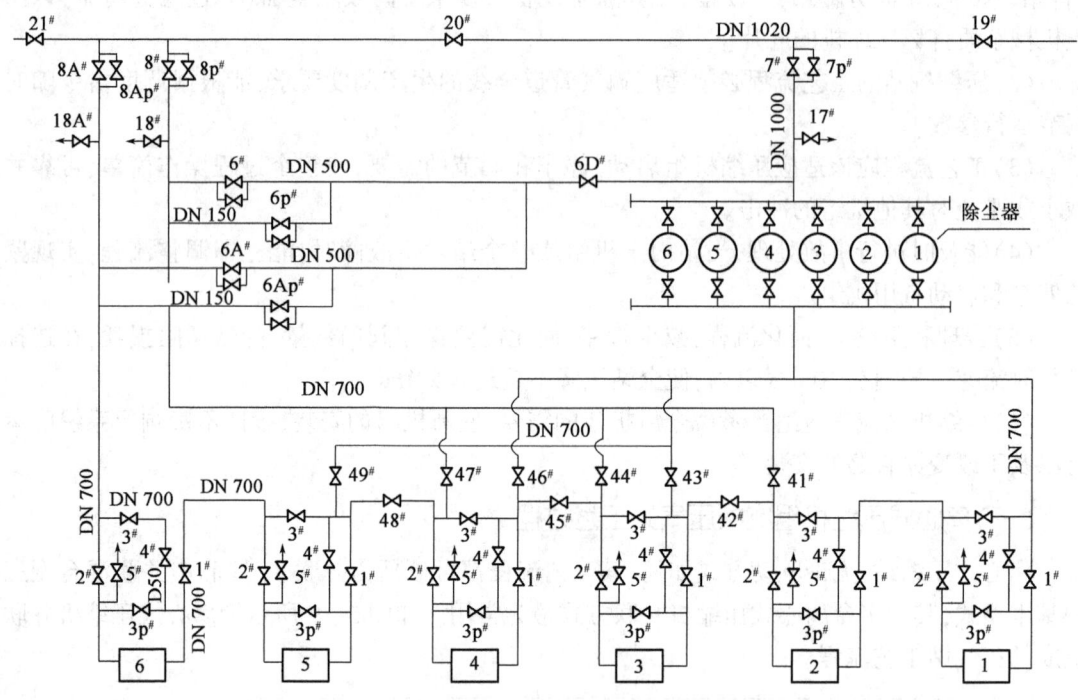

图 5-10 多台压缩机组串联连接的工艺流程图

防止离心式压缩机发生喘振是压缩机站工艺流程设计中对压缩机组实现控制的主要内容之一。喘振是离心式压缩机的一种特殊现象,任何结构尺寸的离心式压缩机,在某一转速下,都有一个最高的压比,在此压比下有一个相应的最低流量。当压缩机出口压力超过此值时就会发生喘振,它会引起机组损坏,带来严重危害。喘振发生时机组开始激烈振动,并伴随着异常的吼叫声,管线和仪表也随之振动,严重的喘振会破坏压缩机的密封系统,损坏止推轴承,叶轮有可能被打坏,并会造成其他严重事故。

压缩机在一定转速下的喘振是由于一定吸气流量下有过高的压头流过压缩机引起的。因此,压缩机的喘振可以通过减少流过压缩机的压头和(或)提高吸气端气体流量的方法进行控制。

(四)往复式压缩机组成的压气站工艺流程

1. 工艺流程简介

在长输管道中,采用往复式压缩机的压气站总是选择并联流程,这种流程布置简单,通常为单排布置,辅助设备和进气道好安排(大型机组一般双层布置,辅助设备和管道在一层,操作面在二层),调节方便,机组启停互不干扰(图 5-11)。

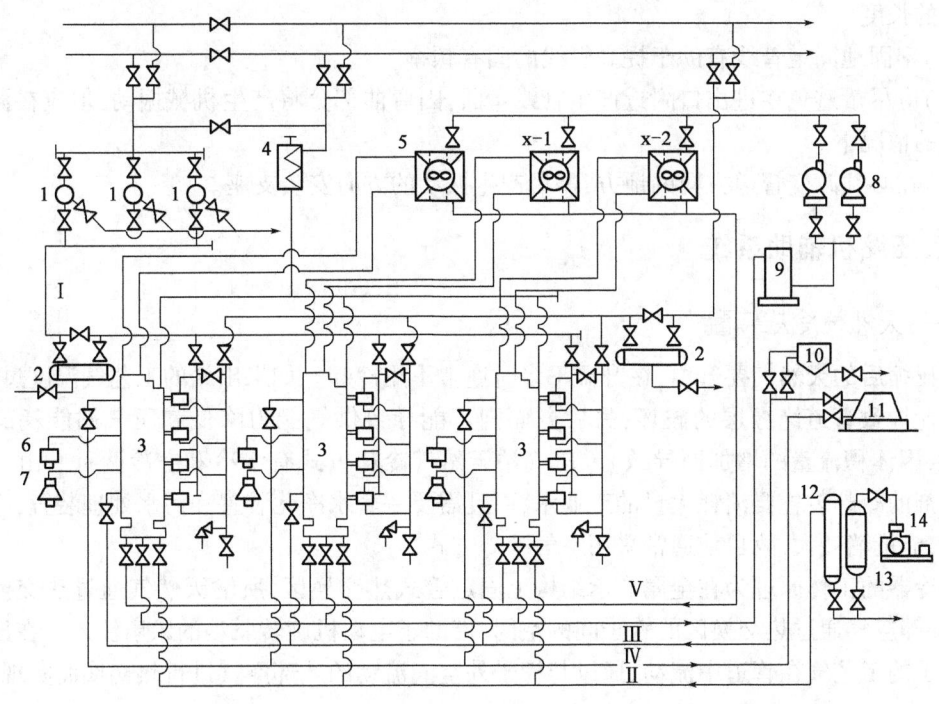

图 5-11 往复式压缩机组成的压气站工艺流程
1—除尘器;2—油捕集器;3—往复式压缩机;4—燃料气调节撬点;5—风机;6—排气管消声器;7—空气滤清器;8—离心泵;9—"热循环"水散热器;10—油罐;11—润滑油净化机;12—启动空气瓶;13—分水器;14—空气压缩机;x-1—润滑油空气冷却器;x-2—"热循环"水空气冷却器;Ⅰ—天然气;Ⅱ—启动空气;Ⅲ—净油;Ⅳ—污油;Ⅴ—"热循环"水

来自干线输气管道的天然气首先进入多管旋风分离器脱除机械杂质,再经分配汇管进入压缩机。压缩后的气体经下游汇管进入干线。站上还装有压缩空气系统、润滑油冷却系统及燃料气系统。天然气发动机的燃料气由调节撬点供给,为了提高发动机效率,设有空气增压装置以提高进入汽缸的空气压力。该装置的动力来自一个发动机汽缸排出的废气推动气体涡轮。汽缸冷却采用软水闭路循环,用空冷器冷却闭路循环软水。润滑油冷却器的热水用空冷器冷却,也有用空冷器直接冷却润滑油的。由于天然气在活塞缸内被压缩时,不可避免会被汽缸润滑油污染,为了防止润滑油进入管道,干线活塞压缩机后一般还需设置润滑油过滤器。

2. 气流脉动引起的管路振动及消除措施

由于往复式压缩机吸排气过程中为周期性的脉冲气流,这种气流脉动会传播到汇管中去,导致管道的振动,进而引起基座螺栓损坏和管道破裂、吸排气阀损坏、压缩机排气量降低、压缩机所需功率增加等危害,情况严重时将极大降低压缩机的技术经济指标。

往复式压缩机气流脉冲引起的管路通常发生在压缩机机械振动频率与管道气流的自振频率或与管路系统机械振动的固有频率相同时,会引起整个系统的共振现象。引起共振的条件与压缩机的转速、缸数、缓冲罐容积、管道长度和形状等因素有关,高压装置由于气体密度大,脉动的影响也会更大些。目前,在靠近压缩机汽缸的吸气与排气管线上,普遍使用分离器,既可分离杂质润滑油又可消除脉动干扰。设计安装往复式压缩机站时应注意:

(1)管道越短,自振频率越高,而高频振幅远大于低频振幅,因此应尽量缩短压缩机进出口管道的长度。

(2)牢固地固定管线有助于提高管线的固有频率。

(3)应尽量避免在进出口附近产生管线弯曲,因弯曲部分将产生机械振动,但应在温度补偿允许的情况下。

(4)在必须改变管道方向的地方,需沿产生振动的方向安装支座。

五、压缩机辅助系统

(一)天然气冷却装置

经压缩后的天然气要升温,在升温不多时通常不用冷却。如果出站的工艺气温度过高,一方面可能导致管道绝缘层的破坏,另一方面则可能导致供气能力降低和压气站能耗的增高(这主要因体积流量的增加而导致)。压气站天然气冷却方式有水冷和空冷两种。由于以水作冷却剂的冷却装置要消耗大量的工业水,而且需要一套水净化装置和污水处理装置,建设费用昂贵,能量消耗大,故目前通常采用空气冷却方式。

空冷器的工作原理为在金属支承结构上固定管式热交换区,所输天然气通过热交换区的管子,外部空气通过热交换区的管子间的空间,借助于电动机旋转驱动的风扇注入。在压缩中被加热了的工艺气在管道中流动,通过与管子外空间流动的外部空气进行热交换而实现冷却。

(二)启动系统

燃气轮机的启动系统,有启动涡轮推动轴流风机给燃烧室供风,其能源一是用压缩空气,二是用天然气。因为做功后的低压天然气无法利用,故采用压缩空气启动的较多。压缩空气由单独的空气压缩机提供,由于启动时空气瞬时流量很大,空气压缩机功率小,空气流量供不上,必须增设空气储罐。

(三)润滑油系统

燃气轮机离心式压缩机润滑油系统由两部分组成:一部分属于机组自身的,另一部分属于全站公用的。全站公用部分由油库、净油管线、污油管线、污油再生装置和输油泵等组成。为保证冬季正常供油,还设有给储油罐加热用的热水或蒸汽管线。

(四)干气体密封系统

与传统的机械接触式密封和浮环油膜密封相比,干气体密封可以省去密封油系统以及排除一些相关的常见问题,具有泄漏少、磨损小、使用寿命长、能耗低和操作简单可靠等优点。现已广泛用于大型离心式压缩机中。

(五)压缩空气系统

压气站的压缩空气系统主要为站内正压通风用、压缩机组干气密封用、燃气轮机空气滤清系统反吹用、站内气动仪表用等提供符合要求的干燥洁净的压缩空气。压缩空气系统根据机组对空气的用量设计,通常由空气压缩机组、压缩机出口缓冲罐、分离和干燥系统、干燥空气储罐、连接管道、阀门和配套的仪表等组成。空气压缩机组多采用电动机驱动的喷油螺杆式压缩机组,干燥系统多采用无热再生或膜分离技术。

往复式压缩机机组压缩空气系统主要为机组就地仪表控制柜提供正压通风用的压缩空气;在燃气轮机驱动离心式机组的站场,压缩空气系统主要为压缩机组干气密封、燃气轮机空气滤清系统反吹、站内设备空气清洗、站内气动仪表提供压缩空气;在电动机驱动离心式机组的站场,压缩空气系统主要为压缩机组干气密封、电动机正压通风提供压缩空气。

(六)压气站的控制系统

随着计算机、仪表自动化技术、通信技术以及信息技术的发展,目前大型压气站已广泛采用 SCADA 和站控系统来完成对压气站机组的自动监控和自动保护。通过检测压缩机机组各点的振动幅度、温度和压力等参数来检测机组运行状态,同时依据输气量要求自动控制压缩机组的流量和输气压力。

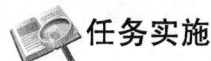 复习思考题

1. 简述增压的目的。
2. 简述压气站的组成。
3. 简述常用的增压机组及原理。

任务实施

任务一 绘制并讲解压气站工艺流程图

一、学习目标

绘制并讲解压气站工艺流程图。

二、准备工作

(1)工具、材料准备:A4 纸、尺子、铅笔;
(2)人员准备:按照要求穿戴劳动保护用品。

三、操作步骤

1. 准备工作

劳动防护用品准备齐全,穿戴整齐,工具、用具、材料准备齐全。

2. 基础知识

压气站工艺流程及设备。

3. 标注图名

在图最上方填写所需绘图标准名称。

4. 绘制流程图

绘制本文中压气站工艺流程图,也可根据其他压气站工艺流程绘制。

5. 工艺说明

根据实际输压气站工艺流程说明。

6. 清理场地

收拾工具,清理现场。

7. 安全文明生产

安全文明操作,在规定时间内完成。

四、技术要求

(1)在规定时间30min内完成,到时停止操作;
(2)图幅布局合理、对称、美观线条粗细一致,图纸整洁、清晰。

任务二　启停离心泵

一、学习目标

启停离心泵操作方法。

二、准备工作

(1)设备准备:离心泵及流程;
(2)工具、材料准备:万用表、铜质F扳手、对讲机;
(3)人员准备:按照要求穿戴劳动保护用品。

三、操作步骤

1. 准备工作

劳动防护用品准备齐全,穿戴整齐,工具、用具、材料准备齐全。

2. 基础知识

离心泵结构及工作原理。

3. 风险防范

(1)触电:站在绝缘胶皮垫上送电、断电,人站侧面断电、送电,定期检查线路、接地完好,戴绝缘手套送电、断电。
(2)机械伤害:设备旋转部位防护设施完好,运转时严禁靠近运转部件旋转范围之内,设备旋转时禁止戴手套,劳保着装规范;维修前必须确认断电并挂牌。
(3)设备损坏:启泵前盘车,防止异常损坏设备,按时巡检,发生气蚀,立即停机。
(4)环境污染:接好排污桶后打开放空、泄压阀门,防止原油落地污染环境;正确切换流程,避免造成泄漏。

4. 检查

(1)清理现场,确保泵工作范围内无杂物,检查流程正确;
(2)检查各阀门、管线无渗漏,各连接无松动;
(3)检查配电箱内电压在360~400V,电气仪表线路正常、接地完好;

(4)检查润滑油清澈透明,无变质,油位在 1/2～2/3 之间;

(5)检查联轴器柱销、胶圈无磨损,用手转动联轴器盘 2～3 圈,无卡阻。

5. 启泵

(1)全开泵的进口阀,活动泵出口阀,打开放空阀排尽泵内气体,待液体连续流出后,关闭放空阀;

(2)合闸送电并挂警示牌,按启动按钮启泵;

(3)待泵压稳定后缓慢打开泵的出口阀门,控制出口压力在规定范围。

6. 运行中的检查

(1)检查电动机和泵运行平稳,无异响;

(2)检查密封填料漏失量在 10～30 滴/min(机械密封应无泄漏);

(3)电动机温度不超过 70℃,轴承温度不超过 65℃;

(4)检查电流、电压正常。

7. 停泵

(1)缓慢关小泵出口阀门,当电流下降到空载电流时,按停止按钮停泵,关闭出口阀门;

(2)切断电源,挂停运牌;

(3)关闭进口阀,出口阀门关闭后泵连续工作不能超过 3min,如长时间停泵,应放尽泵内余液。

8. 清理场地

收拾工具,清理现场,填写工作记录。

9. 安全文明生产

安全文明操作,在规定时间内完成。

四、技术要求

(1)在规定时间 20min 内完成,到时停止操作;

(2)待泵压稳定后缓慢打开泵的出口阀门,控制出口压力在规定范围。

任务三　维护保养离心泵

一、学习目标

维护保养离心泵。

二、准备工作

(1)设备准备:离心泵及流程;

(2)工具、材料准备:8～32mm 开口扳手、8～32mm 梅花扳手、内六方扳手、$\phi 40mm \times 250mm$ 铜棒、手锤、1000mm 撬棍、200mm 一字螺丝刀、200mm 活动扳手、清洗盆、250mm 螺丝刀、万用表、防爆对讲机、润滑油、清洗液、润滑脂、机械密封;

(3)人员准备:按照要求穿戴劳动保护用品。

三、操作步骤

1. 准备工作

劳动防护用品准备齐全,穿戴整齐,工具、用具、材料准备齐全。

2. 基础知识

离心泵结构及工作原理。

3. 风险防范

(1)触电:站在绝缘胶皮垫上送电、断电,人站侧面断电、送电,定期检查线路、接地完好,戴绝缘手套送电、断电。

(2)机械伤害:设备旋转部位防护设施完好,运转时严禁靠近运转部件旋转范围之内,设备旋转时禁止戴手套,劳保着装规范。维修前必须确认断电并挂牌。

(3)设备损坏:启泵前盘车,防止异常损坏设备,按时巡检,发生气蚀,立即停机。

(4)环境污染:接好排污桶后打开放空、泄压阀门,防止原油落地污染环境。正确切换流程,避免造成泄漏。

4. 例行保养

(1)每班次进行点检,检查轴承温度应正常,压力平稳,电流在额定范围;

(2)检查各部元件,无松动、无渗漏,设备清洁卫生;

(3)检查加注润滑脂或润滑油;

(4)及时调节密封填料的松紧程度,确保漏失量;

(5)调节泵在规定的技术参数下运行;

(6)备用机泵每班次盘转 2~3 圈,检查是否有卡阻、异响。

5. 一级保养操作

(1)一级保养每 400~450h 进行一次。

(2)按启停离心泵操作停泵。

(3)离心泵外部检查。

(4)完成例保各项内容。

(5)检查机泵轴承润滑(油)脂,必要时更换。

(6)检查调整前后密封填料松紧度,达到不发热,漏失不超量,轴套与压盖不偏磨;必要时添加、更换密封填料。

(7)清洗检查过滤器。

6. 二级保养操作

(1)二级保养每 2000~2200h 进行一次;

(2)完成一级保养全部内容;

(3)对泵体密封、轴承、过流部件等转动部件进行拆卸、检测、维护、更换;

(4)清洗检查电动机轴承、更换润滑油,安装。

7. 停泵

按启泵操作规程启泵,检查电动机和泵运行平稳,无异响,密封填料漏失量在 10~30 滴/min

(机械密封应无泄漏);电动机温度不超过 70℃,轴承温度不超过 65℃;检查电流、电压在规定范围;检查压力在工作范围内。

8. 清理场地

收拾工具,清理现场,填写工作记录。

9. 安全文明生产

安全文明操作,在规定时间内完成。

四、技术要求

在规定时间 30min 内完成,到时停止操作。

任务四　清洗更换过滤装置滤芯

一、学习目标

清洗更换过滤装置滤芯操作方法。

二、准备工作

(1)工具、材料准备:过滤装置、滤芯、接油盆、200mm 活动扳手、250mm 活动扳手、150mm 平口起子、打气泵、钢丝刷、清洗液、密封垫片、黄油;

(2)人员准备:按照要求穿戴劳动保护用品。

三、操作步骤

1. 准备工作

劳动防护用品准备齐全,穿戴整齐,工具、用具、材料准备齐全。

2. 基础知识

过滤装置的结构。

3. 风险防范

(1)压力介质伤人:按操作规程操作,并按要求做好检测、检修、维护、保养等工作,避免压力介质刺出;

(2)设备损坏:严格按操作规程操作,检查工艺流程正确;

(3)火灾、爆炸:按操作规程操作,并按要求做好检测、检修、维护、保养等工作,避免泄漏;

(4)环境污染:接好排污桶后打开放空、泄压阀门,防止液体、污物落地。

4. 流程切换

(1)打开过滤器旁通阀门;

(2)关闭过滤器进出口阀门;

(3)开启过滤器放空阀门,排净余气。

5. 拆过滤器

(1) 卸去法兰盖上的螺栓、螺母,打开法兰盖;
(2) 取下密封垫片,清理法兰及法兰盖上的密封面,注意防止杂物进入过滤器内;
(3) 拔出滤芯,检查过滤器内有无异常杂物。

6. 检查清洗

(1) 检查滤芯有无破损,如滤芯破损更换新滤芯;
(2) 清洗过滤器滤芯,清洗过滤器内腔。

7. 装过滤器

装入滤芯、密封垫片、法兰盖,对称紧固压盖螺母。

8. 检查验漏

关闭放空阀,缓慢打开进口阀门,验漏。

9. 启用过滤器

验漏合格后,打开出口阀门启用过滤器,关闭旁通阀门。

10. 清理场地

收拾工具,清理现场,填报工作记录。

11. 安全文明生产

安全文明操作,在规定时间内完成。

四、技术要求

(1) 在规定时间 20min 内完成,到时停止操作;
(2) 注意依次按顺序装入滤芯、密封垫片、法兰盖,对称紧固压盖螺母。

任务五 天然气压缩机运行巡检

一、学习目标

天然气压缩机运行巡检。

二、准备工作

(1) 设备准备:天然气压缩机;
(2) 工具、材料准备:250mm 活动扳手、375mm 活动扳手、对讲机、盘车工具、压缩机用机油、耳塞;
(3) 人员准备:按照要求穿戴劳动保护用品。

三、操作步骤

1. 准备工作

劳动防护用品准备齐全,穿戴整齐,工具、用具、材料准备齐全。

2. 基础知识

天然气压缩机的结构及工作原理。

3. 风险防范

(1)触电:站在绝缘胶皮垫上送电、断电,人站侧面断电、送电,定期检查线路、接地完好,戴绝缘手套送电、断电;

(2)机械伤害:严禁机组运转时触碰运转部件;

(3)烫伤:严禁机组运转时触碰高温部位;

(4)噪声:戴耳塞进入压缩机房。

4. 主电动机检查

电动机散热进气网无附着异物,压缩机状态指示牌为"在用设备"。电动机前后端视镜油液位在1/2处,无异常响声,电动机驱动非驱动端无油污。

5. 电伴热检查

检查天然气增压管线电伴热(夏:关,冬:开),过滤器电伴热(开),压缩机曲轴箱加热器(自动),一级洗涤罐电伴热(夏:关,冬:开),二级洗涤罐电伴热(夏:关,冬:开),主电机空间加热器(停开启关)。

6. 配电箱检查

润滑油泵、密封填料水泵、润滑油加热器、注油泵旋钮在自动状态,10kV电动机旋钮在"ON"状态,控制盘电源在"ON"状态,"ESD"旋钮(红灯灭)状态正常,报警灯无闪烁。

7. 控制盘检查

控制盘运行参数正常无报警。

8. 高位补油罐检查

气缸润滑油高位罐液位在低液位开关以上,不超过3/4。曲轴箱润滑油高位罐液位在低液位开关以上,不超过3/4。高位补油罐补油管线无渗漏。高位油箱补油管线手动球阀在关闭状态。

9. 注油泵检查

注油泵箱体上视镜液位在加满状态,视镜内的油无变色浑浊。注油泵的柱塞及轴承运行正常无卡阻,减速箱内油液位在3/4处。注油泵箱体及柱塞泵干净无油污。

10. 压缩机主体部分检查

驱动端液位开关视镜液位在1/2处。密封填料水流速表无气泡,流速正常。防爆门下端无油污。相邻近排气阀温差在5℃以内。平衡阀压力表一级:8~11MPa之间,二级:19~22MPa之间。分配器压力表一级:8~11MPa之间,二级:19~22MPa之间。缓冲罐底座支撑、螺栓及管线管卡无损坏、松动或脱落。无油流开关指示灯正常闪烁,间隔时间不大于20s。中体、气缸及尾杆、注油点无油污。非驱动端视镜润滑油液位在1/2以上。润滑油过滤器前后压力表压差<10psi。

11. 洗涤罐检查

洗涤罐液位计应无液位。法兰口螺栓及底角螺栓无松动位移,液位计上电伴热带无破损、脱落。

12. 润滑油泵检查

预润滑油泵在停止运行状态(室温大于35℃自动停止),预润滑油泵周围无油污、杂物。

13. 空冷器检查

风扇防护网罩无异物附着。膨胀水箱液位在1/2~5/6之间。空冷器无明显异响,联轴器无损坏、松动或脱落现象。

14. 除油器检查

除油器上端液位计应无液位,下端液位计应无液位,压差表压力<8psi。

15. 闸阀检查

检查放空手动球阀(开),撬内放空手动截止阀(关),撬外放空手动闸阀(开),装置出口手动球阀(开)。检查回流管线上单向阀并列的手动球阀(注:关,采:开),以及并列的两个手动球阀(注:开,采:关)。检查一级入口至二级入口管线的手动球阀(注:关,采:开),除油器排污手动球阀(关),洗涤罐排污手动球阀(关)。检查装置入口主阀(开),入口旁通阀(关),装置旁通阀(关),放空气动阀(关),装置出口主阀(开),除油器排油气动阀(开),以及洗涤罐排污气动阀(关)和装置旁通调节阀(随排气压力调节)。

16. 仪表检查

压力变送器与控制盘显示一致。温度探头无松动,线缆无破损。振动探头无松动、无油污。液位开关无松动、无油污。

17. MCC(电动机控制中心)配电柜

辅助泵配电柜运行指示灯除润滑油泵外,其余显示均为红灯。各配电柜电流电压在正常范围,散热风扇正常运行无堵塞。配电柜表面温度低于温度60℃,柜内无异味、异响。地面胶皮垫干净无破损。保持MCC良好通风。

18. 检查UPS(不间断电源系统)

UPS的显示正常。UPS是一种含有储能装置,以逆变器为主要组成部分的恒压、恒频的不间断电源。当市电正常时,UPS将市电稳压或稳压、稳频后供负载使用,同时向机内电池充电;当市电中断时(异常时),UPS立即在4~10ms内或"零"中断时间内将蓄电池的电源通过逆变转换的方式向负载继续供应电力,使负载维持正常工作,以便保存资料并保护负载的软硬件不受损坏。

19. 清理场地

收拾工具,清理现场,填写工作记录。

20. 安全文明生产

安全文明操作,在规定时间内完成。

四、技术要求

在规定时间 30 min 内完成,到时停止操作。

任务六　压缩机主要故障判断及处理

一、学习目标

压缩机主要故障判断及处理。

二、准备工作

(1)设备准备:天然气压缩机;

(2)工具、材料准备:250 mm 活动扳手、300 mm 活动扳手、375 mm 活动扳手、19~32 mm 开口扳手、19~32 mm 梅花扳手、内六方重型套筒、300 mm 管钳、漏斗、千斤拉力器、行吊、黄油、机油、生料带、松动剂;

(3)人员准备:按照要求穿戴劳动保护用品。

三、操作步骤

1. 准备工作

劳动防护用品准备齐全,穿戴整齐,工具、用具、材料准备齐全。

2. 基础知识

天然气压缩机的结构及工作原理。

3. 风险防范

(1)人身伤害:站在绝缘胶皮垫上送电、断电,并防止接触带电部位;确定压力放空后再操作,操作阀门不正对阀杆,放空及拆卸法兰时不正对排口及法兰缝隙;待温度降到正常后再操作。

(2)设备损坏:严格执行操作规程,避免损坏各机构部件,注意对密封件的保护。

(3)环境污染:使用排污桶,防止油污落地。

4. 机组流程的检查、切换

(1)对需要维修机组进行停运,流程切换;

(2)检查确认流程工艺与系统无压力、介质互通,各点均为不带压状态,挂停机维修警示牌,设置维修更换区域分隔警戒线。

5. 压缩缸内有敲击声处理

(1)故障原因:活塞与缸盖间死点间隙过小,直接撞击;处理方法:增大活塞与气缸的死点间隙。

(2)故障原因:活塞杆与活塞连接螺帽松动,脱扣或螺帽防松装置松动;处理方法:检查并拧紧螺帽,拧紧螺帽防松装置。

(3)故障原因:汽缸(汽缸套)有磨损,间隙超差太大;处理方法:镗磨汽缸或换汽缸套,然后配装合适的活塞和活塞环。

(4)故障原因:活塞或活塞环磨损;处理方法:更换修理活塞或更换活塞环。

(5)故障原因:活塞或活塞环在汽缸中工作时,润滑油或冷却水不够,因高温产生干摩擦,使活塞环卡在活塞中;处理方法:拆下活塞,取出活塞环进行清洗、检查或更换活塞环。

(6)故障原因:曲柄连杆机构与汽缸中心线不一致;处理方法:检查并调整,使曲轴连杆机构与汽缸中心线一致。

(7)故障原因:润滑油过多或有污垢,使活塞与汽缸磨损加大;处理方法:适当调整供油量。

(8)故障原因:活塞端面丝堵松动,顶住缸盖;处理方法:拧紧丝堵。

(9)故障原因:活塞杆与十字头松动,活塞向前窜动,碰撞汽缸盖;处理方法:检查并重新调整两端死点间隙,拧紧活塞杆螺帽。

(10)故障原因:汽缸中掉入金属碎片或者其他的坚硬物体;处理方法:取出掉入物,如果汽缸和活塞受到拉伤,应进行修理。

6.曲轴箱内发生撞击声处理

(1)故障原因:连杆大头与连杆轴承之间磨损或连杆轴承与曲柄轴径间隙过大;处理方法:检查配合间隙,并调整至规定标准,不能调整需更换。

(2)故障原因:十字头销与衬套配合间隙过大;处理方法:检查配合间隙,并调整至规定标准,不能调整需更换。

(3)故障原因:曲轴轴颈磨损严重,曲轴椭圆度、圆锥度超差;处理方法:检查曲轴轴颈的椭圆度和圆锥度,对超差过大者要进行修理或更换。

(4)故障原因:曲轴瓦断油或过紧而发热以致烧坏;处理方法:检查曲轴瓦的供油情况,曲轴瓦配合间隙要符合规定。

(5)故障原因:曲轴箱内曲轴瓦螺栓、螺帽、连杆螺栓、十字头螺栓松动、脱扣、折断等;处理方法:检查曲轴瓦、连杆、十字头等所有螺栓、螺帽,有松动的要紧固好,脱扣的要更换新的。

(6)故障原因:十字头与机身滑道间隙过大;处理方法:检查配合间隙,并调整至规定标准,不能调整需更换。

(7)故障原因:曲轴两端的圆锥滚动轴承磨损严重;处理方法:更换新的滚动轴承。

7.吸、排气阀的撞击声处理

(1)故障原因:吸、排气阀阀片折断;处理方法:检查汽缸上的气阀,更换磨损严重或折断的阀片。

(2)故障原因:气阀弹簧松软或损坏;处理方法:更换符合要求的气阀弹簧。

(3)故障原因:阀座深入汽缸与活塞相碰;处理方法:用加垫的方法使气阀升高。

(4)故障原因:阀座装入阀室时没有放正,或阀室上的压盖螺栓没有拧紧;处理方法:检查气阀是否装配正确,拧紧阀室上的压盖螺栓。

8.燃气发动机不能启动处理

(1)故障原因:启动气压不足;处理方法:按规定压力供给启动气。

(2)故障原因:启动管路松脱及严重泄漏;处理方法:消除启动管路的泄漏及松脱。

(3)压故障原因:缩缸内有带压天然气;处理方法:对压缩缸放空。

9. 收尾工作清理

(1)各部位组装复位,恢复流程;

(2)试运转,检查安装调整部位正常。

10. 清理场地

收拾工具,清理现场,填报记录表。

11. 安全文明生产

安全文明操作,在规定时间内完成。

四、技术要求

在规定时间45min内完成,到时停止操作。

任务七　压缩机发生天然气泄漏应急处置

一、学习目标

压缩机发生天然气泄漏应急处置。

二、准备工作

(1)设备准备:天然气压缩机;

(2)工具、材料准备:250mm活动扳手、300mm活动扳手、375mm活动扳手、19~32mm开口扳手、19~32mm梅花扳手、内六方重型套筒、300mm管钳、漏斗、千斤拉力器、行吊、黄油、机油、生料带、松动剂;

(3)人员准备:按照要求穿戴劳动保护用品。

三、操作步骤

1. 准备工作

劳动防护用品准备齐全,穿戴整齐,工具、用具、材料准备齐全。

2. 基础知识

天然气压缩机的结构及工作原理。

3. 风险防范

(1)人身伤害:站在绝缘胶皮垫上送电、断电,并防止接触带电部位;确定压力放空后再操作,操作阀门不正对阀杆,放空及拆卸法兰时不正对排口及法兰缝隙;待温度降到正常后再操作。

(2)设备损坏:严格执行操作规程,避免损坏各机构部件,注意对密封件的保护。

4. 报告工作

发生事故,应立即向值班长及生产调度报告,说明事故准确部位和简要情况,如须报火警应加以说明,由调度向消防队报警。

5. 对事故有关流程进行紧急处理

(1)主控岗发现某台压缩机进口或压缩机出口压力降低、气量减小,向站长或值班长汇报;

(2)站长或值班长指挥压缩机岗巡检压缩机房,迅速发现泄漏点,判断险情,启动应急处置预案;

(3)按照信息汇报程序进行汇报;

(4)压缩机岗位员工立刻启动轴流风机降低天然气浓度,并立刻停运泄漏压缩机;

(5)值班长联系维修人员对泄漏点进行整改。

(6)导入正常生产流程,恢复生产。

6. 清理场地

收拾工具,清理现场,填报记录表(日期、班次、姓名等)。

7. 安全文明生产

安全文明操作,在规定时间内完成。

四、技术要求

(1)在规定时间20min内完成,到时停止操作;

(2)出现天然气泄漏,首先应迅速发现泄漏点,判断险情,启动应急处置预案。

项目五 输气末站操作

末站是天然气管道的终点站,城市配气的起点。它接收来自管道上游的天然气,气体通过末站供应给用户。通常,末站具有分离、计量、调压、清管器接收、除尘等功能。为解决干线输气与城市用气的不平衡,末站设有调峰设施——地下储气库、储气罐。

知识目标

(1)输气末站的基本功能;

(2)输气末站的工艺流程;

(3)站场上常用的分离除尘设备。

能力目标

(1)能根据现场工业需求合理分离除尘设备;

(2)能绘制输气末站工艺流程图;

(3)能进行输气末站装置操作。

 **任务资源**

一、输气末站的基本功能

(一)末站基本功能

(1)接收上游站场输来的天然气并向用户门站供气,该部分内容同分输站。

(2)分离、过滤。末站通常是向门站供气,分离器选型同分输站,多采用过滤分离器。该部分内容同分输站。

(3)调压、计量。去用户的天然气一般要求保持稳定的输出压力并计量,该部分内容同分输站。

(二)输气末站功能模块的设置

(1)进(出)站 ESD 阀的设置。根据各站场的重要程度、设计压力、处理规模,按实际功能需求确定进、出站 ESD 阀的设置。

(2)分离除尘系统的设置。输气末站为直接向工业、民用等用户供气功能时,根据用气规模,分离除尘系统应采用过滤分离器或高效过滤器;输气末站为向下游供气支线供气功能时,分离除尘系统应采用旋风分离器。

(3)调压系统的设置。输气末站去各用户及支线的调压系统应尽量按压力分级进行集中调压设置。

(4)计量系统的设置。输气末站去各用户的计量系统按用户的用气规模选择计量设备类型,计量设备不设备用。

二、末站的工艺流程

输气干线末站的工艺流程如图 5-12 所示。

三、输气站场常用分离除尘设备

(一)旋风分离器

1. 旋风分离器的工作原理

气体进口管线与外筒体的连接成切线方向,气流出口管线在顶部与中心管连接。当含尘气流从切线方向进入旋风分离器时,气流由直线运动变为旋转运动或圆周运动。由于气体和尘粒的密度不同,所产生的离心力也就不同,其结果是密度较大的尘粒被抛到外圈,就与气体分开了。尘粒一旦与器壁接触,便失去惯性力而靠入口速度的动量和向下的重力沿壁面下落,进入排灰管。旋转下降的气流在进入锥体时,因圆锥形的收缩而向除尘器中心靠拢,其切向速度不断提高,当到达锥体某一位置时,即以同样的旋转方向由下反转而上,形成内旋气流经出口管流出,一部分未被捕集的细小尘粒也被带入下游。

旋风分离器的离心力产生的分离力比重力产生的分离力要大得多。例如,一台直径为 0.5m 的旋风分离器,当气流进口的线速度为 15m/s 时,其离心加速度为 900m/s,而重力加速度才 9.81m/s,相差近百倍。因此旋风分离器是一种处理能力大、分离效率高、结构简单的分离设备,可基本除去 10μm 以上的尘粒。

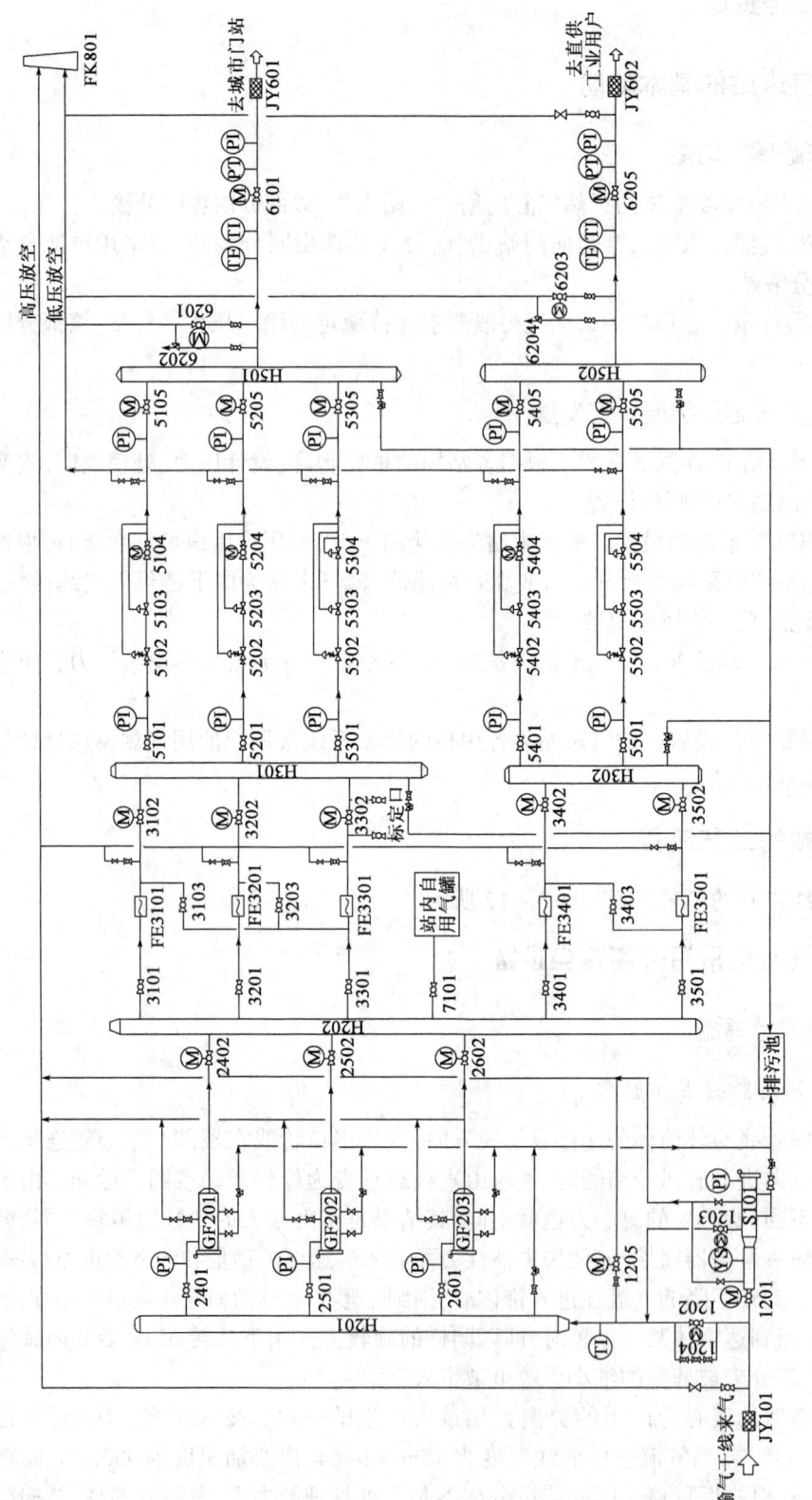

图5-12 输气干线末站工艺流程

2. 影响旋风分离器效率的因素

(1)气体进口速度。由于离心分离力与气体旋转线速度成二次方关系,因而气体进口的线速度对分离器效果影响很大。入口线速度一般宜在 15~25m/s 之间。因线速过低,分离力不够,而线速过高则会破坏旋风分离流动系统的正常压力平衡,并形成局部涡流,产生二次夹带,使分离效率降低。

(2)气体和尘粒密度差。由旋风分离器的分离原理可知,气体和尘粒密度差越大,分离效果越好。由旋风分离器的气流状态可知,旋风分离器适用于气、固分离。一般在正常负荷量范围内工作的旋风分离器,基本上可除 $10\mu m$ 以上的机械微粒。

(3)旋转半径。由向心力的公式可知,旋转半径越大,离心力越小。当处理气量较大时,计算所得的分离器直径也较大,故旋转半径不宜超过 0.5m,否则需提高气流入口线速,当用于大气量时可采用多个旋风分离器。

3. 旋风分离器的适用范围

由此可见,旋风分离器的效率与气体进入分离器的线速度密切相关,而线速度的大小又直接与气体处理量有关。旋风分离器尽管有较高的分离效率,但由于其分离效率对流速很敏感,一般要求处理流量应相对稳定,因而在负荷波动较大的输气站场的应用受到限制。

(二)多管干式除尘器

1. 多管干式除尘器的结构及工作原理

多管干式除尘器是由若干个导叶式旋风子呈数圈同心圆均布排列组合在一个壳体内,有总的进气管、排气管和灰斗的分离设备。多管干式除尘器也是利用离心分离的原理进行工作的。天然气进入除尘器后,向下经多根除尘管分流,每根除尘管的下端均设有旋风子,气流经过旋风子时产生旋转运动,利用离心力的作用将气流中的固体颗粒与气体分离。被分离的粉尘经排灰口进入总灰斗,净化的气体经旋风子排气管进入排气室,由总排气口排出。

2. 影响多管干式除尘器效率的因素

(1)除尘器进口管气体流速 v 应在一定范围内。气速选用过低,处理量变小,效率也会降低。但气速太高会使粗颗粒碎变成细粉尘的量增加,对有凝聚性质的粉尘起分散作用而降低分离效果。同时,气速过高会增加旋风除尘器的压力损失和加速除尘器本体的磨损,降低其使用寿命。因此,在设计多管干式除尘器的进口截面时,必须使进口气速为一适宜的值,一般的进口气速为 10~25m/s,最佳分离效率时气速为 10~12m/s。

(2)除尘器直径的确定。除尘器宜用圆筒形,器内旋风子一般呈同心圆排列,旋风子间距不能太小,否则,排尘时容易互相干扰而加剧返混,且不便安装。一般推荐两个相邻旋风子的最小中心距取 $1.4~1.5D$(D 为旋风子外管直径)。最外圈的旋风子中心与除尘器筒壁之间的距离要大些,以便旋风子进气分配均匀些,并减小气流对筒壁的冲蚀,一般此距离最好大于 D。

3. 多管干式除尘器适用范围

导叶式旋风子多管干式除尘器是一种适用于输气站场的高效除尘设备,它适用于气量大、压力较高、含尘粒度分布广的干天然气的除尘。它的除尘效率高(达 91%~99%)而稳定、操作弹性大、噪声小、承压外壳磨损小。对 $10\mu m$ 以上的固体颗粒,其除尘效率达 94%。这种分离器适用于在输气干线上的中间清管站使用。

(三)过滤分离器

1. 过滤分离器的结构及工作原理

过滤分离器是由数根过滤元件组合在一个壳体内构成,通常由过滤段和除雾段(分离段)两段组成。这种分离器在外形上可以是卧式的,也可以是立式的,在输气站场中大多采用卧式。当含尘天然气进入过滤器后先在初分室除去固体粗颗粒和游离水。之后细小的尘污随天然气流进入过滤元件,固体尘粒在气流通过过滤元件时被截留,雾状液滴会聚结成较大的液滴进入除雾段,在天然气流过雾沫扑集器时液滴被分离,液体汇合向下流入集液包。分离后的天然气经排气管进入下游管道,尘污则进入排污系统。

过滤分离器效率:对于粒径不小于 $5\mu m$ 的粉尘和液滴,分离效率不小于 99.8%;对于粒径为 $1\sim3\mu m$ 的粉尘和液滴,分离效率不小于 98%。

天然气中含有少量液体流量的场所,通常在卧式过滤分离器下部设计一个集液包,以提供液体停留的时间,这样就使分离器的整个直径都要小些。反之,如果气体中不含液滴,则不必设集液包。

2. 过滤分离器的适用范围

过滤分离器分离效率远高于旋风分离器和多管干式除尘器,但由于在使用过程中当分离器压降达到设定值时需要更换过滤元件,因此运行成本较旋风分离器和多管干式除尘器高。常用于对气体净化要求较高的场合,如直接给用户供气的分输站、末站、配气站、气体处理装置、压缩机站进口管路等场合。

(四)聚结器

1. 聚结器的结构及工作原理

聚结器主要由数根聚结滤芯组合在一个壳体内构成,其聚结过程主要靠聚结滤芯来实现。经过预处理的天然气首先进入聚结分离器的下层集液空间,由于体积膨胀,会有部分液体析出,这部分液体进入下层集液区;含液气体向上进入聚结分离区,经过聚结滤芯时,细小的液滴聚结成较大液滴,聚结成的液滴越来越大,并逐渐移向分离区。经过聚结过程的大液滴一旦形成,由于重力作用顺着滤芯外面的保护层向下流向集液区,干燥、洁净的气体经出口排出。由于在筒体中留出了一定的空间,可以控制气体的出口流速,防止夹带聚结出来的液滴。

分离效率:对于粒径不小于 $0.3\mu m$ 的粉尘和液滴,可达 99.9%。

2. 聚结器适用范围

聚结器是一种分离效率极高的分离器,且由于聚结滤芯价格较昂贵而使运行成本较前几种分离器都高。因此为减少更换聚结滤芯次数,一般聚结器上游均应有一级或两级分离器对气体进行预分离,聚结器适用于对气质要求很严格的场合,如压气站燃气轮机的燃料气系统的最后一级分离器。

四、分离除尘设备的选用

分离除尘设备的选择,一方面应根据气体中所含粉尘的种类、性质、粒径和粉尘量等因素选择高效经济的分离除尘设备,另一方面还应根据分离除尘设备的技术性能(处理量、压力损失、分离效率)和经济比较(建设投资、占地面积、使用寿命)来综合考虑。

理想的分离除尘设备应既能满足工艺生产和环境保护对气体含尘的要求,同时又经济合理。在具体选择分离除尘装置时,需考虑天然气携带的杂质成分、输送压力和流量的稳定性、波动幅度等因素,在满足输出气质要求的前提下,应力求其结构简单,分离效果好,气流压力损失较小,不需要经常更换和清洗部件。如粉尘粒径大于 5~10μm,可选用多管干式除尘器或旋风分离器;粉尘粒径小于 5μm,可选用过滤分离器;若所处理气体的粉尘粒径宽,要求分离后含尘浓度很低的场合,可采用两级甚至三级分离,第一级采用多管干式除尘器或旋风分离器,第二级采用过滤分离器,第三级采用聚结器。

复习思考题

1. 简述输气末站的基本功能。
2. 简述输气末站的工艺流程。
3. 简述站场上常用的分离除尘设备。

任务实施

任务一 绘制并讲解输气末站工艺流程图

一、学习目标

绘制并讲解输气末站工艺流程图。

二、准备工作

(1)工具、材料准备:A4 纸、尺子、铅笔;
(2)人员准备:按照要求穿戴劳动保护用品。

三、操作步骤

1. 准备工作

劳动防护用品准备齐全,穿戴整齐,工具、用具、材料准备齐全。

2. 基础知识

输气末站工艺流程及设备。

3. 标注图名

在图最上方填写所需绘图标准名称。

4. 绘制流程图

绘制本文中输气末站工艺流程图,也可根据其他输气末站工艺流程绘制。

5. 工艺说明

根据实际输气末站工艺流程说明。

6.清理场地

收拾工具,清理现场。

7.安全文明生产

安全文明操作,在规定时间内完成。

四、技术要求

(1)在规定时间 30min 内完成,到时停止操作;
(2)图幅布局合理、对称、美观线条粗细一致,图纸整洁、清晰。

项目六　输气附属站操作

在天然气输气管道中除了输气首站、中间站(中间站又分为压气站、气体分输站、清管站等)和输气末站三大类型以外,为了保证管道输送的顺利进行往往还需附属站场,如地下储气库、阀室、阴极保护站等。

知识目标

(1)地下储气库的类型、特点及作用;
(2)地下储气库的工艺流程;
(3)线路截断阀室的作用;
(4)埋地管线设备的腐蚀原因及类型;
(5)阴极保护的原理;
(6)阴极保护常用的电源及阳极类型。

能力目标

(1)能进行地下储气库工艺操作;
(2)能进行阀室工艺操作;
(3)能进行阴极保护工艺操作。

 任务资源

一、地下储气库

(一)地下储气库的作用

在大规模和远距离供气条件下,天然气地下储气库是解决供气和用户之间供需矛盾,实现按需供气的有效办法,其作用主要体现在:

(1)应急供气。供气系统的维护与维修及管线不可抗力的毁损在所难免,气库的气源可保证应急供气。
(2)调峰供气。满足不同用户年调峰、季节调峰、日调峰的波动需求。
(3)维护生产。用气低峰时将气注入储气库可缓解气田产量过剩的压力,保证气井的正

常生产。

(4)战略储备。地下储气库储存气量可作为国家天然气能源的战略储备。

(5)价格套利。可利用季节气价差价的商业运作获得良好的经济效益。

(二)地下储气库的主要类型与特点

1. 储气库主要类型

目前世界上已有的地下储气库类型主要分为孔隙型和洞穴型储气库两大类。储气库主要类型及特征见表5-1。

表5-1 储气库主要类型及特征

类型	储存介质	储存方法	工作原理	优越性	缺点	用途
枯竭油气藏	原始饱和油气水的孔隙性渗透地层	由注入气体把原始液体加压并驱离	气体压缩膨胀及液体的可压缩性结合流动特点注入采出	储气量大,可利用油气田原有设施	地面处理要求高,垫气量大,部分垫气无法回收	季节调峰与战略储备
含水层	原始饱和水的孔隙性渗透地层	由注入气体把原始液体加压并驱离	气体压缩膨胀及液体的可压缩性结合流动特点注入采出	储气量大	有勘探风险,垫气不能完全回收	季节调峰与战略储备
盐穴	利用水溶滴形成的洞穴	气体压缩挤出卤水	气体压缩与膨胀	工作气量比例高,可完全回收垫气	卤水排放处理困难,有可能出现漏气	日、周、季节调峰
废矿井	采矿后形成的洞穴	充水后用气体压缩挤出水体	气体压缩与膨胀	工作气量比例高,可完全回收垫气	易发生漏气现象,容量小	日、周、季节调峰

孔隙型储气库包括枯竭油气藏地下储气库、含水层构造地下储气库;

洞穴型储气库包括盐穴地下储气库、废弃矿井或矿坑地下储气库。

其中枯竭、近枯竭的油气藏建库占77.78%;其次是利用含水构造建库,占12.46%;利用岩盐层建库占9.43%;利用废弃矿井建库较少,只占0.33%。

(1)枯竭油气藏储气库——利用原有的已经开采枯竭的油气藏改建成的储气库,是最适合建库的一种类型,尤其是枯竭气藏。

(2)含水层构造储气库——利用地下封盖较好的含水层构造通过注气驱水形成的人造气藏,可分为构造型和地层型两种类型,一般建在背斜构造的含水砂岩层中。

(3)盐穴储气库——在地下盐层或盐丘中利用水溶的方法溶滴成洞穴储存天然气。全世界盐穴储气库,主要分布在北美、西欧,其中,美国、德国最多。

(4)废弃矿坑储气库——利用已采完的某种矿体所遗留的空间(地下坑道)经过密封处理后储存天然气。目前世界上只有为数不多的几座。

从实践经验来看,枯竭油气田尤其是枯竭气藏是建设地下储气库的首选对象,其次是含水层。含水层建地下储气库的费用比枯竭油气藏建地下储气库的费用多30%,建设周期也长。

选择地下储气库库址的顺序:首选目标是枯竭油气藏,尤其是枯竭气藏一般在没有合适的枯竭或近枯竭的油气藏时,可选择含水层及盐穴作为储气库,最后选择废弃矿坑储气库。

2. 各类地下储气库的特点

1) 枯竭油气藏和含水层地下储气库的特点

枯竭油气藏和含水层地下储气库都是利用地层的岩石孔隙作为气体的储存空间,利用地层本身的压力实现对天然气的高压储存,因此这两类地下储气库具有许多共同的特点。

枯竭油气藏储气库就是利用枯竭或半枯竭油藏、气藏或油气藏改建成的储气库。作为天然气地下储气库,枯竭气藏的采出程度达到70%最为合适,枯竭油气藏的含水率达到90%最为合适,这类储气库既有含水层特征,又有油征。世界上大部分地下储气库建在枯竭的油气田上,尤其在枯竭气田建的储气库所占比例更大。这些油气田原来就是储存油气的良好圈闭,它们的封闭性良好,有理想的构造闭合度。从这些油气田的开采史可以得知气库的储气能力,得出有关的开采速度及压力动态参数。

利用枯竭油气藏建库需要根据油气藏的不同类型和不同开采方式,采取不同的建库方式。枯竭油气藏又包括三种类型,即气藏、凝析气藏和油藏。

对气藏来说,定容气藏最适于作地下储气库。注气和采气可根据气库的容量、注气及采气的原始压力及最终压力进行,而且可以在气藏开发的不同阶段建库,最合适的阶段是气藏中还留存一些剩余气储量;对于具有活动边、底水的气藏,气藏在开采过程中可能部分或全部水淹,致使剩余储量被侵入地层的水封存在气藏中,建库时,如果滞留气的剩余储量较大,则应计算出残余气饱和度,并考虑可利用的部分储量。

对于凝析气藏来讲,用衰竭方式开采的凝析气藏,气库运行前,凝析油由于反凝析而产生部分损耗,在气库运行中可以反蒸发进入气相,提高采收率。一般根据凝析油反蒸发和渗流机理以及凝析油的总开采量建立地下储气库的数学模型;可以较准确地描述建库的注采动态过程;注气压力和最终压力较高,气库采气时将附带采出部分凝析油;对带油环的凝析气藏建设气库,还可附带采出部分原油剩余储量。

对于油藏来说,用衰竭方式开采的油气藏,低地层压力下仍有较高的剩余油气储量,可运用前缘驱动理论建立气库的近似数学模型,并指导建库;采用注水方式开采的油气藏,在含水率高达90%时作为气库最为合适。对溶构造解气驱动方式开采的油藏,建库后可回收较多的残余油;对弹性水驱开采的油藏,活跃的边、底水对气库的建设和设计不太有利,为达到既储气又进行二次采油的目的,建库时应在地层高部位注气,当地层压力上升时,地层流体(油和水)在气顶的驱动下向边翼部油井移动。

2) 含水层储气库的特点

在没有枯竭油气田的地区,可以利用含水层建造气库,即通过高压,将气体注到充满水的含水层构造中来储集天然气。据估计,水层气库比气田气库投资高30%左右。含水层储气库的优点:一是构造完整,二是钻井、完井一次到位;其缺点:一是气水界面较难控制,二是成本较高。在含水层建气库必须满足三个条件:储气层应是多孔隙渗透性良好的岩层;有一个可靠的盖层,保证气体不会沿垂向漏泄;储层周围密封性要好,气体不能侧向运移。

含水层气库一般建在背斜构造的含水砂岩层中。含水层作为地下储气库,一般可分为两种形式——构造型和地层型。背斜构造含水层可以作为气库,水平地层的含水层也能作为地下储气库。前苏联列宁格勒附近的盖钦纳气库是目前已经成功操作的水平含水层储气库。建这种气库必须经过周密勘探,做大量的水文地质工作。要有储层的孔隙度、渗透率和毛细管压力等资料;还要做注水、注气压差试验,测出气驱水时盖层门限压力,以证实气库盖层的完整可靠性和有足够的封闭能力。这类气库除打注采井外,还要打一部分观测井,它的注气井底压力应高于原始水层压力,以便在注气时将水驱离。

3) 盐穴储气库的特点

盐穴储气库,就是在地下盐丘或盐层中,采用人工控制溶盐的方式,利用建造的地下盐穴储存天然气的地下设施。盐穴的形成一般采用水溶淋洗方式完成,盐岩的主要矿物成分为氟化钠等,其中,钠盐含量高达 70%~90% 或以上,钠盐易溶于水,水溶建库正是利用盐岩的这种物理性质,通过井下管柱向盐体钻井导眼中注入淡水,淡水淋洗导眼后形成的卤水经过循环管柱被采出地面,连续不断地淋洗导眼就使导眼逐渐扩大,在人工控制溶盐的情况下,最后形成地下盐穴。

(三) 地下储气库的主要设施及工艺

1. 地下储气库的主要设施

一个完整的地下储气库系统包括注气系统、采气系统、净化系统三大部分,必要的附加设施包括计量、通信、消防、厂房、道路等。

1) 注气系统

注气系统的主要任务是将输气干线来的天然气进行增压、冷却净化、配气计量并注入地下储气库,如图 5-13 所示。

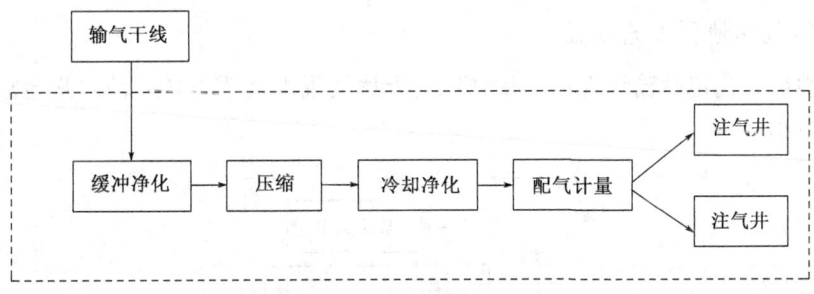

图 5-13 注气系统

2) 采气系统

采气系统的主要任务是通过采气井和集气管线将从气库中采出的天然气输送到气体处理净化系统。在很多情况下,注气系统和采气系统共用一套集输管线,很多采气井在注气阶段也作为注气井,如图 5-14 所示。

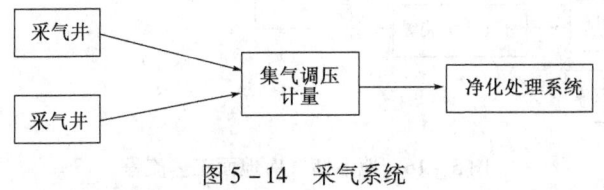

图 5-14 采气系统

3) 净化系统

由采气系统采出的气体不能直接进入输气干线送往用户,必须通过净化合格后才能外输。净化系统根据不同的储气库类型其要求也不一致,对水层储气库和由干气藏改建的储气库来

399

说,净化系统主要是将气体中的水分脱出,而对于凝析气藏和油藏所改建的储气库,除了需要脱水外,还需要分离液态烃,如图 5-15 所示。

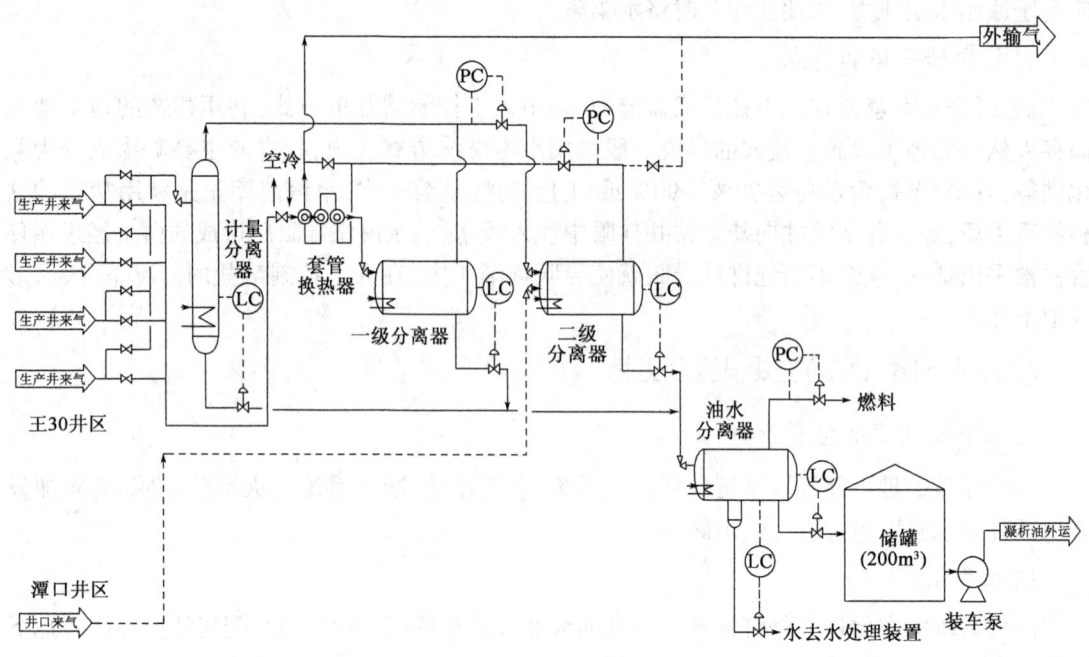

图 5-15 净化系统

2. 地下储气库地面工艺流程

储气库地面工艺包括输气管道、压缩机组、天然气脱水装置、集输管网、紧急放空五部分,如图 5-16 所示。

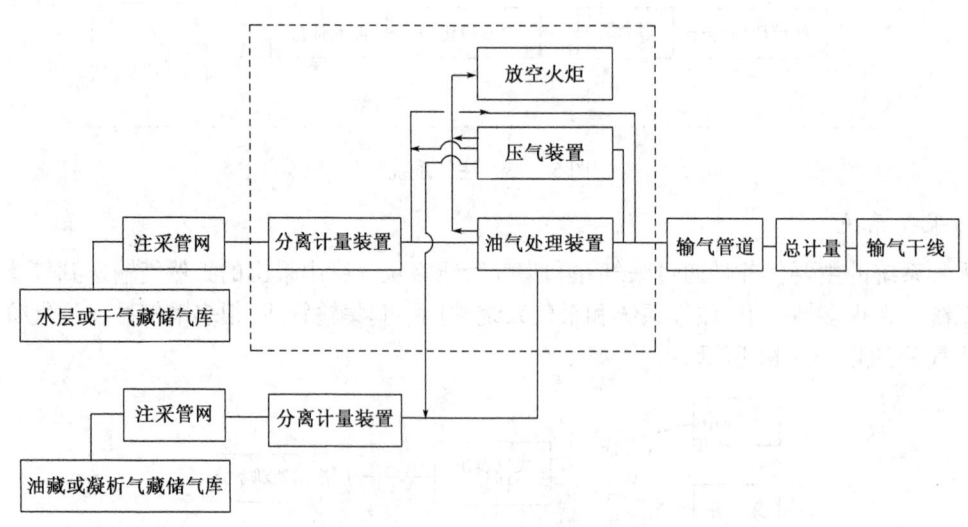

图 5-16 地下储气库地面工艺流程

地下储气库的储气工艺流程:管道来气经过滤分离、计量、除尘,然后经缓冲罐进入压缩机组增压,沿集输管网送至注气井口,单井计量后注入地层储存。

地下储气库的采气工艺流程:从采气井口来的天然气经集输管网进入注采站过滤分离、计量、脱水处理,然后增压外输。采气末期及发生紧急事故时,天然气需进行增压后才能外输。完整的地下储气库地面流程如图 5-16 所示。

(四)天然气地下储气库建设要求

1. 储气库布局要求

储气库建设布局应满足管网系统总体调配要求,距离主要用户较近以便于发挥调峰作用并减少管线投资;储气库应作为天然气大型集输系统的重要组成部分,与管网整体考虑,同步设计与实施;地表环境适宜,利于人类生存居住和环境保护;地面条件简单,易于建库。

2. 地下储气库的规模

库容——指地下气库所能存储的标准状态下的天然体积。随气库温度和压力大小及库容量改变。

最大库容量——指地下储气库在原始状态(压力、温度等)下所能储存的天然气标准体积量。通常用此指标表示气库的储气规模。

垫气——维持地下储气库最低运行压力所需的天然气量,一般占总库容的 15%~70%,可以是常规天然气,也可以是其他惰性气体。

工作气——指气库正常运行期间周期性注采的天然气。一般占库容的 30%~85%。

储气库规模的大小要根据不同地区的调峰供气需求及所建库址的地质条件而定。较大的地下构造,改建储气库需要相当大的气垫气,一次性投资大,建设周期也长(一般可分期建设),但储气量大,调峰能力强,使用年限长,总体经济效益好。小型储气库建设投资少,见效快,灵活性好。美国 70% 以上的储气库库容在 $(0.028~2.83)\times10^8 m^3$。从经济上考虑,可以使用惰性气体作为垫气。在气库中,工作气量占 50%,垫气量占 20%,30% 为混合带(如为气藏储气就不存在混合带)。国外建库经验表明,建设大型地下储气库要比建设小型地下储气库总体上更加经济。在没有规模大的储气库情况下,可考虑建设气库群,几个储气构造分块建设,地面统一管网、统一监控、统一调配,也较为经济。

调峰需求分析。调峰气量由季节调峰和应急调峰两个部分组成,测算经济合理的季节及应急用气量对储气库规模的确定是非常必要的。确定的依据是市场用气的需求量、管道输气能力、不同季节用气的不均衡状况以及应急供气天数。

储气库规模预测。储气库有效工作气量 = 季节调峰气量或事故应急用气量,储气库总库容量等于储气库有效工作气量 + 储气库的垫气量。

3. 地下储气库的深度

地下储气库的深度主要从储备能力和经济效益上考虑。目前国外最浅的储气库是美国的依利诺伊州费得堡气库,深度为 90m。一般储气库的深度在 1000m 左右,含水层气库一般不超过 1000m。没有发现大于 3000m 深度的气库。中国大港油田大张坨气库埋深 2700m。因此,储气库的深度选择不宜太深,以 1500m 左右为佳。

4. 地下储气库与用户的距离

国外资料表明,气库与用户距离越近越经济,50~200km 为宜,超过 200km 就不经济了。气库与用户的距离远近除了经济上的原因外,还应考虑安全问题,距离太近不安全。地下储气库应建立在用户区主风向的下游,避免环境污染危害。

5. 地下储气库的寿命

研究气库的寿命具有重要的意义,它涉及建库投资及长期经济效益,是经济评价的重要因素。要求气库的使用寿命长,总体效益好。根据国外的实例及建库设计,地下储气库的寿命一般应在50a以上。

6. 天然气地下储气库库址选址

储气库库址的选择条件主要从以上几方面考虑,但还要结合本地区的具体地质条件、经济政策和市场需求因地制宜进行选址。对孔隙性储气库而言,应考虑:(1)构造落实比较简单,圈闭幅度较大,内部断层不多且密封性好。(2)储层厚度较大,分布稳定,物性较好,易注易采。(3)盖层具有一定厚度,无裂缝,封闭性好。(4)油气藏埋深适中。(5)储气规模要满足市场需求和正常调峰量及应急调峰量的需要,且有扩展余地。(6)距用户或输气干线较近。(7)地面条件比较简单,易于建库。(8)地表环境适于人类生存。

对岩盐层储气库,除上述条件外,还应具有盐层厚度大,面积较广,分布稳定,夹层少且厚度小;含盐品位较高;抗压、抗剪强度大等特点。

二、线路截断阀室

为了便于进行管道的维修,缩短放空时间,减少放空损失,减少管道事故危害的后果,输气管道上每隔一定距离,需设置干线截断阀。阀室的功能是在管道检修或事故时截断气流、两端放空;当输气管道发生事故时,能迅速实现事故点两端有限范围内的自动紧急截断,将事故限制在一段有限的区间内,在不全线放空的情况下进行各种管道作业。

(一)截断阀驱动方式

截断阀驱动有气液联动、电液联动、电动、气动等驱动方式,尤以气液联动使用最为广泛。各种驱动方式都配有手动机构以备驱动机构失灵时使用。

(二)截断阀的紧急关闭系统

截断阀一般均采用管线爆破事故自动关断装置。当管道破损时,管内压降速率超过正常范围,由驱动装置关闭阀门。当线路截断阀室设有远程终端控制装置(RTU)时,可以将检测到的压降速率信号和阀位信号传给调控中心,由调控中心监测分析,如现场阀门该关断而因故障未关断时,可由调控中心远程指令关断。

1. 阀门紧急关闭系统应具备的条件

(1)有驱动阀门的能量储备。这种储备的主要形式是气体蓄能罐,有时还需用蓄电池作为信号装置的电源,一般情况不用动力电源。

(2)有准确的事故感测装置。这种感测装置有地震感测和管道破裂两种。地震感测装置按地震的加速度或振幅限度发出控制阀门动作的信号,无论管道是否已经破裂,管线破裂感测装置根据管线断裂前后出现的压力或流量异常发出信号。气体管道上多采用感测管道中气体压降速率的气动装置。事故感测装置必须十分准确,漏报或错报都可能造成严重的后果。

2. 紧急关闭系统的原理

(1)感测管道断裂的紧急关闭系统。感测气体管道破裂的主要方式是压降速率法。管道断裂后,气体的压降速率增大,这种速率与管道正常运行时的速率有明显差异,感测装置测到管道内压降速率达到设定值时,阀门就能自动关闭。目前大都采用感测压降速率的方法来控制阀门的紧急关闭,它被认为是最合理的控制方式。

(2)感测地震的紧急关闭系统。地震的影响可以用地震造成的加速度来衡量。地震有纵横两向波动,频率范围在10Hz以下,很容易将它与其他交通工具和工程机械的振动频率(20Hz以上)相区别。不同的地基或建筑结构有不同的频率,在频率相同的情况下,加速度越大,振幅就越大。不同频率的相同振幅并不反映相同的加速度。在频率、振幅和加速度三个参数中,以直接感测加速度的方式为最好。

(三)截断阀室设置的位置

输气管线截断阀室之间的间距因不同级别地区由于人口密度不同,对安全可靠性的要求也不一样,因此阀室设置的距离也不相同。截断阀室间距最大值:四类地区为8km,三类地区为16km,二类地区为24km,一类地区为32km。在管道穿跨越大型河流、活动断裂带和特殊困难段时,应根据需要设置线路截断阀。由于人口密度和国情不同,世界各国对此间距的规定互有差异。截断阀室应选择在交通方便、地形开阔、地势较高的地方。

(四)对截断阀室的要求

输气管道干线截断阀虽然关系重大,却长期处于备而不用的状态,且不便于检查维修。因此,对它的质量和工作可靠性有严格要求:

(1)达到零泄漏的密封性能。干线截断阀如果漏气,不仅造成大量气体损失,出现发生火灾的危险,而且还可能引起自控系统的失灵和误动作。

(2)具有可靠的大扭矩驱动装置。干线截断阀一直处于全开装置,需要动作时,往往面临发生事故的紧急状况。为了保证动作的可靠性,它要有较大裕量的驱动扭矩,应能在短时间内完成阀门的关闭和开启动作。

(3)阀室中干线截断阀安装位置可以是地上安装,也可以埋地安装。如果阀门质量较好,不会经常检修,以埋地安装为好,既减少干管出地和入地弯头的安装,又可使管道处于嵌固状态,受力状态良好,也方便操作。

(4)截断阀室上下游需设置放空管。放空管直径是根据在1.5~2h内能将管线内气体放空完毕来确定。一般放空管直径为干管直径的1/3~1/2。放空管引出距离应满足防火安全的要求,放空管高度应符合环保要求。放空竖管基础部分应铺固,竖管应采用钢丝绳固定。

(5)截断阀室设计应能满足无人值守的要求。

三、阴极保护站

为减缓管道和设备腐蚀,通常采用涂层防腐和阴极保护两种腐蚀控制措施。涂层防腐的原理就是使钢与电解质隔离,彻底防止电解质(土壤)对钢的电化学腐蚀。但现实情况是防腐层不可能完整,总是有着或多或少的破损,破损点的钢铁暴露在电解质中将遭受电化学腐蚀。这时对钢铁施加阴极电流,使金属的表面成为电化学电池的阴极而减缓金属的腐蚀,这就是阴极保护技术。由于外加电流保护的距离有限,每隔一定的距离应设一座阴极保护站。阴极保护系统包括:阴极保护站(包括恒电位仪、阳极地床、通电点等)、管道沿线的测试系统、特殊地段的阴极保护、无阴保站的监控阀室数据远传和交流直流干扰防护系统等。

对处于电解质中的碳钢、低合金钢的腐蚀控制,一般都是采用涂层加阴极保护的办法来控制腐蚀速度,达到延长使用寿命的目的;在直流杂散电流干扰的条件下,往往采取电隔离加排流保护,即除了对管道采取防腐绝缘以外,还要进行外加电流阴极保护;对于异种金属接触,一般应采取电隔离技术阻止电偶腐蚀的产生。

(一)腐蚀概述

1. 腐蚀的分类及特点

金属及其合金的腐蚀主要有化学腐蚀和电化学腐蚀两种,有时伴随有机械、物理或生物作用,但不包含化学变化的纯机械破坏不属于腐蚀范畴。

化学腐蚀——指金属与非电解质直接发生化学作用而引起的破坏,它细分为气体腐蚀和在非电解质溶液中的腐蚀。

电化学腐蚀——指金属与电解质发生电化学反应而产生的破坏。

电化学腐蚀的特点是:

(1)介质为离子导电的电介质。

(2)金属—电解质界面反应过程因电荷转移而引起的电化学过程必须包括电子和离子在界面上的转移。

(3)界面上的电化学过程可以分为两个相互独立的氧化和还原过程,金属—电解质界面上伴随电荷转移发生的化学反应称为电极反应。

(4)电化学腐蚀过程伴随电子在金属内的流动,即电流的产生。

2. 埋地管线设备的腐蚀分析

1)土壤腐蚀的原因

(1)土壤是固态、液态、气态三相物质组成的混合体,土壤中的水溶解有离子导电的盐类,使土壤具有电解质特征,因而碳钢、低合金钢在土壤中将会发生电化学腐蚀。

(2)由于工业和民用直流电有意或无意排入或漏泄至大地,当这些杂散电流流过埋地的碳钢、低合金钢构筑物时,在电流流出点发生电解,产生电解腐蚀。

(3)土壤中细菌作用引起细菌腐蚀。

2)土壤性质对腐蚀过程的影响

(1)含盐量对腐蚀的影响。氯离子和硫酸根离子含量越大,土壤腐蚀性越强。

(2)在一定范围内,含水量越高,腐蚀性越强。

(3)土壤含氧量差异越大,氧浓差腐蚀越大。

(4)土壤电阻率越低,腐蚀性越强。

3)土壤腐蚀的特点

(1)由于土壤性质及其结构的不均匀性,不仅在小块土壤中能形成腐蚀原电池,而且通过不同土壤地带的埋地管道会形成宏电池腐蚀,其腐蚀原电池可达数十千米远。

(2)除酸性土壤外,大多数裸钢腐蚀的主要形式是氧浓差腐蚀。

(3)腐蚀速度比在一般水溶液中慢,特别是受土壤电阻率的影响,有时土壤电阻率的大小成为腐蚀速度的主要控制因素。

3. 埋地管线设备的腐蚀类型

1)细菌腐蚀

在透气性差的环境中,当土壤中含有硫酸盐时(一般都有),硫酸盐还原菌(一种厌氧性细

菌)在缺氧的条件下繁殖,在它们的代谢过程中需要氢或某些还原物质,将硫酸盐还原成硫化物,利用反应的能量而繁殖

$$SO_4^{2-} + 8H^+ \longrightarrow S^{2-} + 4H_2O$$

由于硫酸盐及其他 H· 的存在,金属在土壤腐蚀过程中阴极反应会产生原子态氢,在土壤中它附着在金属表面不能形成连续气泡逸出,造成阴极极化使腐蚀速度明显下降。但硫酸盐还原菌的存在恰好给原子态氢找到了出路,把 SO_4^{2-} 还原成 S^{2-},再与 Fe^{2+} 化合成黑色的 FeS 沉积物,硫酸盐还原菌起到了去极化剂的作用,使腐蚀速度加快。细菌参加阴极反应过程加速了金属腐蚀,当土壤 pH 值在 5~9、温度为 25~30℃ 时最有利于细菌繁殖;pH 值为 6.2~7.9 的沼泽地和洼地中,细菌活动最激烈,当 pH 值超过 9 时,硫酸盐还原菌的活动受到抑制。

2) 应力腐蚀

高强度钢在输送温度超过 60℃ 时,在某些条件下,产生应力开裂现象。最常见的是防腐层剥离部位,在剥离层下聚积 Na_2CO_3 或 $NaHCO_3$ 溶液,有时有 $NaHCO_3$ 晶体,这是诱发高强度钢发生 SCC(应力开)的环境。阴极反应生成的 OH^- 和 CO_2 反应生成 CO_3^{2-} 和 HCO_3^-,再与 Na^+ 反应生成 Na_2CO_3 或 $NaHCO_3$,在温度超过 60℃ 时,高强度钢在内压、残余应力及腐蚀产物的综合作用下,净应力便是应力腐蚀开裂过程的推动力。

3) 电偶腐蚀

在土壤中,电极电位不同的金属相互连接起来,由于电极电位差也产生电偶腐蚀,比钢的电极电位更正的铸铁、球墨铸铁、不锈钢、铜等都不能在土壤中与钢质管道电气直接连通。因为这些金属电极电位正,将成为腐蚀电位的阴极,钢因电极电位负,而成为阳极不断消耗。

除了不同金属在土壤中存在电偶腐蚀外,钢管表面的热轧氧化皮与钢管之间也存在电极电位的差异,氧化皮电极电位较钢管为正,钢管成为氧化皮的腐蚀阳极,在强腐蚀性土壤中会造成严重腐蚀,另外,光亮新管道和锈蚀的旧管道的电极电位也不相同,新管成为阳极比旧管腐蚀要快。在薄涂层条件下,由于薄涂层水汽渗透率高,绝缘电阻不高,有涂层处的电极电位比无涂层裸露部电极电位正,无涂层部位成为阳极,形成大阴极小阳极。这就是一些涂层管道腐蚀穿孔的速度比裸管更快的原因之一。

4) 杂散电流腐蚀

大地中的杂散电流通常有交流和直流两种,危害严重的是直流杂散电流。由直流电气化铁路、直流电解、外系统阴极保护等设施流入大地中的直流电流一旦通过土壤流入埋地钢质管道,在流出点将发生严重的电解腐蚀。

(二) 阴极保护原理

1. 阴极保护基本原理

埋地钢质管道主要受到浓差腐蚀,裸露部位总会出现阳极区和阴极区。在阳极区,腐蚀电流从钢铁表面流出,进入周围的土壤,钢表面遭受腐蚀;在阴极区,腐蚀电流从周围土壤中流入钢的表面,该区域腐蚀速率极小。阴极保护就是给埋地钢质管道提供一个直流电源,使钢质管道的裸露部位都是电流的流入点,使其电位负移,调节电流量,实现整个管道都成为阴极区,达到控制腐蚀的目的,这就是阴极保护技术。

阴极保护的基本构成如图 5-17 所示,图中直流电源正极接辅助阳极(地床),负极接受保护的管道,直流电通过地床流入土壤中,再经过土壤流入裸露的埋地管道,最后通过电缆回

到直流电源负极。要使得阴极保护强制性地流入原来流出腐蚀电流的阳极区,其驱动电压必须比原管道腐蚀电池的驱动电压高,否则不可能实现被保护管道的阴极保护;同理,原腐蚀电池的阴极区(自然电位较阳极区正)将得到比阳极区更多的阴极保护电流,使其电极电位负移得更多。

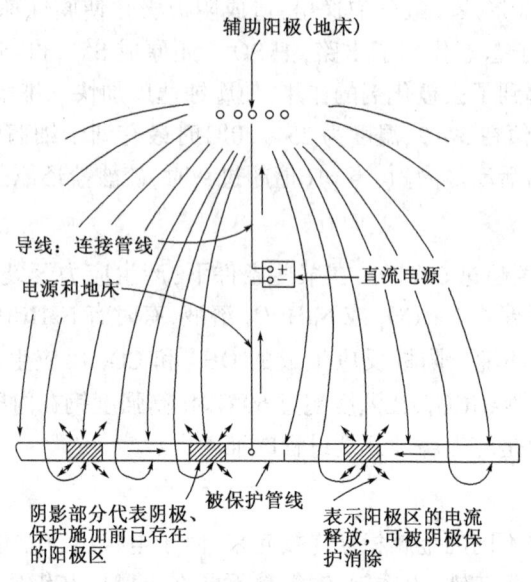

图 5-17 阴极保护的基本构成

2. 电隔离

阴极保护的目的是防止埋地或水下管道防腐层破损露铁点的电化学腐蚀,因此阴极保护电流绝大部分应用于露铁点的阴极极化。但是,往往与埋地钢质管道相连的工艺站场等都需作防雷、防静电接地;另外,油、气井等也是良好的接地体。如果施加阴极保护的管道不与这些接地体实行电隔离,大量的阴极保护电流将白白流失,甚至防腐层电阻很高(也就是破损点极少)的管道,阴极保护都可能是不经济的或者是不实际的。

电隔离的作用很大,除防止阴极保护电流非正常泄漏外,在防止钢套管对工作管的阴极保护屏蔽和防止异种金属相连而产生的电偶腐蚀,以及减轻直流杂散电流干扰方面也是一个重要手段。

电隔离的方式很多,比如用绝缘接头或绝缘法兰将受保护的管段与不受保护的管段电气分离;用绝缘支撑块将工作管与钢套管分离;用绝缘衬垫将管道与金属支撑架绝缘等。总之,用一切方法保证阴极保护系统的正常运行。

3. 电屏蔽

在土壤和水中阻碍或分流被保护管线的阴极保护电流的现象称为电屏蔽,它阻碍传导电流流入涂层破损点,有别于导体对电磁场的屏蔽。

电屏蔽有两种:一种由阻碍电流流到被保护管道的非金属绝缘屏障层;另一种是与被保护管道低电阻连接的其他金属结构对阴极保护电流的分流。两种情况都造成没有足够的阴极保护电流流到防腐层破损露铁点,这些点得不到充分的极化电流,腐蚀速度不能有效控制。

(三)阴极保护的方式

向埋地钢质管道(含水下)提供阴极保护电流的方式有两种:一种是利用比钢铁更活泼(电极电位更负)的金属及其合金,与管道埋设于同一电解质体系中,利用异种金属组成的腐蚀电池达到阴极保护的目的,称为牺牲阳极法(活泼金属溶解);另一种是提供一个直流电源,称为强制电流法,也称外加电流法。

1. 牺牲阳极保护

埋地钢质管道常用的牺牲阳极有两大系列:一大系列为镁和镁基合金;另一大系列为锌和锌基合金。碳钢和低合金钢在土壤中的平均自然电位(相对硫酸铜参比电极)大约为 $-0.55V$,而镁阳极的开路电位为 $-1.50 \sim 1.77V$,锌阳极的开路电位约为 $-1.1V$。

在土壤中,牺牲阳极由于驱动电压低,通常提供的阴极保护电流较小,加上难以用断电法消除IR降带来的测试误差,给阴极保护电位的测量带来困难。对于具有低保护电流密度的小容器,镁阳极可能比使用强制电流装置更加经济。对于长管道和大容器,应优先选用强制电流。

2. 强制电流阴极保护

牺牲阳极对管线钢的驱动电压低,输出电流有限,强制电流则不然,其输出电压能够根据需要大范围地调节,输出电流也可很方便地根据管道阴极保护需要量进行人工或自动调节,更适合于较长管道的阴极保护。

强制电流阴极保护是采用一个直流电源(最常用的是恒电位仪和硅整流器),正极接辅助阳极,负极接管道;直流电源提供的直流电流,通过辅助阳极(地床)流入大地,再通过土壤流入管道回到电源负极。辅助阳极通常采用消耗率低的材料,使其使用寿命较长;为了充分发挥强制电流阴极保护站的保护范围,原则上辅助阳极形成地电位上升的影响区与被保护管道产生的地电位下降区不应重叠,因此,辅助阳极与被保护管的距离与土壤电阻率、入地电流、辅助阳极长度有关。

(四)阴极保护电源设备选择

强制电流阴极保护常用电源设备有硅整流器、恒电位仪、热电发生器(TEG)、密闭循环发电机(CCTV)、太阳能电池等多种电源。

采用强制电流阴极保护方式时,为了方便管理和解决供电问题,基本上采取阴极保护站与工艺站场合建的形式。当工艺站场间距太大,超过计算的阴极保护站站间距时,阴极保护站往往又与阀室合建。此时要获得可靠的交流电源非常困难,如果阀室还有自控仪表、通信设施用电,可以考虑统一供电。由于阴极保护站供电方式不同,强制电流阴极保护电源设备选型不同,有可靠交流电源的阴极保护站,优先选用恒位仪;交流电源可靠性差时,应优先选用既可交流供电,又可直流供电的恒电位仪;无交流电源的阴极保护站可供选择的电源根据气象条件、管输介质有多种选择。全年日照长的北方地区,可选太阳能电池配合蓄电池供电;输送净化气或成品油管道的阴极保护站可选择CCTV或TEG等小型电源,其中TEG可以单独作为阴极保护电源,其他供电电源一般都与直流供电恒电电位仪配合工作。

阴极保护电源设备容量选择时,设备的输出电压和输出电流都应比计算有高出一倍的富余量,但余量也不要太大,尤其是选用可控硅恒电仪,实际输出电流不宜小于设备额定输出电流的1/12,否则有可控硅不能导通从而输不出电流的故障发生;为了保证设备能长期安全运行,实际输出电流不应大于设备额定输出电流的80%。

1. 硅整流器

常用电源设备中硅整流器是最基本的电源设备,它具有结构简单、维修方便的优势。硅整流器输出电流有两种调节方式:一种是在隔离变压器之前加一个自耦变压器,通过调节自耦变压器的输出电压控制整流器的输出电流,实现连续调节阴极保护电流大小;另一种是隔离变压器次级有多个抽头,采取桥式硅整流器通过开关接不同的抽头使输出电压级差变化,改变整流器输出电流的大小。硅整流器的主要缺点是抗工频干扰电压能力低,当管道受到高压交流输电线干扰时,管道上会感应出或高或低的工频电压,当干扰电压接近或高于硅整流器隔离变压器次级电压时,桥式整流器将停止工作,阴极保护站无法向管道提供阴极保护电流。尤其是采用PE防腐层的管道,一方面所需的阴极保护电流很小,变压器的次级电压低;另一方面PE防腐层电阻高,容易感应较高的工频干扰电压,所以不宜采用硅整流器作阴极保护电源。

2. 恒电位仪

恒电位仪实际上是一种自动调节输出电流的整流器,它可以恒定通电点的通电电位,当人为设定了通电电位后,仪器根据反馈回来的采样点的实际通电态管地电位自动调节仪器的输出电流,使之与设定电位一致,所以称为恒电位仪。恒电位仪的种类较多,常分为交流供电恒电位仪和直流供电恒电位仪。

3. 热电发生器

强制电流阴极保护必须有电源,热电发生器(又称温差发电器,TEG)是输送净化天然气管道在无交流电源阴极保护站的常用电源。陕京一线设计时,为节省清管站和RUT阀室接入交流市电的投资,SCADA系统、通信系统和阴极保护站用电,统一由热电发生器(TEG)供电,每站设3台550W热电发生器,两用一备,其中通信和阴极保护采用220V 50Hz交流电,由TEG提供的24V直流电经逆变器转换后供给。

热电发生器,它是利用半导体的温差电势效应产生电位差提供电流。TEG是利用P型、N型半导体热端和冷端产生不同极性的电位差来制造的。对于P型半导体,热端负冷端正;N型半导体则热端正冷端负,将P型半导体和N型半导体一端用金属连接起来作为热端,另一端则是冷端。一对P、N型半导体产生的电动势和电流是有限的,一般根据用户的要求生产商采用多个P、N型半导体对串联和并联来满足用户要求,功率从120W直至550W。TEG一般采用净化天然气作为燃烧室燃料,热端温度550℃左右,冷端为低于65℃的大气。

高压气管道都需要将天然气降压后提供给TEG使用,为了防止降压时节流产生水化物,降压前天然气需经过TEG配套的加热器加热,对于含有固体杂质的天然气,原则上要使用过滤器分离杂质。5120型120W热电发生器可以单独作为阴极保护电源直接向管道提供阴极保护电流,通过调节热电发生器内置可变电阻调节阴极保护电流。但需注意的是,热电发生器不允许负载开路,否则有烧坏热电偶的危险;当自控、通信与阴极保护共用一台热电发生器时,由于自控、通信电源采用负极接地,所以阴极保护必须采用类似直流供电恒电位仪的隔离设备向管道提供阴极保护电流。

4. 密闭循环发电机

同TEG相似的条件,密闭循环发电机(CCVT)采用净化天然气或油料为燃料,加热发电机中的高分子有机工质,有机工质蒸发,在涡轮中膨胀做功推动发电机发电,有机工质蒸气通过冷凝器冷凝后又回到加热锅炉内循环使用。整个系统密封在一个不锈钢罐中,密封罐内压力低于大气压,不会发生罐内介质泄漏;涡轮与发电机共用一条旋转轴,由上下两个静、动压液浮轴承支撑转动,避免了旋转时金属摩擦。发电机发出交流电经外接的整流器整流成直流电输出。CCVT 的功率范围为 200~6000W,可靠性和 TEG 相似,可以说是免维护、长寿命的产品,所用燃料也与 TEG 相似,但价格较高,国内目前尚未使用。

5. 太阳能电池

目前国内使用的太阳能电池是采用单晶硅的光电效应而制成。单晶硅掺杂制成 P-N 结,P-N 结在阳光的照射下产生电动势,P 正 N 负,多个 P-N 结经串联、并联组成太阳能块,再由多个太阳能块组成太阳电池方阵。

由于阴极保护电位应采用断电法测量,以及自控与通信设备的需要,强制电流阴极保护设备已经不是唯一的用电负荷。以陕京线和西气东输干线为例,阴极保护站所在的工艺战场或 RTU 阀室,阴极保护电源的用电量,比通信设备、自控设备的用电量还少。因此,阴极保护电源设备主要考虑的是恒电位仪和硅整流器。

(五) 阴极保护控制台

为保证强制电流阴极保护不长时间中断阴极保护电流,便于阴极保护电位无 IR 降测量、数据远传和工作状态远控,原则上每座阴极保护站使用两台恒电位仪,一开一备,中间加阴极保护控制台实现工作机与备用机之间的切换,利用该控制台实现阴极保护输出电流的状态控制和 SCADA 系统的连接。

控制台应具有以下功能:
(1) 由开关选择投入运行设备。
(2) 可显示运行仪器的输出电压、输出电流、采样点的管地电位。
(3) 可监测电源输入电压。
(4) 可测量、记录运行仪器的电能消耗。
(5) 设有维修专用的电源插座。
(6) 断续装置。通过"手测"开关,实现阴极保护电流通 12s、断 3s 间歇工作状态;也可以通过远控接口,控制阴极保护电流的通、断,实现消除 IR 降管地电位测量。
(7) 阴极保护远传接口。电位信号接口,管地电位变换为 4~20mA 标准信号输出;电流信号接口,输出电流变换为 4~20mA 标准信号输出;电压信号接口,阴、阳极之间的电压变化为 4~20mA 标准信号输出。
(8) 防雷击保护功能。在仪器管地电位信号输入端、阴极保护电流输出端设有与恒电位仪相同要求的防雷击保护功能。
(9) 抗交流干扰功能。在管地电位输入端必须加装工频滤波器,将管地电位中的 50 周干扰电压至少抑制 40dB。

(六) 常用的辅助阳极材料

作为强制电流阴极保护,除了必须有阴极保护电源设备外,还必须有至少一个辅助阳极地床,以便阴极保护电源正极由此把电流送入土壤中,与阴极保护电源负极相连的管道构成电流回路。

1. 废钢铁阳极

20世纪80年代中期之前,中国石油行业的阴极保护站基本上采用废钻杆作辅助阳极材料。由于废钢铁阳极材料消耗快,一般的阴极保护站使用3~5a就需要维修,所以现在仅用于高土壤电阻率地区的辅助阳极。为了防止废钢铁阳极焊接部位首先腐蚀,采用废钢铁阳极时,一定要将焊接部位用防腐材料做好防腐绝缘。在高土壤电阻率地区使用废钢管阳极,宜采用水平浅埋式铺设。

2. 高硅铸铁阳极

高硅铸铁广泛用于强制电流阴极保护的辅助阳极,它具有极好的耐蚀性,含硅量15%左右,其耐蚀机理为在阳极电流作用下高硅铸铁表面形成大面积的SiO_2,阻止铁离子的溶解;但是高硅铁阳极在氯离子含量大于0.2mg/L的水溶解中,极易产生坑蚀,所以一般采用含铬4%~5%的加铬高硅铸铁阳极。

高硅铸铁阳极实际使用中一般都添加炭质填料,典型的是采用粒径不超过15mm的焦炭粉,在高硅铸铁阳极周围填充,一般水平埋设时,截面为400mm×400mm;垂直埋设时,直径为300mm。炭质填料的使用实际上是使炭质填料成为辅助阳极的一部分,除降低接地电阻外,也延长了阳极使用寿命。对于浅埋式辅助阳极地床,水平式比垂直式更经济;水平浅埋式辅助阳极地床一般埋深1m(必须大于冰冻线)开一条沟,沟底先垫200mm厚焦炭粉,再将棒(或管)状高硅铸铁阳极按5~6m的间距铺设于焦炭粉上,阳极所带电缆与共用阳极电缆连接并用热收缩套密封好后,再回填200mm焦炭粉,组成一条水平连续焦炭粉回填地床,其接地电极按地床总长计算。高硅铸铁硬而脆,运输、施工中都要小心,防止断裂。

3. 石墨阳极

石墨阳极由焙烧石油焦炭和沥青混合物经高温石墨化制成。由于石墨多孔,在阳极电流作用下微孔内部直接氧化会造成表面软化而损坏,所以用石墨作为辅助阳极材料,都必须采用亚麻油、石蜡、合成或天然树脂对石墨棒浸渍处理,堵死微孔。石墨在阳极电流作用下,石墨氧化成CO_2的理论消耗率为$0.98kg/(A \cdot a)$,但石墨阳极必须与炭质填料配合使用,实际消耗率只有$0.05~0.20kg/(A \cdot a)$。石墨阳极虽然消耗低,但是石墨阳极太脆,极易断裂。另外,阳极电缆与石墨之间的接头密封难度很大,容易在使用过程中因接头密封不好,电缆接头断裂。如果石墨阳极用于容器内壁阴极保护,还可能发生剥落的石墨颗沉结到裸钢表面,因其电极电位远比钢正,造成容器的电偶腐蚀。

中国在20世纪70年代末期就研制出石墨阳极,但一直未得到推广使用,其中既有性能方面的缺陷,也有推广不力不为防腐工作者了解其施工要求的原因。总之,石墨阳极没有在中国广泛使用,在世界范围内,也没有能很好挤占高硅铸铁阳极市场。

4. 贵金属氧化物阳极

由于浅埋或辅助阳极地床占地面积大,干扰范围广,随着中国经济高速发展,用地矛盾日益尖锐,要求采用深井式阳极地床的地方越来越多。深井式阳极地床的施工难度比浅埋式大,维修极为不便,因此,深井式阳极地床要求辅助阳极材料消耗率必须很低,且应具有安装方便的优点;采用消耗率极低,安装方便的钛镀贵金属化物阳极作深井阳极材料已成为大势所趋。

贵金属氧化物阳极为惰性电极,在阳极电流作用下土壤中的H_2O和Cl^-的一系列反应生成物为O^2和HCl,采用深井阳极地床时,必须考虑电缆绝缘层的耐氯离子浸泡和解决气阻问题,否则将引起反应气体排泄不畅,接地电阻急剧上升和电缆过早老化的断线故障。钛镀贵金属氧化物阳极具有极低消耗率,一般小于 6mg/(A·a),组装式阳极四周充填高纯度炭质填料,既可以降低接地电阻,又可以降低阳极消耗率。

以组装式贵金属氧化物阳极为例,其阳极消耗率仅 0.2~2.0mg/(A·a),贵金属氧化阳极质量小,单支阳极的质量不足 0.5kg,LiDA 阳极可以根据需要定购多个阳极组成的阳极串,可以用钻机钻孔后很方便地放入套管中,再插入排气管后加注炭质填料完成深井式阳极地床施工。贵金属氧化物阳极虽然有消耗率极低、电流排量大等优点,但毕竟价格高,在油气管道阴极保护技术中,目前仅用于深阳极地床。

(七)阴极保护的应用

阴极保护在油田的应用几乎无处不在。长输管道和油气田外输管道必须采用阴极保护;油气田内的集输干线管道应采用阴极保护;其他管道和储罐宜采用阴极保护。对于储罐,分原油罐、成品油罐、清水罐及污水罐等多种罐,原则上储存有导电物质的钢质储罐,其内壁接触电解质的部位都应采用阴极保护。储罐底外壁,如果不采用沥青砂垫层,也应采用阴极保护;如果采用沥青砂垫层,就如前面所述的绝缘屏蔽层,阴极保护将是困难的,阴极保护电流难以穿过沥青砂层保护储罐底板外壁。

阴极保护的应用条件是:
(1)被保护的构筑物在其整个长度应是导电的,且导电性应足够好。
(2)被保护的构筑物应处于同一电解质体系中。
(3)被保护的构筑物不应与有低接地电阻的设备电连通。
(4)被保护管道或容器应具有绝缘防腐层。

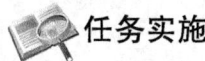复习思考题

1. 简述储气库的类型、特点及作用。
2. 简述储气库的工艺流程。
3. 简述线路截断阀室的作用。
4. 简述埋地管线设备的腐蚀原因及类型。
5. 简述阴极保护的原理。
6. 简述阴极保护常用的电源及阳极类型。

任务实施

任务一 阴极保护站运行与管理操作

一、学习目标

学习并明确阴极保护站运行及管道保护的日常工作内容及有关参数要求。

二、准备工作

(1)设备准备:阴极保护站;
(2)工具、材料准备:万用表、Cu/CuSO$_4$(CSE)参比电极、绝缘法兰、检查头、检查片、导线;

(3)人员准备:按照要求穿戴劳动保护用品。

三、操作步骤

1. 准备工作

劳动防护用品准备齐全,穿戴整齐,工具、用具、材料准备齐全。

2. 基础知识

阴极保护站装置及流程。

3. 风险防范

(1)人身伤害:人站侧面开关阀门;
(2)中毒窒息:远离放空口、法兰连接处、容器人孔法兰;
(3)触电:按要求配备绝缘设备,先断电后操作。

4. 具体操作过程

(1)检查并清扫仪器、设备,保证清洁卫生。
(2)每日检查测量通电点电位,记录电位及输出电流、电压,并绘制阴极保护电位曲线图。
(3)定期检查阳极接地电阻。
(4)定期检查设备及避雷器导线接地。
(5)定期检查绝缘法兰绝缘效果。
(6)定期检查检查头的绝缘电阻值。
(7)定期检查检查片的使用情况。
(8)定期检查和消除管线其他部位漏电情况。
(9)按照规定定期切换恒电位仪。

5. 清理场地

收拾工具,清理现场,填写资料。

6. 安全文明生产

安全文明操作,在规定时间内完成。

四、技术要求

(1)爱护直流电源设备(电位仪、硅整流器等),在启动、停运、调节中严格遵守操作规程,不超负荷工作,站内设备的安装要正规,连接牢固。搞好设备的清洁卫生,注意室内保持干燥,通风良好,防止仪器过热。

(2)设备接地和避雷器导线接地的接地电阻,一般不大于6Ω,在交直流电路中的避雷器、保安器、熔断丝应符合要求,其额定熔断电流应与设备负荷相适应;不允许用其他金属代用,在雷雨季节要注意防止雷击。

(3)在生产实践中摸索和制定本地区的合理保护电位,保护不到的管线要查明原因,采取措施,使全线都能受到保护。

(4)要连续向管线送电,送电时间不得少于全年95%,连续停电时间不超过24h。

(5)通电点电位不合格应立即调整合格,每月至少测量管线对地电位1次。

（6）阳极接地电阻每半年检查一次，阳极接地电阻要求在 0.5Ω 以下，最高不超过 2Ω。

（7）每半年测管地自然电位及沿线土壤电阻率一次。

（8）绝缘法兰的绝缘电阻应大于 100kΩ，绝缘法兰是否漏电，可根据绝缘法兰两边管线的管地电位来判断。管线受保护一侧的管地电位应大于或等于 $-0.85V$，不受保护一侧的管地电位应等于或近于该点管地自然电位。如果二者电位相近或相等，则说明绝缘法兰漏电，应进行修理。如果不能修复，应利用管线停气机会更换绝缘法兰垫片。

（9）检查头接线柱与大地的绝缘电阻应大于 10kΩ，用万用表测量，若小于此值，应检查接线柱与外套钢管是否有接触而使绝缘性能变差，若有则应维修和更换，当管线接通后，若某一检查头电位测不出来，则应检查接线柱导线是否断落，检查头露置野外，应注意定期除锈防腐，周围杂草应铲除干净，并防止农业耕种时损坏检查头。

（10）管线其他部位漏电，是指管线跨越、穿越，以及管线绝缘层损坏等漏电。

（11）检查片是用来判断阴极保护的效果，沿管线每隔一定距离设一组，每隔 1~2a 应取出一组检查片进行分析和鉴定，同时应将另一组新的检查片按原要求埋入（一组检查片有四块，分别处于通电绝缘、不通电不绝缘、不通电绝缘状态），检查片安装要经过严格的除锈、去除油污，并用天平称重，然后编号登记存档。埋设时放置条件必须一致。

任务二　绘制并讲解地下储气库工艺流程图

一、学习目标

绘制并讲解地下储气库工艺流程图。

二、准备工作

(1) 工具、材料准备：A4 纸、尺子、铅笔；
(2) 人员准备：按照要求穿戴劳动保护用品。

三、操作步骤

1. 准备工作

劳动防护用品准备齐全，穿戴整齐，工具、用具、材料准备齐全。

2. 基础知识

地下储气库工艺流程及设备。

3. 标注图名

在图最上方填写所需绘图标准名称。

4. 绘制流程图

绘制本文中地下储气库工艺流程图，也可根据其他地下储气库工艺流程绘制。

5. 工艺说明

根据实际输地下储气库工艺流程说明。

6. 清理场地

收拾工具,清理现场。

7. 安全文明生产

安全文明操作,在规定时间内完成。

四、技术要求

(1)在规定时间 30min 内完成,到时停止操作;
(2)图幅布局合理、对称、美观线条粗细一致,图纸整洁、清晰。

参 考 文 献

[1] 蒋长春. 采气工艺技术. 北京:石油工业出版社,2009.
[2] 宋德琦. 天然气输送与储存工程. 北京:石油工业出版社,2004.
[3] 苏建华. 天然气矿场集输与处理. 北京:石油工业出版社,2004.
[4] 冯叔初. 油气集输与矿场加工. 东营:中国石油大学出版社,2006.
[5] 张天春. 钻井采油仪表. 哈尔滨:哈尔滨工业大学出版社,2013.
[6] 中国石油天然气集团有限公司人事部. 采气工. 北京:石油工业出版社,2019.
[7] 杨川东. 采气工程. 北京:石油工业出版社,2001.
[8] 李士伦. 天然气工程. 2版. 北京:石油工业出版社,2008.
[9] 郭博云. 天然气工程手册. 北京:石油工业出版社,2012.
[10] 孟宪杰. 天然气处理与加工手册. 北京:石油工业出版社,2016.